全国职业技术院校模具制造/模具设计专业教材

模具零件制造技术
(第二版)

人力资源和社会保障部教材办公室组织编写

中国劳动社会保障出版社

简　介

本书主要内容包括模具零件的一般机械加工、模具零件的数控加工、模具零件的电切削加工、典型模具零件加工工艺制定、模具零件的精密加工。

本书由姚小强主编，王卫国、陈亚岗、范为军、孙海锋、贾大虎、金鑫、刘春参编，崔兆华主审。

图书在版编目(CIP)数据

模具零件制造技术/人力资源和社会保障部教材办公室组织编写. —2 版. —北京：中国劳动社会保障出版社，2016

全国职业技术院校模具制造/模具设计专业教材

ISBN 978-7-5167-2660-0

Ⅰ. ①模…　Ⅱ. ①人…　Ⅲ. ①模具-零部件-加工-高等职业教育-教材　Ⅳ. ①TG760.6

中国版本图书馆 CIP 数据核字(2016)第 213473 号

中国劳动社会保障出版社出版发行

(北京市惠新东街 1 号　邮政编码：100029)

*

北京市白帆印务有限公司印刷装订　　新华书店经销

787 毫米×1092 毫米　16 开本　21.5 印张　435 千字

2016 年 10 月第 2 版　　2020 年 12 月第 4 次印刷

定价：37.00 元

读者服务部电话：(010) 64929211/84209101/64921644

营销中心电话：(010) 64962347

出版社网址：http://www.class.com.cn

http://zyjy.class.com.cn

为了更好地适应全国职业技术院校模具类专业的教学要求，全面提升教学质量，人力资源和社会保障部教材办公室组织有关学校的骨干教师和行业、企业专家，对全国中等职业技术学校和高等职业技术院校模具类专业教材进行了修订和补充开发。教材的修订和开发以人力资源社会保障部颁布的《技工院校模具制造专业教学计划和教学大纲（2016）》与《技工院校模具设计专业教学计划和教学大纲（2016）》为依据，充分调研了企业生产和学校教学情况，广泛听取了教师对现行教材使用情况的反馈意见，吸收和借鉴了各地职业技术院校教学改革的成功经验。

教材体系

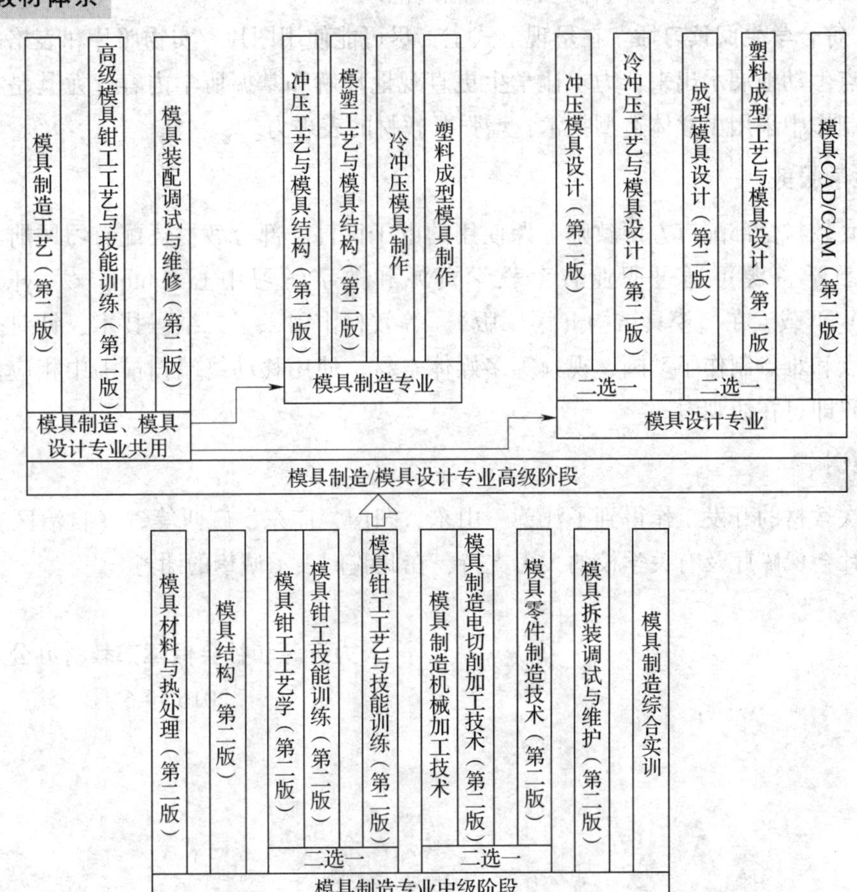

适用对象

模具制造/模具设计专业中级、高级两个层次和以下 3 种学制：

- 初中毕业生 3 年学制培养中级工
- 高中毕业生 3 年学制培养高级工
- 初中毕业生 5 年学制培养高级工

编写特色

◆ **紧贴国家职业标准**　紧密贴合《中华人民共和国职业分类大典（2015 年版）》中对模具工等职业的职业能力要求，同时参照了模具工、工具钳工等国家职业技能标准。

◆ **体现行业技术发展**　根据模具行业的最新发展，在教材中充实模具制造、设计方面的新技术，如模具 CAD/CAM/CAE 技术、快速成型技术、多轴数控加工技术、微细加工技术等，体现教材的先进性。

◆ **更新国家技术标准**　采用最新的国家技术标准，如《工模具钢》（GB/T 1299—2014）、《冲压件尺寸公差》（GB/T 13914—2013）、《冲压件角度公差》（GB/T 13915—2013）等，使教材内容更加科学和规范。

◆ **符合学生阅读习惯**　在呈现形式上，尽可能使用图片、实物照片和表格等形式将知识点生动地展示出来，力求让学生更直观地理解和掌握所学内容。尤其是在教材插图的制作中采用了立体造型技术，增强了教材的表现力。

教学服务

本套教材全部配有方便教师上课使用的电子课件，部分教材还配有习题册，电子课件等教学资源可通过职业教育教学资源和数字学习中心（http：// zyjy. class. com. cn）下载。在《模具结构（第二版）》等教材中引入了二维码技术，针对书中的教学重点和难点制作了动画、视频等多媒体素材，使用移动终端扫描书中相应位置处的二维码即可在线观看。

致谢

本次教材的开发工作得到了江苏、山东、湖南、广东、广西等省（自治区）人力资源和社会保障厅及有关学校的大力支持，在此我们表示诚挚的谢意。

人力资源和社会保障部教材办公室

2016 年 6 月

目 录
Contents

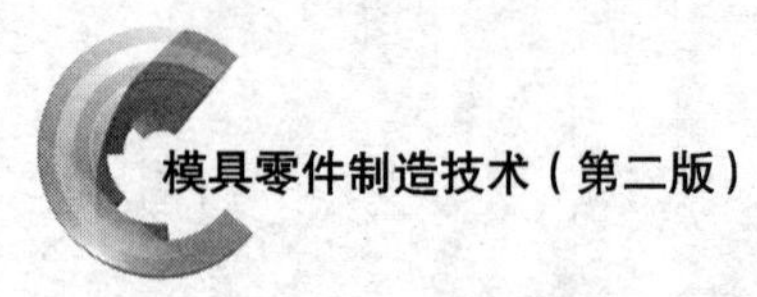

绪论

模具是生产各种工业产品的重要工艺装备。模具在各行各业中得到了广泛的应用。其中，机电产品生产的应用占60% ~70%；电子产品生产的应用占80%以上；轻工业产品生产的应用占85%以上。图0—1所示为汽车、航空、家用电器、仪器仪表、化工行业中采用模具生产的产品。

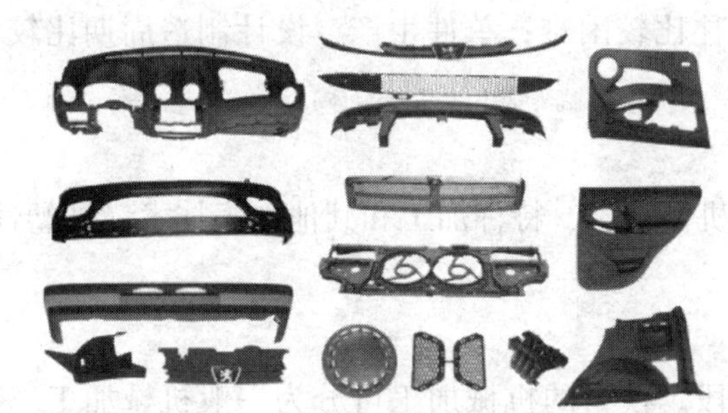

汽车配件（汽车行业）

航空发动机整流罩、尾喷口（航空行业）

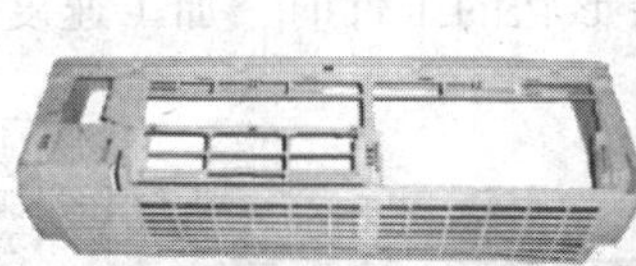

空调外壳

家用产品的塑料齿轮（家用电器行业）

仪表外壳（仪器仪表行业）

合成橡胶轮胎（化工行业）

图0—1 各个行业中应用模具成型的制品

一、模具制造概述

1. 模具制造的工艺流程及特点

模具的制造过程与其他工业产品的制造过程相同。它是模具由原材料开始，经过加工转变为模具成品的全部过程。模具制造过程包括生产技术准备过程、基本生产过程、辅助生产过程和生产服务过程。模具制造的工艺流程如图0—2所示。

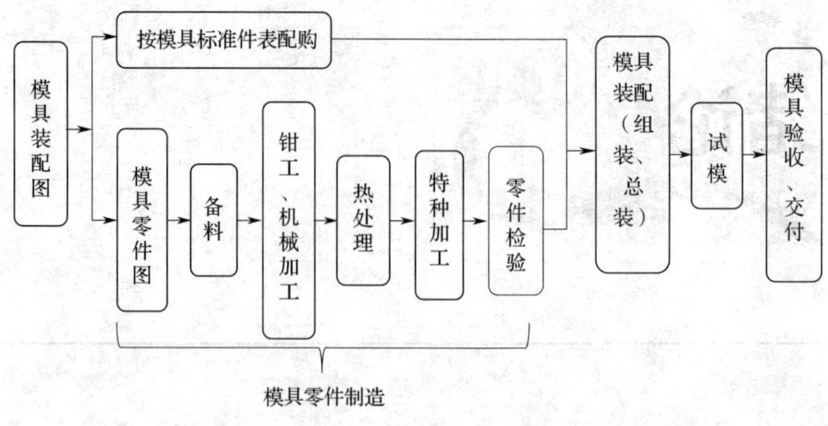

图 0—2　模具制造的工艺流程

模具制造与一般零件、产品的机械制造相比，具有以下特殊性：制造质量要求高，公差一般控制在 0.01 mm 以内，成型部件的表面粗糙度值不大于 $Ra0.8$ μm；形状复杂，模具工作部分多数为复杂曲面；材料硬度高，一般采用淬火工具钢、硬质合金钢等材料制成，利用传统方法加工往往比较困难；单件生产，设计制造周期比较长，制造成本高。

2. 模具零件常用制造技术

模具零件常用制造技术主要有机械加工、特种加工和其他加工技术（如塑性加工、铸造和焊接）。

（1）机械加工

机械加工是模具的主要加工手段。模具的机械加工可分为一般机械加工、数控机械加工、精密机械加工，如图 0—3 所示。特点：加工精度、生产效率高，同一机床和工具可加工出各种形状和尺寸的工件；但是加工复杂形状的工件时，加工速度很慢，硬材料也难以加工，材料利用率不高。

a）

b）

c）

图 0—3　机械加工

a）一般机械加工（车削）　b）数控机械加工（数控车削）　c）精密机械加工（坐标镗床加工）

（2）特种加工

特种加工是指直接利用电能、化学能、声能、光能等去除工件上的多余部分，以达到一定的形状、尺寸和表面粗糙度要求的加工方法。特种加工包括电火花加工（如电火花线切割加工、电火花成型加工）、电解加工、电化学抛光加工、电铸加工、化学蚀刻加工、超声波加工、激光加工等，如图 0—4 所示。

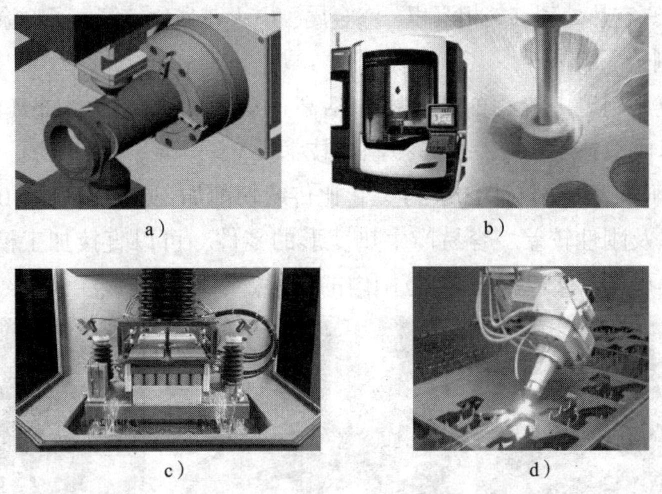

图 0—4　特种加工

a）电火花加工（线切割）　b）超声波加工　c）电解加工　d）激光加工

与传统的机械加工相比，特种加工有如下特点：

加工情况与工件的硬度无关，可以实现“以柔克刚”；工具电极与工件一般不接触，加工过程不必施加明显的机械力；可加工各种复杂形状的零件；易于实现加工过程自动化。

特种加工在模具制造中有着广泛的应用，在模具加工中占据越来越重要的位置。

（3）其他加工

1）塑性加工。模具的塑性加工主要是冷挤压制模法，即将淬火后的成型模（原阳模）强有力地压入未进行硬化处理的模胚（钢或其他软质材料）内，使成型模的形状复制在被压的模胚上，制成所需要的模具。

2）铸造加工。通常使用三种材料铸造模具，如使用铸铁铸造金属型铸造模、离心铸造模；使用锌基合金采用快速制模工艺铸造简易模具；合成树脂铸造塑胶模具。

3）焊接。将加工好的模块焊接到一起，加工简单、快速，但是模具易变形，精度难以保证，主要用于精度要求不高的大型模具。

3. 模具零件先进制造技术

进入二十一世纪，模具制造技术迅速发展。为了满足产品的高精度、复杂程度及降低成本等需求，模具行业在材料与工艺、制造技术、加工设备等多方面投入研发，获得了新的突破。

（1）应用新材料、新工艺

1）模具新材料。近年，钢结硬质合金、高韧性冷作模具钢（65Nb）、不变形钢（D1）、热作模具钢（HM1）等新型优质模具钢及模具用树脂材料的开发与应用，提高了模具零件的加工性能，延长了模具的使用寿命，促进了模具行业的快速发展。

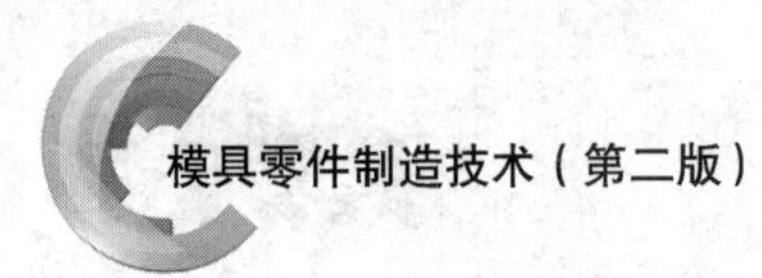

2）模具热处理和表面处理新工艺。为了改善模具的使用性能，延长模具的使用寿命，模具行业不断完善已有热处理工艺（如组织预处理、高淬低回、低温快速退火等），并发展了新的工艺（如真空热处理、气相沉积、渗金属、电火花强化、等离子喷涂等）。

（2）应用制造新技术

目前，在模具制造中应用的新技术包括高速切削加工技术（HSM）、逆向工程技术（RE）、快速成型技术（RP）、虚拟制造技术（VM）等。

1）高速切削加工技术（图0—5）。它比传统切削加工速度高5～10倍，适合加工模具中的薄壁以及刚性较差、容易产生热变形的零件，可以直接加工模具中使用的淬硬材料，特别是硬度在46～60HRC范围内的材料。

图0—5 高速切削加工

2）逆向工程技术。可以在缺少模具零件设计图样的情况下，完成测量并形成CAD模型，利用快速成型技术复制出零件原型，如图0—6所示。它可以大大缩短模具制造的开发周期，提高生产率，降低成本。

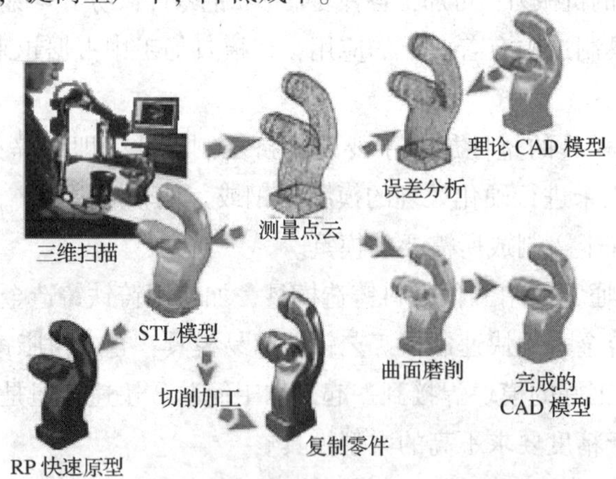

图0—6 模具零件的逆向工程技术

3）快速成型技术。快速成型制造的零件能够代替实际模具零件进行模具的综合测试，方便优化模具设计，缩短模具开发周期，提高模具制造的一次成功率。

4）虚拟制造技术。在计算机内，完成模具整体与零件设计、性能模拟分析，虚拟模具零件加工、模具装配过程，对模具进行模拟实验，避免了生产过程中可能出现的问题，实现模具开发一次成功，大大缩短开发周期，降低开发成本，提高生产效率。图0—7所示为模具的虚拟加工。

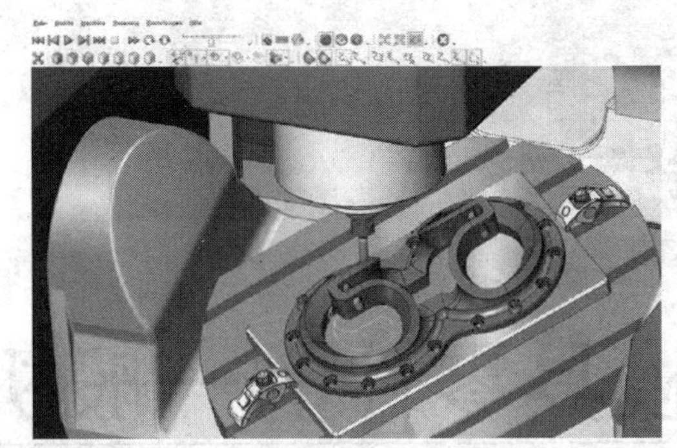

图 0—7　在计算机软件系统中模拟加工模具复杂型面

(3) 应用新型加工设备

高速铣削机床（HSM，图 0—8）、数控模具雕刻机、挤压研磨机、激光快速成型机等先进加工设备拓展了机械加工模具的范围，提高了模具零件的加工精度，降低了表面粗糙度，提高了生产效率。

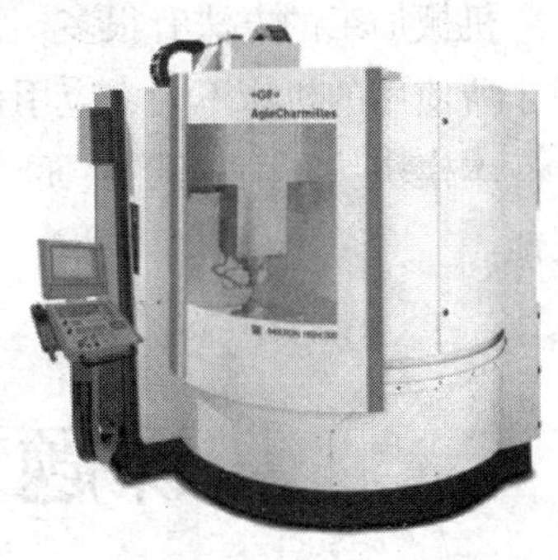

图 0—8　高速铣削机床

(4) 应用模具 CAD/CAE/CAM 集成系统

近年来，科研人员和模具生产企业开发出了面向模具企业的 CAD/CAE/CAM 集成系统，达到了较高的实用水平。

4. 模具制造技术的发展方向

(1) 发展各种简易制模技术及模具新材料。

(2) 模具粗加工向高速加工发展，模具光整加工向自动化、智能化方向发展。

(3) 模具检测、加工设备向精密、高效和多功能方向发展。

(4) 模具 CAD/CAE/CAM 正向集成化、三维化、智能化和网络化方向发展。

(5) 发展模具标准件。

二、本课程的性质和教学特点

本课程是模具制造、模具设计专业的一门专业课程。本课程不仅具有较强的理论性，而且具有较强的实践性，为学生进行模具制造综合实训提供一定的理论和技能基础。通过对本课程的学习，学生应掌握模具制造的专业知识和常用工艺方法，模具零件加工常用设备的基本操作及维护，掌握中级工水平的模具零件加工的操作技能，最终形成较强的制定模具零件制造工艺的能力。

本课程适合采用理实一体化的教学模式。在学习过程中，学生可以通过参观模具企业，观摩模具零件制造过程，增加感性认识；通过学习和搜集资料的方式，关注模具制造技术的发展；重视理论学习和技能训练相结合，提高动手能力。

模具零件的一般机械加工

机械加工的方法有很多，常用的方法有车削、铣削、钻削、铰削、镗削和磨削等。由于所使用的机床不同，应用范围不同，所以各种加工方法有不同的工艺特点。

本模块从车削、铣削、磨削这三个课题入手，旨在掌握模具零件的一般机械加工技能。

课题一　车 削 加 工

模具零件的车削加工主要涉及车床的结构认识、基本操作与日常维护，工件外圆、内孔的车削等。本课题用三个任务展开，训练制造模具零件所需的车削加工技能。

任务一　车床的基本操作与日常维护

工作任务

在学习车削加工前，必须熟悉车床各部分的结构及其作用，能够熟练地操作车床，并进行正确的日常维护。

任务实施

一、认识车床各部分结构

参观工厂的机加工车间，近距离观察普通车床的结构和组成，了解各个主要结构的作用。图 1—1—1 所示为 CA6140 型卧式车床的主要结构。

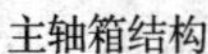
主轴箱结构

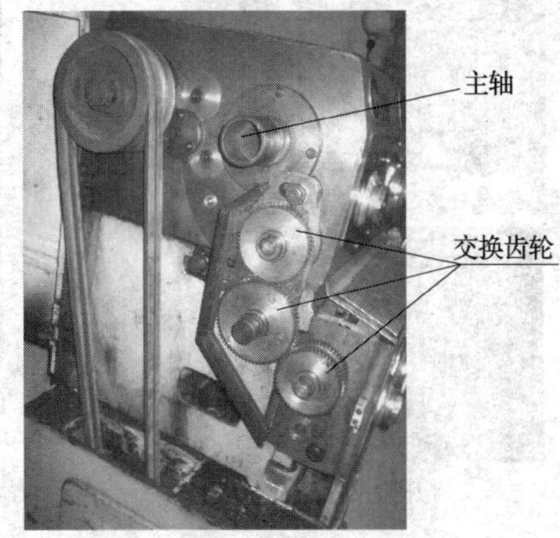

交换齿轮箱结构

进给箱结构

溜板箱结构

刀架结构

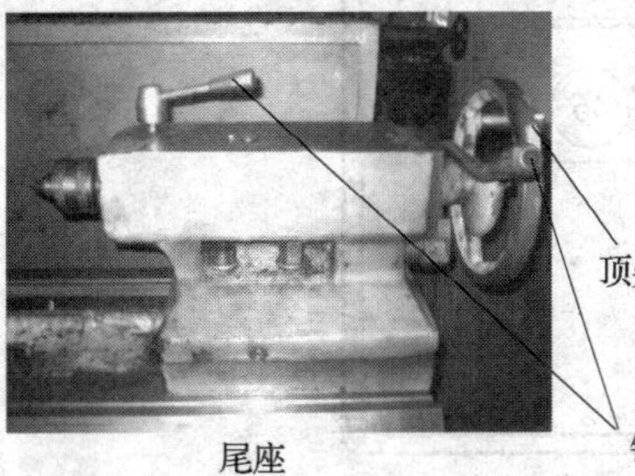

尾座

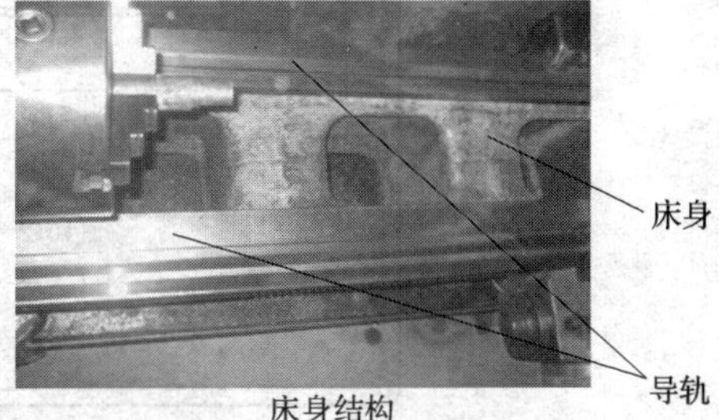

床身结构

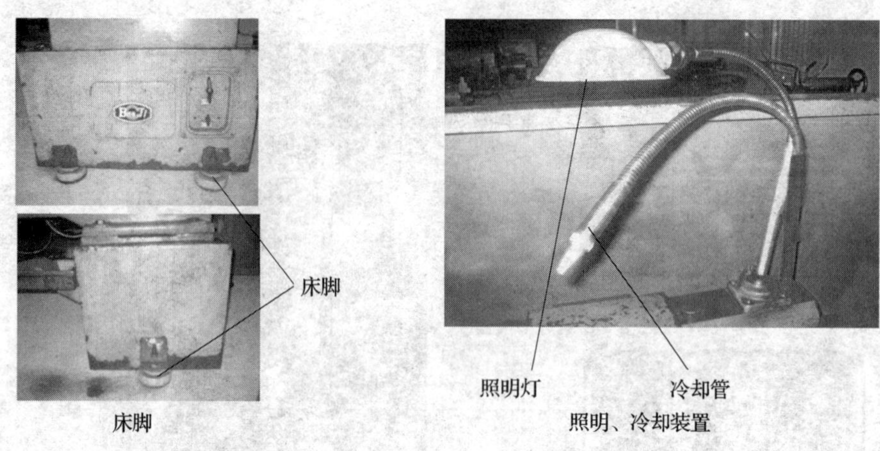

图 1—1—1　CA6140 型卧式车床的主要结构

二、车床润滑操作

识读 CA6140 型卧式车床的润滑系统标牌（图 1—1—2），了解该车床润滑系统的润滑部位、润滑周期、润滑要求和润滑剂牌号，并按照表 1—1—1 所列内容，完成 CA6140 型卧式车床的润滑操作。

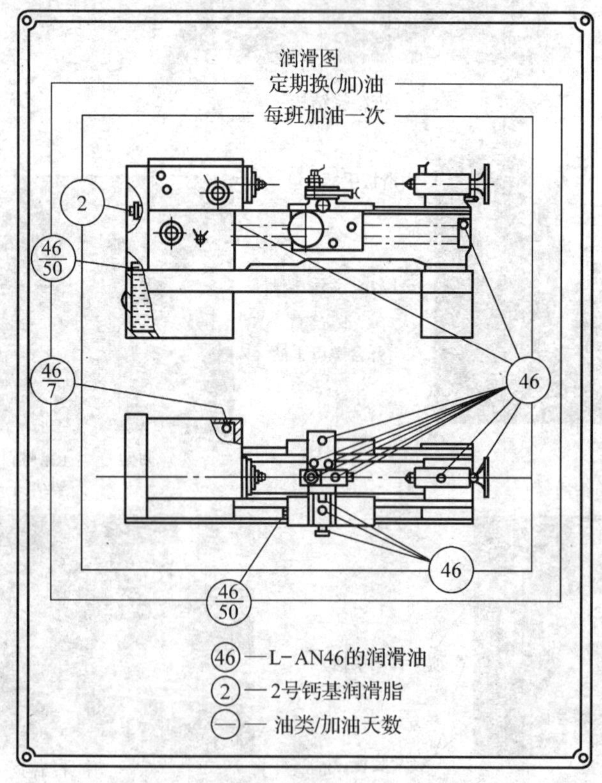

图 1—1—2　CA6140 型卧式车床的润滑系统标牌

表 1—1—1　　　　CA6140 型卧式车床润滑系统的润滑要求

<table>
<tr><th>周期</th><th>数字</th><th>意义</th><th>符号</th><th>含义</th><th>润滑部位</th><th>数量</th></tr>
<tr><td rowspan="2">每班</td><td rowspan="2">整数形式</td><td rowspan="2">“○”中数字表示润滑油牌号，每班加油 1 次</td><td>(2)</td><td>用 2 号钙基润滑脂进行润滑，每班拧动油杯盖 1 转/次</td><td>交换齿轮箱中的中间齿轮轴</td><td>1 处</td></tr>
<tr><td>(46)</td><td>使用牌号为 L－AN46 的润滑油（相当于旧牌号的 30 号机械油），每班加油 1 次</td><td>多处，如图 1—1—2 所示</td><td>13 处</td></tr>
<tr><td rowspan="2">经常性</td><td rowspan="2">分数形式</td><td rowspan="2">“(分子/分母)”中分子表示润滑油牌号，分母表示两班制工作时换（添）油间隔的天数（每班工作时间为 8 h）</td><td>(46/7)</td><td>分子“46”表示使用牌号为 L－AN46 的润滑油，分母“7”表示加油间隔为 7 天</td><td>主轴箱后面的电气箱内的床身立轴套</td><td>1 处</td></tr>
<tr><td>(46/50)</td><td>分子“46”表示使用牌号为 L－AN46 的润滑油，分母“50”表示加油间隔为 50 天</td><td>左床脚内的油箱和溜板箱</td><td>2 处</td></tr>
</table>

三、车床启停操作

1. 在启动车床之前，必须检查：车床各变速手柄是否处于空挡位置；离合器是否处于正确位置；操纵杆是否处于停止状态等。

2. 确定无误后，方可合上车床电源总开关。

3. 按下床鞍上的启动按钮（绿色），使电动机启动。

4. 将溜板箱右侧的操纵手柄向上提起，主轴便按逆时针方向旋转（即正转）。操纵手柄有向上、中间、向下三个挡位，可分别实现主轴的正转、停止和反转。

5. 如果需较长时间停止主轴转动，必须按下床鞍上的红色停止按钮，使电动机停止转动。

6. 下班时，应关闭车床电源总开关，并切断该车床电源开关。

四、主轴变速操作

以 CA6140 型卧式车床为例，主轴变速通过改变主轴箱正面右侧两个叠套的手柄位置来控制。

前面的手柄有六个挡位，每个挡位上有四级转速。如果要选择其中某一级转速，可通过后面的手柄来控制。后面的手柄除了有两个空挡外，还有四个挡位。根据加工需要，将后面的手柄位置拨到与前面手柄所处挡位上的转速数字所标示的颜色相同的挡位即可。

不同型号、厂家生产的车床，其主轴变速操作不尽相同，可参考相关的车床说明书。

五、进给箱进给操作

CA6140 型卧式车床进给箱正面左侧有一个手轮，右侧有前后叠装的两个手柄，前面的手柄有 A、B、C、D 四个挡位，它们是丝杠、光杠变换手柄；后面的手柄有Ⅰ、Ⅱ、Ⅲ、Ⅳ四个挡位，可与有八个挡位的手轮相配合，用以调整螺距及进给量。

应根据加工要求，查找进给箱油池盖上的螺纹和进给量调配表，确定手轮和手柄的具体位置。当后手柄处于正上方时，齿轮箱的运动不经进给箱变速，而与丝杠直接相连。

六、溜板箱操作

1. 进给操作

（1）床鞍纵向进给

转动溜板箱正面左侧的大手轮，可使床鞍纵向移动。当顺时针转动该手轮时，床鞍向右运动；当逆时针转动该手轮时，床鞍向左运动。

（2）横向进刀

转动中滑板手柄，可以使中滑板横向移动，并可以控制横向进刀量。当顺时针转动该手柄时，中滑板向远离操作者的方向移动；当逆时针转动该手柄时，中滑板向靠近操作者的方向移动。

（3）小滑板纵向进给

转动小滑板手柄，可以使小滑板做短距离的纵向移动。当顺时针转动该手柄时，小滑板向左移动；当逆时针转动该手柄时，小滑板向右移动。

2. 刻度盘及分度盘的操作

（1）床鞍纵向进刀

操纵溜板箱正面的大手轮，转动其上的刻度盘。溜板箱正面的大手轮轴上的刻度盘分为 300 格，每转过 1 格，床鞍纵向移动 1 mm。

（2）刀架横向进刀

操纵中滑板手柄，转动其上的刻度盘。中滑板丝杠上的刻度盘分为 100 格，每转过 1 格，刀架横向移动 0. 05 mm。

（3）刀架纵向进刀

小滑板丝杠上的刻度盘分为 100 格，每转过 1 格，刀架纵向移动 0. 05 mm。

（4）刀架斜向进刀

小滑板上的分度盘可顺时针或逆时针地在 90°范围内转过某个角度。刀架斜向进刀时，先松开锁紧螺母，转动小滑板分度盘至所需要角度后，再用螺母锁紧小滑板。

七、自动进给操作

溜板箱右侧有一个带十字槽的扳动手柄，是刀架实现纵、横向机动进给和快速移动的集中操纵机构。该手柄的顶部有一个快进按钮，是控制接通快速电动机的按钮。当按下该按钮时，快速电动机工作；放开该按钮时，快速电动机停止转动。该手柄扳动方向与刀架运动的方向一致，操作方便。

1. 床鞍纵向自动快速进给

将手柄扳至纵向进给位置，并按下快进按钮，床鞍做快速纵向移动。当床鞍快速行进到距离主轴箱或尾座一定距离内时，应立即放开快进按钮，停止床鞍快进，以避免床鞍撞击主轴箱或尾座。

2. 中滑板横向自动快速进给

将手柄扳至横向进给位置，并按下快进按钮，中滑板带动刀架做横向快速进给。当中滑板前、后伸出床鞍足够远时，应立即放开快进按钮，停止快进，避免因中滑板悬伸太长而使燕尾导轨受损，影响运动精度。

八、刀架操作

刀架上的手柄用于控制方刀架的定位、锁紧，以实现刀架相对于小滑板的转位和锁紧。

1. 逆时针转动刀架手柄，刀架可以逆时针转动，以调换车刀。

2. 顺时针转动刀架手柄，刀架则被锁紧。

当刀架上装有车刀时，车刀随刀架的转动而转动，应避免车刀与工件或卡盘相撞。必要时，在刀架转位前可将中滑板向远离工件的方向退出适当距离。

九、尾座操作

尾座可沿床身内侧的V形导轨和矩形导轨做纵向移动，并依靠尾座架上的两个锁紧螺母使尾座固定在床身上的任一位置。尾座架上有左、右两个长把手柄：左手柄为尾座套筒固定手柄，右手柄为尾座快速紧固手柄。

1. 尾座套筒移动

松开尾座架上的左手柄（即逆时针转动手柄），转动尾座右端的手轮，可使尾座套筒做进、退的移动。

2. 尾座套筒固定

顺时针扳动尾座架上的左手柄，可使尾座套筒固定在某一位置。逆时针扳动尾座架上的右手柄，可使尾座快速地固定于床身的某一位置。

十、三爪自定心卡盘的安装与拆卸操作

1. 安装操作

（1）安装三爪自定心卡盘前，应切断电动机电源，并将卡盘和连接盘各表面（尤

其是定位配合表面）擦净并涂油。

（2）在靠近主轴处的床身导轨上垫一块木板，以保护导轨面不受意外撞击。

（3）用一根比主轴通孔直径稍小的硬木棒穿在卡盘中，将卡盘抬到连接盘端，将棒料一端插入主轴通孔内，另一端伸在卡盘外。

（4）小心地将卡盘背面的台阶孔装配在连接盘的定位基面上，并用三个螺钉将连接盘与卡盘可靠地连为一体。然后，抽去木棒，撤去垫板。

卡盘安装在连接盘上时，应保证卡盘背面与连接盘平面贴平、贴牢。

2. 拆卸操作

（1）拆卸三爪自定心卡盘前，应切断电源。

（2）在主轴孔内插入一根硬质木棒，木棒另一端伸出卡盘外，并搁置在刀架上。

（3）垫好床身护板，以防意外撞伤床身导轨面。

（4）卸下连接盘与卡盘连接的三个螺钉，并用木锤轻敲卡盘背面，以使卡盘止口从连接盘的台阶上分离下来。

（5）小心地抬下卡盘。

拆卸卡盘过程中要注意安全，最好两人合作完成。

相关知识

一、车削的基本内容

工件的旋转为主运动，车刀做进给运动的切削加工方法称为车削。车削的加工范围很广，其基本内容包括：车外圆、车端面、切断和车槽、钻中心孔、钻孔、车孔、铰孔、车螺纹、车圆锥、车成型面、滚花和盘绕弹簧等，如图 1—1—3 所示。如果在车床上装上一些附件和夹具，还可进行镗削、磨削、研磨和抛光等。

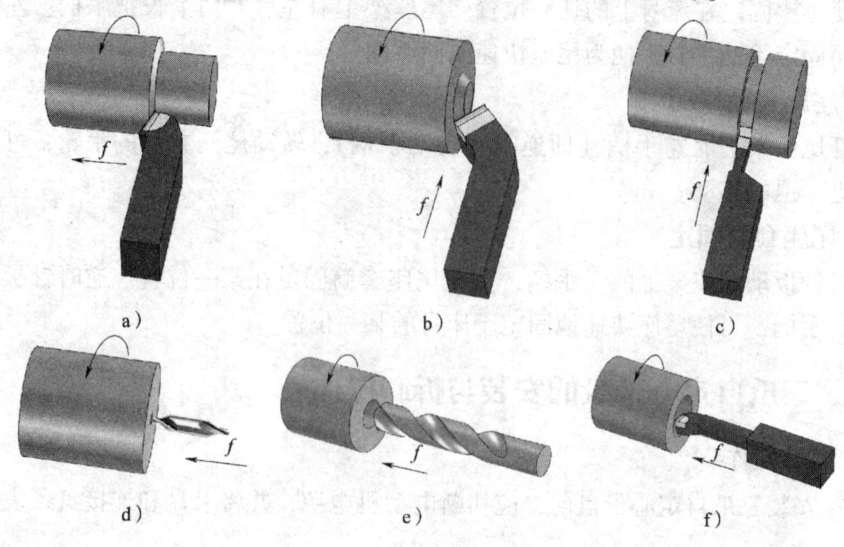

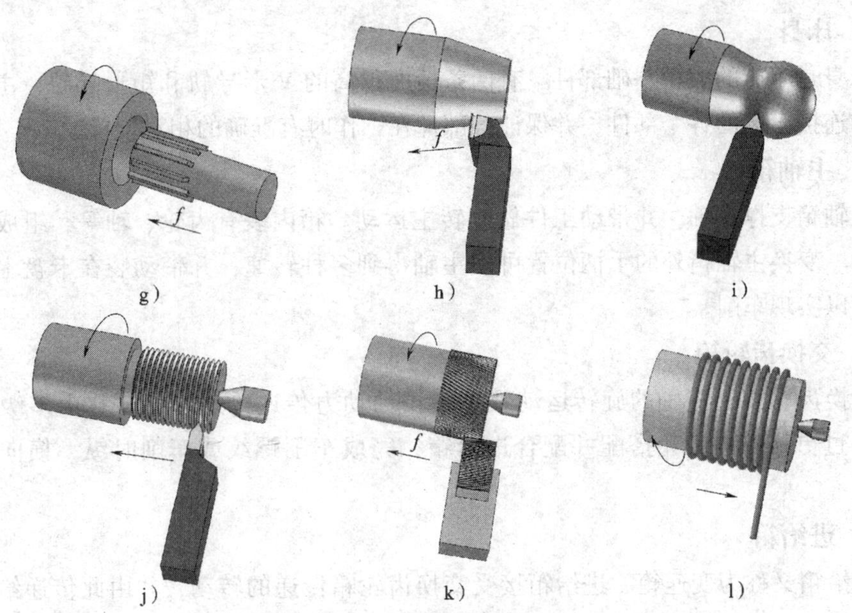

图 1—1—3 车削的基本内容

a）车外圆 b）车端面 c）切断和车槽 d）钻中心孔 e）钻孔

f）车孔 g）铰孔 h）车圆锥 i）车成型面 j）车螺纹 k）滚花 l）盘绕弹簧

二、车床的主要结构

CA6140 型卧式车床是最常用的国产卧式车床，其外形结构如图 1—1—4 所示。它的主要组成部分的名称和用途如下：

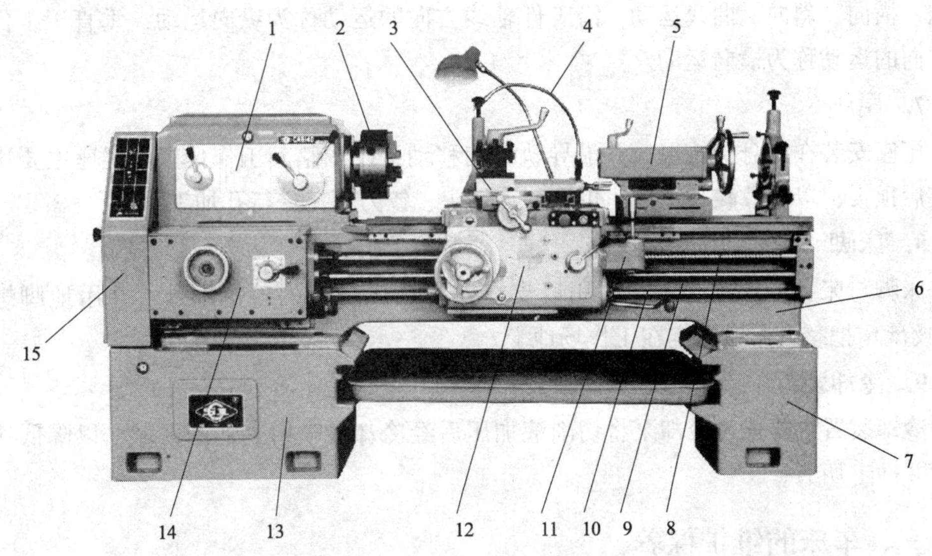

图 1—1—4 CA6140 型卧式车床

1—主轴箱 2—卡盘 3—刀架 4—冷却嘴 5—尾座 6—床身 7、13—床脚 8—丝杠

9—光杠 10—操纵杠 11—快移机构 12—溜板箱 14—进给箱 15—交换齿轮箱

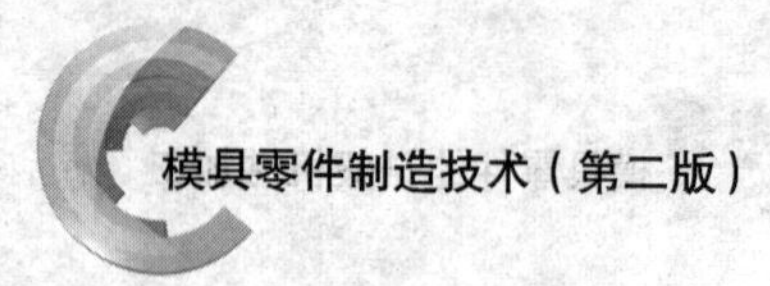

1. 床身

床身是车床的大型基础部件，有两条精度很高的V形导轨和矩形导轨，主要用于支撑和连接车床的各个部件，并保证各部件在工作时有准确的相对位置。

2. 主轴箱

主轴箱支撑主轴，并带动工件做旋转主运动。箱内装有齿轮、轴等，组成变速传动机构。变换主轴箱外的手柄位置可使主轴得到多种转速，并带动装在卡盘上的工件旋转，以实现车削。

3. 交换齿轮箱

交换齿轮箱把主轴的旋转运动及主轴箱的动力传递给进给箱。它由多级齿轮啮合，通过更换箱内齿轮搭配并配合进给箱，完成车削螺纹或车削时纵、横向进刀的需要。

4. 进给箱

进给箱又称为变速箱。进给箱接受交换齿轮箱传递的转动，并由此传递给光杠或丝杠，完成机动进给，实现车削旋转表面和各种螺纹。

5. 溜板箱

溜板箱接受光杠或丝杠传递的运动，以驱动床鞍和中、小滑板及刀架实现车刀的纵向或横向运动。操纵溜板箱外的手柄或按钮，可以实现机动、手动、车螺纹及快速移动等运动。

6. 刀架

刀架由两层滑板（中、小滑板）与刀架体共同组成，用于装夹车刀并带动车刀做纵向、横向、斜向、曲线运动。沿工件轴线方向的运动称为纵向运动，垂直于工件轴线方向的运动称为横向运动。

7. 尾座

尾座安装在床身导轨上，并沿导轨纵向移动，以调整其工作位置。尾座主要用来装夹后顶尖，以支撑较长工件，也可装夹钻头、铰刀等，进行孔加工。

8. 床脚

床脚与床身下部连为一体，用以支撑安装在床身上的各个部件，并用地脚螺栓（或吸盘）把整台车床固定在工作场地上。

9. 冷却装置

冷却装置主要通过冷却泵将切削液加压后经冷却嘴喷射到切削区域，以降低切削温度并冲走切屑。

三、车床的维护保养

1. 车床的常见润滑方式及应用

对车床的所有摩擦部位进行润滑和保养是为了保证车床的正常运转，减少磨损和功率损失，延长使用寿命。例如，CA6140 型卧式车床的不同部位采用了不同的润滑方式，如图 1—1—5 所示。

浇油润滑

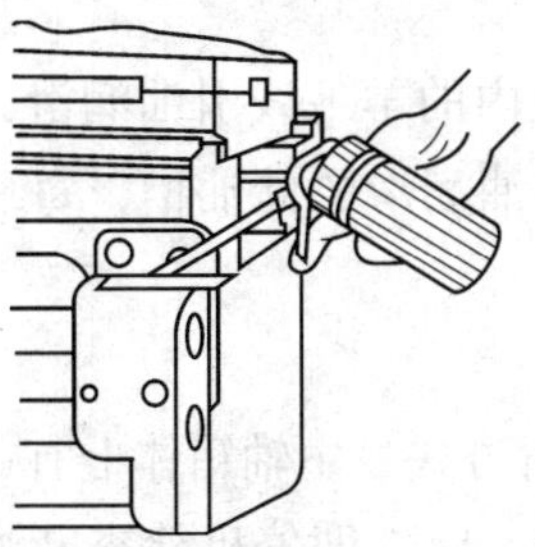

用于机床外露表面（如床身导轨面和滑板导轨面）

飞溅润滑

用于机床密闭的箱体（如车床主轴箱）中，传动齿轮将箱底的润滑油溅射到箱体上部的油槽中，然后经槽内油孔流到各润滑点

油绳润滑

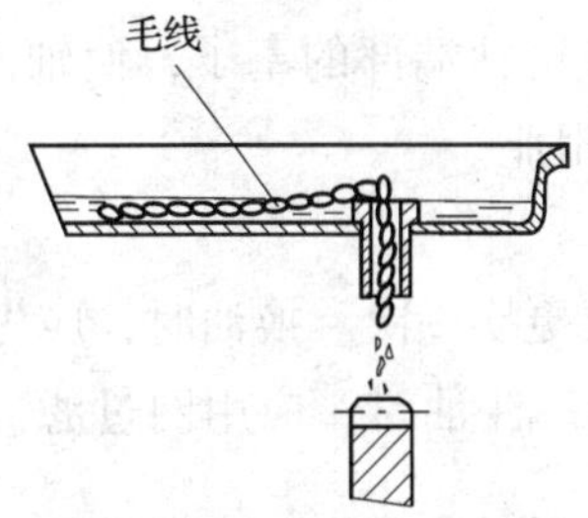

用于低、中速机械（如进给箱和溜板箱等）的油池中

弹子杯润滑

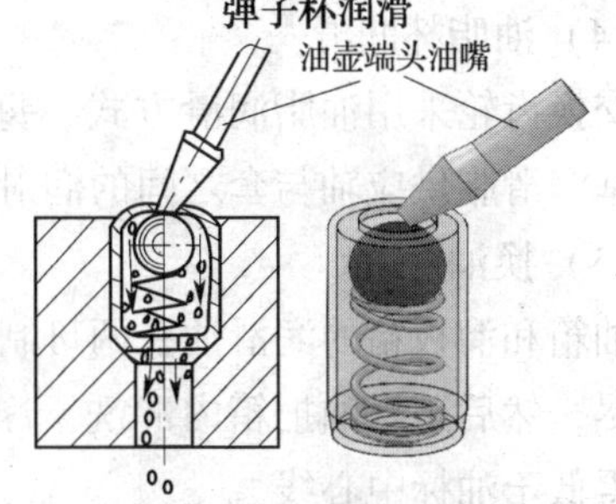

用于尾座和中、小滑板上的摇动手柄及丝杠、光杠、开关杠支架的轴承处

油脂杯润滑

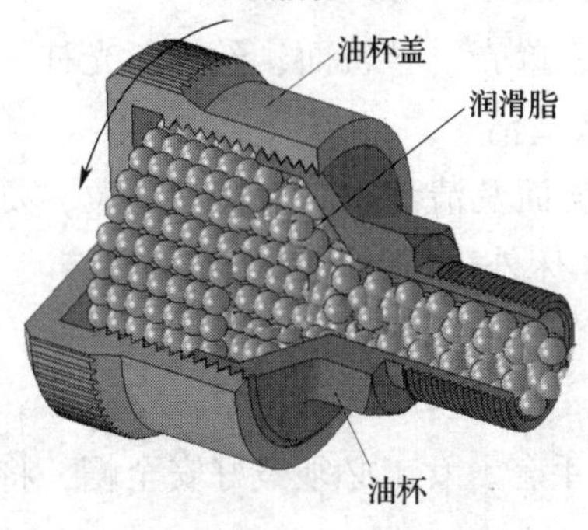

用于交换齿轮箱挂轮架的中间轴或不便经常润滑处

油泵循环润滑

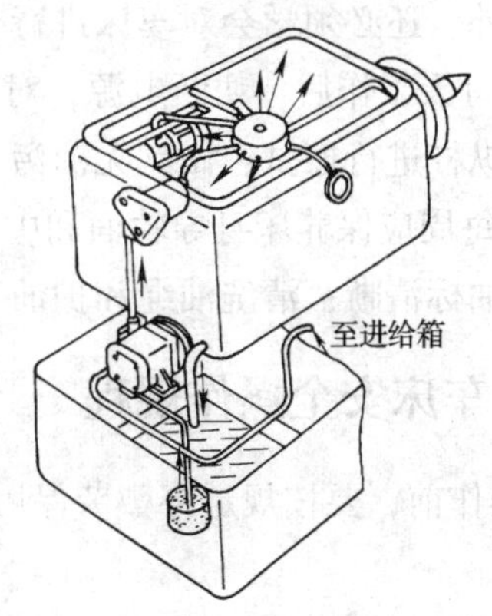

用于如主轴箱、进给箱内许多润滑点

图 1—1—5 车床常用润滑方式

2. 车床的润滑操作规程

(1) 浇油润滑

1) 床身导轨、滑板导轨。每班在车床加工的工作前后，操作人员要擦净床身导

轨、滑板导轨，并用油枪加油润滑。

2）刀架和横向丝杠。每班操作人员用油枪浇油润滑。

3）尾座套筒、丝杠及丝杠螺母。每班操作人员用油枪加油 1 次。

（2）油绳润滑

丝杠、光杠及操纵杠的轴颈部位通过后托架的储油池内的羊毛线引油润滑，每班对储油池注油 1 次。另外，在进给箱上部还有用于油绳导油润滑的储油槽，每班给该储油槽加 1 次油。

（3）飞溅润滑

1）主轴箱。箱内的零件采用油泵循环润滑或飞溅润滑方式。主轴箱体上有一个油标，如果发现油标内无油输出，说明油泵输油系统有故障，应立即停机检查断油的原因，待修复后才能启动车床。箱内润滑油一般 3 个月换 1 次。

2）进给箱。箱内的齿轮和轴承主要采用齿轮飞溅润滑方式。

（4）油脂杯润滑

交换齿轮采用油脂润滑方式。每班拧动 1 次交换齿轮轴端部的塞子，使轴内的 2 号钙基润滑脂供应轴与套之间的润滑。每 7 天加 1 次润滑脂。

（5）换油

油箱和溜板箱的润滑油在两班制的车间约 50 ~ 60 天更换一次。换油时，应先将废油放尽，然后用煤油把箱内冲洗干净后，再注入新机油。注油时，应用网过滤，且油面不得低于油标中心线。

3. 车床的保养

为了保证车床的加工精度，延长其使用寿命，提高生产效率，车工除了能熟练地操作机床外，还必须学会对车床进行合理的维护、保养。

（1）每天工作后，切断电源，对车床各表面、罩壳、导轨面、丝杠、光杠、操纵手柄和操纵杠进行擦拭，做到无油污、铁屑且外表清洁。

（2）每周应保养床身导轨面和中、小滑板导轨面及清洁、润滑转动部位，要求油眼畅通、油标清晰；清洗油绳和护油毛毡；保持车床外表清洁和工作场地整洁。

四、车床安全操作规程

1. 操作前，要按规定穿戴劳保用品，严禁戴手套。女工必须戴好安全帽，将辫子放入帽内。

2. 车床启动前，必须认真、仔细检查机床各部件和防护装置是否完好，确认安全可靠；加油润滑机床；低速空载试运行 3 ~ 5 min，检查车床运转是否正常。

3. 装卸卡盘和大型工件时，要检查车床周围有无障碍物，垫好木板以保护床面，并要做到“卡住、顶牢、架好”；车削偏重工件时，要找好平衡；工件及刀具的装夹要牢固，以防工件或刀具从夹具中飞出；卡盘扳手、套筒扳手在加工前必须拿下来。

4. 车床运转时，严禁用手触摸其上的旋转部分，不准测量工件，不准用手阻止转动的卡盘。只有在车床停止运行的状态下，才可以装卸工件、安装刀具、加油以及清理切屑。

5. 应使用刷子或钩子清除铁屑，禁止用手清理。

6. 不允许用正、反转开关进行制动，车床停止应经过中间制动过程。

7. 车削工件时，按车床技术要求选择切削用量，以免车床过载造成意外事故。

8. 车削长轴类工件时，必须使用中心架或鸡心夹，防止工件弯曲变形伤人；伸入主轴孔的棒料长度不要超过主轴套筒，并慢速车削，应注意防护。

9. 当铁屑飞溅严重时，应在机床周围安装挡板，使之与操作区隔离。

10. 车床运转时，操作人员不应离开。发观车床运转不正常时，应立即停止运行，由维修工检查和修理。突然停电时，要立即关闭车床电源，并手动将刀具退出加工区域。

11. 工作时，操作人员必须侧身站在操作位置，禁止身体正面对着转动的工件。

12. 工作结束时，应切断车床电源，将刀具和工件从工作部位退出，清理并安放好所使用的工具、夹具、量具，清扫车床。

任务二 车 削 导 柱

工作任务

车削如图 1—1—6 所示的导柱零件。毛坯尺寸为 ϕ55 mm × 180 mm，材料为 45 钢。

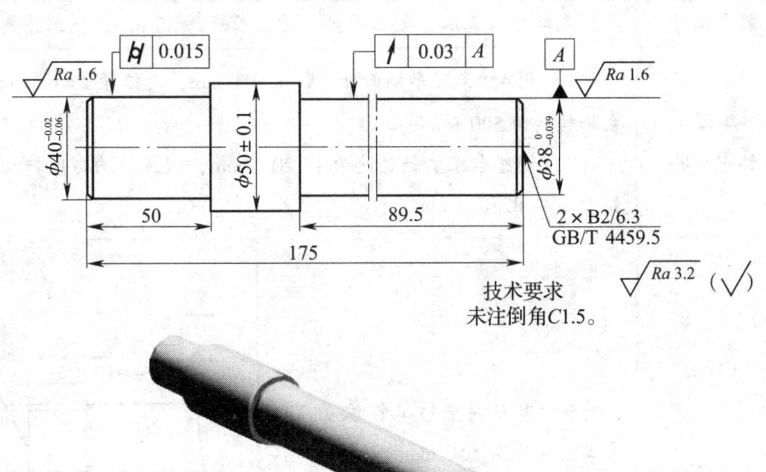

图 1—1—6 导柱

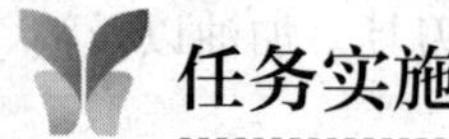

任务实施

一、工艺分析

零件外圆车削时分粗车和精车两个阶段，以保证导柱的形状和尺寸。粗车阶段着重考虑提高劳动生产效率，可采用一夹一顶装夹，以承受较大的进给力。在精车阶段，主要考虑使工件加工后能达到较高的几何精度以及较小的表面粗糙度值。车削时，可采用较高的切削速度，而进给量应选择得小些，以保证工件的表面质量，此时工件采用双顶尖装夹。

二、车削导柱的操作

车削导柱的操作见表1—1—2。

表1—1—2　　车削导柱的操作

工序	工步	具体操作及图示
粗车准备	准备量具和辅具	准备游标卡尺、千分尺、百分表、垫铁等
	检查毛坯	检查毛坯形状和尺寸是否合格
	检查车床	检查车床各手柄位置，并调整车床滑板间隙
	装夹车刀	将45°车刀和75°车刀装夹在方刀架上，并将刀尖对准工件中心
	装夹工件	将毛坯插入三爪自定心卡盘，伸出长度约35 mm。找正并夹紧
粗车	车端面 A，钻中心孔	（1）用45°车刀车端面 A，取 $a_p=1$ mm，进给量 $f=0.4$ mm/r，车床主轴转速为500 r/min （2）调整车床主轴转速为1 120 r/min，缓慢、均匀地转动尾座手轮，钻中心孔B2/6.3 mm
	粗车工艺台阶	将75°车刀调整到工作位置，粗车工艺台阶至 ϕ50 mm×25 mm，取 $a_p=2.5$ mm，进给量 $f=0.3$ mm/r，车床主轴转速为500 r/min 35　25　A　ϕ50　ϕ55　B2/6.3 GB/T 4459.5　f 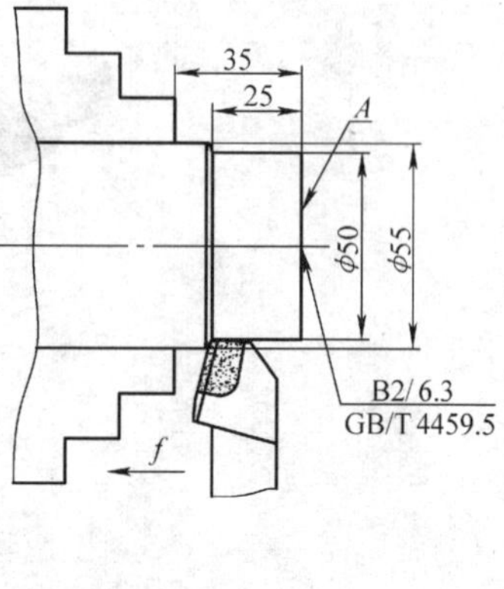

续表

<table>
<tr><th>工序</th><th>工步</th><th colspan="2">具体操作及图示</th></tr>
<tr><td rowspan="7">粗车</td><td rowspan="3">掉头，车端面 B</td><td>(1) 工件掉头，伸出三爪自定心卡盘长度约 35 mm，找正后夹紧</td><td rowspan="2"> 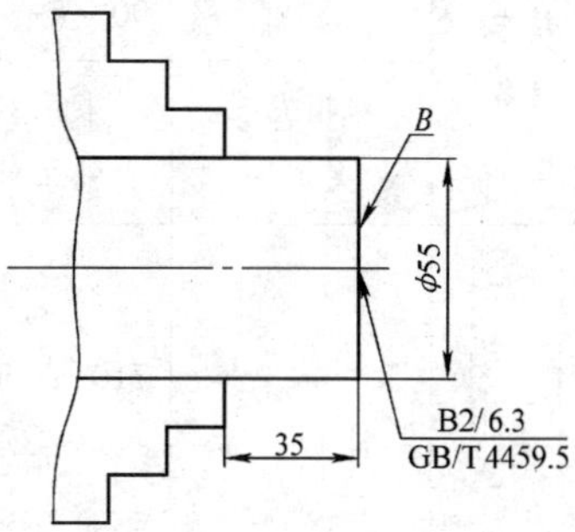</td></tr>
<tr><td>(2) 车端面 B，并保证总长 175 mm，钻中心孔 B2/6. 3 mm</td></tr>
<tr><td colspan="2">三爪自定心卡盘夹紧 $\phi50$ mm×25 mm 处外圆，后顶尖支顶</td></tr>
<tr><td rowspan="2">粗车左端台阶外圆</td><td colspan="2">选取进给量 f=0. 3 mm/r，车床主轴转速调整为 500 r/min，a_p=2 mm，粗车左端外圆至 $\phi51$ mm×95 mm</td></tr>
<tr><td colspan="2">分两次粗车左端外圆至 $\phi41$ mm×49. 5 mm 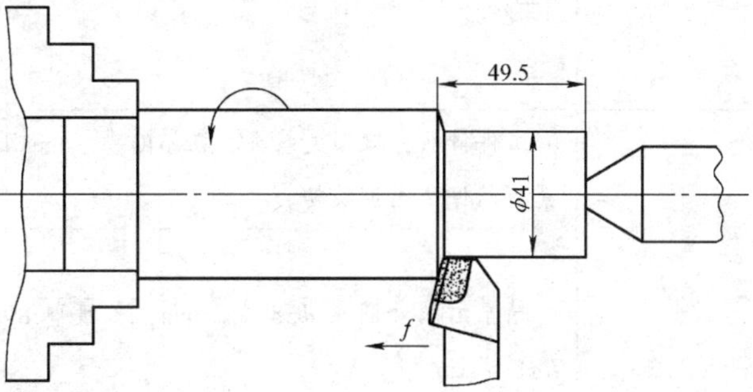</td></tr>
<tr><td rowspan="2">掉头，粗车右端台阶外圆至 $\phi49.5$ mm</td><td colspan="2">工件掉头，用三爪自定心卡盘夹紧 $\phi41$ mm 处外圆，一夹一顶装夹工件</td></tr>
<tr><td colspan="2">粗车右端外圆至 $\phi39$ mm×89. 5 mm 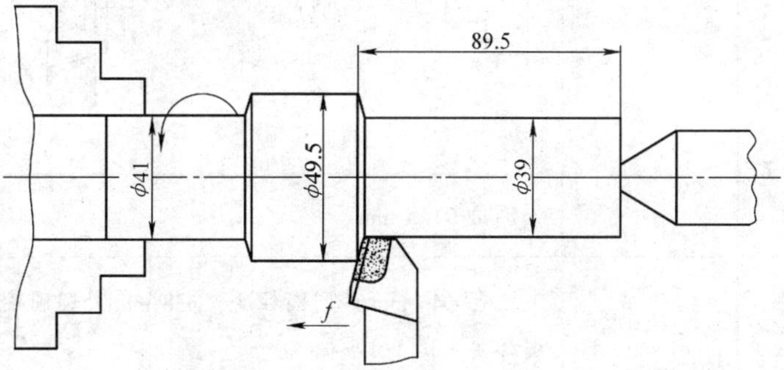</td></tr>
</table>

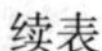
续表

工序	工步	具体操作及图示
精车准备	装夹精车刀	装夹45°车刀和90°车刀。在装夹90°精车刀时，保证实际主偏角大于90°（一般为93°左右）
	双顶尖装夹工件	采用双顶尖形式装夹工件，同时在 ϕ39 mm 外圆处安装鸡心夹头辅助夹紧工件
精车	精车左端外圆	取 a_p = 0.5 mm，f = 0.1 mm/r，v_c = 100 m/min，调整车床主轴转速为710 r/min 精车外圆 ϕ（50 ± 0.1）mm 至尺寸，精车 $\phi40_{-0.06}^{-0.02}$ mm × 50 mm 至尺寸，倒角 C1.5 mm，表面粗糙度值达到 Ra1.6 μm 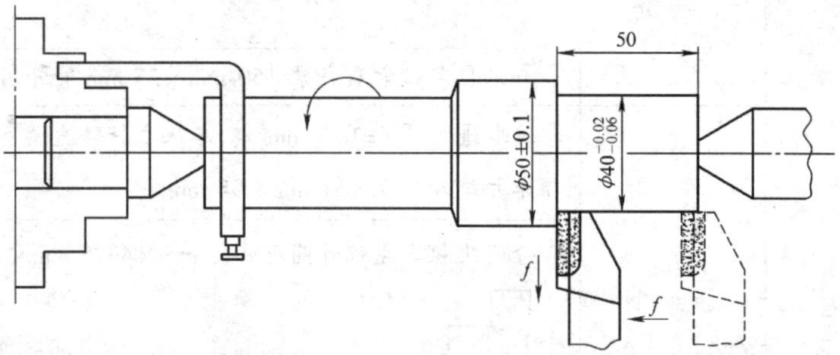
	掉头，精车右端外圆	工件掉头，双顶尖装夹，在 $\phi40_{-0.06}^{-0.02}$ mm 处垫铜皮，用鸡心夹头辅助夹紧，以保证同步旋转
		精车右端外圆至 $\phi38_{-0.039}^{0}$ mm，长度取 89.5 mm，表面粗糙度值达到 Ra1.6 μm 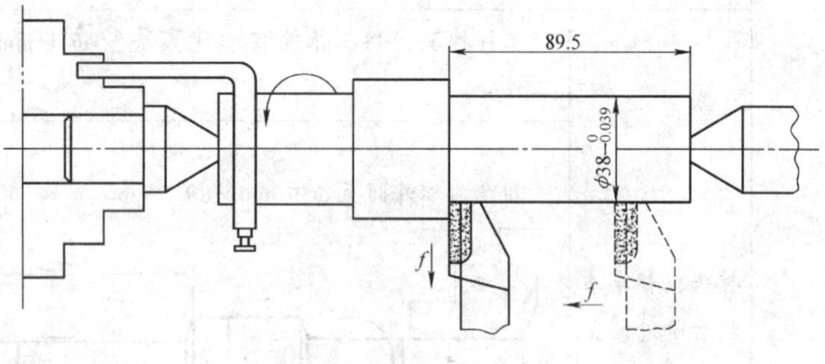
		倒角 C1.5 mm
工件检测		检查 ϕ40 mm 外圆圆柱度、ϕ38 mm 外圆圆跳动度及各处尺寸是否符合图样要求

三、注意事项

1. 工件装夹注意事项

(1) 在不影响切削的前提下，尾座套筒应尽量伸出短些，以增加刚度，减少振动。

(2) 中心孔的形状应正确，表面粗糙度值要小。装入顶尖前，应清除中心孔内的切屑等异物。

(3) 当后顶尖用固定顶尖时，应在中心孔内加入润滑脂，以防温度过高而“烧坏”顶尖或中心孔。

(4) 顶尖与中心孔的配合必须松紧合适。

(5) 在切削过程中，要随时注意工件在两顶尖间的松紧程度，并及时加以调整。

2. 车削注意事项

(1) 因为粗车时的切削力较大，工件易发生移位，所以在精车接刀前应进行一次复查。精车的最后一次进给，可用反进给切削（即由主轴向尾架方向进刀）。

(2) 车削台阶轴时，台阶处要保持清角，避免出现小台阶和凹坑。

四、评价

车削导柱评分标准见表1—1—3。

表1—1—3　　车削导柱评分标准表

考核项目	考核内容	配分	评分标准	检测结果	得分
尺寸精度	2×B2/6.3 mm	6	不合格不得分		
	$\phi(50\pm0.1)$ mm	5	不合格不得分		
	50 mm	5	不合格不得分		
	89.5 mm	5	不合格不得分		
	175 mm	5	不合格不得分		
	$\phi38_{-0.039}^{0}$ mm	15	超差不得分		
	$\phi40_{-0.06}^{-0.02}$ mm	15	超差不得分		
	$C1.5$ mm（2处）	8	不合格不得分		
几何精度	⌭ 0.015	5	超差不得分		
	↗ 0.03 A	5	超差不得分		
表面粗糙度	$Ra1.6$ μm（2处）	6	不合格不得分		
	$Ra3.2$ μm（5处）	5	不合格不得分		
其他	车削方法正确	5	不符合要求不得分		
	操作规范	5	不符合要求不得分		
	安全文明生产	5	违者每次扣1分，严重者扣3～5分		
总计		100			

相关知识

一、车刀的种类与用途

车削加工时，应根据不同的车削要求选用不同种类的车刀。常用车刀的种类及用途见表 1—1—4。

表 1—1—4　　常用车刀的种类及用途

车刀种类	车刀外形图	用途	车削示意图
90° 车刀（偏刀）	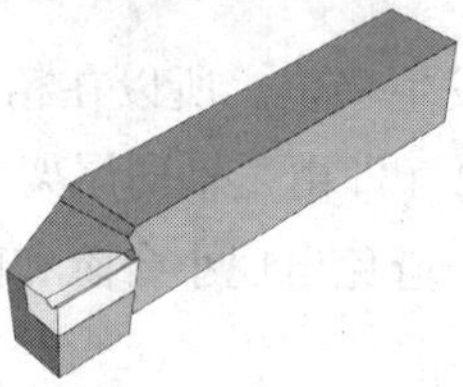	车削工件的外圆、台阶和端面	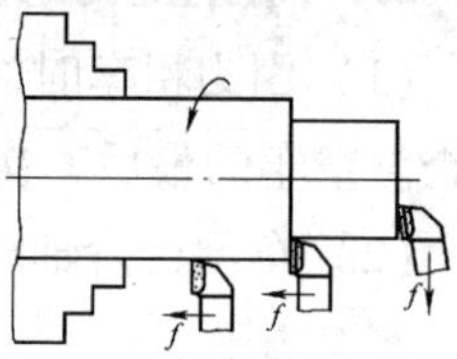
75°车刀	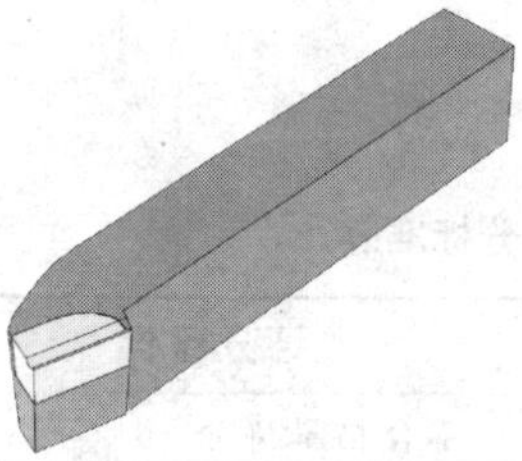	车削工件的外圆和端面	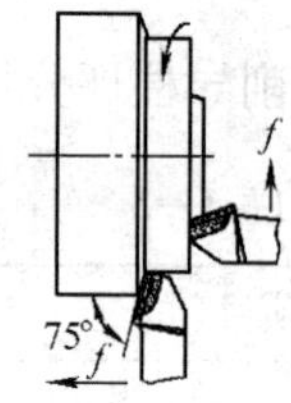
45° 车刀（弯头车刀）	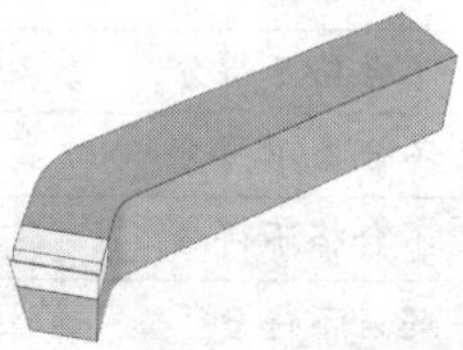	车削工件的外圆、端面和进行 45°倒角	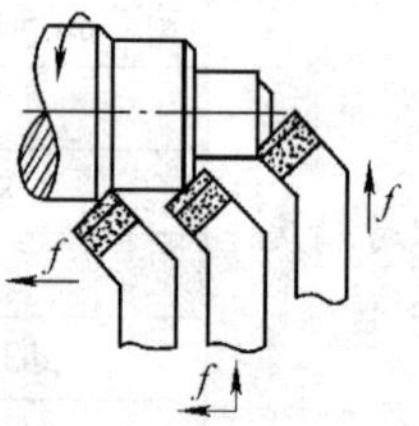
切断刀	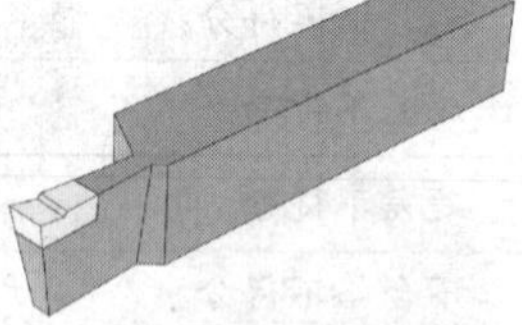	切断工件或在工件上车槽	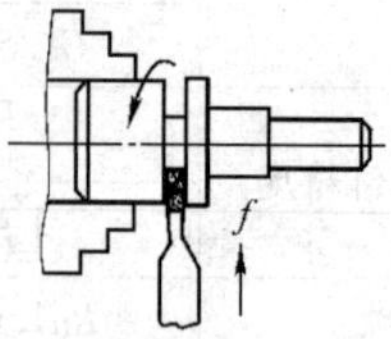
内孔车刀	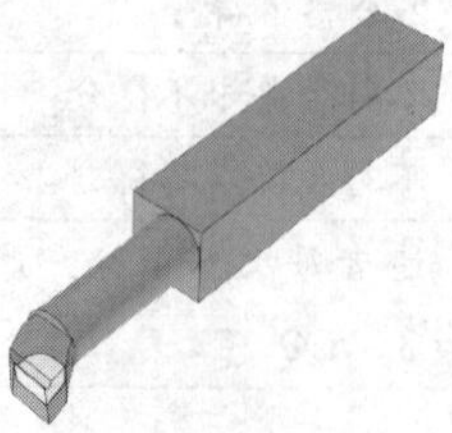	车削工件的内孔	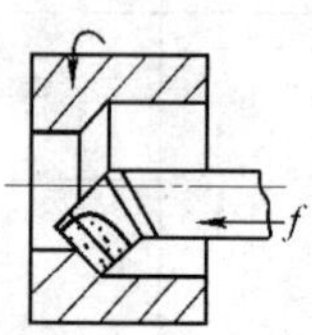

续表

车刀种类	车刀外形图	用途	车削示意图
圆头车刀		车削工件的圆弧面或成型曲面	
螺纹车刀		车削螺纹	

二、车床常用装夹方法

由于工件的形状、大小各异，加工精度及加工数量不同，因此车床上工件的装夹方法也不同。这里介绍常见轴类、盘类工件在车床上的装夹方法。

1. 卡盘装夹方法

在车床上装夹工件常用三爪自定心卡盘、四爪单动卡盘，具体装夹方法见表1—1—5。

表1—1—5　　常见卡盘装夹方法

装夹方法	三爪自定心卡盘装夹	四爪单动卡盘装夹
图示及说明	三个卡爪同步运动	四个卡爪各自独立运动
工件找正	工件装夹后一般不需找正。只有在装夹较长或者加工精度要求较高的工件，以及三爪自定心卡盘使用时间较长时，需要对工件进行找正	装夹时需要找正，必须使工件加工部分的旋转轴线与车床主轴旋转轴线重合
特点	能自动定心，装夹方便、迅速，但夹紧力较小	不能自动定心，找正比较费时，但夹紧力大
应用	装夹外形规则的中、小型工件	装夹大型或形状不规则的工件

2. 顶尖装夹方法

(1) 顶尖的种类及应用

顶尖的作用是定中心，承受工件的重力与切削时的切削力。顶尖分为前顶尖和后顶尖两类。前顶尖是指安装在主轴锥孔内的顶尖或装夹在三爪自定心卡盘上的钢料车削自制的顶尖，它随主轴和工件一起回转。后顶尖为插入尾座套筒锥孔中的顶尖。前、后顶尖的分类、特点及应用见表 1—1—6。

表 1—1—6　　前、后顶尖的分类、特点及应用

分类			图示	特点	应用
前顶尖	带锥柄的标准顶尖			装夹牢靠，可重复使用	锥柄插入主轴锥孔内，直接使用 适用于批量生产
	自制顶尖（锥角为 $2\alpha=60°$）			优点：制造、装夹方便，定心准确 缺点：顶尖的硬度较低，容易磨损；车削中如果受到冲击，容易发生位移；重新装夹时，必须修整顶尖的锥面	装夹在三爪自定心卡盘上的钢料车削自制 适用于小批量生产
后顶尖	固定顶尖	普通固定顶尖		优点：定心好，刚度高，切削时不易产生振动 缺点：与工件中心孔之间有相对运动，容易磨损和产生高热，必须加润滑脂	适用于低速切削
		硬质合金固定顶尖			适用于高速切削
	回转顶尖			优点：不易磨损，避免产生高热，可以承受很高的转速 缺点：定心精度不如固定顶尖高，刚度也稍低	适用于高速切削

(2) 装夹形式

常用的顶尖装夹方法有一夹一顶、双顶尖装夹两种，具体见表 1—1—7。

表 1—1—7 常用的顶尖装夹方式

装夹方式	一夹一顶装夹
图示及说明	将工件的一端用三爪自定心卡盘或四爪单动卡盘夹紧，另一端用后顶尖支顶
特点	优点：安全可靠，能承受较大的轴向切削力 缺点：对相互位置精度要求较高的工件，掉头车削时找正较困难
应用	车削一般轴类工件，尤其是较重的工件
装夹方式	双顶尖装夹
图示及说明	工件由前、后顶尖装夹定位，辅助以鸡心夹头，带动工件同步运动
特点	优点：装夹方便，不需找正，装夹精度高 缺点：比一夹一顶装夹方式的刚度低，影响了切削用量的提高
应用	车削较长的工件或必须经过多次装夹才能加工好的工件（如长轴、长丝杠等），以及工序较多且在车削后还要铣削或磨削的工件

三、切削用量及其选择

1. 切削用量

切削用量是切削过程中切削速度、进给量和背吃刀量的总称，又称为切削用量三要素。它是衡量切削运动的参数。图 1—1—7 所示为车削外圆时的切削用量。

(1) 切削速度（v_c）

切削速度是指刀具切削刃上选定点相对于工件待加工表面在主运动方向上的瞬时速度（即主运动的线速度），单位为 m/min。车削时切削速度的计算公式为：

$$v_c = \frac{\pi d_w n}{1\ 000}$$

式中　d_w——工件待加工表面直径，mm；

n——工件转速，r/min。

（2）进给量（f）

进给量是指刀具在进给运动方向上相对工件的位移量，可用刀具或工件每转或每行程的位移量来表述和度量。例如，车削时的进给量为工件每转一转时车刀沿进给运动方向移动的距离，单位为 mm/r。

（3）背吃刀量（a_p）

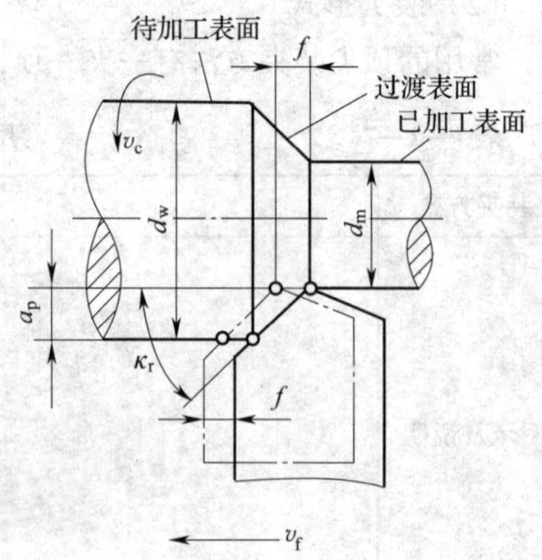

图 1—1—7　车削外圆时的切削用量

背吃刀量一般指工件上已加工表面和待加工表面间的垂直距离，单位为 mm。车削外圆时背吃刀量的计算公式为：

$$a_p = (d_w - d_m)/2$$

式中　d_w——工件待加工表面直径，mm；

d_m——工件已加工表面直径，mm。

2. 切削用量的选择

（1）粗车时切削用量的选择

粗车时，选择切削用量应主要考虑提高生产效率，同时兼顾刀具寿命。首先，选择一个尽可能大的背吃刀量 a_p；然后，选择一个较大的进给量 f；最后，根据已选定的 a_p 值和 f 值，在工艺系统刚度、刀具寿命和机床功率许可的条件下选择一个合理的切削速度 v_c。

（2）半精车、精车时切削用量的选择

半精车、精车时，选择切削用量应首先考虑保证加工质量，并兼顾生产效率和刀具寿命。

1）背吃刀量 a_p。在普通车床上，半精车时选取 $a_p = 0.5 \sim 2.0$ mm；精车时选取 $a_p = 0.1 \sim 0.8$ mm。在数控车床上精车时，选取 $a_p = 0.1 \sim 0.5$ mm。

2）进给量 f。半精车、精车时，进给量的选择主要受表面粗糙度的限制。表面粗糙度越小，进给量应选择得越小。

3）切削速度 v_c。为了提高工件的表面质量，用硬质合金车刀精车时，一般采用较高的切削速度（$v_c > 80$ m/min）；用高速钢车刀精车时，一般选用较低的切削速度（$v_c < 50$ m/min）。

四、切削液的作用与种类

1. 切削液的作用

切削液是在车削过程中为改善切削效果而使用的液体。合理地使用切削液，不仅可以减小表面粗糙度值，而且可以降低切削力及切削温度，从而延长刀具寿命，提高产品质量和生产效率。它的作用及说明见表1—1—8。

表1—1—8　　切削液的作用及说明

作用	说明
冷却	能吸收并带走切削区域大量的热量，降低刀具和工件的温度，从而延长刀具的使用寿命。能减小工件因热变形而产生的尺寸误差，同时为提高生产效率创造条件
润滑	切削液可减小刀具与切屑、刀具与工件间的摩擦，减少刀具的磨损，使排屑流畅，以提高工件的表面质量
清洗	车削过程中，加注具有一定压力、足够流量的切削液，可以迅速冲走吸附在工件和刀具上的细小切屑，及铰孔和钻深孔时孔内堵塞的切屑，使切削顺利进行

2. 切削液的种类及其使用

常用的切削液有水溶性、油溶性切削液两大类。切削液的种类、成分、作用和用途见表1—1—9。

表1—1—9　　切削液的种类、成分、作用和用途

<table>
<tr><th colspan="2">种类</th><th>成分</th><th>作用</th><th>用途</th></tr>
<tr><td rowspan="5">水溶性切削液</td><td>水溶液</td><td>以软水为主，加入防锈剂、防霉剂，有的还加入油性添加剂、表面活性剂，以增强润滑性</td><td>主要起冷却作用</td><td>常用于粗加工</td></tr>
<tr><td rowspan="3">乳化液</td><td>3%～5%的低浓度乳化液</td><td>主要起冷却作用，但润滑和防锈性能较差</td><td>用于粗加工、难加工材料和细长工件的加工</td></tr>
<tr><td>高浓度乳化液</td><td rowspan="2">主要起润滑和防锈作用</td><td>精加工用高浓度乳化液</td></tr>
<tr><td>加入一定的极压添加剂和防锈添加剂，配制成极压乳化液等</td><td>用高速钢刀具粗加工和对钢料精加工时用极压乳化液
钻削、铰削和加工深孔等半封闭状态下，用黏度较小的极压乳化液</td></tr>
<tr><td>合成切削液</td><td>由水、各种表面活性剂和化学添加剂组成</td><td>冷却、润滑、清洗和防锈性能良好，不含油，可节省能源，有利于环保</td><td>是国内外推广使用的高性能切削液。国外的使用率达到60%，在我国工厂中的使用也日益增多</td></tr>
</table>

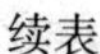
续表

种类			成分	作用	用途
油溶性切削液	切削油	矿物油	L—AN15、L—AN22、L—AN32 机械油	润滑作用较好	在一般的精车、螺纹精加工中使用很广
			轻柴油、煤油等	煤油的渗透作用和清洗作用较突出	在精加工铝合金、铸铁和高速钢铰刀铰孔中使用
		动、植物油	食用油	能形成较牢固的润滑膜，其润滑效果比纯矿物油好，但易变质	应尽量少用或不用
		复合油	矿物油与动、植物油的混合油	润滑、渗透、清洗作用均较好	应用范围广
	极压切削油		在矿物油中添加氯、硫、磷等极压添加剂和防锈添加剂配制而成。常用的有氯化切削油、硫化切削油	它在高温下不破坏润滑膜，具有良好润滑效果，防锈性能也得到提高	高速钢刀具对钢料精加工时使用 钻削、铰削和加工深孔等半封闭状态下工作时，用黏度较小的极压切削油

五、轴类零件的检测

轴类零件的长度尺寸可用游标卡尺或游标深度尺测量，外径尺寸可用千分尺测量。在生产现场，工件的几何误差可用百分表测量。

1. 圆柱度的测量方法

在生产现场，一般用百分表来测量工件的圆柱度误差。测量时只要在被测表面的全长上取前、后、中三点，比较其测量值，最大值与最小值之差的一半即为被测表面全长上的圆柱度误差，如图 1—1—8 所示。

2. 端面圆跳动的测量方法

先用双顶尖装夹工件，然后把杠杆式百分表的圆测头靠在需要测量轴类工件的端面上，转动工件进行测量。工件转一周时百分表读数的差就是端面圆跳动误差。

3. 径向圆跳动的测量方法

测量一般轴类工件径向圆跳动时，可以双顶尖装夹工件，用杠杆式百分表来测量。工件转一周时百分表所得读数的差就是径向圆跳动误差。

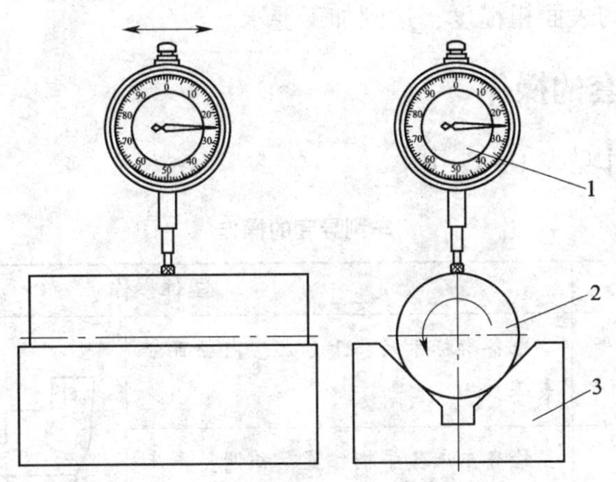

图 1—1—8 工件在 V 形架上测量圆柱度

1—百分表 2—工件 3—V 形架

任务三 车 削 导 套

工作任务

车削如图 1—1—9 所示的导套。毛坯尺寸为 $\phi48$ mm × 120 mm，材料为 45 钢。

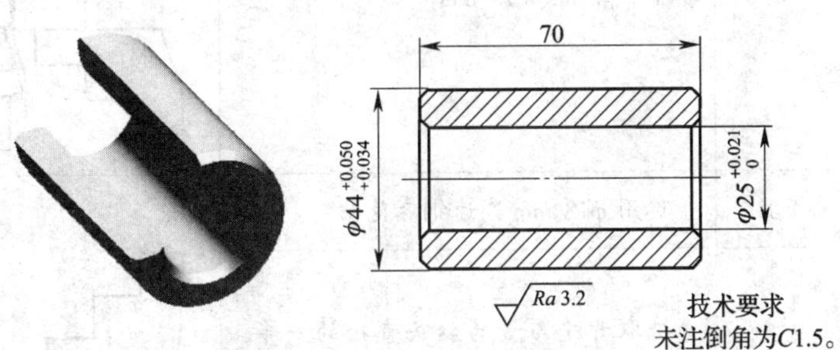

图 1—1—9 导套

任务实施

一、工艺分析

导套是模具的导向零件，其外圆面与模板配合，其内孔与导柱配合。在车床上车削带内孔的轴类零件时，通常按照车削外圆→钻孔→车孔的步骤加工。由于导套的 $\phi25$ mm 孔直径不太大，可先用麻花钻钻孔，进行孔的粗加工，然后车削内孔，去除精加工余量，降低孔的表面粗糙度，达到加工要求。

二、车削导套的操作

车削导套的操作见表 1—1—10。

表 1—1—10　　车削导套的操作

工序	工步	具体操作
钻孔准备	准备量具和辅具	准备游标卡尺、千分尺、内径百分表等 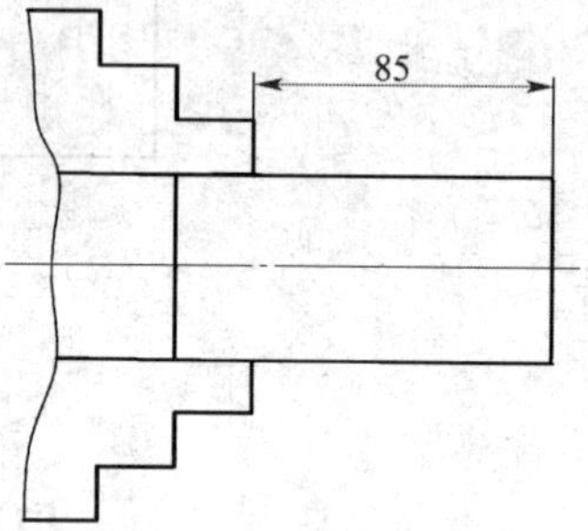
	检查车床	检查车床各手柄位置，并调整车床滑板间隙
	检查毛坯	检查毛坯形状和尺寸是否合格
	装夹工件	用三爪自定心卡盘装夹工件外圆，伸出长约 85 mm，并找正
车导套外圆	—	车右端面，并粗、精车外圆至 $\phi44^{+0.050}_{+0.034}$ mm × 75 mm 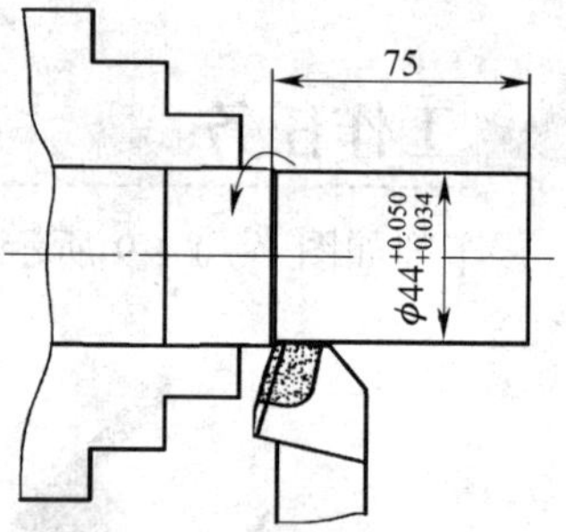
钻 ϕ18 mm 孔	安装刀具	选用 ϕ18 mm 高速钢麻花钻 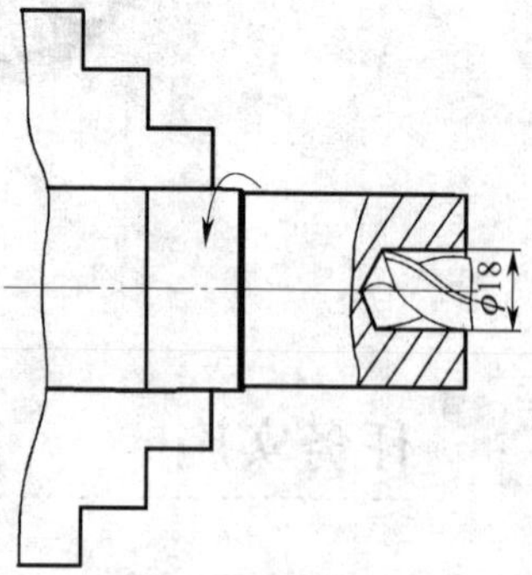
	确定切削用量	选取背吃刀量为钻头直径的一半，即 a_p = 9 mm，切削速度 v_c = 18 m/min（n = 320 r/min），采用手动进给方式，进给量 f = 0. 20 mm/r。浇注充足的切削液（10% ~15% 的乳化液）
	钻削	孔快钻透时，减小进给量，然后将孔钻通
车孔准备	装夹车刀	选用整体式前排屑通孔车刀。刀尖应与工件中心等高或稍高，刀柄基本平行于工件轴线且伸出刀架不宜过长，约 75 mm

续表

工序	工步	具体操作
车孔	粗车孔	启动车床，加注充足的切削液
		选取 $a_p=2$ mm，$v_c=30$ m/min（$n=400$ r/min），$f=0.4$ mm/r，精车余量为 1 mm
		首先要试车削。当车刀纵向切削至 2 mm 左右时，纵向快速退刀（横向不动），然后停机进行测量。如果测量有误差，则根据实际误差横向调整车刀；如果尺寸正确，则纵向进给车削内孔
		分两次粗车孔，使内孔直径达到 ϕ24 mm。车削孔的操作与车外圆操作基本相同，差别是进刀和退刀的方向相反
	精车孔	选取背吃刀量 $a_p=0.5$ mm，切削速度、进给量与粗车孔时相同
		精车孔的操作与粗车孔相同。如果孔的尺寸不到位，则需微量横向进刀后再次测量，直至车出整个内孔表面
切断	—	用切断刀切断，导套长度 70 mm
倒角	—	孔口倒角 $C1.5$ mm
检测	—	检验导套的基本尺寸及公差要求

三、注意事项

1. 钻孔前，必须将端面车平，中心处不允许有凸台。否则，钻头不能自动定心，会使钻头折断。

2. 当钻头刚接触工件端面和通孔快要钻穿时，进给量要小，以防钻头折断。

3. 钻小而深的孔时，应先用中心钻钻中心孔，以避免将孔钻歪。在钻孔过程中，必须经常退出钻头清除切屑。

4．精车内孔时，应保持刀刃锋利，否则会产生“让刀”现象，将孔车成锥形。

5．车小孔时，应注意排屑问题。

6．车削内孔时，应防止出现喇叭口和试刀痕迹。

四、评价

车削导套评价标准见表1—1—11。

表1—1—11　　车削导套评价标准

考核项目	考核内容	配分	评分标准	检测结果	得分
尺寸精度	70mm	10	不合格不得分		
	$\phi 44^{+0.050}_{+0.034}$ mm	25	超差不得分		
	$\phi 25^{+0.021}_{0}$ mm	30	超差不得分		
	$C1.5$ mm（2处）	6	不合格不得分		
表面粗糙度	$Ra3.2$ μm（4处）	12	不合格不得分		
其他	操作动作规范	6	不符合要求不得分		
	车削方法正确	6	不符合要求不得分		
	安全文明生产	5	违者每次扣1分，严重者扣3～5分		
总计		100			

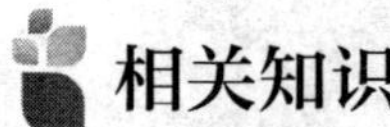

相关知识

一、麻花钻

1． 麻花钻的组成

麻花钻由柄部、颈部和工作部分组成，如图1—1—10所示。

（1）柄部

柄部是麻花钻的夹持部分，装夹时起定心作用，钻削时起传递转矩的作用。麻花钻的柄部有直柄和锥柄两种。

（2）颈部

直径较大的麻花钻在颈部标有麻花钻直径、材料牌号和商标。直径小的直柄麻花钻没有明显的颈部。

（3）工作部分

工作部分是麻花钻的主要部分，由切削部分和导向部分组成，起切削和导向作用。切削部分主要起切削作用；导向部分在钻削过程中能起到保持钻削方向、修光孔壁的作用，同时也是切削的后备部分。

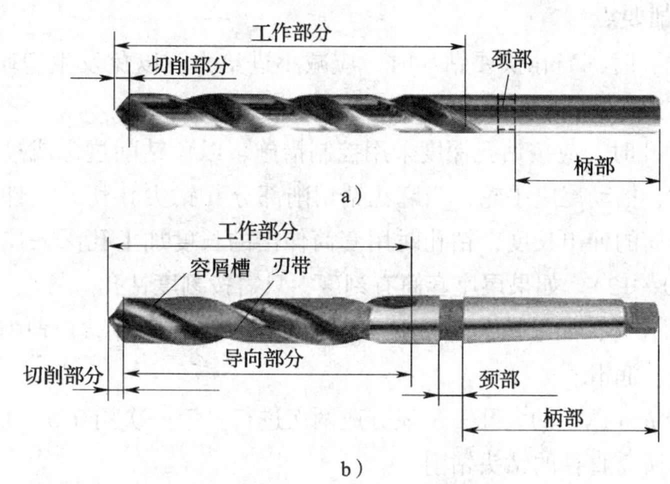

图 1—1—10 麻花钻的组成

a）直柄式麻花钻 b）锥柄式麻花钻

2. 麻花钻的装夹方法

装夹直柄麻花钻时，用钻夹头夹住麻花钻的直柄，然后将钻夹头的锥柄用力装入尾座套筒内即可使用，如图 1—1—11a 所示。装夹锥柄麻花钻时，如果麻花钻的锥柄和尾座套筒锥孔的规格相同，可直接将麻花钻插入尾座套筒锥孔内；如果钻头的锥柄和尾座套筒锥孔的规格不同，可在锥柄上加钻头套再插入尾座锥孔中，如图 1—1—11b 所示。

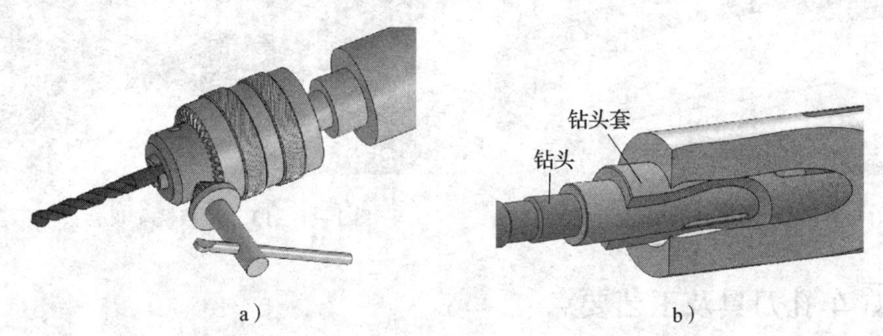

图 1—1—11 麻花钻的装夹方法

a）直柄麻花钻装夹 b）锥柄麻花钻用钻头套过渡装夹

二、钻孔方法

钻孔前先将工件平面车平，中心处不许留有凸台，以利于钻头正确定心。

1. 试钻

先用直径小于 $\phi5$ mm 的麻花钻试钻中心孔。钻孔时，使钻头对准划线中心，钻出浅坑，观察是否与划线圆同心。如果钻出的浅坑与划线圆发生偏位，偏位较少的可借助镗孔时纠正；如果偏位较多，可在借正方向上打上几个样冲眼，或用油槽錾錾出几条小槽，以减少此处的钻削阻力，达到借正目的。

2. 孔的钻削要点

(1) 钻削通孔时，当孔快要钻穿时，应减小进给力，以免发生“啃刀”，影响加工质量和折断钻头。

(2) 钻不通孔时，应按钻孔深度采用控制措施，以免钻削过深或过浅，并注意退屑。钻削开始时，摇动尾座手轮，当麻花钻切削部分（钻尖）切入工件端面时，用钢直尺测量尾座套筒的伸出长度，钻孔时用套筒伸出的长度加上孔深来控制尾座套筒的伸出量（图 1—1—12）。如果尾座套筒有刻度，只需按刻度钻孔。

(3) 钻削深孔时，如果钻削深度达到钻头直径 3 倍，钻削过程中应及时退出排屑，并注意冷却、润滑。

(4) 钻 ϕ30 mm 以上的大孔，一般分成两次进行：第一次用 0.5 ~ 0.7 倍孔径钻头钻削；第二次用所需直径的钻头钻削。

(5) 钻小孔时，可选较高的切削速度（>2 000 r/min），进给力小且平稳，不宜过大、过快，防止钻头弯曲和滑移。应经常退出钻头排屑，并加注切削液。

用细长麻花钻钻小孔时，为了防止钻头晃动，可在刀架上夹一个挡铁，支顶钻头头部，以帮助钻头定心，如图 1—1—13 所示。但是，挡铁不能将钻头支顶过工件回转中心，否则容易折断钻头。当钻头已正确定心时，挡铁即可退出。

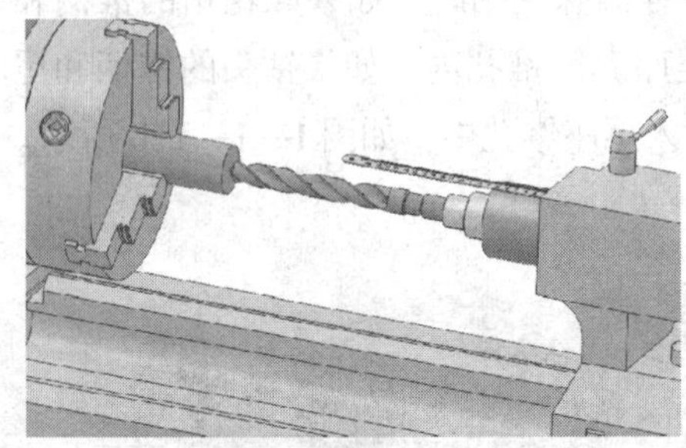

图 1—1—12　钻不通孔时孔深度控制

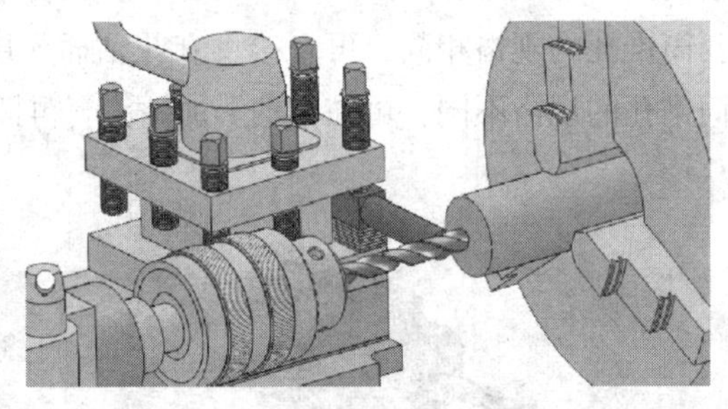

图 1—1—13　用挡铁支顶钻头

三、车孔刀具及工艺要点

1. 车直通孔

车直通孔时，一般采用通孔车刀，如图 1—1—14a 所示。切削用量要比车外圆时适当减小些，特别是车小孔或深孔时，其切削用量应更小。车通孔时，先粗车，保留精车余量 0.5 mm，再精车。

2. 车台阶孔

车台阶孔或盲孔时，应使用盲孔车刀，如图 1—1—14b 所示。

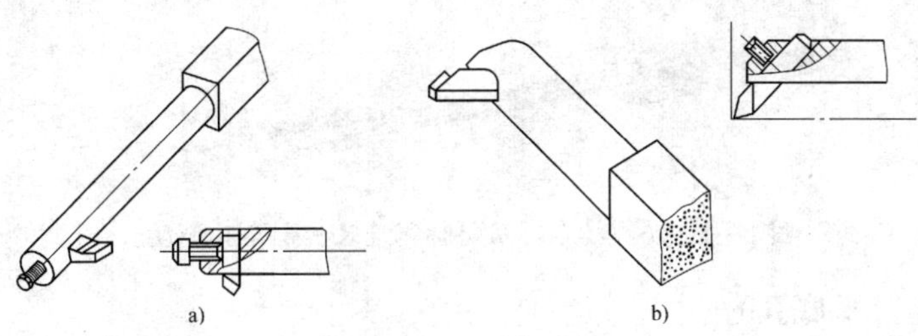

图 1—1—14 内孔车刀

a）通孔车刀 b）盲孔车刀

（1）车台阶孔的工艺要点（表 1—1—12）

表 1—1—12 **车台阶孔的工艺要点**

台阶孔的类型	车削工艺要点
台阶孔直径较小	因为观察困难造成孔的尺寸精度不宜掌握，所以常先粗、精车小孔，再粗、精车大孔
台阶孔直径大	在便于测量小孔尺寸而视线又不受影响的情况下，一般先粗车大孔和小孔，再精车小孔和大孔
台阶孔的孔径尺寸相差较大	首先，用主偏角 85°～88°的车刀粗车，然后，再用盲孔车刀精车 如果直接用盲孔车刀车削，背吃刀量不可太大，否则容易产生振动和扎刀，使刀刃损坏

（2）控制台阶孔深度的方法

粗车时，在刀柄上刻线痕做记号（图 1—1—15a），或装夹车刀时安放限位铜片（图 1—1—15b），以及用床鞍刻线盘来控制等。精车时，需用小滑板刻度盘或游标深度尺等来控制车孔深度，如图 1—1—16 所示。

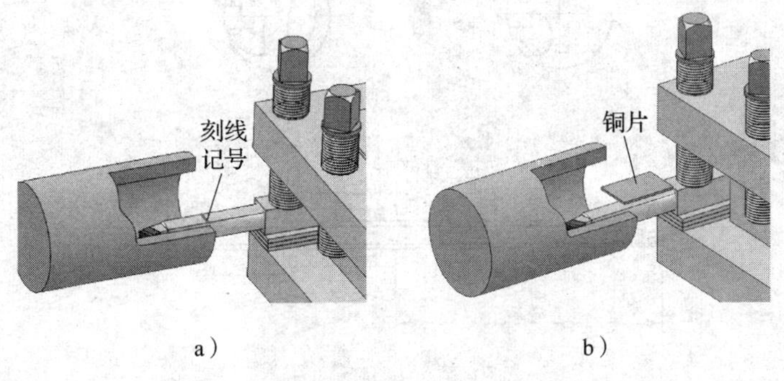

a） b）

图 1—1—15 粗车时控制车孔深度

a）刀柄刻线痕法 b）限位铜片挡铁法

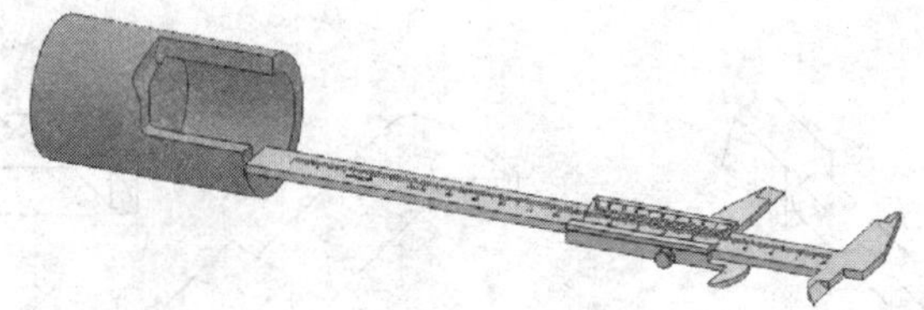

图 1—1—16　精车时用游标深度尺控制车孔深度

3. 车盲孔（平底孔）

车盲孔时，其内孔车刀的刀尖必须与工件的旋转中心等高，否则不能将孔底车平。检验刀尖中心高的简便方法是车端面时进行对刀，若端面能车至中心，则盲孔底面也能车平。同时，必须保证盲孔车刀的刀尖至刀柄外侧的距离应小于内孔半径 R，否则切削时刀尖还未车至工件中心，刀柄外侧就已与孔壁相碰。

在用硬质合金车刀车孔时，一般不需要加切削液。车铝合金孔时，也不加切削液。因为水和铝容易起化学作用，会使加工表面产生小针孔。在精车铝合金孔时，使用煤油冷却较好。

4. 切削用量的选择

车孔时，由于工作条件不利，加上刀柄刚性差，容易引起振动，因此选用的切削用量应比车外圆时要低。

四、车削内孔的关键技术问题

车削内孔的工作条件较差，刀杆刚性差，排屑困难，所以车削内孔的关键技术是解决内孔车刀的刚性和排屑问题。

1. 尽量增加刀杆的截面积

一般内孔车刀的刀尖位于刀杆的上面，使车刀存在一个缺点，即刀杆的截面积小于孔截面积的 1/4，如图 1—1—17a 所示。当内孔车刀的刀尖位于刀杆的中心线上时，刀杆的截面积可达到最大限度，如图 1—1—17b 所示。

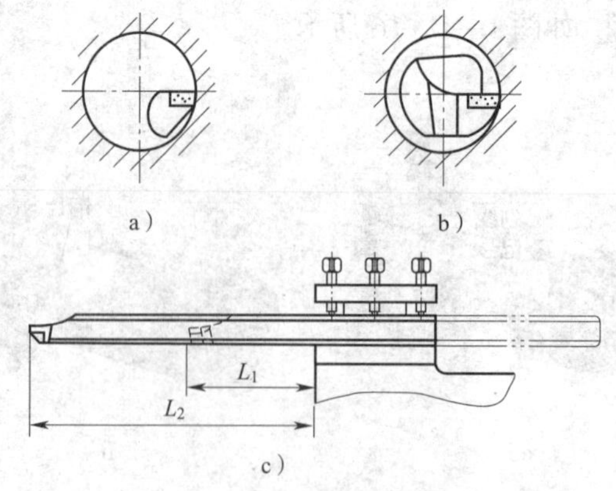

图 1—1—17　可调节刀杆长度的内孔车刀

a）刀尖位于刀杆上面时的截面投影　b）刀尖位于刀杆中心时的截面投影　c）可调节刀杆伸出长度

2. 尽可能缩短刀杆的伸出长度

刀柄伸出长度应尽可能短，以保证车刀刀柄有足够的刚度，减小切削过程中的振动。刀柄可以制作得很长，使用时根据不同的孔深调节刀柄的伸出长度（图 1—1—17c），调节时只要刀柄的伸出长度大于孔深即可，这样可使刀柄以最大刚度的状态工作。

3. 解决排屑问题

解决排屑问题，主要是控制切屑流出的方向。精车通孔时，要求切屑流向待加工表面（前排屑），可以采用前排屑通孔车刀，如图 1—1—18 所示。车削盲孔时，应采用后排屑盲孔车刀，使切屑从孔口排出，如图 1—1—19 所示。

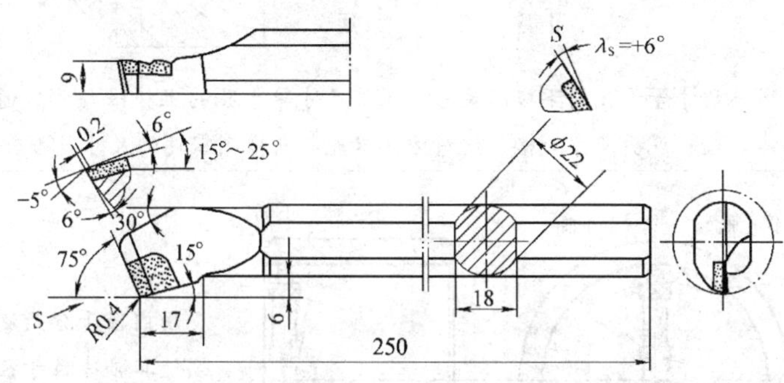

图 1—1—18　前排屑通孔车刀

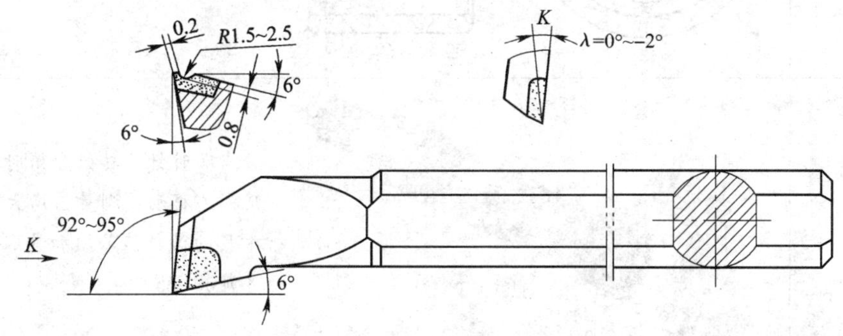

图 1—1—19　后排屑盲孔车刀

五、孔的检测

孔的常用检测方法见表 1—1—13。

六、切断

1. 切断刀及其应用

按切削部分材料不同，切断刀分为高速钢切断刀和硬质合金切断刀，如图 1—1—20 所示。高速钢切断刀的切削部分与刀杆为同一材料锻造而成，是目前使用较普遍的切断刀。硬质合金切断刀是将用作切削部分的硬质合金焊接在刀体上而成，适用于高速切削。

表 1—1—13　　孔的常用检测方法

检测方法	图示及说明
用塞规检测	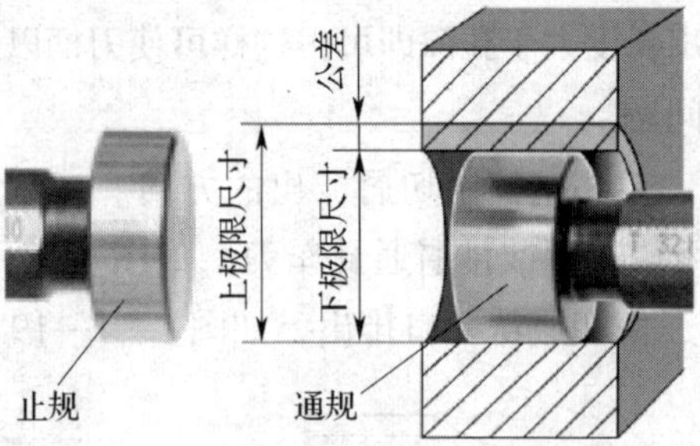 通端尺寸等于孔的下极限尺寸，止端尺寸等于孔的上极限尺寸。通端通过而止端不能通过，说明尺寸合格。这种方法只能判断被测零件的尺寸是否合格
用内径千分尺检测	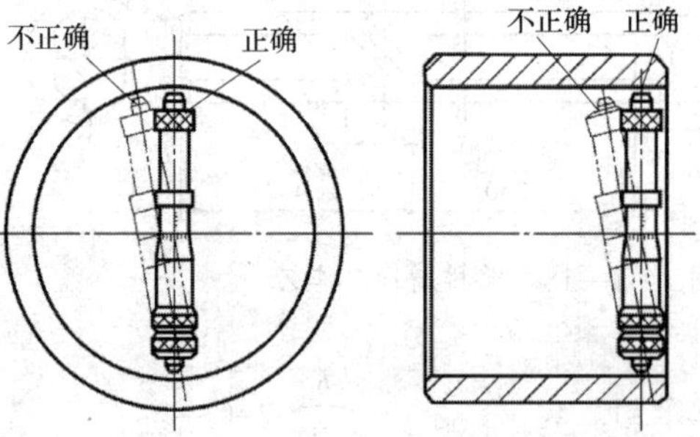 用内径千分尺测量孔径时，必须使其轴线位于径向，且垂直于孔的轴线。其测量误差较大
用内测千分尺检测	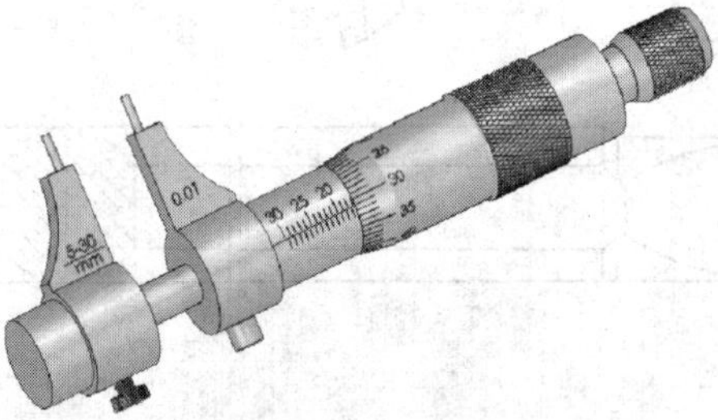 当顺时针旋转微分筒时，活动爪向右移动，测量值增大。游标卡尺的读数值必须加量爪的厚度才是孔径值
用内径百分表检测	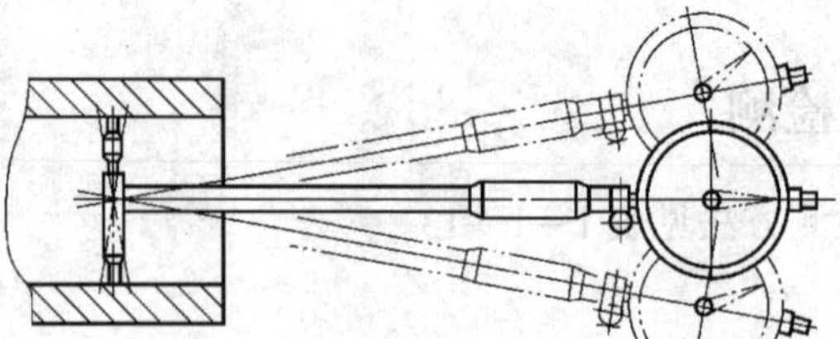 测头通过摆块使杆上移，可推动百分表指针转动而指出读数。测量完毕，在弹簧力的作用下，测头自动回位 内径百分表的示值误差较大，一般为 ±0.015 mm。因此，在每次测量前都必须用外径千分尺进行校对

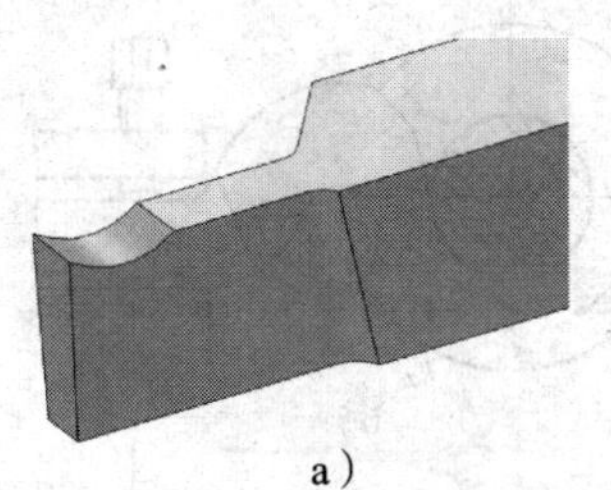
a）

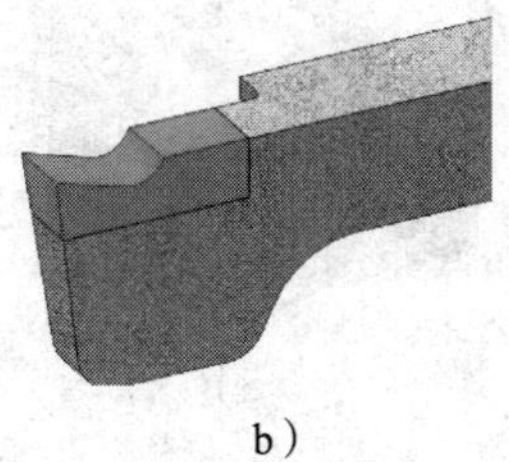
b）

图 1—1—20 切断刀

a）高速钢切断刀 b）硬质合金切断刀

切断刀的主切削刃宽度较窄，一般取 2 ~ 5 mm，如果主切刃宽度太宽，在切削时容易造成振动。切断刀刀头长度应略大于被切工件的半径。安装切断刀时，要使切断刀中心线垂直于工件轴线，两副切削刃要对称，刀尖高度要求与工件水平轴线等高。切断刀的底平面应平整，以保证车削质量。

（1）弹性切断刀及其应用

为了节省高速钢，切断刀可以做成片状，再装夹在弹性刀柄上，如图 1—1—21 所示。弹性切断刀的优点是：当进给量过大时，弹性刀柄会因受力而产生变形，由于刀柄的弯曲中心在上面，所以刀头就会自动向后退让，从而避免了因扎刀而导致切断刀折断的现象。

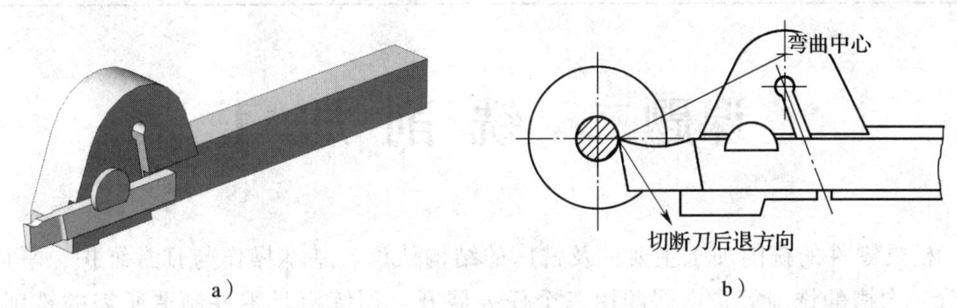

a） b）

图 1—1—21 弹性切断刀及其应用

a）弹性切断刀 b）应用

（2）反切刀及其应用

切断直径较大的工件时，由于刀头较长，刚度很差，很容易产生振动。这时，可采用反向切断法（即工件反转），用反切刀切断，如图 1—1—22 所示。反向切断时，作用在工件上的切削力（F_z）与工件重力（G）方向一致，这样不容易产生振动，而且，切屑向下排出，不容易在槽中堵塞。

2. 切断时切削用量的选择原则

由于切断刀的刀头强度较差，在选择切削用量时应适当减小其数值。硬质合金切断刀比高速钢切断刀选用的切削用量要大；车削钢料时的切削速度比车削铸铁时的切削速度要高，而进给量要略小一些。

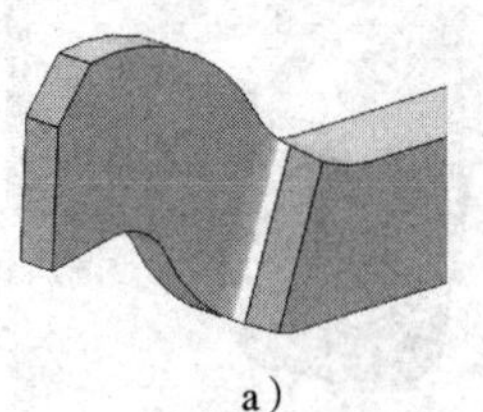
a）

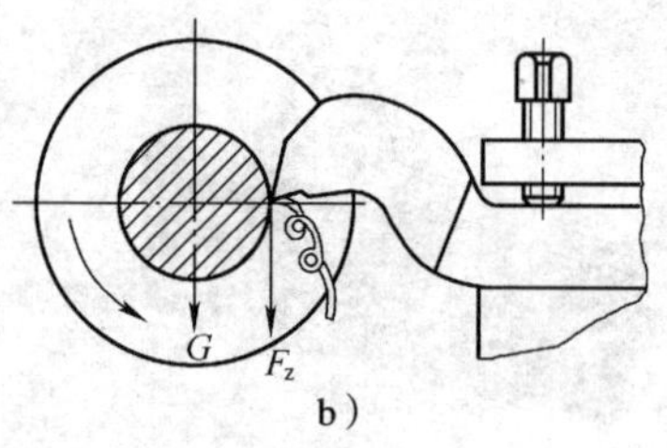

b）

图 1—1—22　反切刀及其应用

a）反切刀　b）应用

切断为横向进给车削，背吃刀量是垂直于已加工表面方向所量得的切削层宽度的数值。所以，切断时的背吃刀量 a_p 等于切断刀主切削刃宽度。不同材料切断刀在切断钢料、铸铁时所用进给量 f、切削速度 v_c 见表 1—1—14。

表 1—1—14　　切断时进给量和切削速度的选择

切断刀材料	高速钢		硬质合金	
工件材料	钢料	铸铁	钢料	铸铁
进给量 f（mm/r）	0. 05 ~0. 1	0. 1 ~0. 2	0. 1 ~0. 2	0. 15 ~0. 25
切削速度 v_c（m/min）	30 ~40	15 ~25	80 ~120	60 ~100

课题二　铣 削 加 工

模具零件的铣削加工主要涉及铣床的结构认识、基本操作与日常维护，平面、台阶、沟槽的铣削等。本课题用三个任务展开，训练模具零件制造所需的铣削加工技能。

任务一　铣床的基本操作与日常维护

工作任务

在学习铣削加工前，必须先熟悉铣床各部分的结构及作用，能够熟练地操作铣床，并进行正确的维护保养。

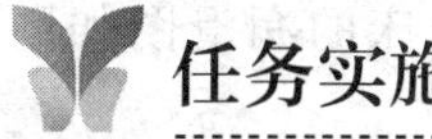

任务实施

一、认识铣床各部分结构

到工厂的机加工车间进行参观，观察普通铣床的结构和组成，了解各个主要结构的作用。图 1—2—1 所示为 X5320 型立式升降台铣床的主要结构。

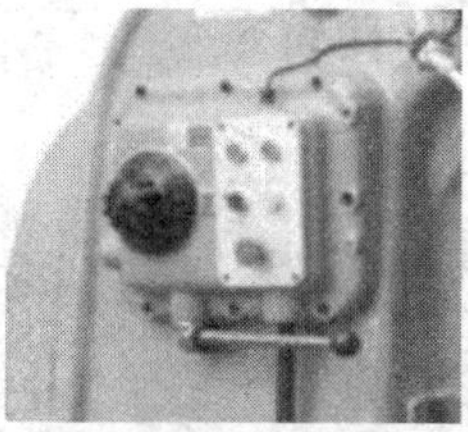

主轴变速机构 　　床身 　　立铣头及主轴

横向溜板 　　工作台

升降台 　　进给变速机构 　　底座

图 1—2—1　X5320 型立式升降台铣床的主要结构

二、铣床润滑操作

铣床的润滑包括轴承、齿轮、导轨等部位的润滑。铣床的主轴变速箱、进给变速箱、主轴等传动部位多采用自动润滑，又称为强制循环润滑。只要机床启动，机床内部的油泵就开始工作，将润滑油输送到齿轮、轴承等各个需要润滑的部位。导轨、丝杠、挂架等部位需要每班进行手动滴油润滑。操作人员可以按照铣床的润滑图

所示润滑位置及润滑要求进行定期润滑。X5032 型立式升降台铣床的润滑图如图 1—2—2 所示。

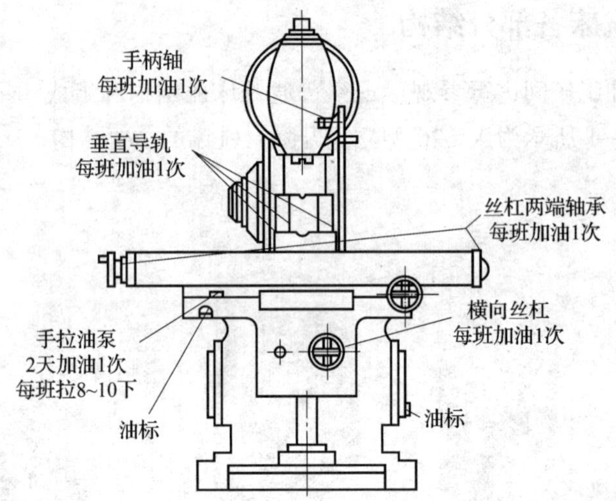

图 1—2—2　X5032 型立式升降台铣床润滑图

三、铣床启停操作

X5032 型立式升降台铣床的各手动进给手柄如图 1—2—3 所示。铣床的电气控制线路集中在床身上的电气箱里。电气箱开关、控制旋钮、手柄及其基本操作如图 1—2—4 所示。操作注意事项如下：

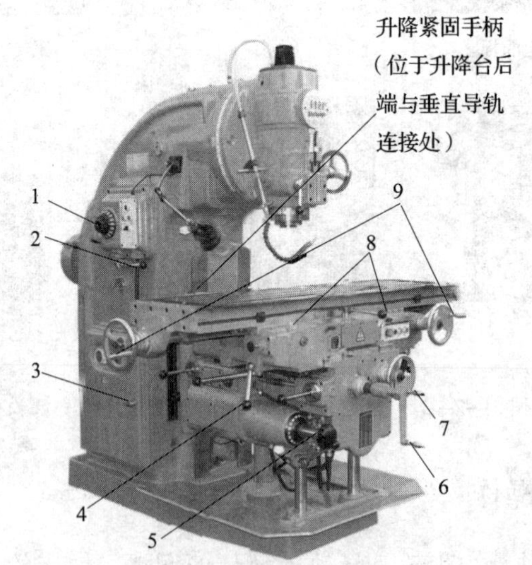

图 1—2—3　X5032 型立式升降台铣床手动进给手柄

1—转速盘　2—主轴转速变换手柄　3—电气箱门手柄　4—横向紧固手柄　5—进给变速手柄
6—升降手柄　7—横向进给手柄　8—纵向紧固螺钉　9—纵向进给手柄

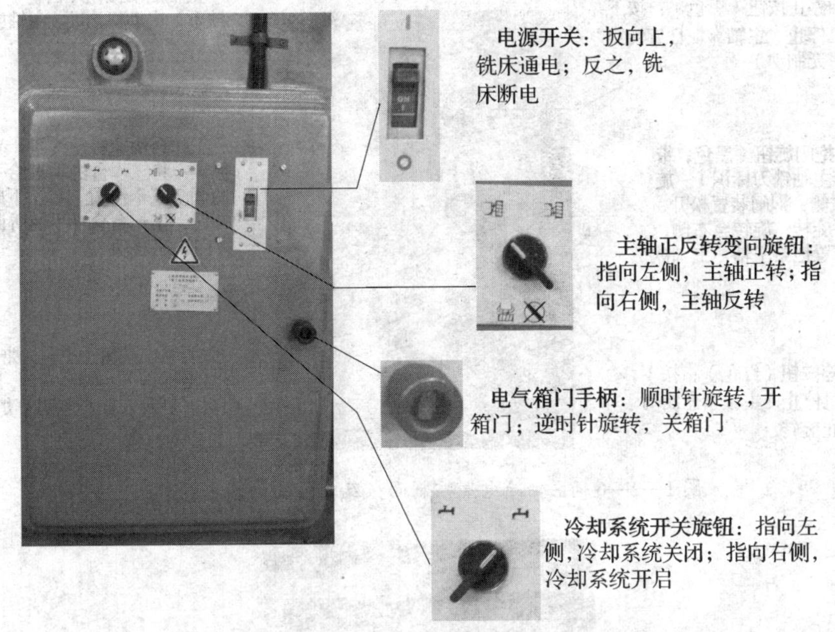

图 1—2—4　电气箱开关、控制旋钮、手柄及其基本操作

1. 在清扫铣床前，应关闭电源开关。

2. 在主轴旋转过程中，不允许旋转主轴正反转变向旋钮，以防止突然的变向冲击损坏机床内部零件。

3. 电气箱门应由专业的机床维修人员打开。

四、主轴启停、变速、升降操作

主轴启动、停止及变速可以通过图 1—2—5 所示的主轴箱电气控制面板、变速手柄及转速盘实现。

1. 主轴的启动与停止操作

主轴的启动、停止、紧急制动等可以通过主轴箱电气控制面板及其按钮控制，如图 1—2—6 所示。

在工作台上有与主轴箱电气控制面板上相同的主轴启动按钮、主轴停止按钮、工作台快速移动按钮与急停按钮，如图 1—2—7 所示。其颜色、形状、作用及操作方法均与主轴箱电气控制面板上的各按钮相同。

2. 主轴的变速操作

变换主轴转速时，必须先接通电源，同时主轴停转，才可以进行操作，具体见表 1—2—1。

图 1—2—5　主轴变速箱

1—主轴箱电气控制面板

2—变速手柄　3—转速盘

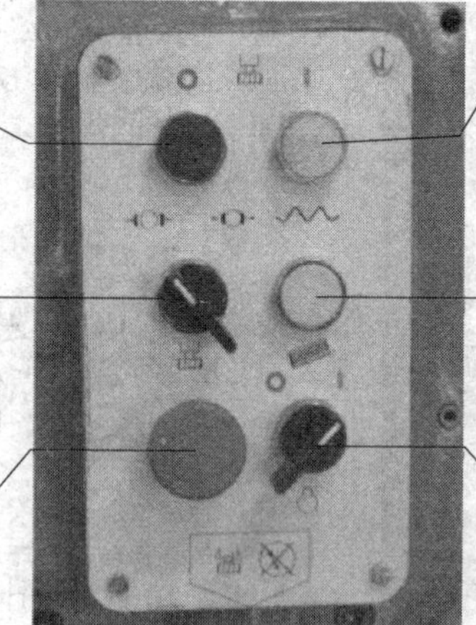

图 1—2—6　主轴箱电气控制面板及其按钮的基本操作

图 1—2—7　工作台上的电气控制面板

1—急停按钮　2—主轴停止按钮　3—主轴启动按钮　4—工作台快速移动按钮

表 1—2—1　　主轴变速操作

步骤	操作	图示
下压手柄	手握变速手柄球部下压，使手柄定位滑块从固定环的槽 1 中脱出	1—指针　2—螺钉　3—冲动开关 4—变速手柄　5—固定环　6—转速盘
外拉手柄	外拉手柄，将手柄顺时针转动，使定位榫块嵌入固定环的槽 2 内，手柄处于脱开的位置Ⅰ	
调整转速	调整转速盘，将所选择的转速对准指针	
接合手柄	压下手柄，并快速推至位置Ⅱ，即可接合手柄。此时，冲动开关瞬时接通，电动机转动，带动变速齿轮转动，使齿轮啮合	
复位停机	手柄继续向右至位置Ⅲ，并将其滑块送入固定环的槽 1 内复位。电动机断电，主轴变速箱内的齿轮停止转动	

主轴变速操作完毕，按下启动按钮，主轴就按照选定的转速旋转。此时，检查油窗是否甩油。如果不甩油，说明油位过低或润滑油泵出现了故障，需及时加油、检修。

由于电动机启动电流很大，主轴连续变速应不超过三次，否则，易烧毁电动机电路。如果必须多次变速，两次变速的时间间隔应不少于 5 min。

3. 主轴升降手动进给操作

主轴升降机构及主轴升降手动进给操作如图 1—2—8 所示。

图 1—2—8 主轴升降机构及主轴升降手动进给操作

同时，可用主轴升降手轮上的刻度盘（图 1—2—9）控制主轴进给行程。松开刻度盘锁紧螺钉后，可旋转刻度盘。刻度盘的圆周刻线为 40 格，手轮每摇一转，主轴移动 4 mm，所以刻度盘每摇过一格时，主轴移动 0.1 mm。

图 1—2—9 主轴升降手轮上的刻度盘

1—刻度盘锁紧螺钉 2—刻度盘

五、工作台手动进给操作

1. X5032 型立式升降台铣床工作台手动进给操作

X5032 型立式铣床工作台的操纵手柄用于控制工作台纵向、横向、升降进给，如图 1—2—10 所示。操纵手柄位置及工作台手动进给操作如图 1—2—11 所示。为了便于操作者站在不同的位置进行操作，机床各个方向的机动进给手柄都有两副，分别位于机床的正面和左侧，它们是联动的复式操纵机构。

2. X5032 型立式升降台铣床手动进给刻度盘的操作

工作台可以借助各方向进给手柄上的刻度盘，实现向各个方向的准确进给，具体操作见表 1—2—2。

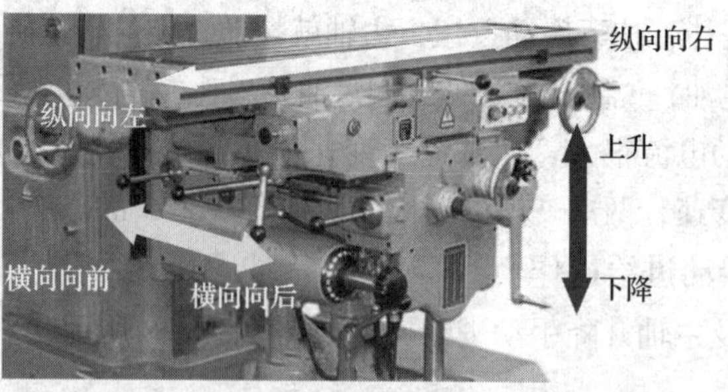

图 1—2—10　X5032 型立式升降台铣床工作台操纵手柄与移动方向

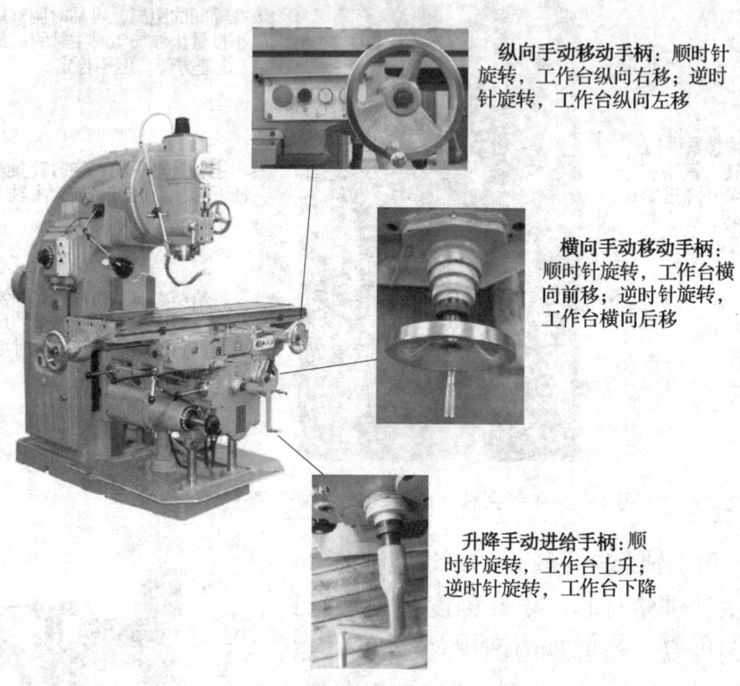

图 1—2—11　X5032 型立式升降台铣床的工作台操纵手柄及手动进给操作

表 1—2—2　**X5032 型立式升降台铣床刻度盘的操作**

名称	操作	图示
纵向、横向手动操纵手柄的刻度盘	锁紧刻度盘后，刻度盘将与手柄同步转动。纵向、横向刻度盘的圆周刻线为 80 格，每摇一转，工作台移动 4 mm，所以每摇过一格时，工作台移动 0.05 mm	
升降手动操纵手柄的刻度盘	垂直方向升降刻度盘的圆周刻线为 40 格，每摇一转，工作台移动 2 mm，因此每摇过一格时，工作台也升（或降）0.05 mm	

3. 注意事项

手动移动工作台时，如果手柄摇过了规定距离所需的刻度，必须将刻度盘退回半转以上，再重新摇到要求的刻度位置。这是因为丝杠与螺母间存在着间隙，反摇手柄时由于间隙的存在，丝杠并不能马上一起转动，要等间隙消除后丝杠才能带动工作台运动。

另外，不使用手动进给时，必须将各向手柄与离合器脱开，以免机动进给时手柄旋转伤人。

六、工作台机动进给、变速操作

1. 工作台纵向、横向和升降的机动进给操作

当机动进给手柄与进给方向垂直时，机动进给处于停止状态；当机动进给手柄与进给方向成倾斜状态时，机动进给被接通。在主轴转动时，手柄向哪个方向倾斜即向哪个方向进行机动进给；如果同时按下快速移动按钮，工作台即向该进给方向进行快速移动。

（1）工作台机动进给操作（表1—2—3）

表1—2—3　工作台纵向、横向和升降的机动进给操作

步骤	操作	图示
通电	打开电源开关	
检查铣床	检查各进给方向的紧固螺钉、紧固手柄是否松开；检查工作台在各进给方向是否处于中间位置	
检查限位挡块	三个进给方向的安全工作范围各由两块限位挡块实现安全限位（非工作需要，不得随意拆除） 机动进给前，检查各挡块的位置，确保其紧固、安全	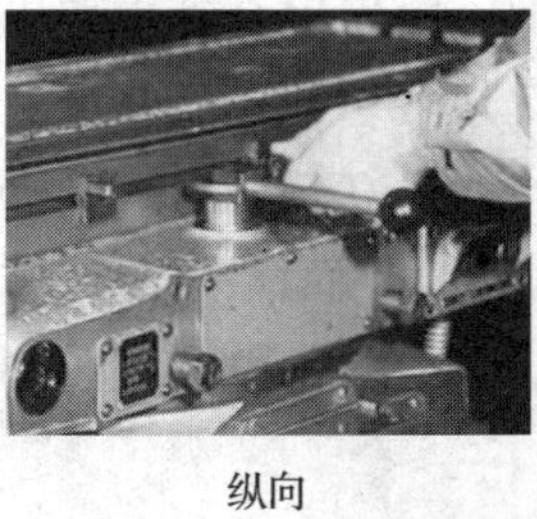 纵向 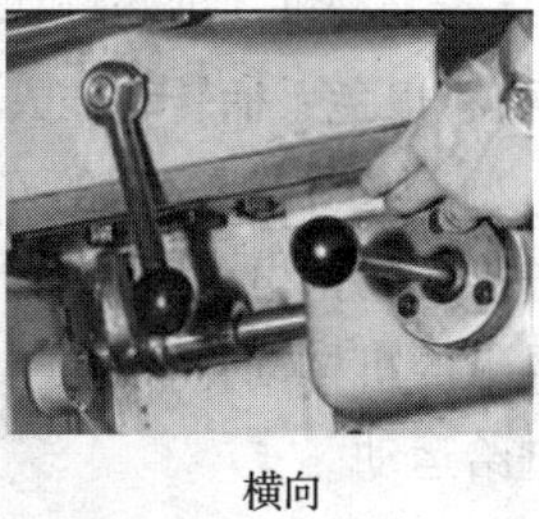　横向 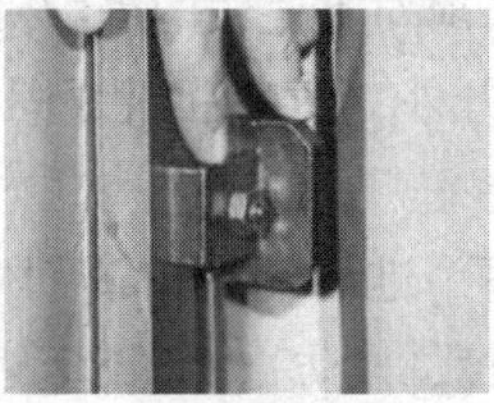 升降方向

续表

步骤	操作	图示
按照进给方向扳动操纵手柄	纵向机动进给操纵手柄有三个位置，即“向右进给”“向左进给”和“停止”。扳动手柄，手柄指向就是工作台的机动进给方向	向右进给 工作台纵向机动进给操作
	横向和升降方向的机动进给由同一个手柄操纵。该操纵手柄有五个位置，即“向里进给”“向外进给”“向上进给”“向下进给”和“停止”。扳动手柄，手柄指向就是工作台的机动进给方向	向外进给 工作台横向、升降机动进给操作

（2）注意事项

1）进行机动进给操作前，应先检查各手动手柄是否与离合器脱开（特别是升降手柄），以免手柄转动伤人。

2）为了保证机床的安全，X5032 型立式升降台铣床的纵向与横向、垂直方向机动进给之间由电气系统保证互锁，而横向与垂直方向机动进给之间的互锁是由单手柄操纵的机械动作保证的。因此，操作时一次只能操纵一个手柄实现一个方向的机动进给运动。

3）铣削时，应对不使用的进给机构予以固定。例如，纵向进给铣削时，除工作台纵向紧固螺钉松开外，横向溜板紧固手柄和垂直进给紧固手柄应旋紧。工作完毕后，应将其松开。

4）工作台每个进给方向上都有两块机动进给停止挡铁。挡铁应安装在限位柱范围内，不准随意拆掉，以防止机床超程而发生事故。

2. 工作台机动进给变速操作

工作台机动进给变速操作是为了满足机动进给时不同进给速度要求所进行的操作。

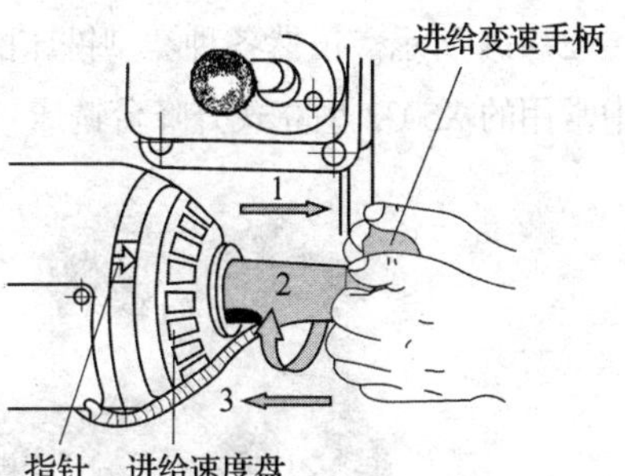

图 1—2—12 进给变速操作方法

进给变速操作需在停止自动进给的情况下进行。操作者可以按照铣床上安装的进给量变速表进行变速。具体操作如下：

（1）向外拉出进给变速手柄，如图 1—2—12 中箭头 1 所示。

（2）转动进给变速手柄，带动进给速度盘转动，如图 1—2—12 中箭头 2 所示。将进给速度盘上选择好的进给速度值对准指针位置，如图 1—2—12 所示。

（3）将进给变速手柄推回原位，即完成进给变速操作，如图 1—2—12 中箭头 3 所示。

相关知识

一、模具铣削的基本内容

图 1—2—13a 所示为一些典型模具，它们由各种模具零件装配而成。除了标准件外，重要的模具零件（如凸模、凹模、型芯、型腔等）的形状主要由平面、孔系、沟槽（包括直槽、V 形槽、T 形槽、螺旋槽等）、成型面等组成，如图 1—2—13b 所示。因此，模具大多数零件均需要进行平面加工、孔系加工、沟槽加工、曲面以及成型表面加工。由于铣床的进给运动形式和方向较多，可以很方便地加工出凸模、凹模上的平面（水平面、垂直面、斜面等）、曲面，并且利用成型铣刀还可以完成成型面及各种沟槽的加工，还可以通过钻、铰、镗等加工方式，顺利完成模板上的孔系加工等。所以，铣削加工在模具零件制造中应用较广泛。

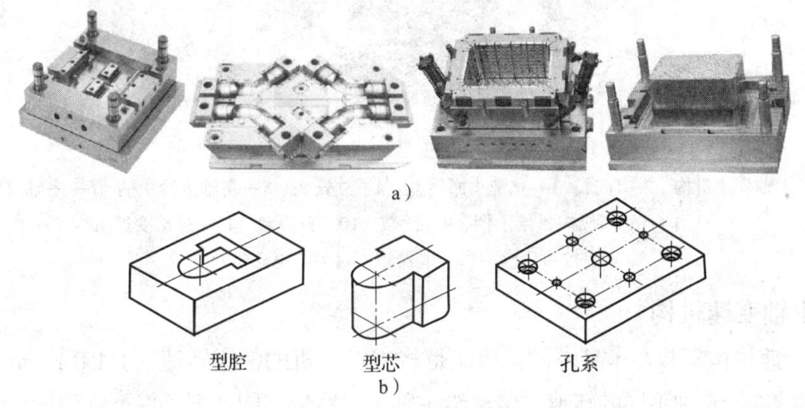

图 1—2—13 典型模具及其零件的典型表面

a）典型模具 b）模具零件的典型表面

二、铣床的主要结构及其作用

铣床的种类较多，在一般铣削加工中常使用卧式升降台铣床、立式升降台铣床，如图

1—2—14 所示。虽然各种类型铣床的结构各异，但是它们的基本结构相似。以在模具加工中常用的 X5032 型立式升降台铣床（图 1—2—15）为例，介绍铣床的主要结构及其作用。

图 1—2—14　常用的卧式、立式升降台铣床

a）XA6132 型万能卧式升降台铣床　b）X5032 型立式升降台铣床

图 1—2—15　X5032 型立式升降台铣床结构

1—主轴变速机构　2—床身　3—立铣头回转盘　4—立铣头　5—主轴进给手柄　6—主轴套筒　7—工作台　8—纵向进给手柄　9—滑鞍　10—升降台　11—进给变速机构　12—底座　13—电器箱　14—主电动机

1. 主轴变速机构

主轴变速机构安装在床身内，其功能是将主电动机的额定转速（1 450 r/min）通过齿轮变速，变换成 18 种不同的转速，传递给主轴，以适应不同切削条件下铣削加工的需要。

2. 床身

床身是机床的主体，用来安装和连接其他部件。床身正面有垂直导轨，可引导升降台上下移动。床身内部装有主轴和主轴变速机构的交换齿轮及传动轴。

3. 立铣头及主轴

主轴位于立铣头上，与工作台台面垂直。主轴是一根前端带锥孔的空心轴，锥孔的锥度为7:24，用来安装铣刀杆和铣刀。主电动机输出的回转运动，经主轴变速机构驱动主轴连同铣刀一起回转，实现主运动。主轴可在垂直面内做±45°范围内的偏转，以调整铣床主轴轴线与工作台台面间的相对位置。

4. 工作台

工作台用以安装铣床夹具和工件，铣削时带动工件实现纵向进给运动。

5. 横向溜板

铣削时，横向溜板用来带动工作台实现横向进给运动。横向溜板与工作台连接处没有回转盘，所以工作台在水平面内不能扳转角度。

6. 升降台

升降台用来支承滑鞍和工作台，带动工作台上下移动。升降台内部装有进给电动机和进给变速机构。

7. 进给变速机构

进给变速机构用来调整和变换工作台的进给速度，以适应铣削的需要。

8. 底座

底座用来支持床身，承受铣床全部重量，盛储切削液。

三、铣床的日常保养和一级保养

铣床日常保养的内容和要求见表1—2—4。铣床一级保养的内容和要求见表1—2—5。

表1—2—4　　铣床日常保养的内容和要求

日常保养（每天）	内容和要求
班前	对重要部位进行检查 擦净外露导轨面，并按规定润滑各部位 空运转，并查看润滑系统是否正常 检查各油平面，如果低于油标，则应该加注润滑油
班后	擦拭机床，保持床身及部件的清洁 清扫铁屑，打扫周边环境卫生 清洁工具、夹具、量具 复位铣床各部件及手柄

表1—2—5　　铣床一级保养的内容和要求（机床运行500 h后）

保养部位	内容和要求
床身及外表	擦拭工作台、床身导轨面、丝杠、机床各表面及死角、操作手柄及手轮，保持清洁，无油污 导轨面去毛刺 拆卸并清洗油毛毡，清除铁屑杂质

续表

保养部位	内容和要求
床身及外表	除去各部锈蚀，保护喷漆面，勿碰撞 停用、备用设备导轨面、滑动面、手轮、手柄及其他暴露在外易生锈的部位应涂油覆盖
主轴箱	清洁，润滑良好
工作台及升降台	清洁，润滑良好 调整夹条间隙 检查并紧固工作台压板螺栓及各操纵手柄的螺钉、螺母 调整螺母间隙 清洗手压油泵
工作台变速箱	清洁，润滑良好
冷却系统	各部清洁，管路畅通 冷却槽内无沉淀铁屑
润滑系统	润滑油清洁，油路畅通，油毡有效，油标醒目
电气系统	擦拭电动机及电气箱，达到内外清洁

四、铣床安全操作规程

1. 操作前，正确穿戴劳保用品，严禁戴手套等。在铣床周围安装挡板，使之与操作区隔离。

2. 工作台不准堆放工具、零件等物。装夹毛坯时，工作台台面要垫好，以免损伤工作台。安装工件应牢固。

3. 工作台移动时应打开紧固螺钉，工作台不移动时应将紧固螺钉拧紧。

4. 安装刀具时，应保持铣刀锥体部分和锥孔的清洁，并要装夹牢固。安装铣刀前应检查刀具号是否正确、完好，装好后要试运转。注意刀具和工件的距离，防止发生撞击事故。

5. 铣削时应先手动进给，再自动进给。经常检查操纵手柄内的保险弹簧是否有效可靠。

6. 自动进给时，应拉开手轮，注意限位挡块是否牢固，不准放置在最大行程上，避免进给到两个极限位置而撞坏丝杠。使用快速进给时，事先判断是否会发生相撞等情况，以免碰坏机件、铣刀碎裂飞出伤人。

7. 铣削时，禁止用手触摸铣刀刀刃和加工部位，禁止测量、检查、调整工件。

8. 主轴停止前，须先停止进刀。换挡时须切断电源。工作完毕应做好清理工作，并关闭电源。

9. 铣床出现故障时，应立即停止机床，检查并上报，由专业的机床维修人员进行修理。

任务二　铣 削 凸 模

工作任务

铣削弯曲模凸模，如图 1—2—16 所示。毛坯尺寸为 55 mm × 35 mm × 25 mm，材料为 45 钢。

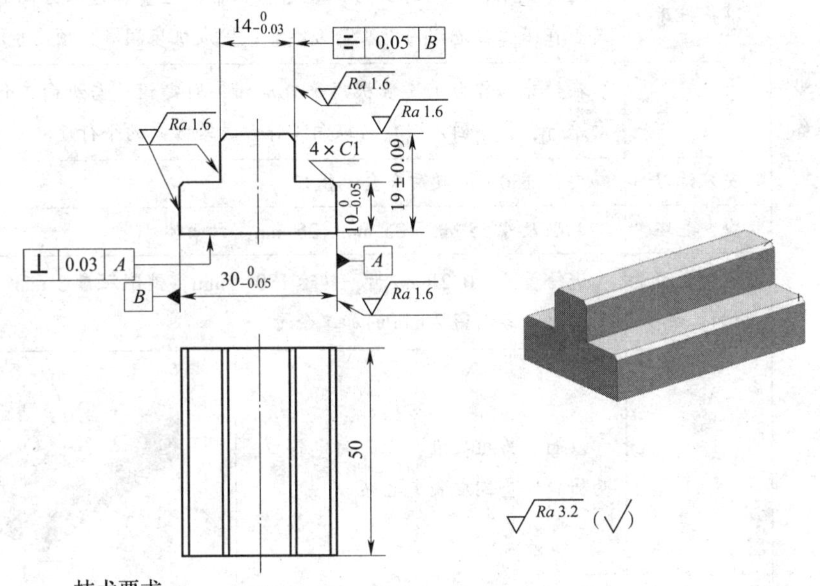

图 1—2—16　弯曲模凸模

任务实施

一、工艺分析

凸模的形状为台阶，主要由平面组成。这些平面应具有较好的平面度和较小的表面粗糙度，对于与其他零件相配合的台阶的两侧平面，长度、高度方向还须有较高的尺寸精度（如图中标注）和较高的位置精度（如平行度、垂直度、对称度等）。由于台阶精度较高，操作时要注意分粗、精加工，并严格按操作规程进行，以免发生事故。

二、铣削凸模操作

铣削凸模的操作见表1—2—6。

表1—2—6　　铣削凸模操作

工序	工步	具体操作及图示
铣削凸模外形准备	准备检验工具及辅具	准备表面粗糙度样块、刀口尺、直角尺、游标卡尺、垫铁、检验圆棒
	准备铣床	检查铣床各手柄的初始位置是否正常，检查各进给方向的停止挡铁是否在限位柱范围内以及是否牢靠；完成机床润滑、预热等准备工作
	安装夹具	在铣床工作台上安装机用平口虎钳。固定钳口与纵向工作台进给方向平行；找正固定钳口与纵向工作台进给方向的平行度
	安装铣刀	安装 ϕ80 mm 硬质合金端铣刀
	检查毛坯	毛坯尺寸 55 mm×35 mm×25 mm，六面体
	确定切削用量和加工余量	进给量为：0.2 mm/齿，转速 180 r/min，铣削深度 3 mm。粗铣各外形面时，各面留 2 mm 的加工余量
铣削凸模外形	铣削面1	以面2为粗基准，靠向固定钳口，两钳口间垫铜皮装夹毛坯 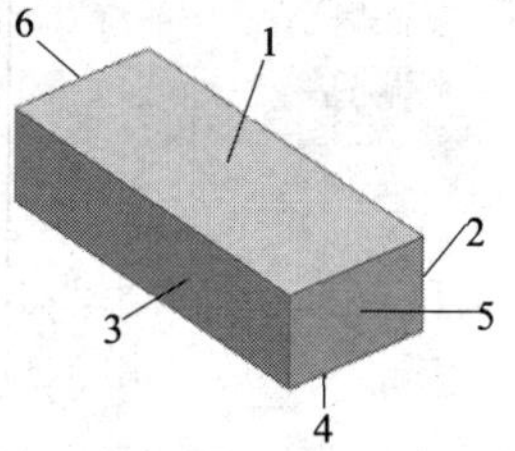
		对称铣（或非对称逆铣）面1（下同），光出即可 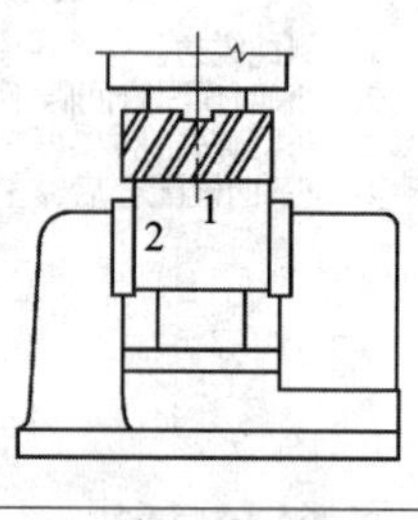
		面1合格后卸下工件，用锉刀去除毛刺（后续相同，省略）
	铣削面2	以面1为精基准，将面1靠向固定钳口，面1和固定钳口之间垫一块尺寸合适的垫铁，在活动钳口和工件间垫一根圆棒。夹紧工件，用木锤或铜锤轻轻敲打工件，直至用手不能晃动垫铁为合适 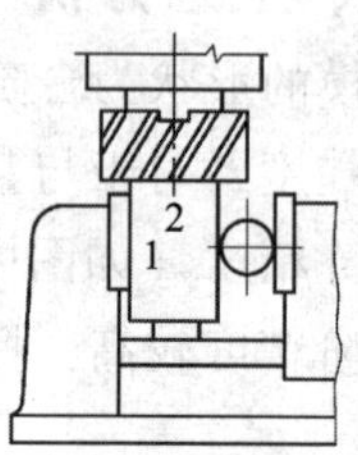
		铣削面2，光出即可

续表

<table>
<tr><th>工序</th><th>工步</th><th colspan="2">具体操作及图示</th></tr>
<tr><td rowspan="8">铣削凸模外形</td><td rowspan="2">铣削面3</td><td>以面1为基准贴向固定钳口，面2作为次基准向下，并加垫铁，进行装夹</td><td rowspan="2"> 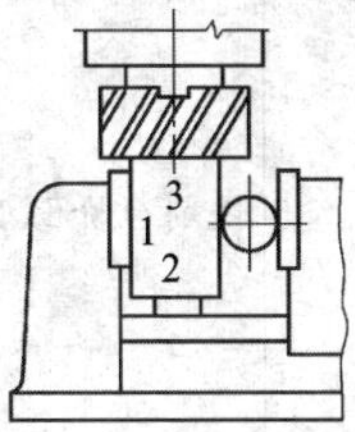3
1
2</td></tr>
<tr><td>铣削面3，控制面3与面2之间的尺寸至合格</td></tr>
<tr><td rowspan="2">铣削面4</td><td>面1向下靠平行垫铁，面3贴向固定钳口，进行装夹</td><td rowspan="2"> 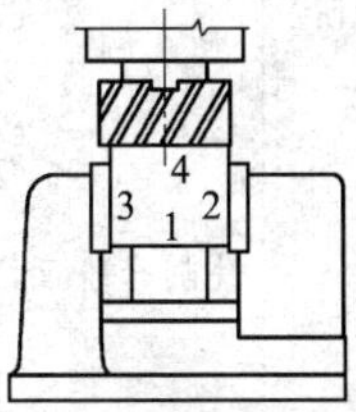4
3 2
1</td></tr>
<tr><td>铣削面4，控制面4与面1之间的尺寸至合格</td></tr>
<tr><td rowspan="2">铣削面5</td><td>将面2靠向固定钳口，用百分表找正面6与钳体导轨面的平行度，夹紧工件</td><td rowspan="2"> 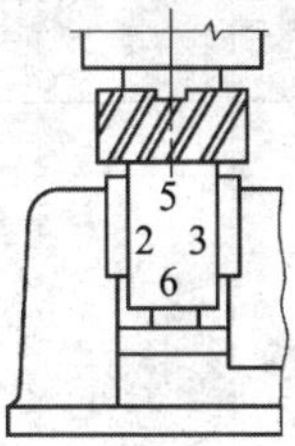5
2 3
6</td></tr>
<tr><td>按照确定的加工余量，铣削面5，光出即可</td></tr>
<tr><td rowspan="2">铣削面6</td><td>将面3靠向固定钳口，面4靠向钳体导轨面，用百分表找正面5与钳体导轨面的平行，夹紧工件</td><td rowspan="2"> 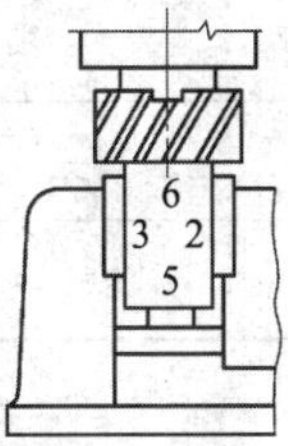6
3 2
5</td></tr>
<tr><td>铣削面6，控制面6与面5之间的尺寸至合格</td></tr>
<tr><td rowspan="5">铣削台阶准备</td><td>划线</td><td colspan="2">取下工件，划出凸模中心线及凸台部分的轮廓线</td></tr>
<tr><td>安装铣刀</td><td colspan="2">选用 ϕ25 mm 高速钢立铣刀。将选择好的铣刀套及铣刀等依次安装到铣床上</td></tr>
<tr><td>确定切削用量</td><td colspan="2">进给量为：0.1 mm/齿；转速 300 r/min；铣削深度 1 mm
调整主轴转速至所选转速，进给量调至所选数值</td></tr>
<tr><td>装夹凸模长方体</td><td colspan="2">将工件辅助基准面靠向固定钳口，主基准面放在合适的平行垫铁上，调整好工件位置并夹紧，用铜棒将工件轻轻敲实，直至用手不能晃动垫铁为合适</td></tr>
<tr><td>对刀</td><td colspan="2">立铣刀对刀并调整</td></tr>
</table>

续表

工序	工步	具体操作及图示
铣削台阶	铣削台阶面 1	铣削凸台的一侧（台阶面 1）。在铣削台阶面 1 时，需要计算并间接测量台阶宽度（间接保证对称度 0.05 mm）及台阶深度
	铣削台阶面 2	铣削凸台另一侧时（台阶面 2），用千分尺测量对称度 0.05 mm 及尺寸精度 $14_{-0.03}^{\ 0}$ mm 若工件毛坯加工有缺陷，此时要认真选择加工面位置，将缺陷区域铣去
工件倒角	—	采用倾斜工件法用键槽铣刀依据右图标注的顺序对工件倒角 $C1$ mm
去毛刺	—	检查无误后，卸下工件，用锉刀仔细去除毛刺
检验	—	按照零件图，综合检验凸模的各项技术要求

三、注意事项

1. 铣床工作台的纵向进给方向应与主轴轴线垂直。当铣床工作台的纵向进给方向与主轴轴线不垂直时，铣出的台阶两侧容易形成凹面，使台阶产生上窄下宽的现象。

2. 立铣头应对准零位。在立式铣床上用立铣刀铣台阶时，当立铣头零位不准时，如果用纵向进给来铣削，虽然对台阶的两侧面无影响，但台阶的下平面（即水平面）上会产生凹面。

四、评价

铣削凸模评分标准见表 1—2—7。

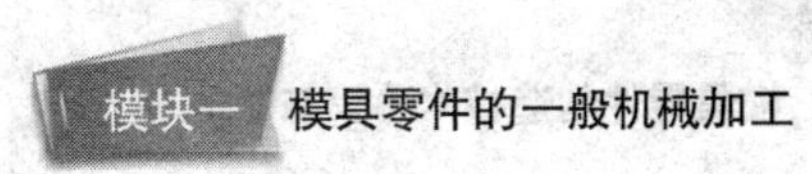

表 1—2—7　　铣削凸模评分标准

考核项目	考核内容及要求	配分	评分标准	检测结果	得分
尺寸精度	50 mm	8	超差不得分		
	$30^{0}_{-0.05}$ mm	9	超差不得分		
	$14^{0}_{-0.03}$ mm	9	超差不得分		
	$10^{0}_{-0.05}$ mm	9	超差不得分		
	(19 ±0.09) mm	8	超差不得分		
	4 × *C*1 mm	8	超差一处扣 2 分		
几何精度	⌯ 0.05 *B*	10	每超差 0.025 mm 扣 5 分，扣完为止		
	⊥ 0.03 *A*	10	每超差 0.01 mm 扣 3 分，扣完为止		
表面粗糙度	*Ra*1.6 μm（4 处）	8	超差不得分		
	*Ra*3.2 μm（其余表面）	6	超差不得分		
其他	铣削方法正确	5	未完成不得分		
	操作规范	5	未完成不得分		
	安全文明生产	5	违者每次扣 1 分，严重者扣 3 ~ 5 分		
总计		100			

相关知识

一、铣刀的分类及应用

常用铣刀的分类和应用见表 1—2—8。

表 1—2—8　　常用铣刀的分类和应用

分类	平面用铣刀
名称及应用	圆柱形铣刀　套式立铣刀　硬质合金可转位端铣刀 用于粗、精铣各种平面

续表

分类	直角沟槽用铣刀		
名称及应用	立铣刀 用于铣削沟槽、螺旋槽与工件上各种形状的孔；铣削台阶平面、侧面；铣削各种盘形凸轮与圆柱凸轮，以及按照靠模铣削内、外曲面	直齿和错齿三面刃铣刀 用于铣削各种槽、台阶平面、工件的侧面及凸台平面	键槽铣刀 用于铣削键槽
分类	特形沟槽用铣刀		
名称及应用	T形槽铣刀 用于铣削T形槽	燕尾槽铣刀 用于铣削燕尾槽和燕尾	

二、平面铣削的方法

铣削平面是铣床加工的重要工作之一，也是进一步掌握铣削其他复杂表面的基础技能。

1. 铣削方法

平面的铣削方法主要有圆周铣削（简称周铣）、端面铣削（简称端铣）和混合铣削（简称混合铣），具体见表1—2—9。

表1—2—9　　平面的铣削方法

方法	定义	说明
圆周铣削	利用分布在铣刀圆柱面上的刀刃来铣削并形成平面的铣削方法	在卧式铣床上，用圆柱形铣刀铣出的平面与工作台台面平行 固定钳口与主轴轴线垂直　固定钳口与主轴轴线平行

续表

方法	定义	说明	
圆周铣削		在立式铣床上，用立铣刀周铣出的平面与铣床工作台台面垂直	用压板装夹工件　用平口虎钳装夹工件
端面铣削	利用分布在铣刀端面上的刀刃铣削并形成平面的铣削方法	在立式铣床上，用端铣刀铣出的平面与铣床工作台台面平行	
		在卧式铣床上，用端铣刀铣出的平面与铣床工作台台面垂直	
混合铣削	指在铣削时铣刀的圆周刃与端面刃同时参与切削的铣削方法	混合铣时，工件上会同时形成两个或两个以上的已加工表面	

2. 周铣与端铣的比较

用圆柱形铣刀进行周铣时，工件的进给速度应慢一些，而铣刀的转速应适当加大，以使被加工表面能获得较小的表面粗糙度值。由于铣刀的圆柱度决定周铣平面的平面度，因此在精铣平面时必须保证铣刀有较高的形状精度。用端铣方法铣出的平面也有一条条的刀纹，刀纹的粗细影响表面粗糙度值的大小，同样与工件进给速度、铣刀转速等因素有关。

与周铣方法相比，端铣方法的优点突出，如振动小，铣削平稳，生产效率高；加工表面粗糙度值低；铣削力变化小；大直径端铣刀能一次铣出较宽的表面而不需要接刀等。因此，在铣床上多采用端铣方法铣削平面。

三、平面铣削的方式

在铣削加工中，按照铣刀的旋转方向和切削进给方向之间的关系划分，铣削方式分为顺铣与逆铣两种。

顺铣是铣刀对工件的作用力在进给方向上的分力与工件进给方向相同的铣削方式。逆铣是铣刀对工件的作用力在进给方向上的分力与工件进给方向相反的铣削方式。

1. 周铣时的顺铣与逆铣

周铣时顺铣、逆铣的特点见表1—2—10。

表1—2—10　　周铣时顺铣、逆铣的特点

铣削方式	顺铣	逆铣
图示		
优点	铣削较平稳；刀刃切入容易，磨损慢；加工出的工件表面质量较高；进给运动消耗的功率较小	工作台不发生间歇性窜动；当毛坯件有硬皮时，铣刀刀刃受到的损坏相对小
缺点	工作台会发生间歇性窜动；当工件表面有硬皮或杂质时，容易磨损或损坏铣刀	工件需要使用较大的夹紧力；铣刀与工件的摩擦、挤压严重，磨损较快；降低工件表面质量；进给运动消耗的功率较大

在铣床上进行周铣时，一般采用逆铣方式。当丝杠、螺母传动副有间隙调整机构，并将轴向间隙调整到较小（0.03～0.05 mm）时，如果水平方向的切削分力小于工作台导轨间的摩擦力，或者铣削不易夹牢和薄而细长的工件时，可选用顺铣方式。

2. 端铣时的对称铣削与非对称铣削

根据端铣过程中铣刀与工件之间的相对位置不同，铣削方式又可分为对称铣削（图 1—2—17）与非对称铣削（图 1—2—18）。同时，端铣也存在顺铣（切出边宽度大）和逆铣（切入边宽度大），如图 1—2—18a、b 所示。在铣削宽度上以铣刀轴线为界，铣刀先切入工件的一边称为切入边，铣刀切出工件的一边称为切出边。

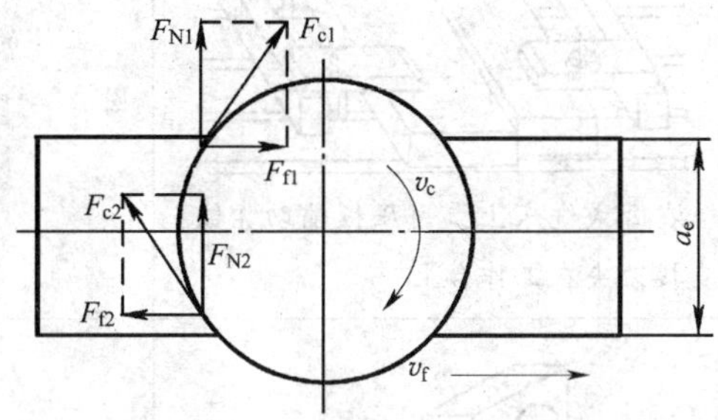

图 1—2—17 端铣时对称铣削

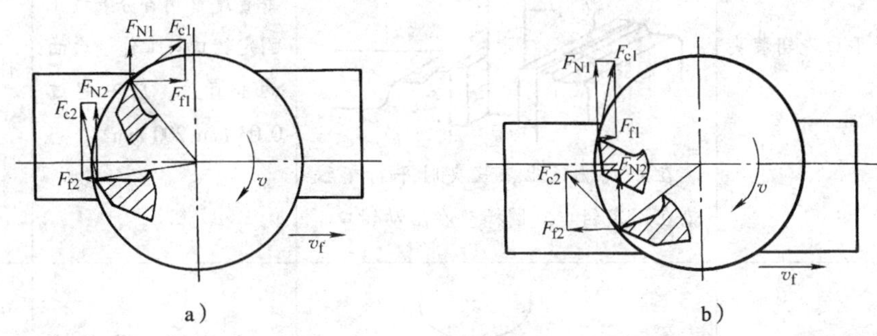

a）　　b）

图 1—2—18 端铣时非对称铣削

a）非对称顺铣 b）非对称逆铣

端铣时，一般采取非对称逆铣方式。只有在铣削塑性和韧性好、加工硬化严重的材料（如不锈钢、耐热合金等）时，为了减少切屑黏附和提高刀具寿命，才采用非对称顺铣。而且，必须调整机床工作台的丝杠螺母副的传动间隙。

四、连接面的铣削方法

工件上有许多不在同一平面上的表面，它们互相直接或间接地交接，这样的表面称为连接面。相对于基准面，连接面之间有平行、垂直和倾斜的位置关系。垂直面和平行面的铣削既要保证其平面度和表面粗糙度的要求，又要保证相对其基准面的位置精度（垂直度、平行度），以及与基准面间的尺寸精度要求。

1. 铣削垂直面的方法

铣削垂直面时一般采用压板或平口虎钳装夹等方式，具体见表 1—2—11。

表 1—2—11　　　　铣削垂直面的方法

铣削方法	装夹方式	图示及说明	影响垂直度的主要因素	适用
端铣	压板装夹	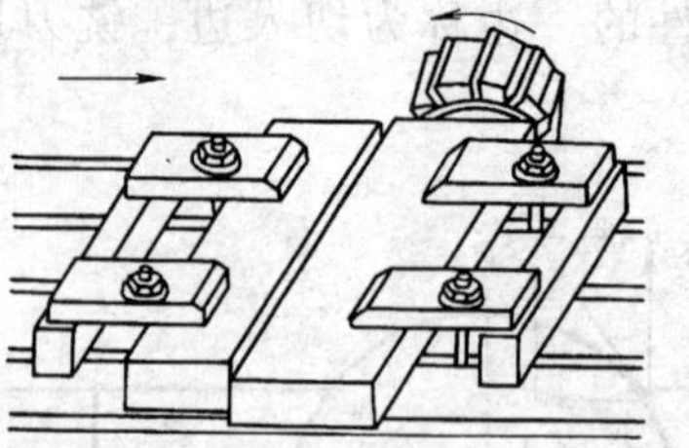 在卧式铣床上，用压板辅助靠铁，直接装夹在工作台上	工件的定位是否牢固	大、中型或无法在平口虎钳上装夹的工件
	平口虎钳装夹	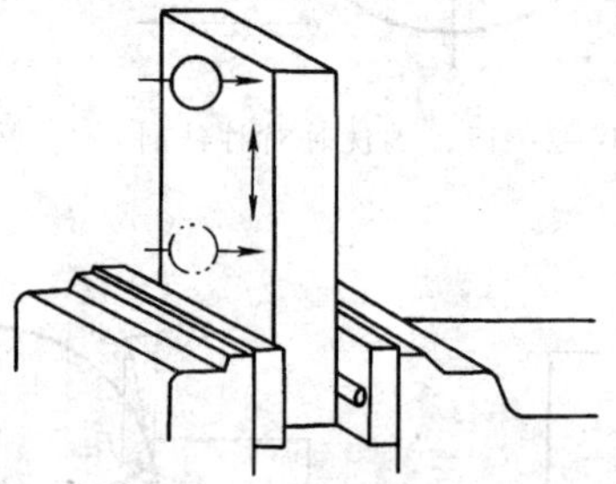 在立式铣床上，装夹时平行垫铁垫在固定钳口，圆棒垫在活动钳口	工件对工作台台面的垂直度（用百分表校正固定钳口与工作台台面的垂直度，应不超过 0.03 mm/200 mm）	较小工件
周铣	压板装夹	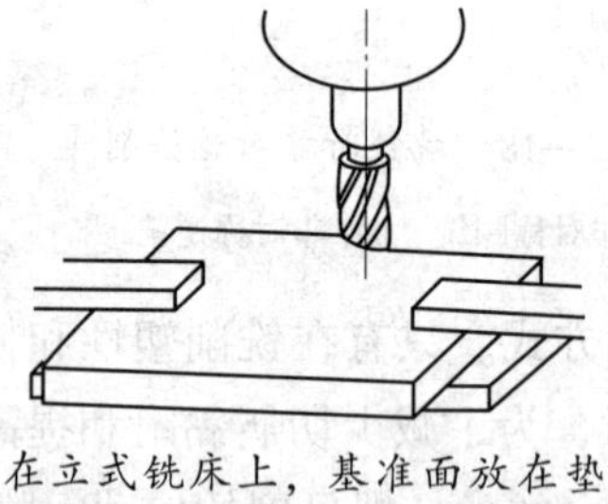 在立式铣床上，基准面放在垫铁上，用压板压紧即可	立铣刀的圆柱度（纵向进给时） 立铣刀的圆柱度和立铣头主轴轴线与纵向进给方向的垂直度（横向进给时）	基准面宽而长、加工面较窄的工件
	平口虎钳装夹	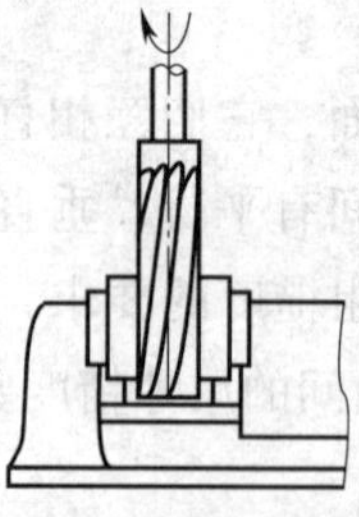 在立式铣床上，用平口虎钳装夹	主要是垫铁的平行度或工件的安装精度，也受立铣刀的圆柱度及让刀等因素影响	基准面窄而长、加工面较宽的工件

续表

铣削方法	装夹方式	图示及说明	影响垂直度的主要因素	适用
周铣	角铁装夹	在卧式铣床上，直接装夹在工作台台面上	角铁的垂直度	大、中型或无法在平口虎钳上装夹的工件

2. 铣削平行面的方法

铣削平行面时，除平行度、平面度要求外，还有平行面之间的尺寸精度要求。在铣床上铣削平行面时，可以用平口虎钳或压板装夹工件，具体见表1—2—12。

表1—2—12　　铣削平行面的方法

装夹方式	平口虎钳装夹	压板装夹
图示及说明	在卧式铣床上用平口虎钳装夹，基准面与钳体导轨面间垫两块厚度相等的平行垫铁；工件较厚时，垫两条厚度相等的薄铜皮	在立式铣床上，直接用压板将工件装夹在工作台台面上，使基准面与工作台台面贴合
保证加工精度的措施	采取铣削→测量→再铣削……的循环方式。控制一般尺寸精度要求时，分粗、精铣。尺寸精度要求较高时，应在粗铣与精铣之间增加一次半精铣（加工余量以0.5 mm为宜）	
适用	尺寸较小的工件	工件较大且有台阶面

五、铣削台阶的方法

在模具中，有不少带有台阶的零件，如台阶式键、台阶式垫铁等，它们通常在铣床上加工。根据台阶的结构、尺寸不同，通常可在立式铣床上用端铣刀或立铣刀，以及在卧式铣床上用三面刃铣刀对零件台阶面进行加工。由于模具加工中很少会用到三面刃铣刀铣削台阶，因此这里不做详细介绍。常用的端铣刀、立铣刀铣削台阶的方法见表 1—2—13。

表 1—2—13　　　　常用铣削台阶方法

铣削方法	端铣刀铣台阶	立铣刀铣台阶
图示及说明	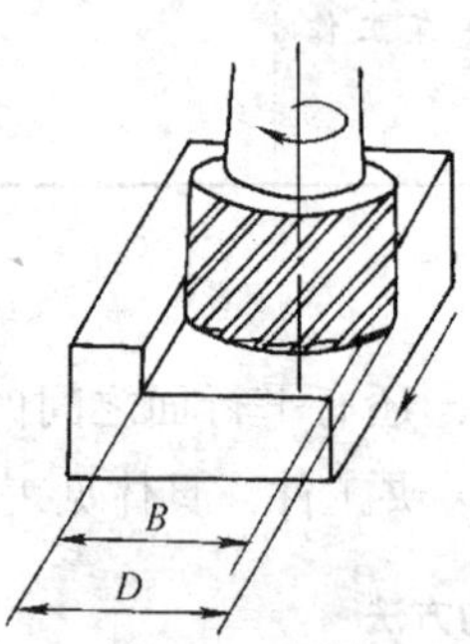 D—端铣刀直径　B—台阶宽度 端铣刀的直径一般为 $D=(1.4\sim1.6)B$	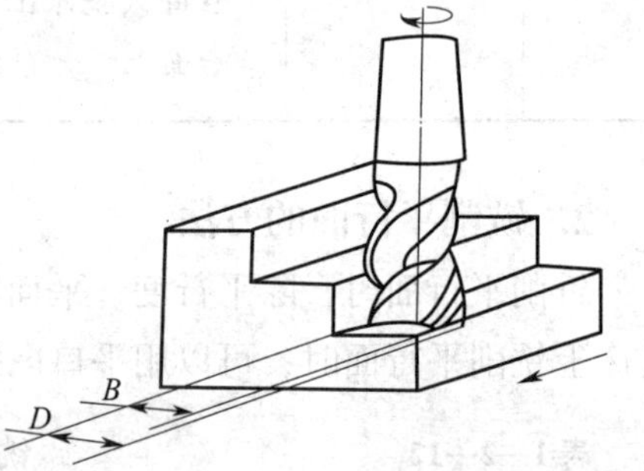 D—立铣刀直径　B—台阶宽度 分数次粗铣出台阶宽度，最后精铣台阶的宽度和深度至要求。应尽可能选用直径较大的立铣刀
特点	铣削时切屑厚度变化小，切削平稳，加工表面质量好，生产效率高	为了避免出现“让刀”现象及立铣刀折断，铣削用量的选择要小，因此铣削效率较低
适用	宽度较宽而深度较浅的台阶	深度较深的台阶或多级台阶

六、铣削用量及其选择

铣削时，合理地选择切削用量可保证零件的加工精度与加工表面质量，提高生产效率，提高铣刀的使用寿命，降低生产成本。

1. 铣削用量

铣削用量的要素包括铣削速度（v_c）、进给量（f）、背吃刀量（a_p）和铣削宽度（a_e）。铣削用量的定义、单位及说明见表 1—2—14。图 1—2—19 所示为用圆柱形铣刀进行周铣及用端铣刀进行端铣时的铣削用量。

表 1—2—14　　铣削用量的定义、单位及说明

铣削用量	定义	单位	说明
铣削速度 v_c	铣削时铣刀切削刃上选定点相对于工件主运动的瞬时速度	m/min	铣削速度为： $v_c = \frac{\pi dn}{1\,000}$ 式中 v_c——铣削速度，m/min d——铣刀直径，mm n——铣刀或铣床主轴转速，r/min
进给量 f	铣刀每回转一周，在进给运动方向上相对于工件的位移量，又称为每转进给量 f	mm/r	与每分钟进给量和每齿进给量的关系为： $v_f = fn = f_z zn$ 式中 v_f——进给速度，又称为每分钟进给量，mm/min f_z——每齿进给量，mm/z n——铣刀或铣床主轴转速，r/min z——铣刀齿数
背吃刀量 a_p	在平行于铣刀轴线方向上测得的切削层尺寸	mm	铣削时，由于采用的铣削方法和选用的铣刀不同，背吃刀量 a_p 和铣削宽度 a_e 的表示也不同
铣削宽度 a_e	在垂直于铣刀轴线方向、工件进给方向上测得的切削层尺寸	mm	

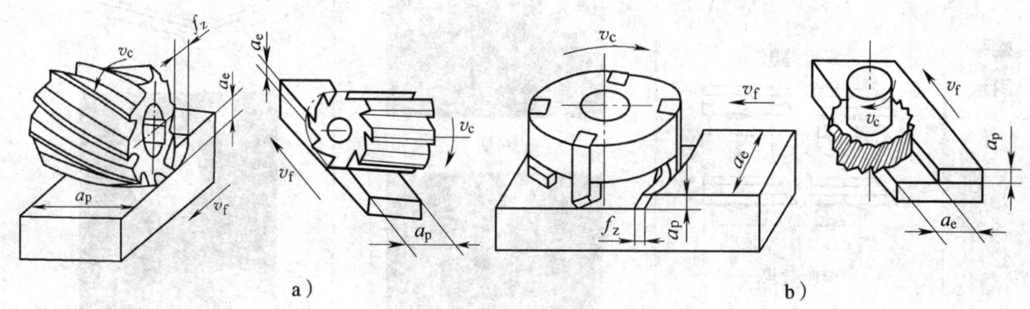

图 1—2—19　铣削用量

a）周铣　b）端铣

2. 铣削用量的选择原则

在保证加工质量，降低加工成本和提高生产效率的前提下，选择铣削用量的原则是铣削宽度（或背吃刀量）、进给量、铣削速度的乘积最大。这时工序的切削效率最高。

在机床动力和工艺系统刚度允许并具有合理的刀具寿命的条件下，粗铣时按铣削宽度（或背吃刀量）、进给量、铣削速度的顺序选择和确定铣削用量，以尽快地去除工件的加工余量。在确定铣削用量时，应尽可能地选择较大的铣削宽度（或背吃刀量），然后按工艺装备和技术条件的允许选择较大的每齿进给量，最后根据铣刀的耐用度选择允许的铣削速度。

七、切削液的使用

铣削加工中，切削液通常采用浇注法，即将大流量的低压切削液直接浇注在切削区域的切屑上。但是，切削液较难直接浇入切削刃上最高温度处。对铣刀等刀刃较宽的刀具应使用平面液流，切削液喷嘴口的宽度应不小于工件切削层宽度的75%。

八、铣削质量检测与分析

1. 连接面的检测

（1）工件平面度的检验（表1—2—15）

表1—2—15　　工件平面度的检验

检验方法	光隙法	涂色法	用百分表检测
检验图示	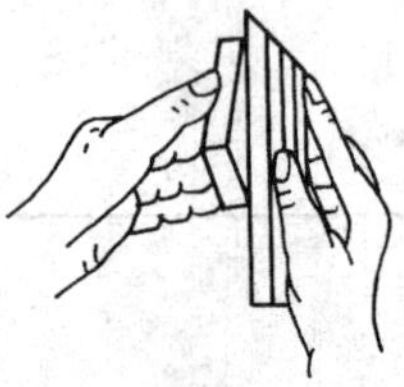 观察缝隙 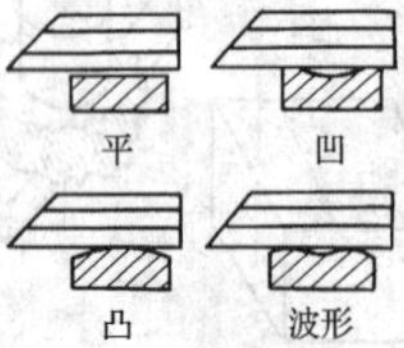 平　凹 凸　波形 检验效果	 涂色 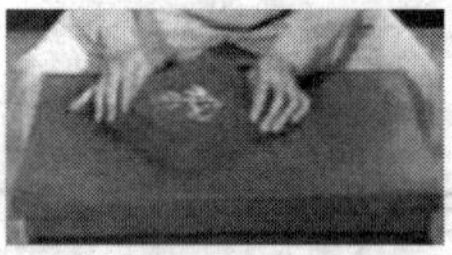 对研  观察研点分布情况	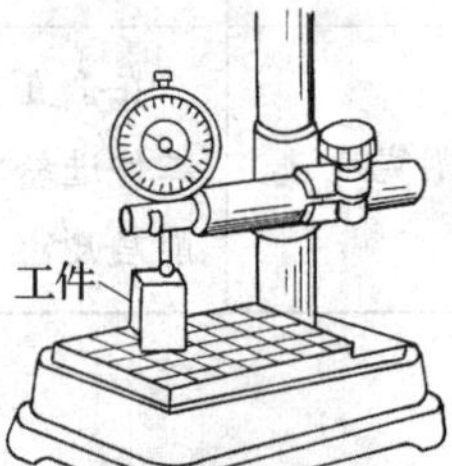  工件
检验结果评价	如果被检平面的多个位置和方向的缝隙小且均匀，说明该平面的平面度符合加工技术要求	如果平面着色均匀而细密，说明该平面的平面度符合加工技术要求	百分表指针读数的变动量就是这个工件的平面度误差值

（2）工件表面粗糙度的检验

表面粗糙度的检验一般采用表面粗糙度比较样块（图1—2—20）与加工表面进行比较的方法。

图 1—2—20 表面粗糙度比较样块

（3）工件垂直度的检验

使用直角尺采用光隙法检测较小工件的垂直度，如图1—2—21 所示。检测时，将尺座内侧面紧贴在工件被检表面的基准面上，长边内侧面靠向被检表面。还可以用直角尺和塞尺测量的方法进行垂直度的检验。

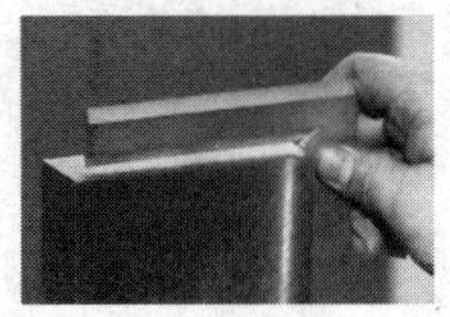

垂直
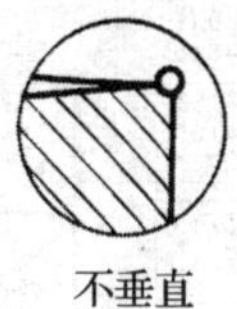
不垂直
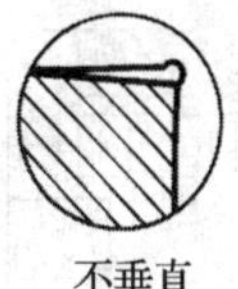
不垂直

图 1—2—21 用直角尺检测工件的垂直度

（4）工件平行度的检测

检测工件的平行度时，可以用游标卡尺或千分尺直接测量被测两个平面间不同部位的距离，如图 1—2—22 所示。所测得最大尺寸与最小尺寸之差即可认为是两个平面之间的平行度误差值。但是，这种方法的检测结果不精确。对于精度要求较高的平行平面，可以利用百分表法进行测量，与检验工件平面度的方法相同，见表 1—2—15。

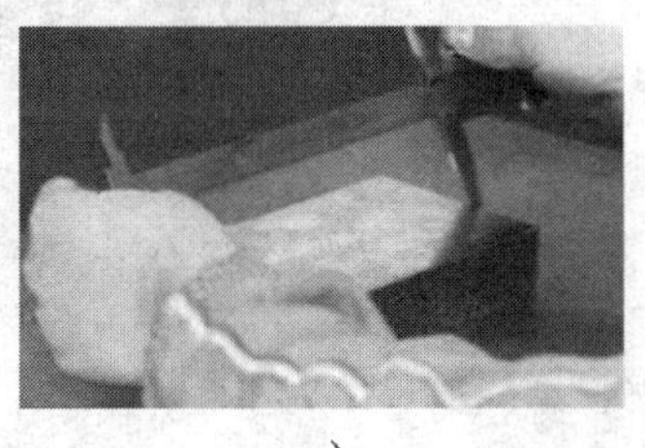
a）
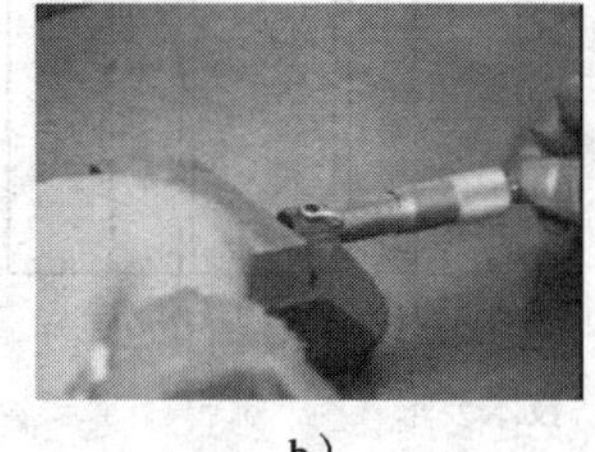
b）

图 1—2—22 直接测量法检测平行度

a）用游标卡尺直接测量 b）用千分尺直接测量

2. 台阶的检测

台阶的检测较为简单。台阶的宽度和深度一般可用游标卡尺、游标深度尺检测。检测双面台阶的凸台宽度时，如果台阶深度较深，可用千分尺；如果台阶深度较浅而不便使用千分尺检测，可用极限量规检测，如图 1—2—23 所示。

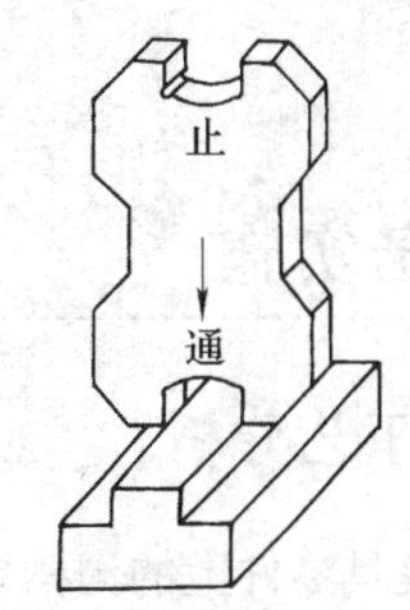

图 1—2—23 用极限量规检测台阶凸台的宽度

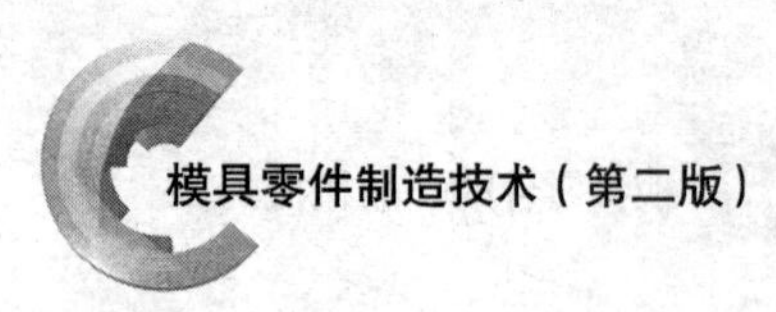

任务三　铣 削 凹 模

工作任务

铣削弯曲模凹模，如图 1—2—24 所示。毛坯尺寸为 60 mm × 60 mm × 45 mm，材料为 45 钢。

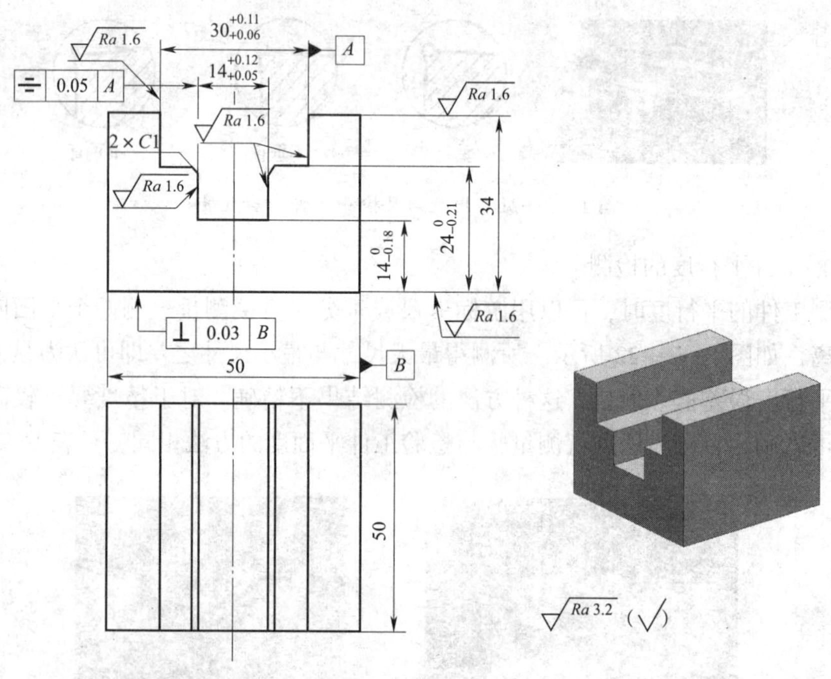

技术要求

1. 倒钝锐边。
2. 凸、凹模配合间隙不大于0.08。
3. 凸模翻转180°，再次配合间隙不大于0.08。
4. 凸、凹模配合后，工件错位不大于0.15。

图 1—2—24　弯曲模凹模

任务实施

一、工艺分析

由于模具零件上的沟槽要求一般都较高，常用线切割的加工方法保证，即使不用线切割加工，也要用数控铣床切削，但是普通铣削作为一项基本技能，应当掌握。弯曲模凹模上铣削要求较高的是沟槽，其余六面体各表面的铣削仅为一般尺寸要求。两处沟槽有较高的尺寸精度要求和表面粗糙度要求，采用铣削可以保证。由于沟槽精度较高，操作时要分粗、精加工，并严格按操作规程进行，以免发生事故。

二、铣削凹模操作

铣削凹模的操作见表1—2—16。

表1—2—16　　铣削凹模的操作

<table>
<tr><th>工序</th><th>工步</th><th colspan="2">具体操作与图示</th></tr>
<tr><td>铣削外形准备</td><td>—</td><td colspan="2">准备工作与铣削凸模相同，包括：准备检验工具及辅具等；检查铣床，然后润滑、预热；安装机用平口虎钳；安装 ϕ80 mm 硬质合金端铣刀，并调整铣床，设置参数；检查毛坯尺寸，装夹在平口虎钳内</td></tr>
<tr><td>铣削凹模外形</td><td>—</td><td colspan="2">用凸模外形的铣削方法铣削凹模外形至尺寸要求。进给量为0.2 mm/齿，主轴转速为180 r/min，背吃刀量为3 mm</td></tr>
<tr><td>铣槽准备</td><td>安装刀具</td><td colspan="2">安装 ϕ12 mm 高速钢立铣刀</td></tr>
<tr><td rowspan="3">铣中间窄沟槽</td><td>划线</td><td colspan="2">划出凹模的中心线及凹槽部分的轮廓线</td></tr>
<tr><td>装夹工件</td><td colspan="2">用平口虎钳装夹工件，使 B 基准与工作台台面平行，A 基准贴紧固定钳口，夹紧工件</td></tr>
<tr><td>铣槽</td><td>铣削凹模中间的直角沟槽（由面1、面2及底面组成），保证槽深20 mm（换算得出的结果）、槽宽 $14^{+0.12}_{+0.05}$ mm（保证槽宽尺寸时，应与凸模的凸台配作） 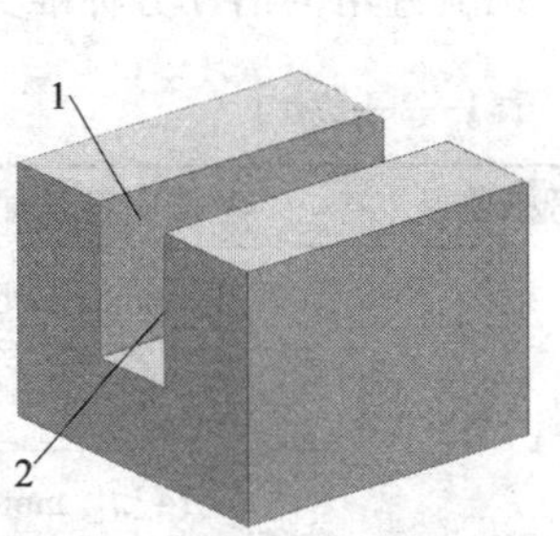</td><td></td></tr>
<tr><td>铣宽沟槽</td><td>—</td><td>铣削上面的宽沟槽（由台阶面3、4组成），保证槽深10 mm（换算得出的结果）、对称度0.05 mm、槽宽 $30^{+0.11}_{+0.06}$ mm（保证槽宽尺寸时，应与凸模的凸台配作） 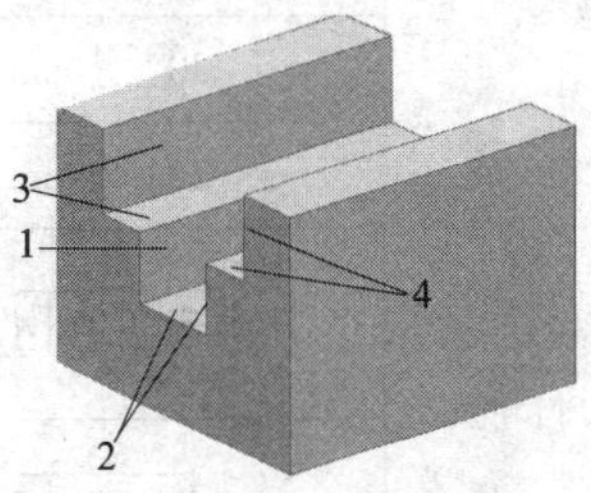</td><td></td></tr>
</table>

续表

工序	工步	具体操作与图示
倒角	—	采用倾斜工件法用键槽铣刀依据右图的顺序对工件倒角 $C1$ mm
去毛刺	—	检查无误后，卸下工件，用锉刀仔细去除毛刺
检验	—	按照零件图，综合检验凹模的各项技术要求

三、注意事项

1．铣削配合件外形时，应正确选择基准面，保证工件外形尺寸及垂直度、平行度等几何公差。

2．铣削时注意零件配合面的表面粗糙度值要小。

四、评价

铣削直角沟槽评分标准见表 1—2—17。

表 1—2—17　　铣削直角沟槽评分标准

考核项目	考核内容及要求	配分	评分标准	检测结果	得分
尺寸精度	50 mm（2 处）	8	每超差一处扣 4 分		
	34 mm	8	超差不得分		
	$14^{+0.12}_{+0.05}$ mm	10	超差不得分		
	$14^{0}_{-0.18}$ mm	10	超差不得分		
	$C1$ mm（2 处）	4	每超差一处扣 2 分		
	$30^{+0.11}_{+0.06}$ mm	5	超差不得分		
	$24^{0}_{-0.21}$ mm	5	超差不得分		
几何精度	⌯ 0.05 *A*	10	每超差 0.025 mm 扣 5 分扣完为止		
	⊥ 0.03 *B*	10	每超差 0.01 mm 扣 5 分扣完为止		

续表

考核项目	考核内容及要求	配分	评分标准	检测结果	得分
表面粗糙度	*Ra*1.6 μm（6处）	12	超差不得分		
	*Ra*3.2 μm（其余各面）	4	超差不得分		
其他	铣削方法正确	5	未完成不得分		
	操作规范	5	未完成不得分		
	安全文明生产	4	违者每次扣1分，严重者扣2~4分		
总计		100			

相关知识

一、铣削直角沟槽

1. 沟槽的种类

按槽的截面形状分，有直角沟槽、键槽、特形沟槽等；按槽的走向分，有直线形、螺旋形、曲线形槽。直角沟槽的种类通常有通槽、半通槽（也称半封闭槽）和封闭槽三种形式，如图1—2—25所示。

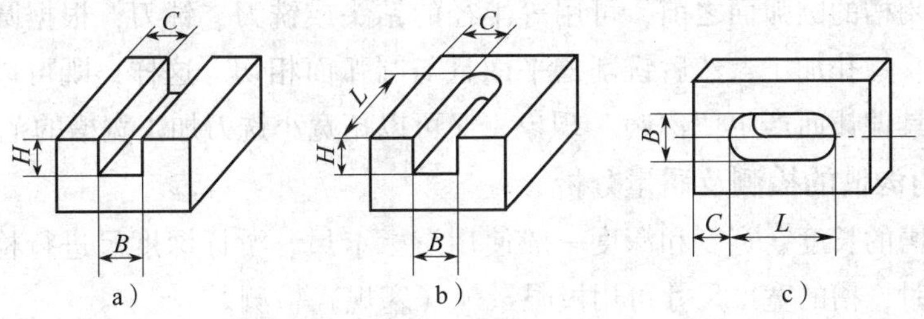

图1—2—25　直角沟槽的种类

a）通槽　b）半通槽　c）封闭槽

2. 直角沟槽的铣削方法

铣削沟槽的刀具主要用三面刃铣刀，也可以用立铣刀、键槽铣刀、盘形槽铣刀、合成铣刀来铣削。半通槽和封闭槽只能采用立铣刀（图1—2—26）或键槽铣刀铣削。

模具上较宽的沟槽通常使用立铣刀或键槽铣刀加工，宽度大于25 mm的通槽则多数采用立铣刀铣削；窄的通槽可用锯片铣刀加工（图1—2—27）。

因为立铣刀的尺寸精度较低，其直径的标准公差等级为IT14，且端面刀刃只起修光作用，不能用于垂直进给切削，所以铣削前须按预先所划的线在槽的一端预钻一个小于槽宽尺寸的落刀孔，以便由该孔落刀铣削（图1—2—28）。铣削时，应分数次进给，调整背吃刀量铣透工件，每次进给都由落刀孔一端铣向槽的另一端，槽深铣透后，再扩铣长度和两侧。

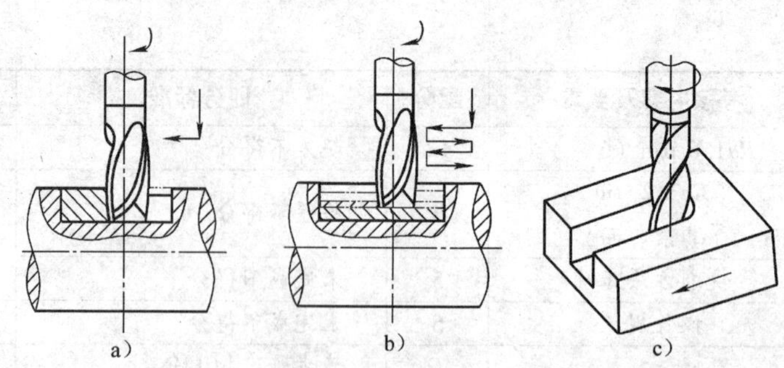

图 1—2—26　用立铣刀铣削封闭槽或半通槽

a）一次铣削封闭槽　b）分层铣削封闭槽　c）铣削半通槽

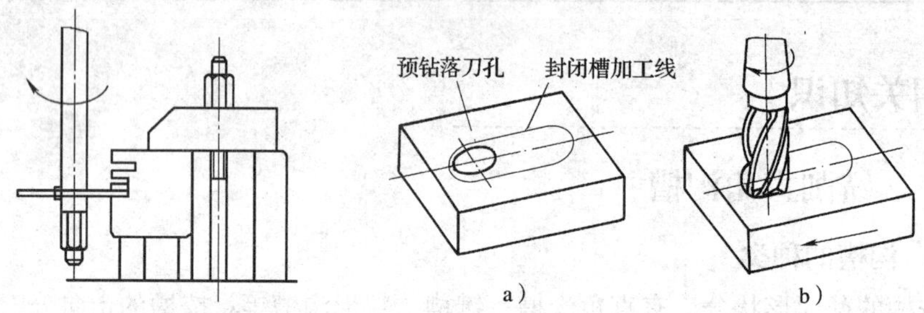

图 1—2—27　用锯片铣刀加工窄通槽

图 1—2—28　用立铣刀铣削贯通封闭槽

a）预钻落刀孔　b）从落刀孔开始铣削

铣削封闭槽的圆弧面之前，可用等半径的钻头或铣刀、镗刀，根据圆弧中心位置先进行钻削、镗孔加工，然后铣削槽平面且与圆弧面相切。这样，既可以避免铣刀铣削圆弧时刀具偏让而产生“深啃”现象，又可以拓宽小铣刀加工宽槽的范围。

3. 直角沟槽的检测及质量分析

直角沟槽的长度、宽度和深度一般使用游标卡尺、游标深度尺进行检测。工件尺寸精度较高时，槽的宽度尺寸可用极限量规（塞规）检测。

直角沟槽的对称度或平行度可用游标卡尺或杠杆百分表进行检测。检测时，分别以工件两侧面为基准面靠在平板上，然后使杠杆百分表的测头触到工件的槽侧面上，平移工件进行检测，两次检测所得百分表的读数差值就是其对称度（或平行度）误差值，如图 1—2—29 所示。

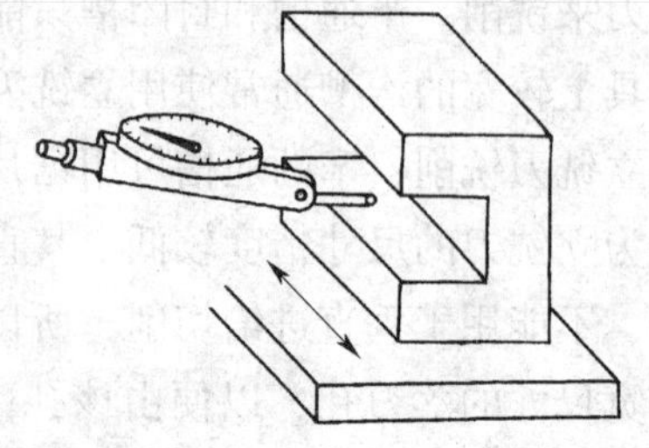

图 1—2—29　用杠杆百分表检测直角沟槽的对称度

二、倾斜工件铣削斜面

在连接面中，斜面是指与其基准面成倾斜状态的平面。铣削斜面（图 1—2—30）时，必须使工件的待加工表面与其基准面以及铣刀之间满足两个条件：一是工件的斜面平行于铣削时工作台的进给方向；二是工件的斜面与铣刀的切削位置相吻合，即采用周铣时斜面与铣刀旋转表面相切，采用端铣时斜面与铣床主轴轴线垂直。

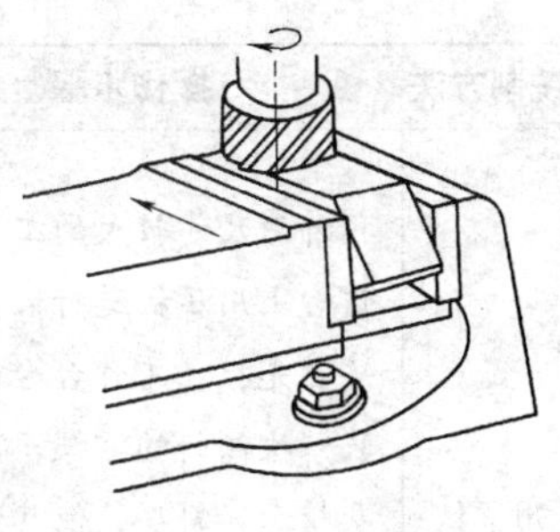
图 1—2—30 铣削斜面

铣削斜面可以采用倾斜工件铣削斜面、倾斜铣刀铣削斜面和用角度铣刀铣削斜面等方式。本任务介绍倾斜工件铣削斜面。

将工件倾斜所需的角度装夹并进行斜面的铣削，这种方法适合在主轴不能扳转角度的铣床上使用。常用的铣削方法有按划线装夹工件铣削斜面、用倾斜垫铁或靠铁定位装夹工件铣削斜面和偏转平口虎钳钳体装夹工件铣削斜面等，见表 1—2—18。

表 1—2—18 倾斜工件铣削斜面的方法及操作步骤

铣削方法	操作步骤	图示	适用
按划线装夹工件	首先，在工件上划出斜面的加工线 然后，在平口虎钳上装夹工件，用划线盘校正工件上的加工线与工作台台面平行，再将工件夹紧 最后，对工件进行斜面铣削		这种铣削斜面的方法在生产中经常采用。此法操作简单，仅适合加工精度要求不高的单件小型工件
用倾斜垫铁定位	倾斜垫铁的宽度应小于工件宽度，垫铁斜面的斜度应与工件相同 将斜垫铁垫在平口虎钳钳体导轨面上，用平口虎钳将工件夹紧，即可对工件进行斜面铣削	工件斜面 α α 斜垫铁	采用倾斜垫铁定位、装夹工件可以一次完成对工件的校正和夹紧。在铣削一批工件时，铣刀的高度位置不需要因工件的更换而重新调整，故可以大大提高批量工件生产的效率

续表

铣削方法	操作步骤	图示	适用
用靠铁定位	外形尺寸较大的工件在工作台上用压板进行装夹 首先，在工作台台面上安装一块倾斜的靠铁，用百分表校正其斜度，使其倾斜度符合工件要求 然后，将工件的基准面靠向靠铁的定位表面，再用压板将工件压紧，即可进行铣削	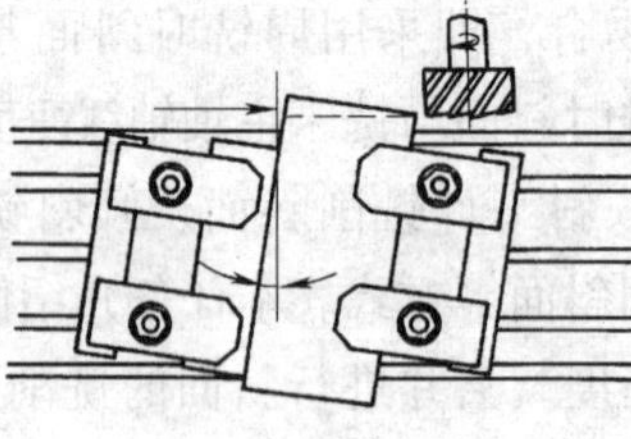	适用于外形尺寸较大的工件
偏转平口虎钳钳体	首先，将平口虎钳钳体大致扳转一个角度 接着，用百分表校正固定钳口面的斜度，使其倾斜度符合工件的要求 然后，将钳体固定，装夹工件进行斜面的铣削	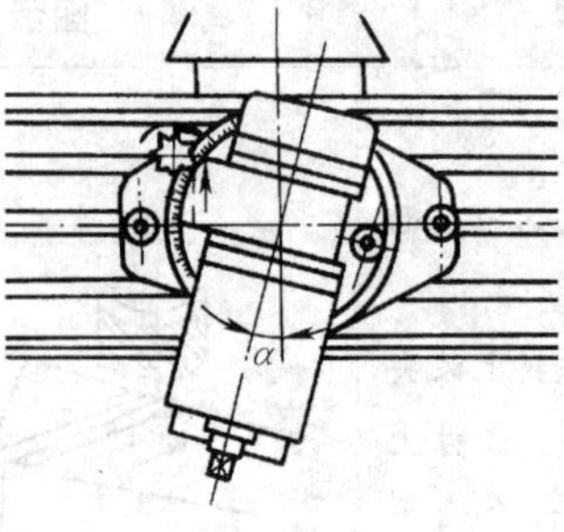 斜面与横向进给方向平行 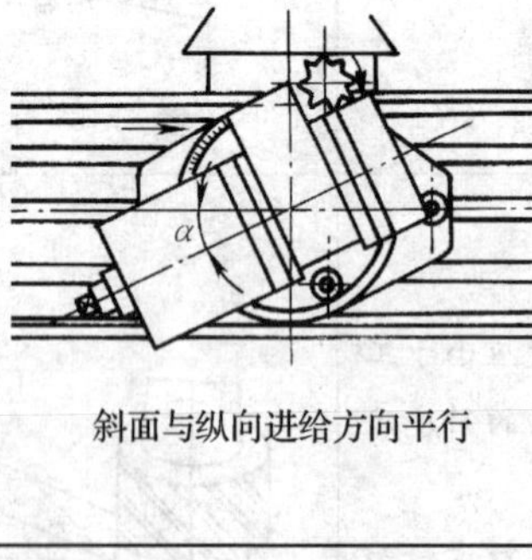 斜面与纵向进给方向平行	适用于斜度较小、外形尺寸较大的工件

课题三 磨削加工

任务一 磨床的基本操作与日常维护

工作任务

在学习磨削加工前，必须先熟悉磨床各部分的结构及其作用，能够熟练地操作磨床，并进行正确的维护保养。

任务实施

一、认识磨床的操纵装置

到工厂的机加工车间进行参观，近距离观察普通平面磨床的操作拉杆、手轮、挡铁及控制按钮等的分布，了解它们各自的作用。如图 1—3—1 所示为 M7120A 型卧轴矩台平面磨床的操纵装置布局。

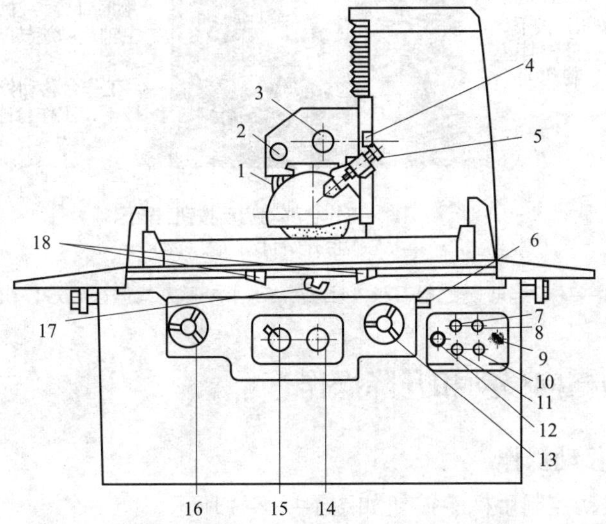

图 1—3—1 M7120A 型卧轴矩台平面磨床的操纵装置布局

1—磨头横向往复运动换向挡块 2—磨头横向进给手动换向拉杆 3—磨头横向进给手轮 4—润滑立柱导轨的手动按钮 5—砂轮修正器旋钮 6—磨头垂直微动进给杠杆 7—切削液启动按钮 8—切削液关闭按钮 9—磨头主轴启动旋钮 10—工作台移动停止按钮 11—工作台移动启动按钮 12—急停按钮 13—磨头升降手轮 14—磨头横向进给速度控制旋钮 15—工作台速度调整手柄 16—工作台移动手轮 17—工作台往复运动换向手柄 18—工作台换向挡铁

二、磨床润滑的操作

按照磨床润滑要求，完成日常润滑操作，具体如下：

磨床主轴的动压轴承及其砂轮架油池每三个月换一次精密主轴油，常用的润滑油为 N2 和 N5 两种主轴油。主轴的油膜对润滑油有很高的要求，故不能用错油。

磨床工作台纵向导轨、砂轮架横向导轨所用的润滑油是全损耗系统用油，如 L－AN46、L－AN32、L－AN68 等。内圆磨具滚动轴承每工作 500 h 更换一次润滑脂，如 3 号锂基润滑脂、3 号钙基润滑脂等。

其他需采用滴油润滑的润滑点（如尾座套筒注油孔、横向进给手轮润滑油杯、工作台纵向手轮润滑油杯等）都需注入全损耗系统用油。

三、主轴、切削液泵、工作台启停的操作

M7120A 型卧轴矩台平面磨床的电气控制面板及主轴、切削液泵、工作台的启停操作如图 1—3—2 所示。

图 1—3—2　电气控制面板及主轴、切削液泵、工作台的启停操作

四、磨头的横向移动和升降操作

1. 磨头横向移动操作

磨头的横向移动控制手柄、旋钮如图 1—3—3 所示。

2. 自动横向移动磨头并调整移动速度

在磨床的工作台上，有磨头横向进给速度控制旋钮如图 1—3—4 所示。

（1）将磨头横向自动/手动切换旋钮逆时针旋转，置于自动控制位置。

（2）旋转工作台上的磨头横向进给速度控制旋钮（图 1—3—4），调整磨头横向移动速度。

图 1—3—3 磨头的横向移动控制手柄、旋钮

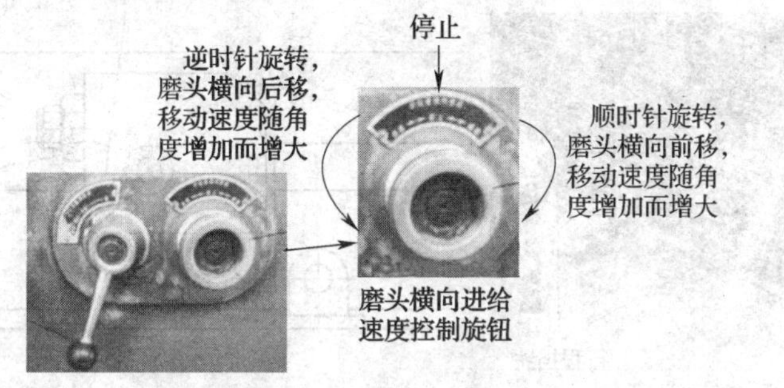

图 1—3—4 磨头横向进给速度控制旋钮及其基本操作

（3）按下磨头主轴启动旋钮（图 1—3—1 中旋钮 9），启动磨头主轴，按照磨头横向进给速度控制旋钮确定的速度和方向，磨头开始横向移动。

（4）磨头横向进给速度控制旋钮旋至中间位置，磨头横向停止自动运动。

图 1—3—5 磨头升降手柄

3. 手动控制磨头升降

磨床的磨头升降手柄如图 1—3—5 所示。顺时针旋转该手柄，磨头上升；逆时针旋转该手柄，磨头下降。

五、液压驱动工作台移动的操作

1. 调整工作台自动移动速度

在工作台停止的状态下，按照所需工作台移动速度，旋转工作台上的工作台速度调整手柄。该手柄的基本操作如图 1—3—6 所示。

2. 微调工作台行程

调整下工作台前侧的 T 形槽内的两块行程挡铁，即可控制工作台的行程，如图 1—3—7 所示。

（1）逆时针松开紧固扳手 1。

（2）通过螺钉 2 微调工作台行程，调整完毕用螺母 3 锁紧。

（3）顺时针压紧紧固扳手 1，工作台行程调整完毕。

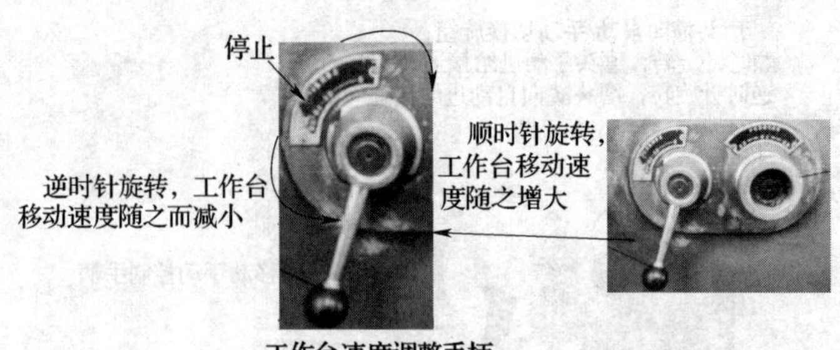

图 1—3—6　工作台速度调整手柄及其基本操作

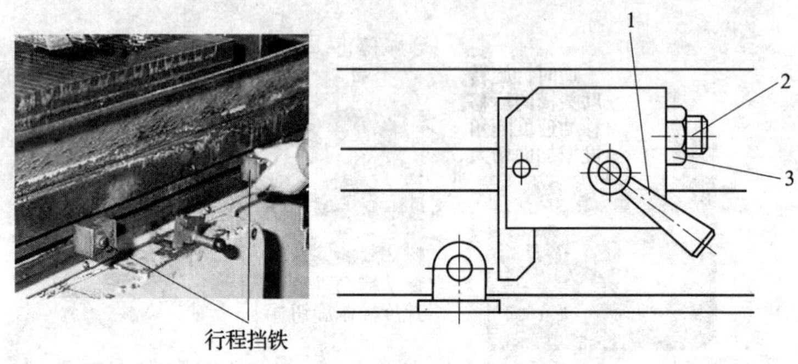

图 1—3—7　下工作台行程挡铁的调整

1—紧固扳手　2—螺钉　3—螺母

相关知识

一、磨削加工的特点

磨削加工是以砂轮的高速旋转为主运动，以工件的低速旋转和直线移动（或磨头的移动）为进给运动，互相配合，切去工件上多余金属层的一种加工方法。它是一种多刀多刃的高速切削方法，常作为金属切削加工的最后一道精加工或光整加工工序。与其他加工方法相比，磨削加工有如下特点：

1. 磨削表面精度高，表面粗糙度值低。精度一般可达公差等级 IT7 ~ IT6 级，表面粗糙度值一般为 $Ra0.2 \sim 1.6$ μm。精密磨削所获得的精度更高，表面粗糙度值更低。因此，磨削常用于精加工。

2. 磨削加工范围广。它可应用于各种表面（如内圆表面、外圆表面、圆锥面、平面、齿轮齿面、螺旋面及各种成型面）的加工。同时，磨削加工可应用于多种工件材料，尤其是采用其他普通刀具难切削的高硬高强材料，如淬硬钢、硬质合金、高速钢等。

3. 砂轮具有一定的自锐性。在磨削过程中，磨粒不断磨钝，然后破碎或脱落，重新露出锋利的刃口，并在高温下仍不失去切削性能。

4. 磨削速度高，过程复杂，消耗能量多，切削效率低；磨削温度高，会使工件表面产生烧伤、残余应力等缺陷。

二、模具磨削的基本内容

磨削主要用于平面、内外回转表面、成型面的加工及刃磨刀具等。模具的磨削加工以平面磨削为主，因此这里主要介绍平面磨削。

平面磨削的主运动是砂轮的旋转运动，根据砂轮磨削工件的方式不同（周边磨削或者端面磨削），可以分出不同的磨削形式；另外，根据工件的运动方式的不同（随工作台做纵向往复运动或者随转台做圆周进给），也可分出不同的磨削形式，如图1—3—8所示。砂轮沿轴向做横向进给，并周期性地沿垂直于工件磨削表面方向做进给，直至达到规定的尺寸要求。

图1—3—8a、b所示为利用砂轮周边磨削工件，砂轮与工件接触面积小，排屑好，工件受热变形小，砂轮磨损均匀，加工精度高；但砂轮因悬臂而刚性差，不宜采用大的切削用量，故生产效率低。图1—3—8c、d所示为利用砂轮端面磨削工件，砂轮与工件接触面积大，主轴轴向受力，刚性好，可采用较大的切削用量，生产效率高；但是，这种磨削方式磨削力大，生热多，冷却、排屑条件差，工件受热变形大，而且砂轮端面各点因线速度不同，砂轮磨损不均匀，所以这种磨削方法加工精度不高。

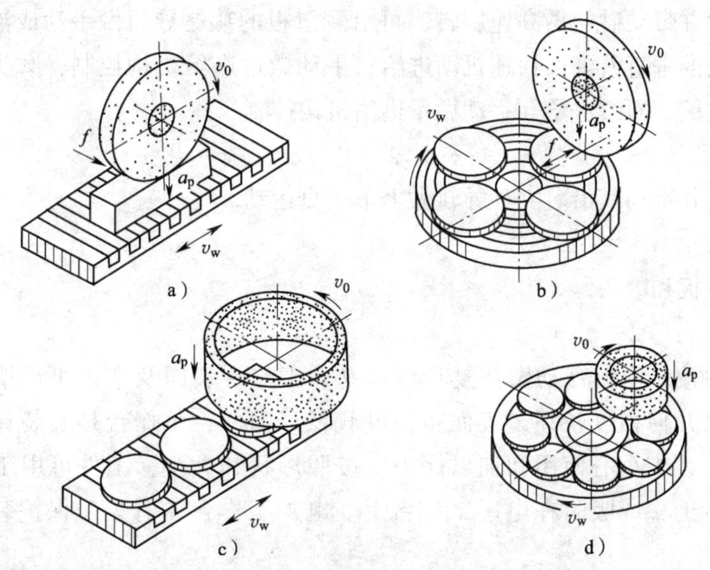

图1—3—8　平面磨削工艺范围

a）卧轴矩台式平面磨削　b）卧轴圆台式平面磨削　c）立轴矩台式平面磨削　d）立轴圆台式平面磨削

三、平面磨床的主要结构及运动形式

1. 主要结构

以M7120A型卧轴矩台平面磨床为例介绍，它的结构如图1—3—9所示。该磨床可用砂轮周边磨削工件平面，也可用砂轮端面磨削一定的垂直面，磨削效率高，功率较大。其主要结构如下：

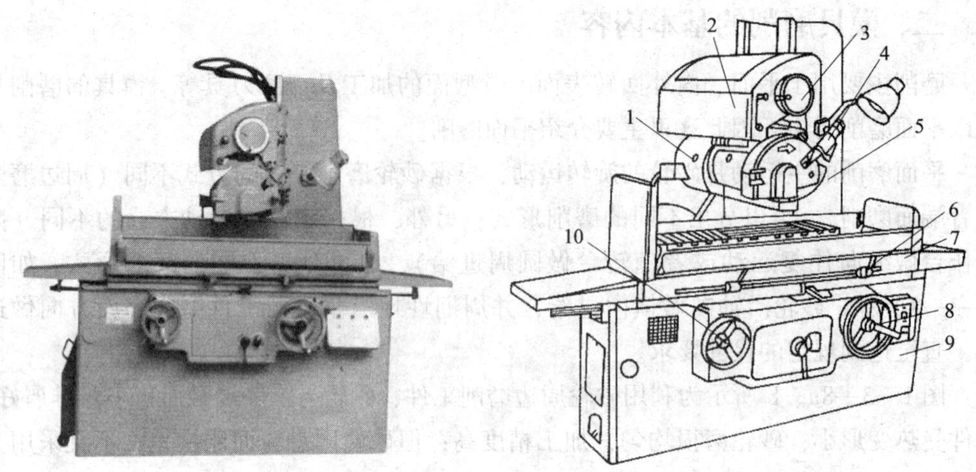

图 1—3—9　M7120A 型卧轴矩台平面磨床

1—磨头　2—滑板　3、8、10—手轮　4—砂轮修整器　5—立柱

6—撞块　7—工作台　9—床身

（1）磨头

安装砂轮并带动砂轮做高速旋转，可沿着滑板的燕尾导轨做手动或液动的横向间隙运动。磨头的垂直升降由快速机动进给、手动微量进给机构控制，磨头的横向移动由快速连续进给、断续进给、手动微量进给机构控制。

（2）滑板

安装磨头并带动其沿着立柱导轨做上下垂直运动。

（3）立柱

它支撑滑板和磨头。

（4）工作台

工作台由液压系统带动做往复直线运动。工作台表面及中央 T 形槽侧面经过精细的磨削，其几何精度较高，表面粗糙度较低。因此，工作台是安装夹具或装夹工件的重要基面，应小心使用和加以保护。按照形状和大小，工件可用 T 形螺钉直接固定在工作台上，或吸附在电磁工作台上。电磁工作台备有失磁保护装置，并可退磁。

（5）床身

它用于支撑工作台及安装立柱、液压系统、电气系统和其他操作机构。

（6）砂轮修整器

磨具上方的砂轮修整器可方便实现砂轮修整，缩短辅助时间。

（7）冷却系统

它向磨床的磨削区域提供充足的切削液（如皂化油）。

（8）液压传动系统

它主要由四类元件组成：动力元件（油泵），向液压传动系统供给压力油；执行元件（油缸），带动工作台等部件运动；控制元件（各种液压阀），控制压力、速度、方向等；辅助元件（如油箱、压力表等）。

2. 运动形式

卧轴矩台平面磨床的运动形式如图1—3—10所示。砂轮架中的主轴（砂轮）由电动机直接带动旋转完成主运动。砂轮架可沿滑鞍的燕尾导轨做周期横向进给运动（可手动或液动）。滑鞍和砂轮架可一起沿立柱的导轨做周期垂直切入运动（手动）。工作台沿床身导轨做纵向往复运动（液动）。卧轴矩台平面磨床也有采用十字导轨式布局的，其工作台安装于床鞍，除了做纵向往复运动外，还随床鞍一起沿床身导轨做周期横向进给运动，砂轮架只做垂直进给运动。为减轻工人劳动密度和辅助时间，有些平面磨床具有快速升降功能，用以实现砂轮架的快速机动调位运动。

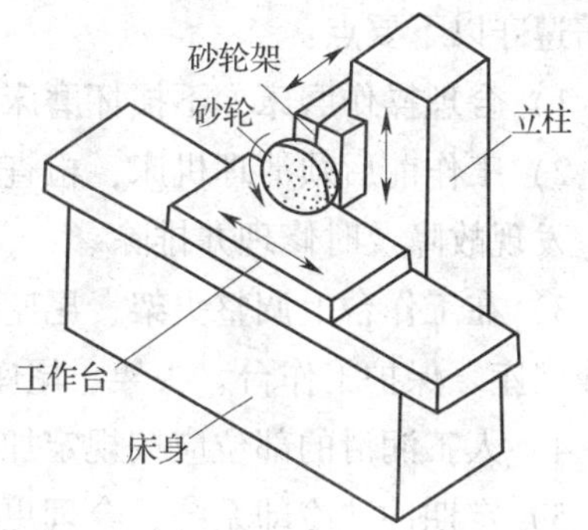

图1—3—10 卧轴矩台平面磨床的运动形式

四、磨床的维护保养

1. 磨床的润滑

润滑是磨床维护保养中一项十分重要的工作。良好的润滑可以降低摩擦阻力，减少零部件的磨损，延长磨床的使用寿命，保持磨床的精度；同时使磨床操作轻便、灵活，减轻劳动强度。润滑不良是造成磨床故障的重要原因之一。

（1）磨床使用的润滑剂

磨床上使用的润滑剂有润滑油与润滑脂两种。砂轮主轴的滑动轴承常使用L—AN2精密机床主轴油或由无水煤油与22号汽轮机油配制的主轴油。磨床导轨面用N32、N68润滑油，内圆磨具及其他高速、高精度滚动轴承用ZL—3锂基润滑脂，一般滚动轴承可用ZG—3钙基润滑脂。

由于不同的润滑油具有不同的黏度和润滑性能，适用于不同的工作条件，为了达到良好的润滑目的，应根据机床说明书的规定选择合适的润滑油。

（2）磨床润滑的注意事项

1）严格执行润滑的“五定”，做好润滑记录。“五定”是指：定点，即明确磨床的润滑部位和润滑点；定质，即规定使用的润滑剂牌号、质量；定量，即明确添加润滑剂的数量；定期，即按照规定的周期进行润滑；定人，即确定负责润滑的责任人。

2）润滑剂要纯净、清洁，不得混入杂质和水分，以免堵塞油路，引起锈蚀。

3）夏季应采用黏度较大的润滑油，冬季应采用黏度较小的润滑油。

4）磨床的油孔、油槽应密封良好，油池在换油时必须清洁干净。

2. 磨床的保养

（1）日常保养

为延长设备使用寿命，确保加工品质，提高生产效率，规范安全生产，磨床的保养需遵守以下要点：

1）合理操作磨床，不损坏磨床部件、机械结构。

2）工作前后须清理机床，检查磨床部件、机械结构、液压系统、冷却系统是否正常，发现故障及时修理并排除。

3）在工作台上调整头架、尾座位置时，须擦净其连接面，应在涂润滑油后移动头架或尾座。保护工作台、头架、尾座连接间的有关机床精度。

4）人工润滑的部位应按规定加注润滑油，并保证一定的油面高度。

5）定期冲洗冷却系统，合理更换切削液。处理废切削液应符合环保要求。

6）高速滚动轴承的温升应低于60℃。

7）不同精度等级和参数的磨床与加工工件的精度和尺寸参数要相对应，以保持机床精度。

8）磨床敞开的滑动面和机械机构须涂油防锈。

9）不碰撞或拉毛机床工作面和部件。

（2）一级保养

磨床每运转500 h后需进行一次一级保养，保养时间为4～6 h。一级保养工作以操作人员为主，维修人员配合进行。一级保养常用工具有一字旋具、十字旋具、活扳手、呆扳手、内六角扳手、成套套筒扳手和锁紧扳手等。保养时，首先要切断电源，然后进行周期性保养工作。保养的项目、内容及要求见表1—3—1。

表1—3—1　　磨床一级保养

保养项目	保养内容及要求
外观保养	清洗机床外表，使机床外表保持清洁，无锈蚀、油痕
	拆卸有关防护盖板、挡板并进行清洗，应使各部位清洁且安装牢固
砂轮架及头架、尾座的保养	拆洗砂轮架传动带罩壳及砂轮防护罩壳
	检查电动机及紧固螺钉、螺母是否松动
	调整砂轮架传动带松紧程度，使其松紧适中
	调整机床尾座弹簧压力，砂轮架主轴、头架主轴间隙等
	拆洗尾座套筒，保持套筒和尾座壳体内清洁及润滑良好
液压系统和润滑系统的保养	检查液压系统压力情况，保持液压部件运行正常
	清洗液压泵过滤器
	检查砂轮架主轴润滑油的油质及油量

续表

保养项目	保养内容及要求
液压系统和润滑系统的保养	清洗导轨，检查润滑油的油质及油量，保持油孔、油路的畅通；检查油管安装是否牢固，是否有断裂、泄漏现象
	清洗油窗
冷却系统的保养	清洗切削液箱，更换切削液，使其符合环保要求
	清洗切削液泵，清除嵌入泵内吸油口的棉纱等杂物，保持电动机运转正常。切削液泵应搁在切削液箱的挡条上，以防止切削液泵跌落到水箱内，损坏电动机
	清洗过滤器；拆洗切削液管，使管路畅通；构件安装牢固，排列整齐
电气系统的保养	清扫电气箱，保持箱内清洁、干燥
	清理电线及蛇皮管，对裸露的电线及破损的蛇皮管进行修复
	检查各电气装置，确保固定整齐，工作正常
	检查各发光装置，如照明灯、工作状态指示灯等应工作正常，发光明亮
	在维修电工的指导和配合下，进行电气设备的检查和保养
机床附件的保养	切断电源，摇动砂轮架退至后方，推动头架、尾座至工作台两端
	清扫机床切屑较多的部位，如切削液箱和防护罩壳等
	用柴油清洗头架主轴、尾座套筒和液压泵过滤器等
	在维修人员指导和配合下，检查砂轮架及床身油池内的油质情况、油路工作情况等，并根据实际情况调换或补充润滑油和液压油
	按从上到下、从后到前、从左到右的顺序进行机床涂层表面的保养。如果有油痕，可用去污粉或碱水清洗
	进行附件的清洁和保养
	补齐缺件（如手柄、螺钉、螺母等）
	装好各防护罩、盖板

五、磨床安全操作规程

1. 操作前正确穿戴劳保用品。

2. 磨床启动前，应先检查各操作手柄是否已退到空挡位置上，然后空运转 3 ~ 5 min，并注意各润滑部位是否有油。应检查磁盘吸力是否正常，并用手试一下工件的吸稳程度。确认磨床情况正常，再进行工作。

3. 装卸重大工件时轻拿轻放，不可伤及工作台台面。接触面较小的工件，前后要放挡块、加挡板，按工件磨削长度调整好限位挡铁。

4. 磨床启动后，操作人员应站在砂轮侧面。砂轮和工件应平稳地接触，使磨削量逐渐加大，不允许骤然加大进给量。

5. 修整砂轮时，金刚笔座要装夹牢固，支点与砂轮间距尽量缩小，要缓慢进给。调换砂轮时，必须认真检查，砂轮规格应符合要求：无裂纹，响声清脆，并使用平衡块调整砂轮，以防产生振动。安装后应先空转 3 ~5 min，修整砂轮平面，确认正常后，方可使用。

6. 工作完毕，应先关闭切削液，停止自动进给，并把砂轮退回，停在工作台中间靠挡板的位置，随即关闭电源。退磁后方可取下工件。

7. 工作完毕，关闭磨床后，要做好保养工作，清除铁屑及灰尘，并对磨床进行润滑、加油。

任务二　磨削模具的固定板

 工作任务

磨削某模具的固定板，如图 1—3—11 所示。毛坯尺寸为 121 mm × 45 mm × 18 mm，材料为 40Cr。

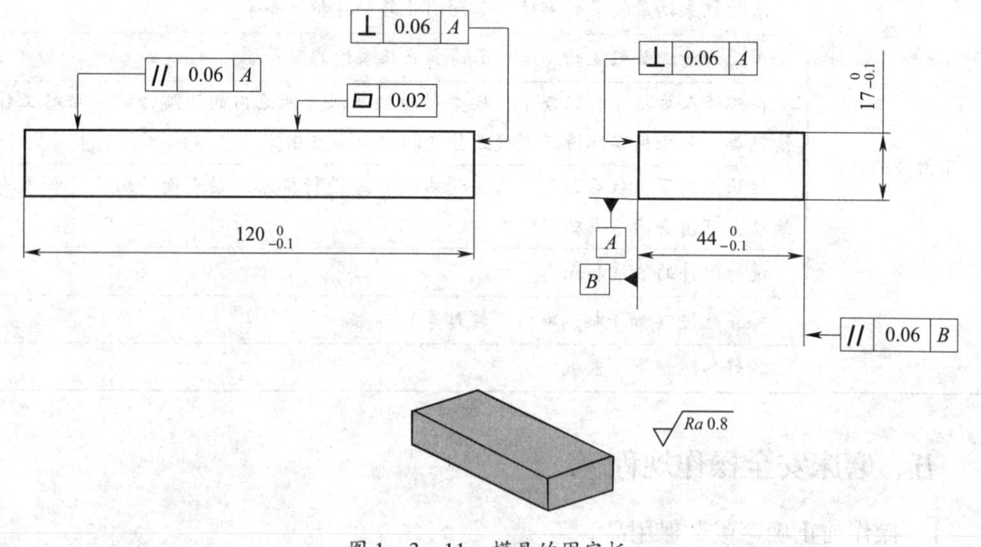

图 1—3—11　模具的固定板

 任务实施

一、工艺分析

模具的固定板是由 6 个平面组成的长方体，形状简单。长度、宽度、高度尺寸有精度要求；上表面有平面度要求，而且它与两侧面相对于基准面 *A*、*B* 有垂直度与平

行度要求；各表面均有表面粗糙度要求。固定板的磨削顺序：A 面→A 面的平行面→A 面任一个垂直面→A 面另一个垂直面→B 面→B 面的平行面，如图 1—3—12 所示。

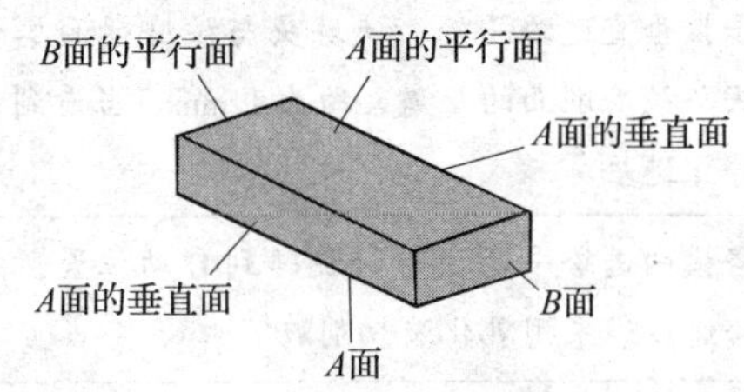

图 1—3—12　固定板的磨削顺序

二、磨削固定板的操作

磨削固定板的具体操作见表 1—3—2。

表 1—3—2　磨削固定板的操作

工序	工步	操　作
磨床准备	检查磨床	检查平面磨床，润滑，预热
	安装砂轮	平面磨削选用硬度低、粒度粗、组织松的平行砂轮。安装、修整和静平衡砂轮等
	清理工作台	擦净电磁吸盘台面
	启动磨床	将总电源开关打开，逆时针旋转电磁吸盘开关，启动液压电动机
	调整工作台行程	调整工作台的挡铁位置，使工件磨削范围在工作台的有效工作行程内并锁紧
工件准备	检查毛坯	检查毛坯尺寸和形状
	装夹毛坯	用电磁吸盘装夹，装夹前将吸盘台面和工件的毛刺、氧化层清除干净，清除被磨削面的小凸台等
	确定磨削面高点	寻找磨削面的高点，确保砂轮静止在工件表面的中上方。横向方向上，须手摇横向进给手轮
工艺准备	磨削方法	采用圆周磨削方法。考虑到固定板的平面度、平行度和表面粗糙度的要求，每个平面磨削均分粗、精磨
	砂轮的速度	粗磨 25 m/s，精磨 30 m/s
	工作台纵向进给量	粗磨 6 m/min，精磨 4 m/min
	砂轮横向、垂向进给量	粗磨时，横向进给量为 0.3B/双行程（B 为砂轮宽度），垂向进给量为 0.03 mm；精磨时，横向进给量为 0.5B/双行程，垂向进给量为 0.008 mm
	磨削余量	固定板毛坯余量在各个方向上各为 1 mm，平均分配到各面的余量为 0.5 mm

续表

工序	工步	操　作
加工准备	对刀	手摇垂直进给手轮，使磨头与被磨削面尽量靠近。以目测的方法控制磨头与被磨削面的距离大约为 1 mm。当看到磨削产生的几点火花时，及时停止进给
	加注切削液	将横向进给手轮逆时针旋转到自动位置，打开切削液开关，调整纵向进给速度。采用乳化液切削液
磨削长方体六个面	粗、精磨 *A* 面	采用横向磨削法磨削基准面 *A* 面（其余平面同），光出即可，将磨削余量留至 *A* 面的平行面磨削
	粗、精磨 *A* 面的平行面	以 *A* 面为基准吸附在工作台台面上磨削 *A* 面的平行面，控制厚度 $17_{-0.1}^{\ 0}$ mm 至要求
	粗、精磨 *A* 面的一个垂直面	将精密平口虎钳吸附在工作台上，以 *A* 面为基准定位在固定钳口上，选择 *A* 面任一垂直面磨削，光出即可，将磨削余量留至另一垂直面磨削
	粗、精磨 *A* 面的另一垂直面	将工件翻转 180°，仍然以 *A* 面为基准定位在固定钳口上，以刚磨出的 *A* 面垂直面作为辅助基准定位在平口虎钳底面上，磨削 *A* 面的另一垂直面，控制宽度 $44_{-0.1}^{\ 0}$ mm
	粗、精磨 *B* 面	以 *A* 面为基准定位在固定钳口上，将工件垂直装夹，用百分表测量任一垂直面，控制该面相对于工作台台面的垂直度后再夹紧，磨削 *B* 面，光出即可，将磨削余量留至另一端面磨削
	粗、精磨 *B* 面的平行面	将工件翻转 180°，仍然以 *A* 面为基准定位在固定钳口上，用相同方法校正后夹紧工件，磨削 *B* 面的平行面，控制长度 $120_{-0.01}^{\ 0}$ mm
检验	—	工作台退磁，取下工件，按图样要求进行综合检验，包括：用比较法检验表面粗糙度；用透光法检验固定板表面的平面度；用直角尺测量工件侧面的垂直度等

三、注意事项

1．磨削对刀时，手摇的速度要匀速、缓慢，防止由于磨削深度突然过大使砂轮对工件产生冲击。

2．磨削将近结束时，砂轮的垂直进给量要小，甚至不进给进行光磨，以保证磨削精度。

3．根据需要调整进给速度。磨削中可停机，以较精确地检查尺寸。

四、评价

磨削固定板评分标准见表 1—3—3。

表 1—3—3 磨削固定板评分标准

检测项目	检测内容及要求	配分	评分标准	检测结果	得分
尺寸精度	$44_{-0.1}^{0}$ mm	8	超差不得分		
	$17_{-0.1}^{0}$ mm	8	超差不得分		
	$120_{-0.1}^{0}$ mm	8	超差不得分		
几何精度	⏥ 0.02	8	超差不得分		
	⊥ 0.06 A（2 处）	20	超差一处扣 10 分		
	// 0.06 A // 0.06 B	20	超差一处扣 10 分		
表面粗糙度	*Ra*0.8 μm（6 处）	12	超差一处扣 2 分		
其他	磨削方法正确	5	未完成不得分		
	操作规范	5	未完成不得分		
	安全文明生产	6	违者每次扣 1 分，严重者扣 4 ~ 6 分		
总计		100			

相关知识

一、平面磨削的形式及特点

平面磨削常作为铣削或刨削后的精加工，尤其适用于磨削淬硬工件，以及具有平行表面的零件（如滚动轴承环、活塞环等）。在平面磨床上磨削平面，尺寸精度一般为 IT6 ~ IT7 级，表面粗糙度值为 *Ra*0.16 ~ 0.63 μm。精密平面磨床磨削平面时，表面粗糙度值可达 *Ra*0.1 μm，平行度误差为 0.01 mm/1 000 mm。常用的平面磨削形式有周边磨削和端面磨削两种，其定义、特点及应用见表 1—3—4。

二、砂轮的构成、种类与选用

1. 砂轮的构成

砂轮是由无数细小坚硬的磨粒用结合剂黏结而成的多孔物体。磨粒起切削作用。把磨粒结合在一起，并使砂轮具有一定形状的黏结材料称为结合剂。结合剂并没有填满磨粒间的全部空间，而是留有一定的空隙。空隙起着散热和容纳磨屑的作用。磨料、结合剂和空隙构成砂轮结构的三要素。

（1）磨料

磨料在砂轮中担负切削工作，因此磨料应具备很高的硬度，一定的韧性以及良好

表 1—3—4　　　　平面磨削的形式、定义、特点及应用

形式	周边磨削	端面磨削
定义及图示	又称为圆周磨削，用砂轮的圆周面进行磨削，如卧轴平面磨床	用砂轮的端面进行磨削，如立轴平面磨床
特点	发热少，排屑与冷却情况好；加工精度高，但生产效率低	可采用较大的切削用量，生产效率高 磨削热较大，难于充注切削液进行降温，工件易受热变形，且砂轮磨损不均匀，精度比周边磨削差
应用	适用于单件小批量生产，精磨各种工件的平面	只适用于磨削精度不高且形状简单的工件

的耐热性。目前，生产中使用的磨料基本为人造磨料，主要有刚玉类、碳化硅类和高硬磨料类。刚玉类，主要有棕刚玉（A）、白刚玉（WA）；碳化硅类，主要有黑碳化硅（C）、绿碳化硅（GC）；高硬磨料类，主要有氮化硼（CBN）、人造金刚石（D）。

（2）粒度

粒度是指磨料颗粒的大小。国标《固结磨具用磨料　粒度组成的检测和标记　第1部分：粗磨粒 F4～F220》（GB/T 2481.1—1998）对粗磨粒做了规定，粗磨粒的粒度用试验筛网筛分的方法测定，粒度号为 F4～F220，共 26 个代号，粒度号越大，磨粒的颗粒越细。

国家标准《固结磨具用磨料　粒度组成的检测和标记　第 2 部分：微粉》（GB/T 2481.2—2009）对微粉做了规定，微粉的粒度用沉降法进行检测，粒度号为 F230～F1200，共 11 个代号，粒度号越大，磨粒越细。

（3）结合剂

结合剂起黏结磨粒的作用，它的性能决定了砂轮的强度、耐冲击性、耐腐蚀性和耐热性，同时对磨削温度、磨削表面质量也有一定的影响。常用的结合剂有陶瓷（V）、树脂（B）、橡胶（R）等。

2. 砂轮的种类

砂轮分类方法很多，常见的分类包括按照所用磨料、砂轮的形状、砂轮的硬度、

砂轮的组织进行分类。

（1）按照所用磨料分类

按所用磨料的不同，砂轮可分为普通磨料（刚玉和碳化硅等）砂轮和超硬磨料（金刚石和立方氮化硼等）砂轮。

（2）按照砂轮的形状分类

按照砂轮的形状分类，常用砂轮的名称、代号、形状及用途见表1—3—5。

表1—3—5　　常用砂轮的名称、代号、形状及用途

砂轮名称	代号	断面图（形状）	用途
平形砂轮	1	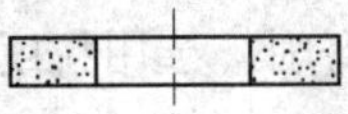	用于磨削外圆、内圆、平面、螺纹等及刃磨刀具
筒形砂轮	2	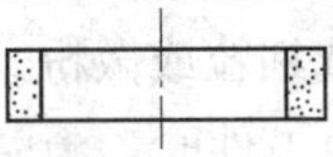	用于立式平面磨床
双斜边砂轮	4	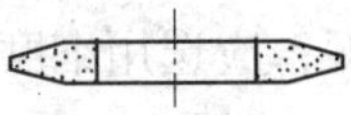	用于磨削齿轮齿面和单线螺纹
杯形砂轮	6	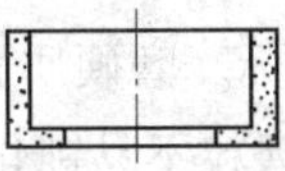	用于刃磨铣刀、铰刀、拉刀等
碗形砂轮	11	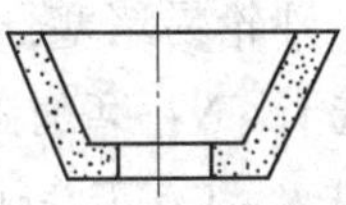	用于刃磨铣刀、铰刀、拉刀、盘形车刀等
碟形一号砂轮	12a	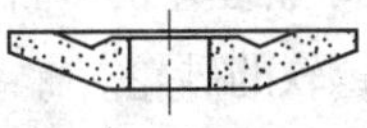	适用于刃磨铣刀、铰刀、拉刀和其他刀具，大尺寸的一般用于磨齿轮齿面
薄片砂轮	41	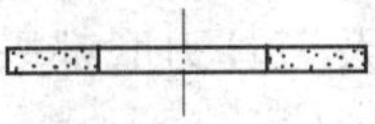	用于切断和开槽等

（3）按照砂轮的硬度分类

砂轮硬度是指结合剂黏结磨粒的牢固程度，也表示在磨削力作用下磨粒从砂轮表面脱落的难易程度。磨粒黏结牢固、不易脱落的砂轮，称为硬砂轮；反之，则称为软砂轮。砂轮的硬度等级划分为：极软（A、B、C、D）、很软（E、F、G）、软（H、J、K）、中级（L、M、N）、硬（P、Q、R、S）、很硬（T）、极硬（Y）。

（4）按照砂轮的组织分类

砂轮的组织是表示其内部结构松紧程度的参数，指磨料、结合剂和气孔三者的体积比例关系。按照磨粒在砂轮中占有的体积百分数，砂轮组织可分为0~14组织号。0~4号组织较紧密，5~8号组织为中等，9~14号组织较松。

3. 砂轮的选用

由于砂轮的磨料、粒度、结合剂、硬度及组织不同，砂轮的特性差异很大，对磨

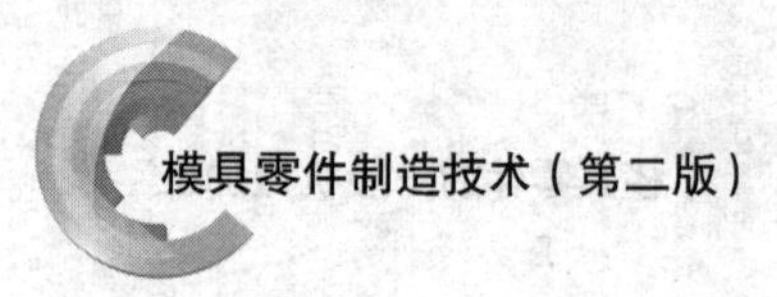

削质量及生产效率亦有很大影响。磨削时，应根据加工条件选择相适应特性的砂轮。

（1）磨料的选择

按工件材料及其热处理方法选择磨料。一般选择原则是：工件材料为一般钢材，选用棕刚玉；工件材料为淬火钢、高速钢，可选用白刚玉或铬钢玉；工件材料为硬质合金，选用人造金刚石或绿色碳化硅；工件材料为铸铁、黄铜，选用黑色碳化硅。

（2）粒度的选择

选择砂轮磨料粒度时，主要考虑具体的加工条件。按工件表面粗糙度和加工精度选择，一般常用的粒度是46～80号。

1）外圆磨削、无心磨削选用粒度号大的砂轮；内圆磨削、平面磨削以及薄片、薄壁工件的磨削和韧性金属、有色金属的磨削，选用粒度号小的砂轮。

2）粗磨时，以获得高生产效率为主要目的，可选中、粗粒度的磨粒；精磨时，以获得较小的表面粗糙度为主要目的，可选细粒或微粉磨粒。

3）磨削接触面积大和高塑性材料的工件时，为防止磨削温度过高而引起表面烧伤，应选用中、粗磨粒；为保证成型精度，应选用细磨粒。

（3）硬度的选择

砂轮硬度是衡量砂轮自锐性的重要指标。磨硬质合金等硬材料时，磨粒容易钝化，应选用软砂轮；磨有色金属等软材料时，磨粒不易钝化，应选用硬砂轮，以避免磨粒过早脱落损耗。磨削特别软且韧的材料时，砂轮易堵塞，可选用结构疏松的大气孔砂轮。一般情况下，磨削未淬硬钢，砂轮硬度选L～N；磨削淬火合金钢，砂轮硬度选H～K；磨削表面粗糙度要求低的表面，砂轮硬度选K～L；刃磨硬质合金刀具，砂轮硬度选H～L。

磨削的接触面积大或磨削薄壁零件、导热性差的零件时，选用软砂轮。精磨、成型磨时，应选用硬砂轮。磨粒越细时，应选用越软的砂轮。

（4）组织的选择

一般外圆、内圆、平面、无心磨削及刀具刃磨都采用中等组织的砂轮，较常用的组织号为6。精磨时，砂轮的气孔不宜过大。

三、砂轮的检查与安装

1. 砂轮的检查

安装砂轮前，必须认真仔细地检查，包括：

（1）检查砂轮的牌号是否正确，是否符合所选用的性能、形状和尺寸。

（2）检查砂轮是否完整或局部受潮。用手提着砂轮，用木锤轻敲，听其声音：没有裂纹的砂轮发出清脆的声音，有裂纹的砂轮声音嘶哑，不能使用。

（3）对使用橡胶或树脂结合剂的砂轮应检查存放期，如果存放期过长，应进行回转试验。

2. 砂轮的安装

（1）检查砂轮内孔与法兰底盘的配合状况，应有较小的间隙（0.1～0.2 mm）。

（2）检查衬垫是否完整。

（3）擦净法兰盘和砂轮内孔，并垫上衬垫。

（4）安放砂轮时，如果砂轮内孔与法兰座配合过紧，不允许用力压进去，可用刮刀将孔扩大一些再安放；如果配合间隙过大，应在砂轮内孔与法兰底盘间垫纸，以调整间隙。如果砂轮孔径与法兰盘轴径相差太多，就应重新配制法兰盘。

（5）安放法兰盘。

（6）按对角顺序逐步拧紧压紧螺钉，用力不能过猛。

砂轮的安装过程如图 1—3—13 所示。

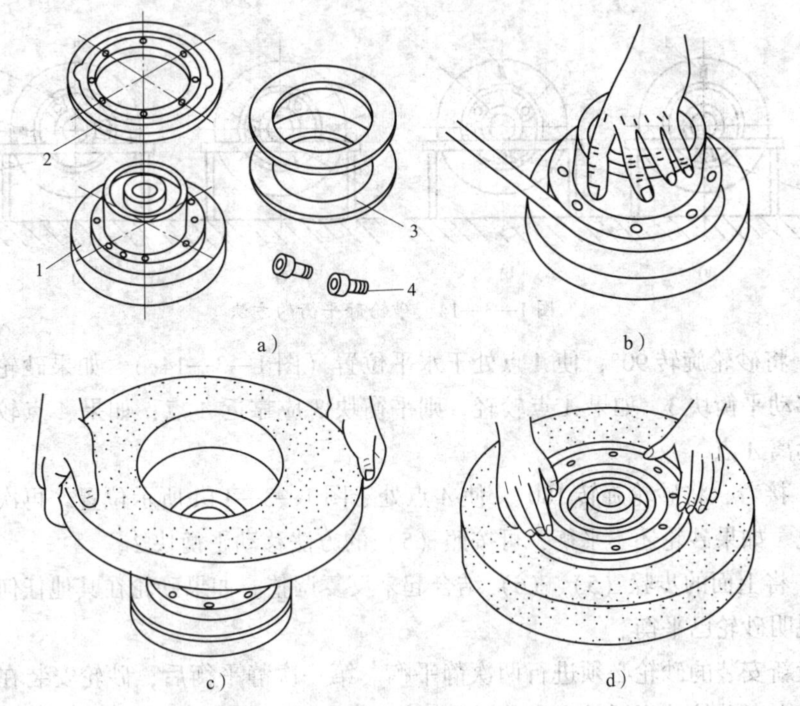

图 1—3—13 法兰盘的组成及砂轮的安装过程

a）法兰盘的组成 b）法兰底盘加纸垫 c）套入砂轮 d）安装法兰盘

1—法兰底盘 2—法兰盘 3—衬垫 4—内六角螺钉

四、砂轮的平衡与修整

1. 砂轮的静平衡

砂轮的平衡程度是磨削的主要性能指标之一。砂轮的不平衡是指砂轮的重心与旋转中心不重合，即由不平衡质量偏离旋转中心所致。不平衡的砂轮高速旋转时，将产生迫使砂轮偏离轴心的离心力，会引起机床振动，使被磨工件产生多角形振痕、机床轴承磨损加剧等。

砂轮的平衡分为静平衡和动平衡。生产中绝大多数采用静平衡。砂轮静平衡的方法如下：

（1）将平衡心轴装入法兰盘锥孔中，并用螺母锁紧。然后将安装好平衡心轴的砂轮轻放在平衡架圆柱导轨上，并使平衡心轴与圆柱导轨轴线垂直。

（2）拆下法兰盘上的全部平衡块，并清除环形槽内的污垢。

（3）让砂轮在圆柱导轨上缓慢滚动。如果砂轮不平衡，它会在轻、重连线的垂直方向来回摆动。当摆动停止时，砂轮较重的部分必然在砂轮下方。此时，在砂轮上方较轻的位置做一个记号（图 1—3—14a 中的 A 点）。

（4）在砂轮较重的下方装上第一块平衡块 1，并使 A 点仍处于原位置。然后，在 A 点左右对称的两侧分别装上平衡块 2、3（图 1—3—14b），同样要保持 A 点位置不变。

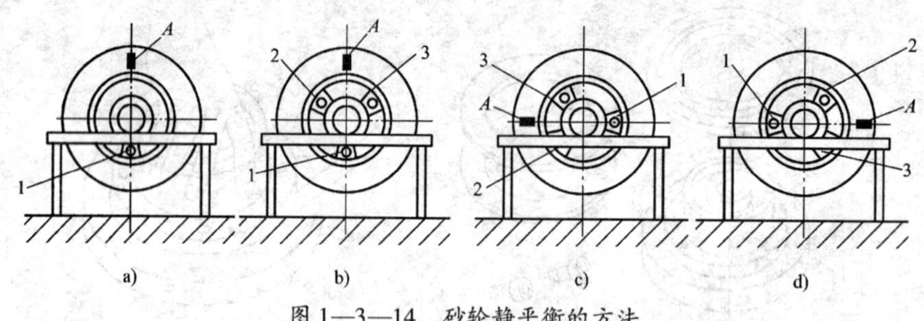

图 1—3—14　砂轮静平衡的方法

（5）将砂轮旋转 90°，使 A 点处于水平位置（图 1—3—14c）。如果砂轮仍然不平衡，可移动平衡块 3。如果 A 点较轻，则平衡块 3 应靠近 A 点；如果 A 点较重，平衡块 3 应远离 A 点。

（6）接着，将砂轮旋转 180°，使 A 点处于图 1—3—14d 所示位置。再次检查砂轮平衡状况。如果砂轮还不平衡，可按照（5）的方法移动平衡块 2。

（7）将上面的步骤（5）、（6）结合起来反复调整。如果砂轮在其他任何位置都能静止，说明砂轮已平衡。

一般新安装的砂轮必须进行两次静平衡。第一次静平衡后，砂轮安装在机床上进行修整，由于砂轮外形误差和安装误差，修整后砂轮原先的平衡被破坏，必须进行第二次静平衡。

2. 砂轮的修整

（1）砂轮圆周面的修整

1）将金刚石装入砂轮修整器内，并用螺钉紧固。

2）砂轮修整器安放在电磁吸盘台面上，把电磁吸盘工作状态选择开关拨到“吸着”位置，用手拉动砂轮修整器，检查是否吸牢。

3）移动工作台及磨头，使金刚石处于图 1—3—15 所示的位置。

4）启动砂轮，并摇动垂直进给手轮，使砂轮圆周面逐渐接近金刚石。当砂轮与金刚石接触后，停止垂直进给。

5）移动磨头，做横向连续进给，使金刚石在整个圆周面上进行修整，如图 1—3—16 所示。

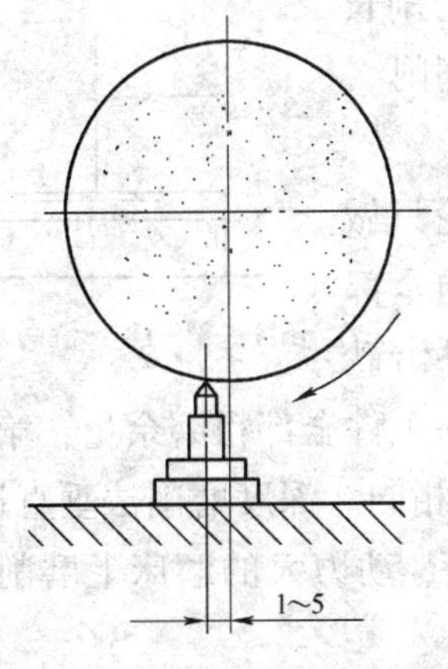

图 1—3—15 金刚石修整位置

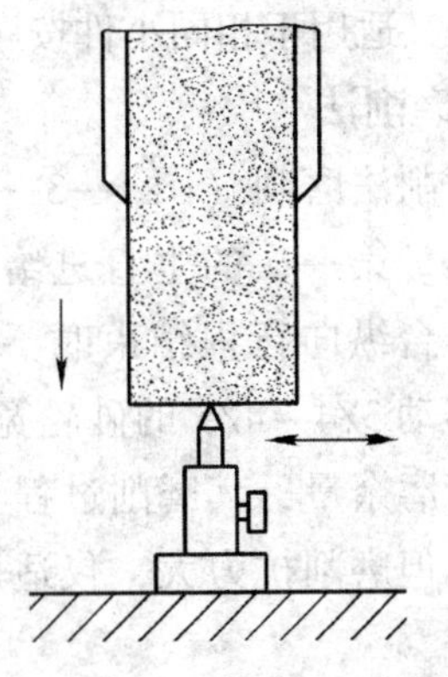

图 1—3—16 砂轮圆周面的修整

6）继续进给与修整。

7）修整至要求后，磨头快速退出。

8）将电磁吸盘工作状态选择开关拨至“退磁”位置，取下砂轮修整器。砂轮修整结束。

（2）砂轮端面的修整

1）将金刚石从侧面装入砂轮修整器内，并用螺钉紧固。

2）将砂轮修整器安放在电磁吸盘台面上，通磁吸住。

3）移动工作台及磨头，使金刚石处于图 1—3—17 所示左端的位置。

4）启动砂轮，并摇动磨头横向进给手轮，使砂轮端面接近金刚石。当砂轮端面与金刚石接触后，磨头停止横向进给。

5）摇动磨头垂直进给手轮，使砂轮垂直连续下降。当金刚石修整到接近砂轮卡盘时，停止垂直进给。

6）磨头横向进给，进给量为 0.02 ~ 0.03 mm。再摇动垂直进给手轮，使砂轮垂直连续上升，在金刚石离砂轮圆周边缘 1.5 ~ 2 mm 处停止垂直进给。

7）如此上下修整数次，在砂轮端面上修出一个 1 ~ 2 mm 深的台阶面。

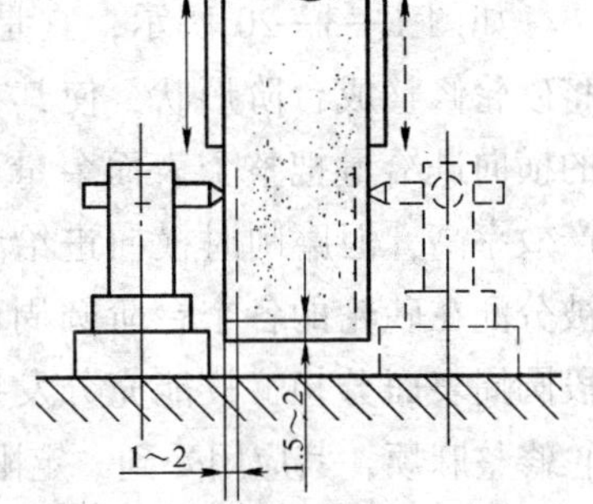

图 1—3—17 砂轮端面的修整

8）用同样方法修整砂轮右端面（图 1—3—17 中虚线所示右端位置）。

五、平面磨削的方法

1. 横向磨削法

每当工作台纵向行程结束时，砂轮主轴做一次横向进给（图 1—3—18），待工件表面上第一层金属磨掉后，砂轮再按预选磨削深度做一次垂直进给，随后按上述过程逐层磨削，直至切除全部磨削余量。

横向磨削法是最常用的磨削方法，既适用于磨削长而宽的平面，又适用于相同小件按序排列的集合磨削。

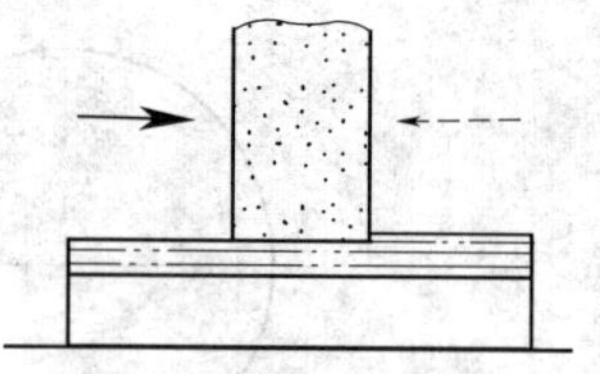
图 1—3—18　横向磨削法磨平面

2. 深度磨削法

用深度磨削法磨削（图 1—3—19）时，砂轮只做两次垂直进给。第一次的垂直进给量等于粗磨的全部余量，当工作台纵向行程结束时，将砂轮或工件沿砂轮轴线方向移动 3/4 ~ 4/5 的砂轮宽度，直至切除工件全部粗磨余量；第二次的垂直进给量等于精磨余量，其磨削过程与横向磨削法相同。深度磨削法垂直进给次数少，生产效率高，但磨削抗力大，仅适用于在刚性好、动力大的磨床上磨削平面尺寸较大的工件。

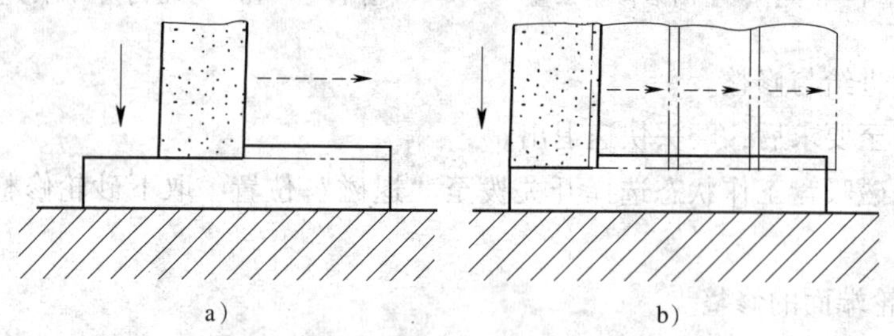

图 1—3—19　深度磨削法磨平面
a）第一次垂直进给　b）第二次垂直进给

3. 阶梯磨削法

如图 1—3—20 所示，它是根据工件磨削余量的大小，将砂轮修整成台阶形状，使其在一次垂直进给中采用较小的横向进给量把整个表面余量全部磨去。这种磨削方法生产效率高，但磨削时横向进给量不能过大。由于磨削余量被分配在砂轮的各个台阶圆周面上，磨削负荷及磨损由各段圆周表面分担，故能充分发挥砂轮的磨削性能。由于砂轮修整麻烦，其应用受到一定限制。

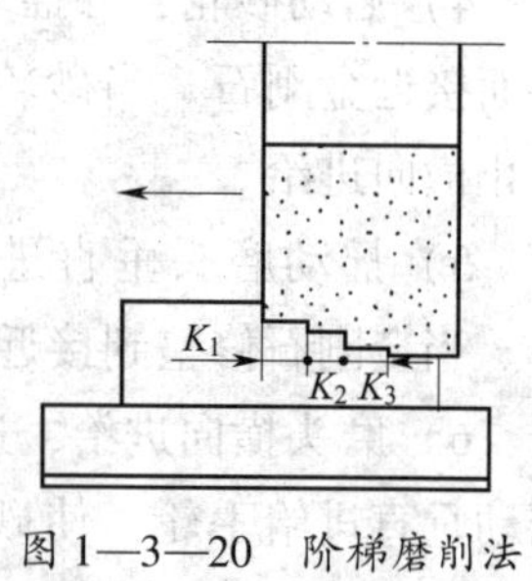

图 1—3—20　阶梯磨削法磨平面

六、磨削垂直面时工件的找正方法

1. 用百分表找正

用百分表头靠在工件的侧面，上下、前后地移动，观察百分表的读数。如果误差大，在工件下面垫纸，使百分表读数的跳动量控制到很小，如图 1—3—21 所示。

2. 用 90°圆柱角尺找正

把 90°圆柱角尺和工件都放在平板上，使它们靠近；观察 90°圆柱角尺的素线和工件垂直面之间的间隙；然后，在工件下面垫纸，使间隙均匀，即可磨削工件的上平面，如图 1—3—22 所示。

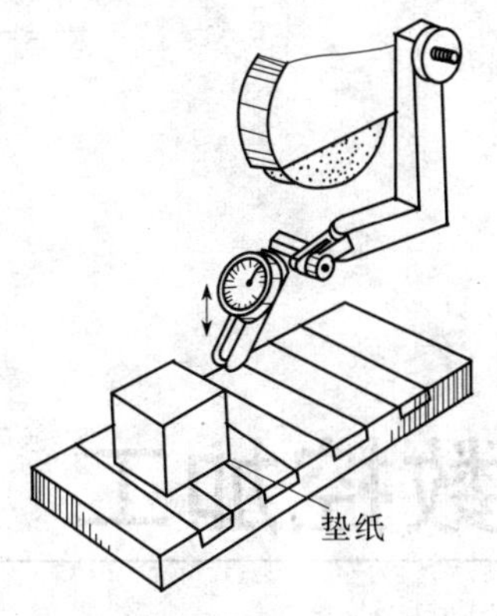

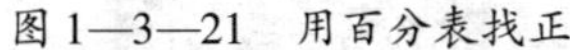
图1—3—21 用百分表找正

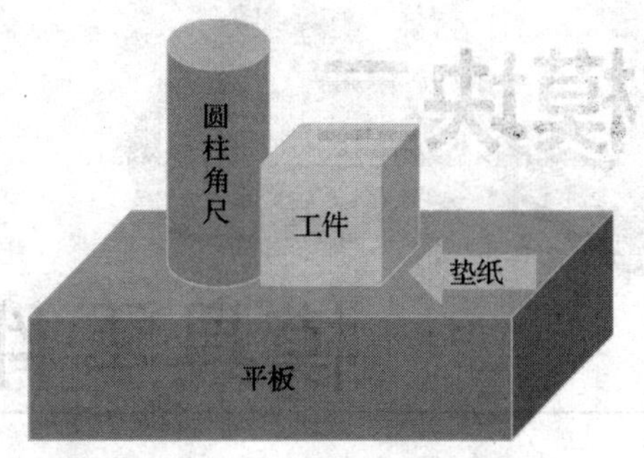

图1—3—22 用90°圆柱角尺找正

3. 用专用百分表座找正

专用百分表座的结构特点是在百分表座上设有定位点，如图1—3—23所示。

（1）首先应校正百分表。把90°圆柱角尺和百分表座放在平板上，让百分表座定位点顶住90°圆柱角尺下部最大外圆处，表头接触90°圆柱角尺的上部，再将表座的百分表读数调到零位。此时，读数值到定位点所组成空间平面与底面垂直，如图1—3—24a所示。

（2）将圆柱角尺移走，把工件放到原位置，测量方法同上，观察百分表的读数，如图1—3—24b所示。如果读数比测量90°圆柱角尺时的读数大，应在工件的右底面垫纸，使百分表上读数接近零。垫纸厚度可根据读数值确定。

定位点

图1—3—23 专用百分表座

使用这种方法加工精度较高，找正时要防止百分表移动。

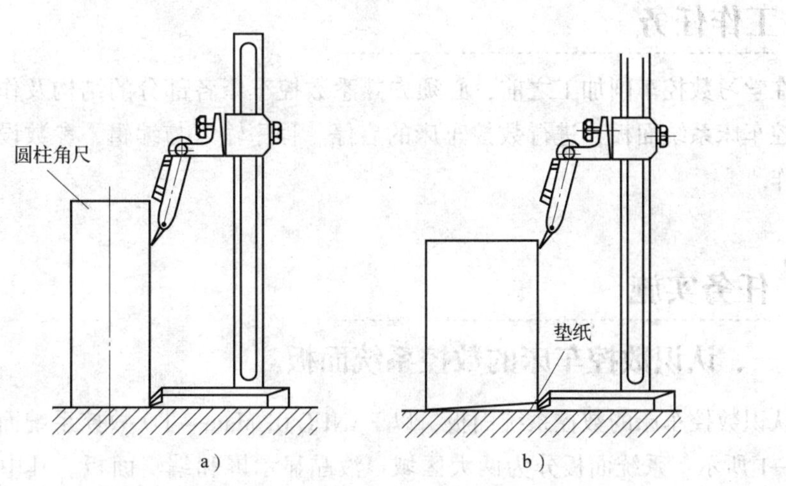

图1—3—24 用专用百分表座找正垂直面

a）校正百分表 b）测量工件

模具零件的数控加工

除了常用的车削、铣削、磨削等一般机械加工方法外，在模具零件制造中越来越多地运用数控技术，如数控车削、数控铣削。由于所使用的数控机床不同，它们的加工方法也有着各自的工艺特点。

本模块主要从数控车削、数控铣削两个课题入手，旨在掌握模具零件的数控加工技能。

课题一　数控车削加工

任务一　数控车床基础知识与基本操作

工作任务

在学习数控车削加工之前，必须先熟悉数控车床各部分的结构及作用，熟练地使用数控车床系统面板，进行数控车床的启停、程序输入与编辑、参数设置、自动加工等操作。

任务实施

一、认识数控车床的数控系统面板

认识数控车床的数控系统面板，以 FANUC 0i Mate－TD 数控系统面板为例，如图 2—1—1 所示。系统面板分为两大区域：液晶显示屏和编辑面板。其中，编辑面板又分为 MDI 键盘和功能键两部分。编辑面板的功能键及其功能见表 2—1—1。

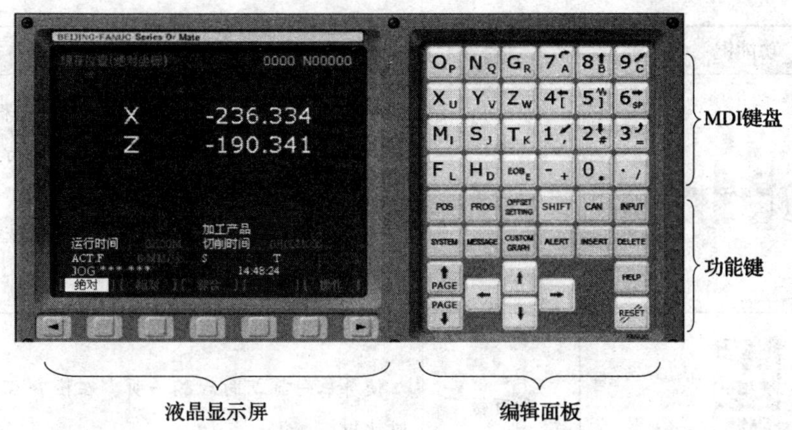

图 2—1—1 FANUC 0i Mate－TD 数控系统面板

表 2—1—1 编辑面板的功能键及其功能

功能键	名称	功能
	数字/字母键	用于输入数字或者字母，输入时自动识别所输入的是字母还是数字 EOB：回车换行键，编辑程序时输入“;”换行
POS PROG OFFSET SETTING SYSTEM MESSAGE CUSTOM GRAPH	功能键	POS：切换 CRT 到机床位置界面 PROG：切换 CRT 到程序管理界面 OFFSET SETTING：用于进行刀具补偿数据的显示与设定 SYSTEM：用来显示系统画面 MESSAGE：用来显示提示信息 CUSTOM GRAPH：用来显示图形画面
SHIFT	移位键	某些键的顶部有两个字符，用此键进行选择
CAN	取消键	删除输入区最后一个字符
INPUT	输入键	把输入区域内的数据输入参数页面或者输入一个外部的数控程序

续表

功能键	名称	功能
ALTER INSERT DELETE	编辑键	ALTER：替换键，编辑程序时修改光标块内容 INSERT：插入键，编辑程序时在光标处插入内容，或者插入新程序 DELETE：删除键，编辑程序时删除光标块的程序内容，或者删除程序
PAGE↑ PAGE↓	翻页键	使屏幕向前或向后翻一页，在检查程序和诊断时使用
↑ ← → ↓	光标移动键	控制光标在操作区上下左右移动，在修改程序或参数时使用
HELP	帮助键	显示如何操作机床，可在 CNC 发生报警时提供报警信息
RESET	复位键	用来对 CNC 进行复位，或清除报警信息

二、认识数控车床操作面板

以用 FANUC 0i Mate－TD 数控系统的数控车床操作面板为例，来认识数控车床操作面板，如图 2—1—2 所示。操作面板上划分出六个区域。

图 2—1—2　用 FANUC 0i Mate－TD 数控系统的数控车床操作面板

区域1、2、3、6的按键、按钮等及其功能如图2—1—3至图2—1—6所示。区域4的旋钮、按钮及功能见表2—1—2，区域5的按钮及功能见表2—1—3。

“控制器通电”键：按下，接通数控系统电源
“控制器断电”键：按下，关闭数控系统电源
控制器通电
控制器断电

图2—1—3　区域1的按键及其功能

“机床准备”键：按下，机床驱动开启
“程序保护”锁：钥匙上锁，防止非机床操作人员使用机床
机床准备
程序保护
急停
“急停”按钮：按下，机床紧急停止

图2—1—4　区域2的按键及其功能

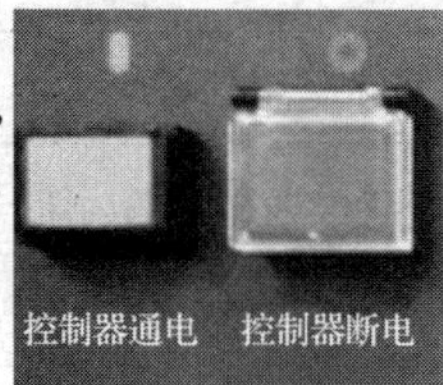

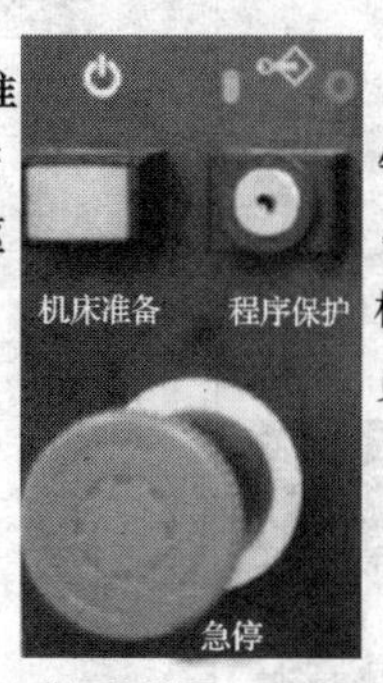

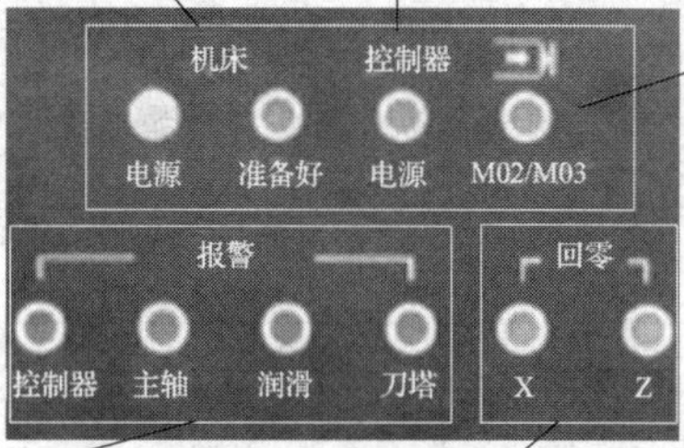

“机床”指示灯：左侧亮，电源通；右侧亮，系统准备好
“控制器”指示灯：灯亮，控制器电源接通
“M02/M30”（主程序结束）指示灯：灯亮，主程序结束，进给停止，主轴停止，切削液关闭
机床
控制器
电源
准备好
电源
M02/M03
报警
控制器
主轴
润滑
刀塔
回零
X
Z
“报警”指示灯（控制器、主轴、润滑、刀塔）：任意灯亮，该部位有故障
“回零”指示灯（X轴、Z轴）：任一灯亮，该轴回零

图2—1—5　区域3的指示灯及其功能

“轴选择”键（X轴、Z轴）：按下，启动所选择的进给轴（两个按钮互锁）
轴选择
手动
X
Z
+
−
FANUC
“手动进给”键（+、−）：按下，进给轴手动进给，“+”为正向移动，“−”为负向移动（两个按钮互锁）
手轮：方式选择开关旋至“手轮”位置时，转动该手轮可以控制机床的进给轴运动

图2—1—6　区域6的按键、手轮及其功能

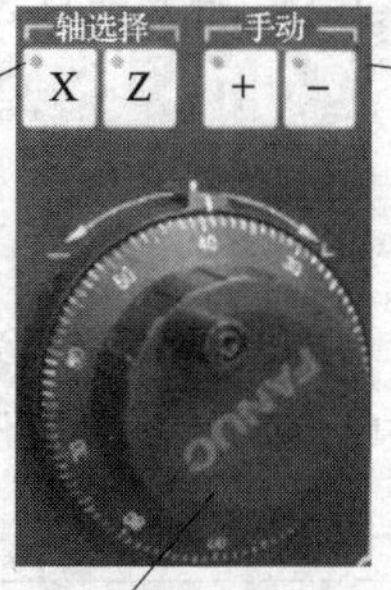

表 2—1—2　　区域 4 的旋钮、按键及功能

图示	名称	功能	
	方式选择	示教	进入示教模式
		DNC	进入 DNC 模式，输入、输出资料
		回零	进入回零模式，机床必须首先执行回零操作，然后才可以运行
		快速	进入手动快速移动模式
		手轮	进入手轮模式
		手动	进入手动模式，连续移动机床
		MDI	进入 MDI 模式，手动输入并执行指令
		自动	进入自动加工模式
		编辑	进入编辑模式，用于直接通过操作面板输入数控程序和编辑程序
	进给倍率调节	调整手动进给或自动加工过程中插补进给速度	
	主轴倍率	调整主轴转速	
	程序启动	在“方式选择”旋钮位于“AUTO”或“MDI”位置时按下该按钮，程序开始运行；其余模式下，该按钮使用无效	
	进给保持	在程序运行过程中，按下该按钮，程序运行暂停，再按“START”，程序从暂停的位置开始执行	
	主轴控制	分别控制主轴正转、停止、反转	

续表

图示	名称	功能
	手轮 快速/倍率	“×1”“×10”“×100”分别代表移动量为0.001 mm、0.01 mm、0.1 mm；“F0”“25%”“50%”“100%”分别设定快速手动进给速度

表 2—1—3　　区域 5 的按键及功能

图示*	种类/名称		功能
	“功能选择”键	跳步	按下，程序中的“/”有效
		单步	按下，运行程序时每次执行一条数控指令
		空运行	按下，程序中的插补运动均以快速运行方式执行
		MST 锁定	按下，程序中 MST 功能被锁定
		机床锁定	按下，机床被锁定，不能执行运动
		选择停	按下，程序中的“M01”代码有效
		内外卡盘	可选择内、外卡盘方式
		自定义	厂家自定义按键（该机床未定义）
	“刀库”键	正转、反转	按下，分别手动控制刀架正、反转（两个按钮功能互锁）
	“顶尖”键	向前、向后	按下，分别手动控制顶尖前后移动（两个按钮功能互锁）
	其他按键	冷却	按下，冷却泵打开
		手动润滑	按下，开启润滑加油装置

续表

图示＊	种类/名称		功能
排屑	其他按键	排屑	按下，开启排屑器
工作灯		工作灯	按下，工作灯开启

＊上述按钮左上角指示灯显示按钮的状态，第一次按下，灯亮，按钮功能有效；第二次按下，灯灭，按钮功能取消。“功能”列出为灯亮时有效状态。

三、数控车床的基本操作

1. 启动与关闭操作

启动数控车床时，首先打开数控车床电气柜的电源开关，然后按下数控系统操作面板的“控制器通电”键，接通数控车床电源；检查“急停”按钮是否松开，如果未松开，旋转“急停”按钮，将其松开；再按“机床准备”键，打开驱动开关。

数控车床关闭操作的步骤与启动步骤相反，从按下“急停”按钮到关闭电气柜的总电源结束。

2. 回零操作

回零又称为回机床参考点，其方法有以下两种：

（1）手动回零

将操作面板上的“方式选择”旋钮旋转至“回零”位置，再按“+X”键，则 X 轴回至参考点；然后按“+Z”键，则 Z 轴回至参考点。

（2）“MDI”模式回零

将操作面板上的“方式选择”旋钮旋转至“MDI”位置，进入 MDI 操作界面，输入“G28 U0 W0”，按“程序启动”键即可。

在回机床参考点之前，确保当前位置为参考点的负方向一段距离。一般在回机床参考点时，为了安全，应先回 X 轴，再回 Z 轴。

3. 手动操作

（1）手动/连续方式

将操作面板上的“方式选择”旋钮旋转至“手动”位置，数控车床进入手动操作模式。在“轴选择”中选择需要移动的坐标轴的键，再按“手动进给”键，控制相应的轴按照选定的方向移动。

（2）手轮操作

在手动/连续方式下或对刀时需要精确调节机床，可用手轮操作方式进行调节。操作如下：

1）将操作面板上的“方式选择”旋钮旋转至“手轮”位置，数控系统进入手轮操作方式。

2）按下“轴选择”键中的“X”或“Z”键，以及“手动进给”键中的“+”或“-”键，选择需要移动的坐标轴及其方向。然后，在“手轮 快速/倍率”键的“×1”“×10”“×100”三挡中进行选择，可以调节手轮移动进给轴的速度。

3）摇动手轮手柄，就可精确控制机床进给轴的移动。

（3）手动辅助开关控制

1）按“主轴”键，可以控制主轴的正、反转或停止。

2）按“刀库”键，可以控制刀架正转或反转。

3）按“冷却”键，可以控制冷却泵的启动和停止。

4）按“手动润滑”键，可以控制手动润滑装置。

5）按“排屑”键，可以控制排屑器运转。

6）按“顶尖”键，可以控制顶尖前、后移动。

四、程序的输入与编辑

1. 显示程序存储器的内容

（1）“方式选择”旋钮旋转至“编辑”位置。

（2）按“PROG”按键，数控系统屏幕显示程式（PROGRAM）画面。

（3）按［LIB］软键，屏幕显示如图2—1—7所示。

2. 输入新的加工程序

（1）“方式选择”旋钮旋转至“编辑”位置。

（2）按“PROG”键，屏幕显示程式（PROGRAM）画面。

（3）输入程序名（如O0001），按“INSERT”键确认，建立一个新的程序号，屏幕显示如图2—1—8所示。然后，可输入程序的内容（输入内容根据实训指导教师提供的程序）。

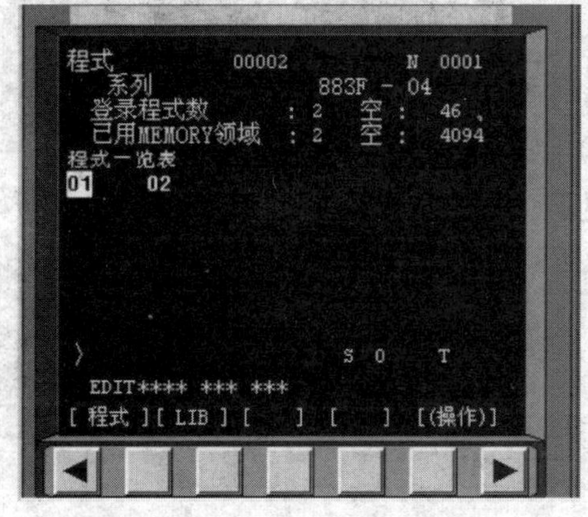

图2—1—7 屏幕显示存储器内容

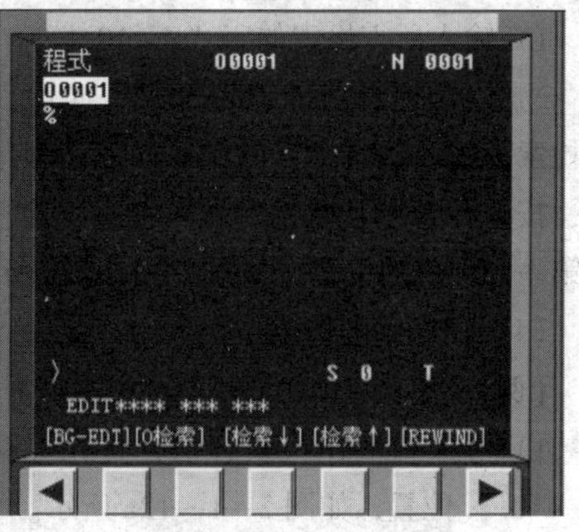

图2—1—8 新建程序号

（4）每输入一个程序句后按“EOB”键表示语句结束，然后按“INSERT”键将该语句输入。输入结束，屏幕显示如图 2—1—9 所示。

3. 编辑程序

（1）检索程序

1）将“方式选择开关”旋转至“编辑”位置。

2）按“PROG”键，屏幕显示程式画面。

3）输入要检索的程序号（如 O0001），如图 2—1—10 所示。

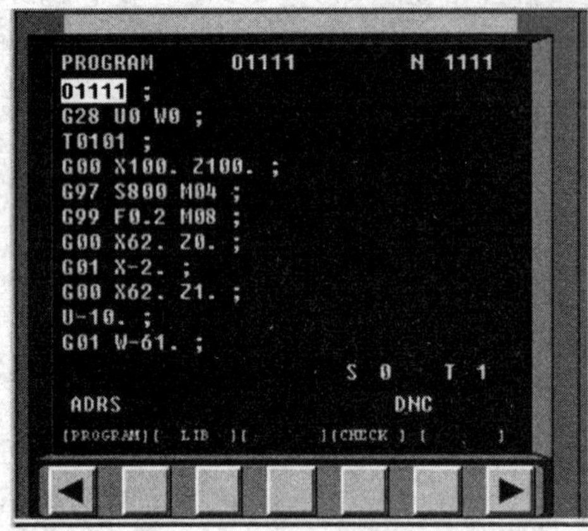

图 2—1—9 程序输入显示

图 2—1—10 检索程序

4）按［O 检索］软键，即可调出所要检索程序。

（2）检索程序段（语句）

检索程序段需在已检索出程序的情况下进行，如图 2—1—10 所示。

1）输入要检索的程序段号（如 N6）。

2）按［检索↓］软键，光标即移至所检索的程序段 N6 所在的位置，如图 2—1—11 所示。

（3）检索程序中的字

1）输入所需检索的字“Z－10.”。

2）以光标当前的位置为准，向前面程序检索，按［检索↑］软键；向后面程序检索，按［检索↓］软键。光标移至所检索的字第一次出现的位置，如图 2—1—12a 所示。

（4）程序字的修改

【例】 将 Z－10.0 改为 Z1.0。

1）可采用上述检索方法，将光标移至“Z－10.”位置，如图 2—1—12a 所示。

2）输入更改的字“Z1.0”。

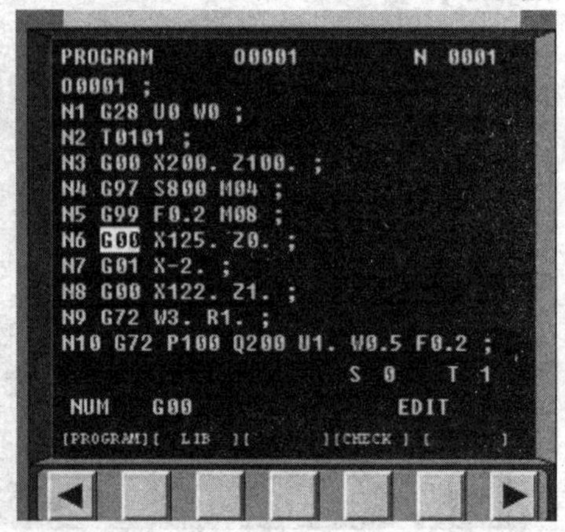

图 2—1—11 检索程序段

3）按“ALERT”键，“Z1. 0”替换掉“Z－10.”，如图 2—1—12b 所示。

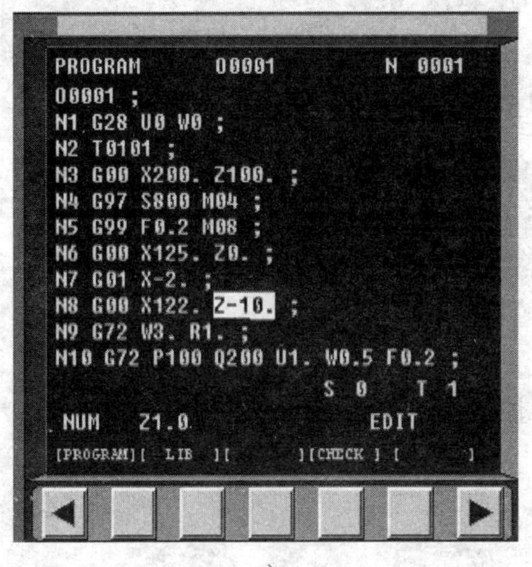

a）

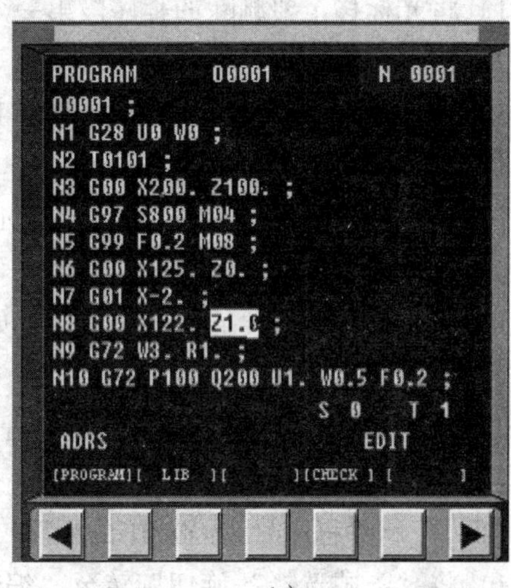

b）

图 2—1—12 字的修改

（5）删除程序字

【例】 从程序句“N8 G00 X122. 0 Z1. 0;”中删除“Z1. 0”。

1）将光标移至要删除的字“Z1. 0”的位置，如图 2—1—13a 所示

2）按“DELET”键，“Z1. 0”被删除，光标自动向后移，如图 2—1—13b 所示。

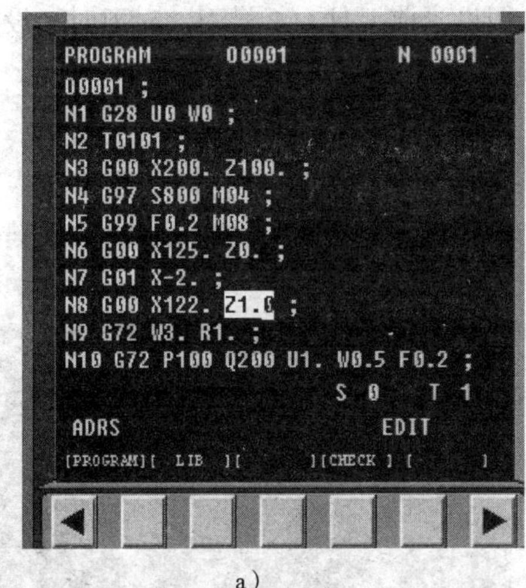

a）

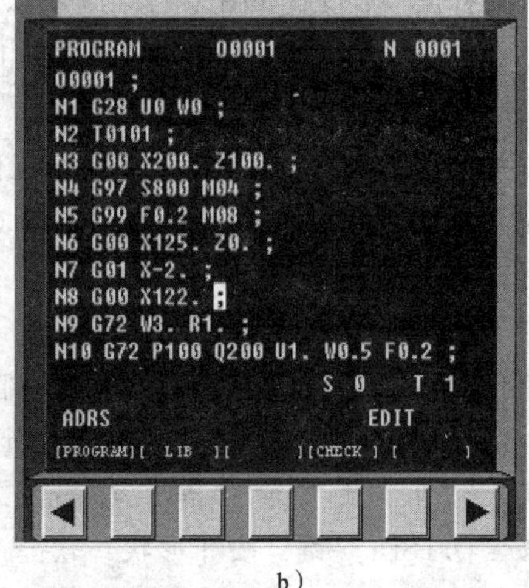

b）

图 2—1—13 删除字

（6）删除程序段

【例】 删除下列程序段：

O0100;

N1 G50 S3000;

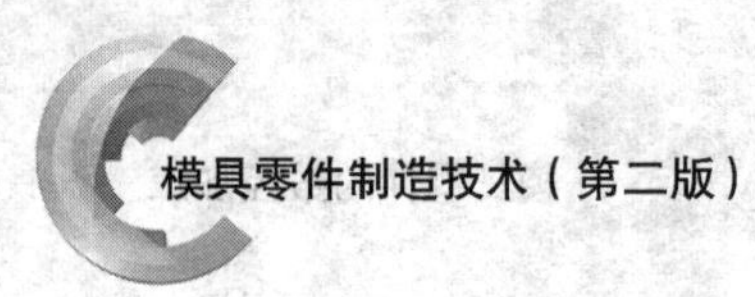

…

1）将光标移至要删除的程序段第一个字“N1”处。

2）按“EOB”键。

3）按“DELET”键，即删除了整个程序段。

（7）插入程序字

【例】 在程序段“G01 Z20.0 F0.10;”中插入“X10.0”，改为“G01 X10.0 Z20.0 F0.10;”。

1）将光标移动至要插入的位置处，如“Z20.0”之前。

2）键入“X10.0”。

3）按“INSERT”键，插入完成，程序段变为“G00 X10.0 Z20.0 F0.10;”。

（8）删除程序

【例】 删除程序号为O0001的程序。

1）将“方式选择”旋钮旋转至“编辑”位置。

2）按“PROG”键，选择显示程式画面。

3）输入要删除的程序号O0001。

4）确认要删除的程序号。

5）按“DELET”键，程序O0001被删除。

五、刀具补偿参数设置

刀具补偿参数设置如图2—1—14所示，假设当前刀具为1号刀。对刀时，设置该刀具的补偿参数，应将补偿值对应设置到1号参数中。具体操作步骤如下：

1. 对Z轴

操作如图2—1—15a所示。先车削工件端面，按“OFFSET”键，按［形状］软键，显示如图2—1—14所示，在刀补号G001中输入“Z0”，按［测量］软键，则Z坐标方向设置好。

2. 对X轴

操作如图2—1—15b所示。试切外圆一刀，沿Z轴方向退刀，停止主轴，测量工件直径（假设测量值为ϕ42.36 mm），然后按“OFFSET”键，按［形状］软键，显示如图2—1—14所示画面，在刀补号G001中输“X42.36”，按［测量］软键，则X坐标方向设置完成。

如果有多把刀对刀，则其余刀具以同样的方法分别触碰工件的外圆和端面，同样设置数据并测量即可。

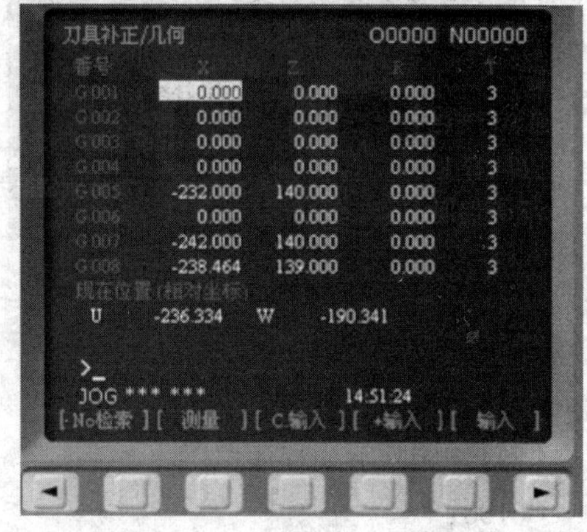

图2—1—14 刀具补偿参数设置

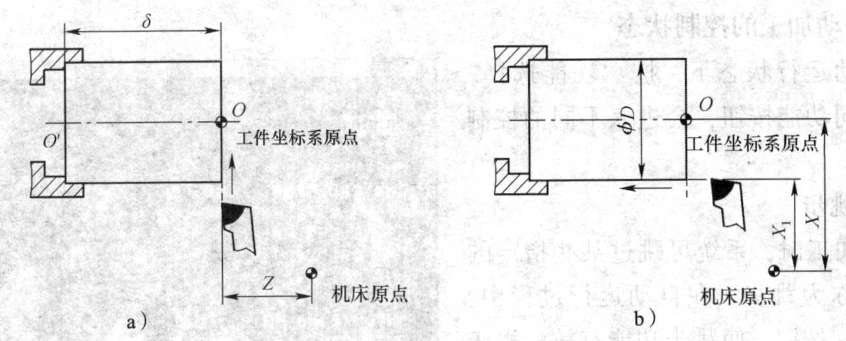

图 2—1—15　数控车床对刀操作

a）对 X 轴　b）对 Z 轴

六、自动加工

数控车床在启动、程序编辑、刀具安装、工件安装和找正、对刀等一系列操作后，便可进入自动加工状态，完成工件实际切削加工。循环运行启动时，还可以利用机床的相关功能，对加工程序、数据设置等进一步进行全面的检查及校验，以确保自动加工时零件的加工质量和机床的安全运行。

1. 自动运行的启动

（1）“方式选择”旋钮旋转至“自动”位置。

（2）按“PROG”键，输入要运行的程序号，按“光标下移”键打开程序。

（3）按“RESTE”键，将程序复位，光标指向程序的开始处，如图 2—1—16 所示。

（4）按“程序启动”键，自动循环运行。

（5）在自动加工前，有图形模拟加工功能的数控车床为避免程序错误、刀具碰撞工件或卡盘，可对整个加工过程进行图形模拟加工，检查刀具轨迹是否正确。在自动运行过程中，按下图形“CUSTOM GRAPH”键可以进入程序轨迹图形模拟状态（图 2—1—17），在 CRT 显示器上显示程序运行轨迹，以便对所使用的程序进行检验。

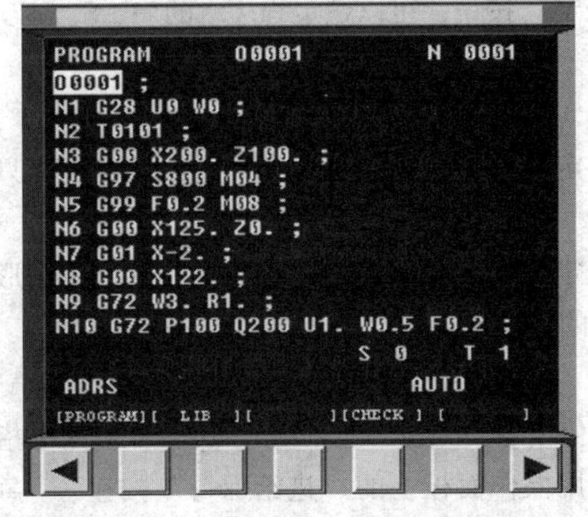

图 2—1—16　自动加工前的状态

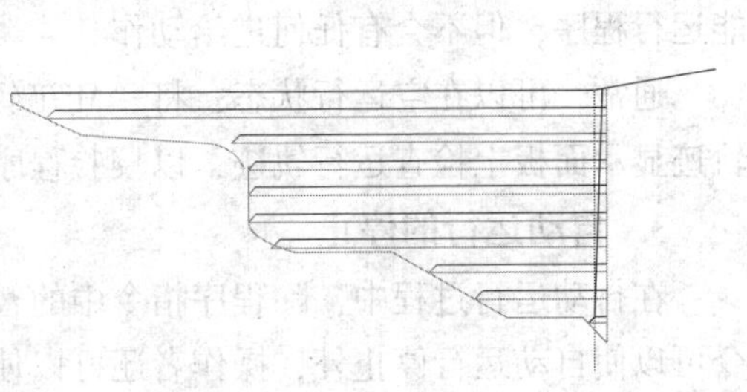

图 2—1—17　图形轨迹

2. 自动加工的控制状态

在自动运行状态下，按“功能选择”键中的不同功能按钮，会进入不同的控制状态。

（1）跳步

自动加工时，系统可跳过某些指定的程序段，称为跳步。在自动运行过程中，按“跳步”按钮，使跳步功能有效，机床将在运行中跳过带有“/”跳步符号的程序段，直接向下执行程序。例如，在图2—1—18所示的程序段中的某些句首加上“/”(如“/N4 G97 S800 M04;”“/N5 G99 F0.2 M08;”),且在控制面板上按下“跳步”按钮，则在自动加工时，图2—1—18所示的N4、N5两句程序将被跳过不执行；而当释放“跳步”开关，“/”不起作用，该段程序被正常执行。

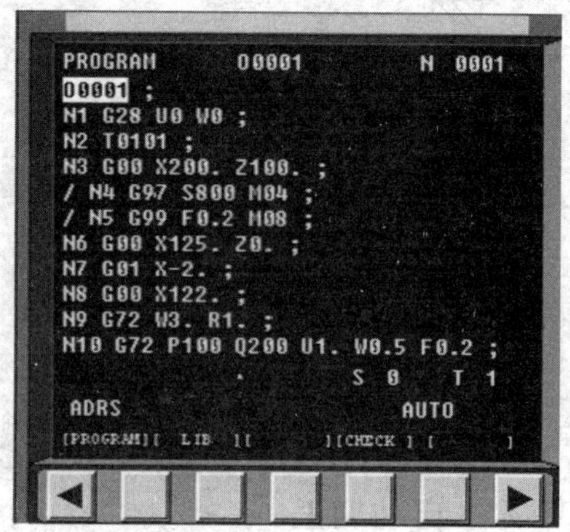

图2—1—18 跳步状态

（2）单步运行

在自动加工试切时，出于安全考虑，可选择单段执行加工程序的功能。在自动运行中，按“单步”按钮，使单步运行有效，机床在执行完一个程序段后停止，每按一次“程序启动”键，仅执行一个程序段的动作，可使加工程序逐段执行。

（3）空运行

自动加工启动前，不将工件或刀具装上机床，进行机床空动转，以检查程序的正确性。按“空运行”按钮，使空运行有效。此时，按“程序启动”键，数控车床忽略程序指定的进给速度。空运转时的进给速度与程序无关，以系统设定的速度快速运行程序。此操作常与机床锁定功能一起用于程序的校验，不能用于加工零件。

（4）MST锁定

在自动执行程序时，如果按下“MST锁定”按钮，可以锁定程序中的M、S、T功能，即程序中的M、S、T指令将不能执行任何动作。

（5）机床锁定

在自动执行程序时，如果按下“机床锁定”按钮，可以锁定所有进给轴，机床只能运行程序，但不会有任何进给动作。

通常，可以在空运行状态，将“MST锁定”和“机床锁定”设置为有效，在图形轨迹显示面板上检查运行轨迹，以校验程序的正确性。

3. 自动运行的停止

在自动运行过程中，除程序指令中的暂停（M00）、程序结束（M02、M30）等指令可以使自动运行停止外，操作者还可以使用操作面板上的“进给保持”按钮、“急停”按钮、“复位”键等来中断或停止机床的自动加工。

相关知识

一、数控车床概述

1. 数控技术的基本概念

数字控制（Numerical Control，缩写 NC）是用数字化信息实现机床控制的一种方法。数字控制机床（Numerically Controlled Machine Tool）是采用了数字控制技术的机床，又称为数控机床。这种 NC 机床由硬件来实现数控功能。计算机数控系统（Computer Numerical Control，缩写 CNC）是采用微处理器或专用微机的数控系统，由事先存入存储器中的系统程序来控制，从而实现部分或全部数控功能。

用于完成车削加工的数控机床称为数控车床。它是目前国内外使用量最大、覆盖面最广的一种数控机床。与普通车床相比，数控车床适合加工精度高、形状复杂的回转体零件。

2. 数控车床的分类及特点

（1）数控车床的分类

数控车床的品种和规格繁多，分类方法不一。数控车床的常用分类见表 2—1—4。

表 2—1—4　　数控车床的常用分类

分类方法	机床类型
按车床主轴布置形式分	分为卧式（又分为水平导轨、倾斜导轨）、立式两类 卧式数控水平导轨车床　卧式数控倾斜导轨车床　立式数控车床
按伺服系统的类型分	分为开环控制、半闭环控制、闭环控制三类

（2）数控车床的特点

加工适应性强；适合加工复杂型面的零件；加工质量稳定；生产效率高；加工精度高，一般在 0.005 ~ 0.01 mm；工序集中，一机多用；减轻操作者的劳动强度；机床价格较高，调试和维修较复杂。

3. 数控车床的组成

数控车床主要由车床本体和数控系统两大部分组成。车床本体由床身、主轴、滑板、刀架、冷却装置等组成；数控系统由程序的输入/输出装置、数控装置、伺服驱动装置三部分组成，具体见表2—1—5。图2—1—19所示为CK61100型数控车床，它主要由床身、主轴箱、电气控制箱、刀架、数控装置、尾座、进给系统、冷却系统和润滑系统等组成。

表2—1—5　数控车床的主要组成

组成部分	说明与图示
床身	包括床身与床身底座。数控车床床身采用了许多新结构，以加强刚性、减小热变形、提高加工精度。底座为整台机床的支撑与基础，所有的机床部件均安装在它上面，主电动机与切削液箱置于床身右侧的底座内部 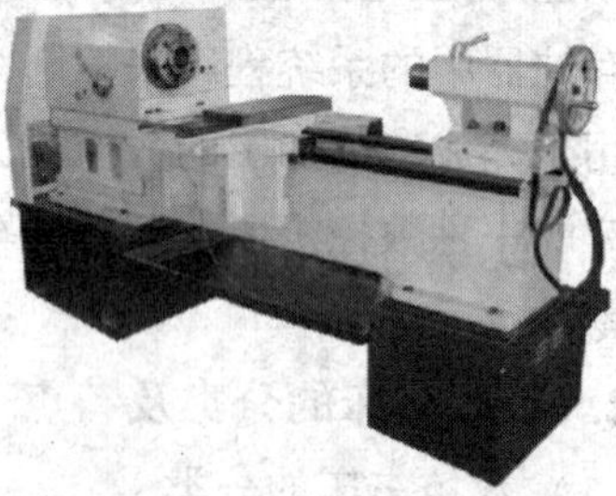
主轴箱	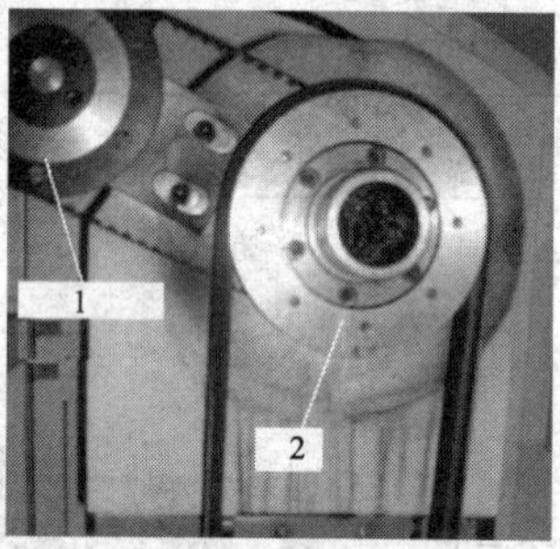 用于固定机床主轴。主电动机通过V带直接把运动传给主轴。主轴通过同步齿形带与编码器相连接，通过编码器测出主轴的实际转速，主轴的调速直接通过变频电动机来完成 1—编码器　2—主轴
电气控制箱	内部用于安装各种机床电气控制元件、数控伺服控制单元、控制芯板和其他辅助装置 

续表

组成部分	说明与图示
刀架	刀架固定在中滑板上。常用的有四工位立式电动刀架和六工位电动刀架，用于安装车削刀具，通过自动转位来实现刀具的交换  四工位立式刀架 　六工位刀架
数控装置	主要由数控系统（主要包括微处理器CPU、存储器、外围逻辑电路以及与数控系统的其他组成部分联系的各种接口等）、伺服驱动装置和伺服电动机组成。其工作过程为：数控系统发出的信号经伺服驱动装置放大后指挥伺服电动机进行工作。数控车床的数控系统完全由软件处理输入信息，使数字控制系统的性能大大提高 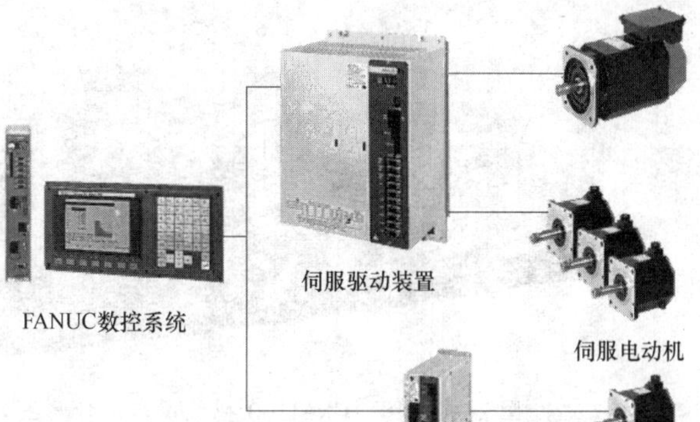 伺服驱动装置 FANUC数控系统 伺服电动机
输入/输出装置	键盘是数控车床的手动输入装置，可以输入短程序。数控系统的主要输出装置有显示器［如数码显示器（LED）、视频显示器（CRT）、液晶显示器（LCD）］，能显示程序、加工参数、坐标位置、故障信息等。操作人员还可以利用显示器采用人机对话的方式编辑零件图形、加工程序、动态刀具轨迹等。另外，数控系统还可以利用输入/输出串行接口，直接输入/输出程序、图形等 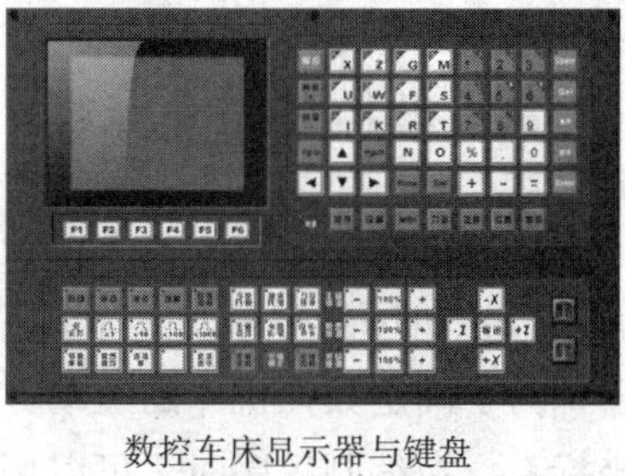 数控车床显示器与键盘
尾座	尾座在加工长轴类零件时起支撑等作用 

续表

组成部分	说明与图示
进给系统	数控车床的纵向进给、横向进给均由伺服电动机通过联轴器直接与滚珠丝杠连接来实现 伺服电动机 弹性联轴器 滚珠丝杠

图 2—1—19　CK61100 型数控车床外形图

1—床身　2—主轴箱　3—电气控制箱　4—刀架　5—防护板

6—数控装置　7—尾座　8—导轨　9—丝杠

二、数控车床坐标系

1. 机床坐标系

（1）机床坐标系及其命名原则

为了确定数控机床的运动方向、移动距离，而在机床上建立的坐标系就称为机床坐标系。在编制程序时，可以用该坐标系来规定运动方向和距离。国家标准《工业自动化系统与集成　机床数值控制坐标系和运动命名》（GB/T 19660—2005）规定：机床坐标系用来提供刀具（或加工空间里或图样上的点）相对于固定的工件移动的坐标；永远假定刀具相对于静止的工件运动。

（2）机床坐标系中的规定

1）机床坐标系的原点。机床坐标系的原点位置应由机床制造厂规定。

2）右手笛卡尔直角坐标系。数控机床上的坐标系采用右手笛卡尔直角坐标系，如

图 2—1—20 所示。在图中，大拇指的方向为 X 轴的正方向，食指为 Y 轴的正方向，中指为 Z 轴的正方向。

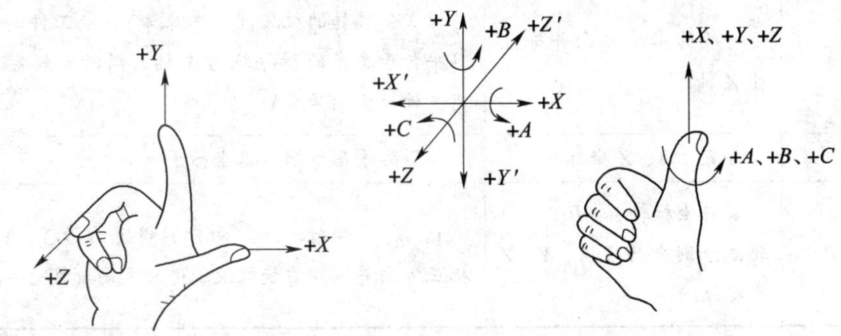

图 2—1—20 右手笛卡尔直角坐标系

3）机床坐标系的设定。机床坐标系是机床上固有的坐标系，既是机床制造和调整的基准，又是工件坐标设定的基准。

（3）机床坐标系的方向

GB/T 19660—2005 中规定了机床坐标系及其正方向。数控车床的机床坐标系如图 2—1—21 所示。数控机床坐标轴及坐标系正方向见表 2—1—6。

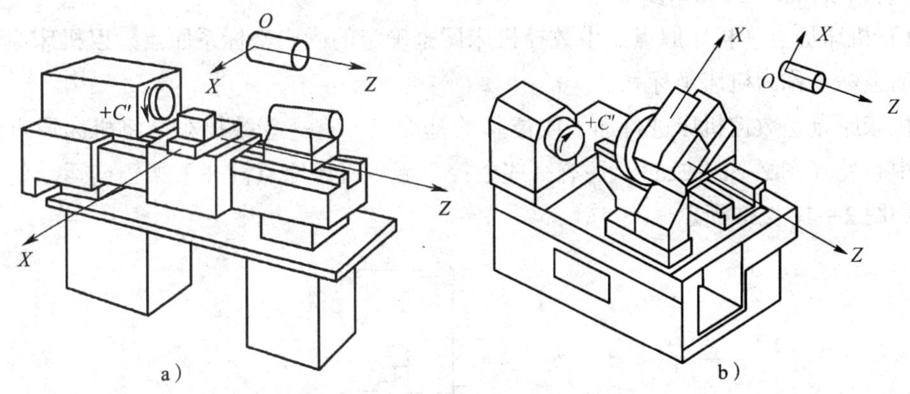

图 2—1—21 数控车床的坐标系

a）前置刀架式 b）后置刀架式

表 2—1—6 数控机床坐标轴及坐标系正方向

坐标轴	轴的定义	坐标系中轴的正方向
Z 轴	对任何具有旋转主轴的机床，其主轴及与主轴轴线平行的坐标轴都称为 Z 坐标轴（简称 Z 轴）	刀具远离工件的方向为 +Z

续表

坐标轴	轴的定义	坐标系中轴的正方向
X 轴	一般为水平方向并垂直于 Z 轴	对工件旋转的机床（如车床等），在工件的径向上且平行于车床的横导轨为 X 轴。同时也规定刀具远离工件的方向为 +X
Y 轴	垂直于 X、Z 坐标轴	按照右手笛卡尔直角坐标系确定
旋转轴 A、B、C	旋转坐标轴 A、B、C 的轴线分别平行于 X、Y、Z 坐标轴	A、B、C 坐标的正方向分别规定为沿 X、Y、Z 坐标正方向并按照右旋螺纹旋进的方向（图 2—1—20）

确定数控机床坐标轴正方向的注意事项：

1）应根据主轴先确定 Z 轴，然后确定 X 轴，最后确定 Y 轴。

2）确定 X 坐标方向时，要特别注意前置刀架式数控车床与后置刀架式数控车床的区别，如图 2—1—21 所示。

3）普通数控车床没有 Y 轴方向的移动，但 Y 正方向在判断圆弧顺逆及判断刀补方向时起作用。

（4）机床原点与机床参考点

1）机床原点。机床原点是由数控机床厂家确定的固定坐标系原点。以机床原点为零点的坐标系称为机床坐标系。

机床原点是数控机床进行加工或位移的基准点。有一些数控车床将机床原点设在卡盘中心处（图 2—1—22a），还有一些数控车床将机床原点设在刀架正向运动的极限点，如图 2—1—22b 所示。

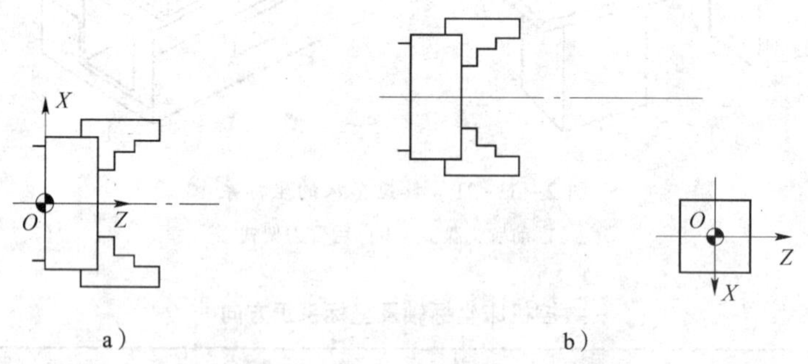

图 2—1—22　机床原点的位置

a）机床原点位于卡盘中心　b）机床原点位于刀架正向运动极限点

2）机床参考点。通常，数控车床的第一参考点一般位于刀架正向运动的极限点，并由机械挡块来确定其具体的位置。机床参考点与机床原点的距离由系统参数设定。

对于大多数数控机床，开机第一步总是先使机床返回参考点（即所谓的机床回零），目的就是建立机床坐标系。此时，系统显示屏上的机床坐标系将显示系统参数中设定的数值（即参考点与机床原点的距离），如图 2—1—23 中所示 a 和 b。在机床不断电的前提下，机床坐标系一经建立，将永远保持不变，且不能通过编程改变它。

机床坐标系在以下几种情况下必须进行设定：机床首次开机，或关机后重新接通电源时；解除机床急停状态后；解除机床超程报警信号后。

2. 工件坐标系

工件坐标系是编程时使用的坐标系，因此又称为编程坐标系。工件坐标系坐标轴的意义必须与机床坐标轴相同，如图 2—1—24 所示。图中，O 为机床原点，X 轴对应水平径向，Z 轴对应主轴轴向，X、Z 轴的正向均为刀具远离工件的方向；C 轴（主轴）的旋转运动方向则以从机床尾架向主轴看，顺时针为 $-C$ 向，逆时针为 $+C$ 向。工件坐标系的原点选在便于测量或对刀的基准位置，一般在工件的右端面或左端面上。

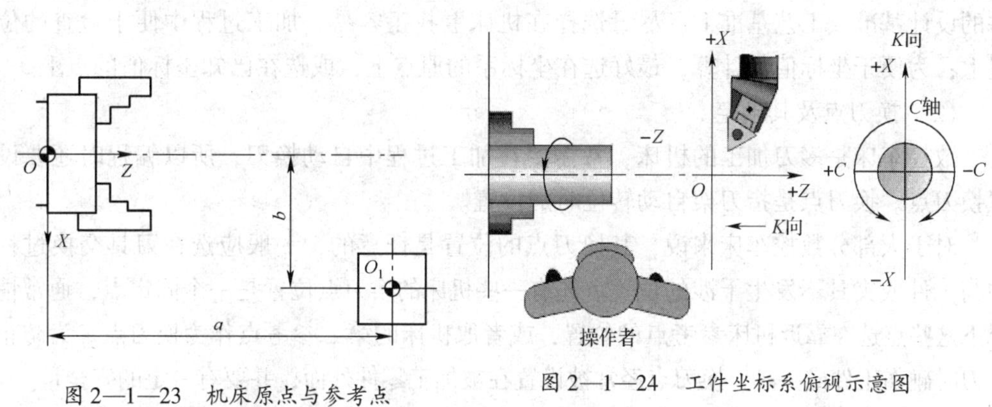

图 2—1—23 机床原点与参考点

O—机床原点 O_1—机床参考点

a—Z 向距离参数值 b—X 向距离参数值

图 2—1—24 工件坐标系俯视示意图

工件坐标系的原点又称为编程原点，是指工件装夹完成后选择工件上的某一点作为编程或工件加工的基准点。工件坐标系原点在图中以符号“◕”表示。

数控车床工件坐标系原点的选取如图 2—1—25 所示。X 向一般选在工件的回转中心，Z 向一般选在加工完毕的工件的右端面（O 点）或左端面（O' 点）。采用左端面作为 Z 向工件坐标系原点时，有利于保证工件的总长；而采用右端面作为 Z 向工件坐标系原点时，则有利于对刀。

3. 数控车床的对刀点与换刀点

（1）对刀点及其确定

对刀是数控机床操作者对工件进行数控切削加工前所做的首要工作。对刀是指将刀具移向对刀点，并使刀具的刀位点和对刀点重合的操作。

1）刀位点。刀位点是指编制程序和加工时用于表示刀具特征的点，也是对刀和加工的基准点。数控车刀的刀位点如图 2—1—26 所示，尖形车刀、成型车刀的刀位点通常是指刀具的刀尖；圆弧形车刀的刀位点是指圆弧刃的圆心。

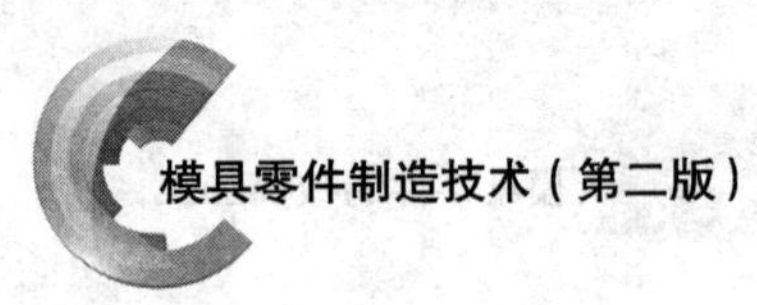

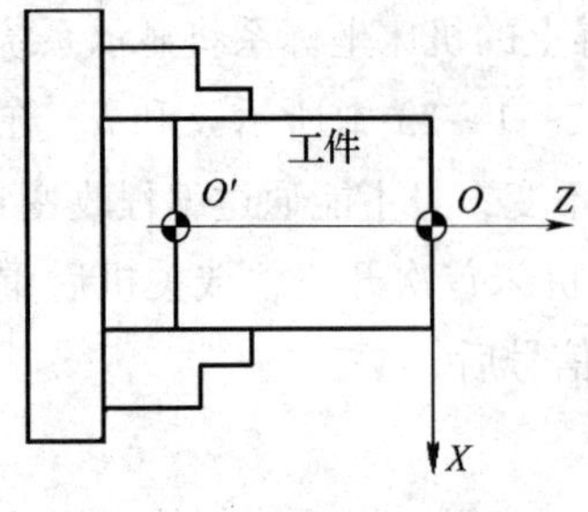

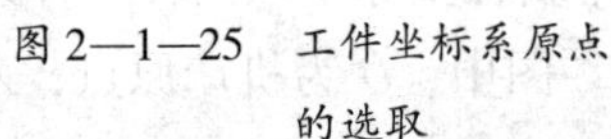
图 2—1—25　工件坐标系原点的选取

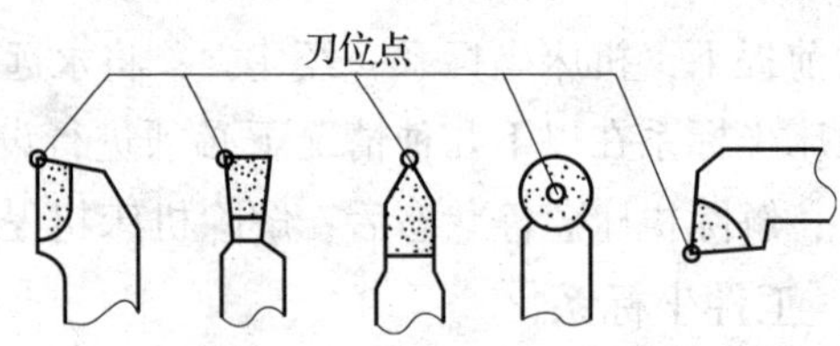

图 2—1—26　刀位点

2）对刀点。对刀点是指在数控加工时刀具相对于工件运动的起点，也是程序的起点。编制程序时，应首先确定对刀点的位置。选择对刀点的具体原则是：尽量选在零件的设计基准或工艺基准上；尽量选择在机床上找正容易、加工过程中便于检查的位置上；为便于坐标值的计算，最好选在坐标系的原点上，或选在已知坐标值的点上。

（2）换刀点及其确定

数控车床是多刀加工的机床，常需要在加工过程中自动换刀，所以编程时还要设置换刀点。换刀点是指刀架自动转位时的位置。

对于大部分数控车床来说，其换刀点的位置是任意的，一般应选在刀具交换过程中与工件或夹具不发生干涉的位置。还有一些机床的换刀点位置是一个固定点，通常情况下这些点选在靠近机床参考点的位置，或者取机床的第二参考点作为换刀点。为防止换刀时碰伤工件或夹具，换刀点经常被设置在被加工零件外面，并要有一定的安全量。

三、数控车削编程的基本知识

1. 数控编程的概念和步骤

为了使数控机床能根据零件的加工要求进行动作，必须将这些要求以机床数控系统能识别的指令形式告知数控系统，这种数控系统可以识别的指令称为程序，制作程序的过程称为数控编程。

数控编程的主要内容有：分析零件图、确定加工工艺、数值计算、编写零件加工程序、制作控制介质、校验程序及首件试切，如图 2—1—27 所示。

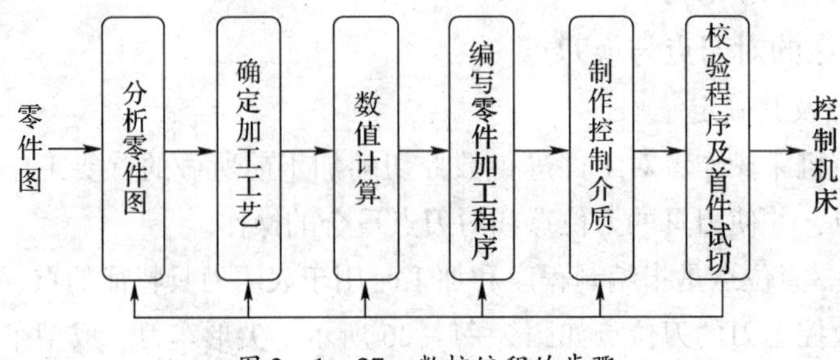

图 2—1—27　数控编程的步骤

2. 数控编程的常用术语及指令代码

（1）准备功能（G 功能）

准备功能又称为 G 功能或 G 指令，是用于数控机床做好某些准备动作的指令，用来规定刀具和工件的相对运动轨迹、机床坐标系、刀具补偿等多种加工操作。它由地址“G”和两位数字组成，从 G00 到 G99 共 100 种。

G 功能分为模态与非模态两类。一个模态 G 功能被指令后，直到同组的另一个 G 功能被指令才无效。而非模态的 G 功能仅在其被指令的程序段中有效。表 2—1—7 所列为常用的 G 功能代码。

表 2—1—7　　常用的 G 功能代码

代码	功能	代码	功能
G00	定位（快速移动）	G71	圆柱面粗车循环
G01	直线插补（切削进给）	G72	端面粗车循环
G02	圆弧插补 CW（顺时针）	G73	封闭切削循环
G03	圆弧插补 CCW（逆时针）	G74	端面槽/深孔加工循环
G04	延时	G75	外圆、内圆切槽循环
G28	返回参考点	G76	螺纹复合循环
G32	螺纹插补	G90	外圆、内圆车削循环
G40	取消刀尖圆弧半径补偿	G92	螺纹切削循环
G41	刀尖圆弧半径左补偿	G94	端面切削循环
G42	刀尖圆弧半径右补偿	G96	恒线速开
G50	坐标系设定	G97	恒线速关
G65	宏程序命令	G98	每分钟进给
G70	精加工循环	G99	每转进给

（2）辅助功能（M 功能）

M 功能是辅助功能，主要控制机床或系统的启动、停止等辅助动作，如启动、停止冷却泵，主轴正、反转，程序的结束等。它由地址 M 和后面的两位数字组成，从 M00 到 M99 共 100 种。在同一程序段中，既有 M 指令又有其他指令时，M 指令与其他指令执行的先后次序由机床系统参数设定。常用的 M 功能代码见表 2—1—8。

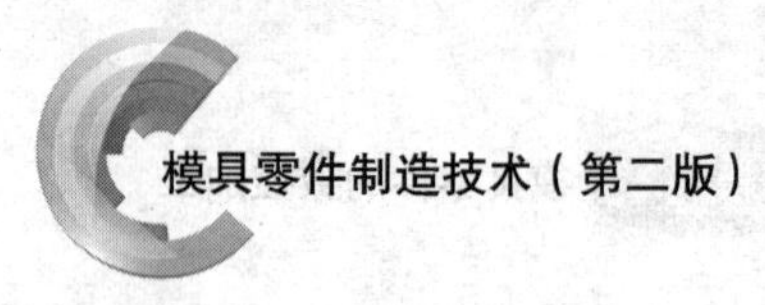

表 2—1—8　常用的 M 功能代码

代码	功能	代码	功能
M00	程序暂停	M08	切削液开
M01	程序暂停（选择性暂停）	M09	切削液关
M02	程序结束	M30	程序结束并返回程序开头
M03	主轴正转	M98	子程序调用
M04	主轴反转	M99	子程序结束
M05	主轴停止		

（3）主轴功能（S 功能）

S 功能控制主轴转速，其后面的数值表示主轴速度，单位为 r/min。S 是模态指令，S 功能只有在主轴速度可调节时有效，S 功能所编程的主轴转速可以借助数控机床控制面板上的主轴倍率开关进行调整。

（4）刀具功能（T 功能）

刀具功能是指系统进行选刀或换刀的功能指令，又称为 T 功能。刀具功能用地址 T 及后缀的四位或两位数字来表示，见表 2—1—9。

表 2—1—9　T 功能的形式

形式	含义	适用
T××××（四位数）	前两位数字表示刀具号，后两位数字表示刀具补偿存储器号	大多数数控车床采用
T××（两位数）	仅能指定刀具号，刀具补偿存储器号则由其他代码（如 D 代码或 H 代码）进行选择	绝大多数的加工中心采用

（5）进给功能

用来指定刀具相对于工件运动的速度功能称为进给功能，由地址 F 及其后缀的数字组成。F 为模态指令，在工作时 F 值一直有效，直到被新的 F 值所取代。当 G00 快速定位时不指定 F 值，因为 G00 的速度由系统参数决定，与 F 值无关。

根据加工的需要，进给功能分为每分钟进给（G98）和每转进给（G99）两种。

每分钟进给量和每转进给量的转化公式为：

$$v_f = fS$$

式中　v_f——每分钟进给量，mm/min；

f——每转进给量，mm/r；

S——主轴转速，r/min。

四、刀具补偿功能

在实际加工过程中，由于刀尖圆弧半径与刀具长度各不相同，在加工中会产生很大的加工误差。数控机床根据刀具实际尺寸自动改变机床坐标轴或刀具刀位点的位置，使实际加工轮廓和编程轨迹完全一致的功能称为刀具补偿（系统画面显示为“刀具补正”）功能。数控车床的刀具补偿分为刀具偏移（又称为刀具长度补偿）和刀尖圆弧半径补偿两种。

刀具偏移是用来补偿假定刀具长度与基准刀具长度之差的功能。车床数控系统规定 *X* 轴与 *Z* 轴可同时实现刀具偏移。刀具偏移分为刀具几何偏移和刀具磨损偏移两种。

五、数控加工程序的结构及格式

每种数控系统根据系统本身的特点及编程的需要，都有一定的程序格式。不同机床的程序格式也不同。因此，编程人员必须严格按照机床说明书的规定格式进行编程。

1. 程序的结构

一个完整的程序由程序号、程序内容和程序结束三部分组成，具体见举例。它们的定义、特点及应用见表 2—1—10。

【例】

```
O0001                                  程序号
N10 G98 G40 G21;                  ┐
N20 T0101;                        │
N30 G00 X100.0 Z100.0;            │
N40 M03 S800;                     ├  程序内容
 ⋮                                │
N200 G00 X100.0 Z100.0;           ┘
N210 M30;                              程序结束
```

表 2—1—10　程序组成部分的定义、特点及应用

组成部分	程序号
定义	用于区别零件加工程序的代号，又称为程序名
特点	同一数控系统中的程序号不能重复；程序号写在程序的最前面，必须单独占一行
应用	FANUC（发那科）系统：书写格式为 O××××。O 为地址符；××××为四位数字，从 0000 到 9999，数字前的零可以省略不写，如 O0020 可写成 O20 SIEMENS（西门子）系统：由任意字母、数字和下划线组成，一般程序号的前两位多以英文字母开头，如 AA123、BB456 等

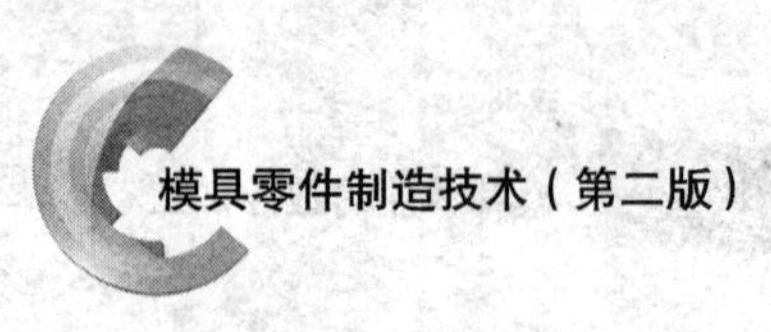

续表

组成部分	程序内容
定义	由许多程序段组成，表示数控机床中除程序结束外的全部动作
特点	是整个加工程序的核心
应用	每个程序段由一个或多个指令构成，数控指令由不同的数控系统规定
组成部分	程序结束
定义	由程序结束指令构成，代表零件加工程序的结束
特点	必须写在程序的最后；通常单独占一行
应用	主程序的结束标记有指令 M02 和 M30 子程序的结束标记因系统而异，如在 FANUC 系统中用 M99；在 SIEMENS 系统中则通常用 M17、M02 或字符“RET”

2. 程序段格式

零件的加工程序是由程序段组成的，每个程序段由若干个数据字组成，每个字是控制系统的具体指令，它是由表示地址的英语字母、特殊文字和数字集合而成。程序段格式是指一个程序段中字、字符、数据的书写规则。数控机床中常采用字—地址程序段格式。

字—地址程序段格式是由程序段号、程序段内容（数据字）和程序段结束组成。各字前有地址，各字的排列顺序要求不严格，数据的位数可多可少，不需要的字以及与上一程序段相同的有效字可以不写。该格式的优点是程序简短、直观以及容易校验、修改，所以目前该格式得到广泛使用。字—地址程序段格式如下：

【例】 N20 G01 X25.0 Y－36.0 F100 S300 T0202 M03；

程序段内各字的说明：

（1）程序段号

程序段号由地址符“N”开头，其后为若干位数字。在大部分系统中，程序段号仅作为“跳转”或“程序检索”的目标位置指示。因此，它的大小及次序可以颠倒，也可以省略。程序段在存储器内以输入的先后顺序排列，而程序的执行是严格按信息在存储器内的先后顺序一段一段地执行，也就是说执行的先后次序与程序段号无关。但是，当程序段号省略时，该程序段将不能作为“跳转”或“程序检索”的目标程序段。

程序段号也可以由数控系统自动生成，程序段号的递增量可以通过“机床参数”进行设置，一般可设定增量值为10。

(2) 程序段内容

程序段的中间部分是程序段内容。程序段内容应具备六个基本要素，即准备功能字、尺寸功能字、进给功能字、主轴功能字、刀具功能字、辅助功能字。但是，并不是所有程序段都必须包含所有功能字，有时一个程序段内仅包含其中一个或几个功能字也是允许的。

六个要素中，除了尺寸功能字，其他功能字前述已经介绍过。这里只介绍尺寸功能字。尺寸功能字由地址码、“+”“-”符号及绝对值（或增量值）构成。尺寸功能字的地址码有X、Y、Z、U、V、W、N、O、P、R、A、B、C、I、J、K、D和H等。尺寸功能字中“+”可省略，如X20.0和Y-40.0。用英文字母表示地址码的含义见表2—1—11。

表2—1—11　　地址码的含义

地址码	含义	地址码	含义
O、P	程序号、子程序号	A、B、C	绕*X*、*Y*、*Z*坐标轴的旋转运动
N	程序段号	I、J、K	圆弧中心坐标（圆心相对于圆弧起点的增量坐标）
X、Y、Z	*X*、*Y*、*Z*方向的主运动	D、H	补偿号指定
U、V、W	平行于*X*、*Y*、*Z*坐标轴的第二坐标轴		

(3) 程序段结束

它在每个程序段的最后位置，表示程序结束。当用EIA（Electronic Industries Association，美国电子工业协会）标准代码时，结束符为“CR”，用ISO（International Organization for Standardization，国际标准化组织）标准代码时为“NL”或“LF”。有的用符号“;”或“*”表示。

六、坐标功能指令规则

1. 绝对值编程与增量值编程

刀具（或机床）运动轨迹的坐标值是以相对于工件坐标系的坐标原点*O*给出的，称为绝对坐标。该坐标系称为绝对坐标系。刀具（或机床）运动轨迹的坐标值是相对于前一点位置（或起点）来计算的，称为增量（或相对）坐标。该坐标系称为增量坐标系。

（1）FANUC 系统中的绝对坐标与增量坐标

在 FANUC 系统及部分国产系统中，不采用指令 G90/G91 来指定绝对坐标与增量坐标，而直接以地址符 X、Z 组成的坐标功能字表示绝对坐标，而用地址符 U、W 组成的坐标功能字表示增量坐标。绝对坐标地址符 X、Z 后的数值表示工件原点至该点间的矢量值，增量坐标地址符 U、W 后的数值表示轮廓上前一点到该点的矢量值。如图2—1—28a、b 所示的 *AB* 与 *CD* 轨迹中，*B* 点与 *D* 点的坐标见表 2—1—12。

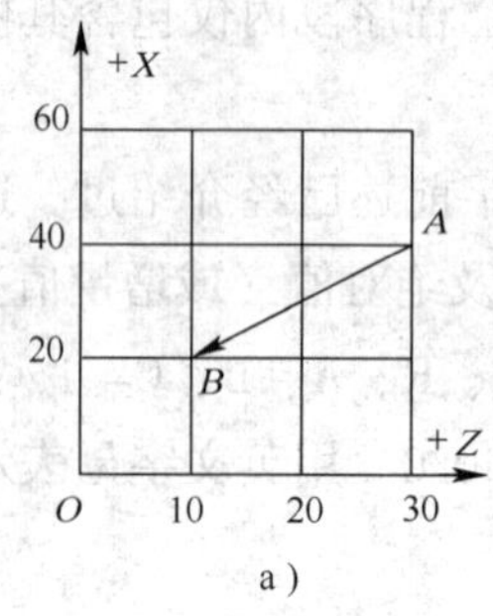

a）

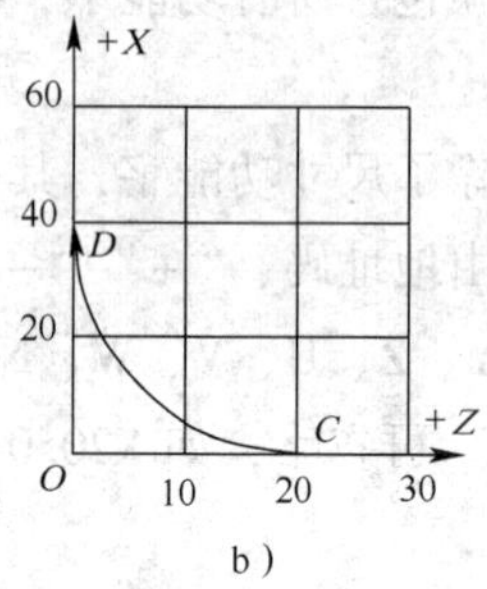

b）

图 2—1—28　绝对坐标与增量坐标

表 2—1—12　　*B* 点与 *D* 点的坐标

类型 / 坐标点	绝对坐标	增量坐标
B 点	X20. 0 Z10. 0；	U－20. 0 W－20. 0；
D 点	X40. 0 Z0；	U40. 0 W－20. 0；

（2）SIEMENS 系统中的绝对坐标与增量坐标

在 SIEMENS 系统中，绝对坐标用指令 G90 表示，增量坐标用指令 G91 表示。这两个指令可以相互切换，但不允许混合使用。图 2—1—28 中 *B* 点与 *D* 点的绝对坐标与增量坐标见表 2—1—13。

表 2—1—13　　*B* 点与 *D* 点的坐标

类型 / 坐标点	绝对坐标	增量坐标
B 点	G90 X20 Z10；	G91 X－20 Z－20；
D 点	G90 X40 Z0；	G91 X40 Z－20；

在 SIEMENS 系统中，除采用 G90 和 G91 指令分别表示绝对坐标和增量坐标外，有些系统（如 802D 等）还可用符号“AC”和“IC”通过赋值的形式来表示绝对坐标和增量坐标，该符号可与 G90 和 G91 指令混合使用。其格式如下：

＝AC（　）（绝对坐标，赋值必须有一个等于符号，数值写在括号中）

＝IC（　）（增量坐标）

如图 2—1—28 所示，*B* 点与 *D* 点的混合坐标表示方法见表 2—1—14。

表 2—1—14　　　　*B* 点与 *D* 点的坐标

类型 坐标点	混合坐标
B 点	G90 X20 Z = IC（-20）;
D 点	G91 X40 Z = AC（0）;

2. 直径值编程和半径值编程

数控车床所加工的零件具有回转体特征，尺寸有直径指定和半径指定两种方法。当用直径值编程时，称为直径编程法；用半径值编程时，称为半径编程法。当用半径编程法或直径编程法时，系统参数中（机床参数）“直径编程/半径编程”，要设为“1”或“0”。

数控车床出厂时一般设定为直径编程。如果需用半径编程，要改变数控系统中相关参数，使系统处于半径编程状态（从本任务开始，除非特殊说明，后续涉及数控车床编程举例中均以直径编程为准）。

任务二　数控车削台阶轴

工作任务

数控车削台阶轴，如图 2—1—29 所示。毛坯尺寸为 $\phi45$ mm × 75 mm，外圆和端面已粗车，外圆的表面粗糙度值为 *Ra*3. 2 μm，两端面的表面粗糙度值为 *Ra*6. 3 μm，材料为 45 钢。

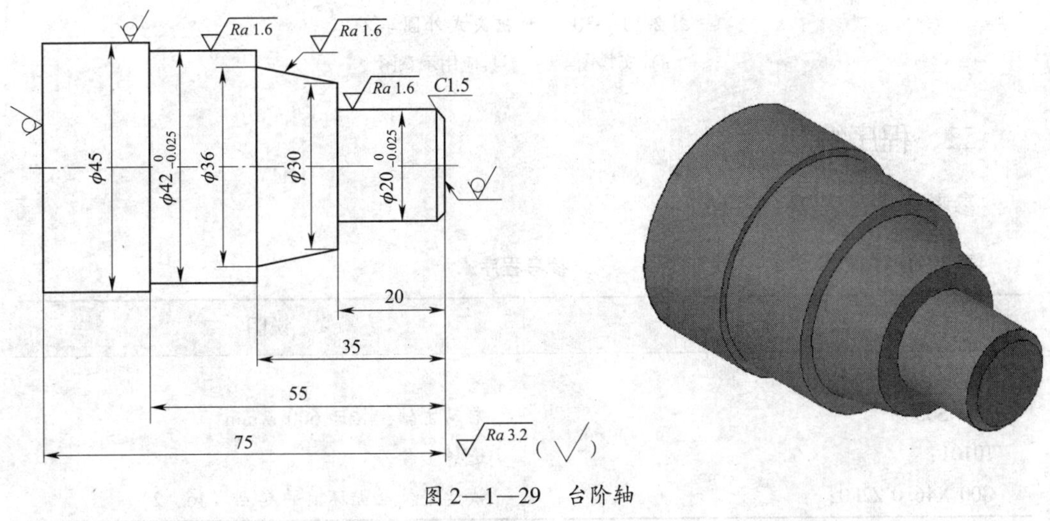

图 2—1—29　台阶轴

任务实施

一、工艺分析

台阶轴结构简单，需要车削端面、圆柱面、圆锥面，保证尺寸精度和表面粗糙度。

1. 确定工艺路线

三爪自定心卡盘装夹毛坯 ϕ45 mm 外圆，伸出长度大于 55 mm→粗车 ϕ42 mm 段外圆至 ϕ42.5 mm→粗车 ϕ20 mm 段外圆至 ϕ20.5 mm→粗车锥面→精车外轮廓至尺寸。

2. 选择刀具及切削用量

刀具及切削用量的选择见表 2—1—15。95°机夹式外圆车刀实物及应用示意如图 2—1—30 所示。

表 2—1—15　　刀具及切削用量的选择

刀具号	刀具规格名称	加工工序	主轴转速（r/min）	进给量（mm/r）
T0101	95°机夹式外圆车刀	粗车外轮廓	600	0.2
		精车外轮廓	1 200	0.08

a）

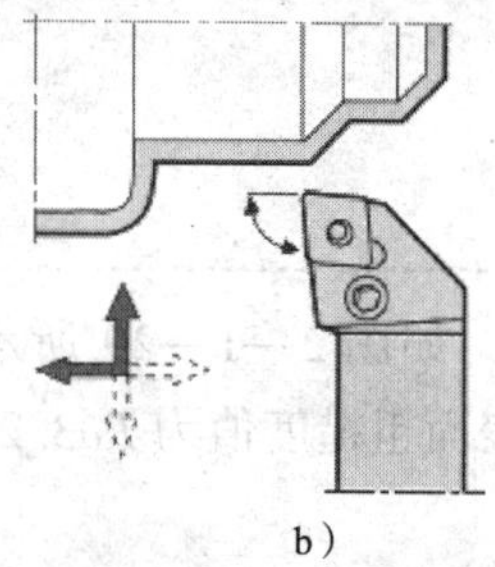

b）

图 2—1—30　95°机夹式外圆车刀

a）实物图　b）刀具应用示意图

二、程序编制

参考程序见表 2—1—16。

表 2—1—16　　参考程序

程序	说明
O0002;	程序名
M03 S600;	启动主轴，转速 600 r/min
T0101;	选择 1 号刀
G00 X46.0 Z2.0;	快速定位至循环前的起点（46，2）

续表

程序	说明
G90 X42. 5 Z－55. 0 F0. 2；	应用 G90 循环粗加工 ϕ42. 5 mm 外圆
X39. 5 Z－20. 0；	应用 G90 循环粗加工 ϕ20 mm 外圆
X36. 5；	
X33. 5；	
X30. 5；	
X27. 5；	
X24. 5；	
X20. 5；	
G00 X43. 0 Z－20. 0；	定位至锥面加工起点
G90 X40. 0 Z－35. 0 F0. 2；	应用 G90 循环粗加工锥面部分外圆
X37. 5；	
G90 X39. 5 Z－35. 0 R－3. 0 F0. 2；	粗加工锥面
X36. 5；	
G00 X46. 0 Z5. 0；	定位
S1200；	变速精车
G04 X3. 0；	延时 3 s（变速）
G00 X17. 0 Z1. 0；	定位，靠近加工起点
G01 Z0 F0. 08；	
X20. 0 Z－1. 5；	倒角 *C*1. 5 mm
Z－20. 0；	精车外轮廓
X30. 0；	
X36. 0 Z－35. 0；	
X42. 0；	
Z－55. 0；	
X46. 0；	
G00 X100. 0 Z100. 0；	退刀
M30；	程序结束并返回

三、加工步骤

1．工作准备。包括：开机，回机床参考点；检查毛坯，并装夹；安装刀具；对刀及参数设置。

2．输入程序及校验。

3．车削工件。

4．零件检验及拆卸。

5. 关闭机床，清洁工作现场等。

四、评价

数控车削台阶轴评分标准见表 2—1—17。

表 2—1—17 数控车削台阶轴评分标准

考核项目	考核内容及要求	配分	评分标准	检测结果	得分
尺寸精度	$\phi20_{-0.025}^{\ 0}$ mm	10	超差不得分		
	$\phi42_{-0.025}^{\ 0}$ mm	10	超差不得分		
	圆锥面（大端 $\phi36$ mm，小端 $\phi30$ mm）	10	超差不得分		
	20 mm	8	超差不得分		
	35 mm	8	超差不得分		
	55 mm	8	超差不得分		
表面粗糙度	$Ra1.6$ μm（3 处）	6	超差不得分		
	$Ra3.2$ μm（3 处）	3	超差不得分		
工艺与编程	工艺分析合理	10	每处错误扣 2 分		
	程序编制正确	10	每处错误扣 2 分		
其他	操作动作规范	5	不符合要求不得分		
	车削方法正确	6	不符合要求不得分		
	安全文明生产	6	违者每次扣 1 分，严重者扣 4~6 分		
	总计	100			

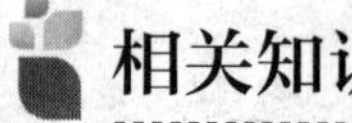

相关知识

一、外圆与端面车削工艺

1. 外圆车削工艺

外圆车削分为粗车、半精车、精车三个过程。粗车时，对零件表面质量及尺寸没有严格的要求，只需尽快去除各表面多余的部分，同时给对各表面留出一定的精车余量即可。一般在数控车床动力条件允许的情况下，粗车采用大的背吃刀量、大的进给量、较低的转速，要求车刀有足够的强度、刚度和寿命。精车是车削的最后一道工序，目的是使工件获得准确的尺寸和规定的表面粗糙度，要求车刀锋利，切削刃平直光洁，切削时必须使切屑排向工件待加工表面。

2. 端面车削工艺

用90°右偏刀车削端面时，切削深度不能过大。在通常情况下，使用右偏刀的副切削刃切削工件的端面。当切削深度过大时，向主轴箱方向的切削力会使车刀扎入端面而形成凹面。

主偏角不能小于90°，否则会使端面的平面度超差或者在车削台阶端面时造成台阶端面与工件轴线不垂直的现象。在车削端面时，右偏刀的主偏角应为90°~93°。

二、数控车削用刀具

1. 数控车削用刀具特点

数控车床刀具的种类很多。加工不同特征、要求的零件时，刀具的合理选择尤为关键。根据加工对象的不同，数控车床刀具有外圆车刀、内孔车刀、螺纹车刀、切断（切槽）刀及钻头、铰刀等。目前，数控车床刀具主要使用安装可转位刀片的机夹刀具。数控车削用刀具的特点是：刀片精度高并采用微调刀杆，可以提高刀具的加工精度；刀具结构可靠，断屑稳定；换刀迅速，提高生产效率。

2. 数控车削用外圆车刀分类

数控车削用外圆车刀（机夹可转位车刀）可分为外圆粗车刀和外圆精车刀等。按主偏角角度（κ_γ）分，数控车削用外圆车刀主要分为95°、45°、75°、93°、90°几种，如图2—1—31 所示。可转位外圆车刀由刀杆和刀片组成。刀杆根据截面形状分为方形、圆形，刀片材料一般为硬质合金加涂层材料。

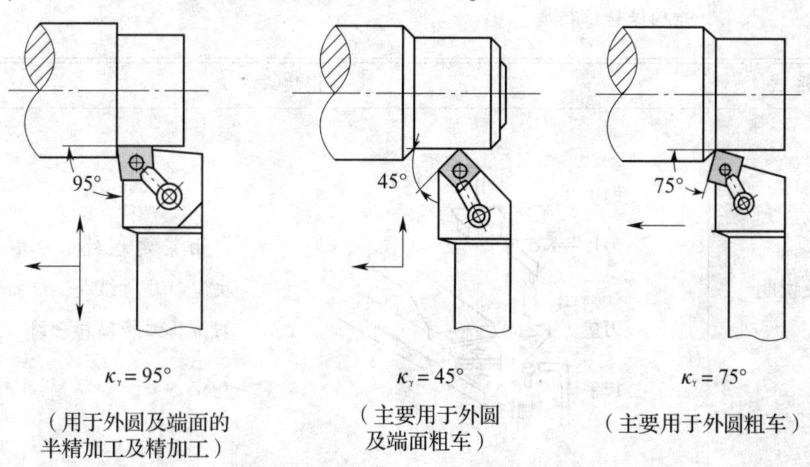

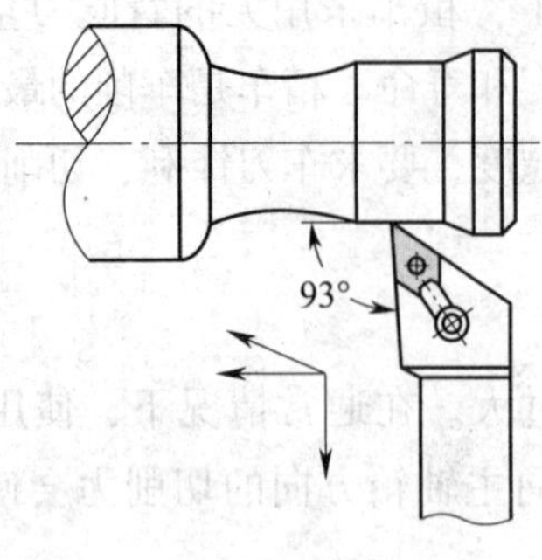

（主要用于仿形精加工）

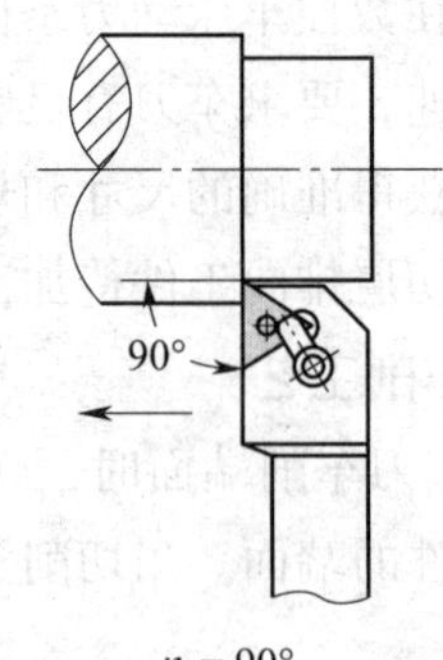

（用于外圆粗、精车削）

图 2—1—31　常见数控加工用外圆车刀及应用

3. 可转位车刀及刀片

（1）可转位车刀的主要结构形式及特点（表 2—1—18）

表 2—1—18　　可转位车刀的主要结构形式及特点

结构形式	杠杆式
图示及说明	由杠杆、螺钉、刀垫、刀垫销、刀片所组成，依靠螺钉旋紧压靠杠杆，以紧固刀片
特点	适合各种正、负前角的刀片，有效的前角范围为 -60° ~ +180°；切屑可无阻碍地流过，切削热不影响螺纹孔和杠杆；两面槽壁给予刀片有力的支撑，并确保转位精度
结构形式	楔块式
图示及说明	由紧定螺钉、刀垫、销、楔块、刀片所组成，依靠销与楔块的挤压力将刀片紧固

续表

结构形式	楔块式
特点	适合各种负前角刀片，有效前角的变化范围为 -60° ~ +180°；两面无槽壁，便于仿形切削或倒转操作时留有间隙
结构形式	楔块夹紧式
图示及说明	由紧定螺钉、刀垫、中心销、压紧楔块、刀片所组成，依靠中心销与楔块的压下力将刀片夹紧
特点	与楔块式可转位车刀的特点相同，但是它在车削时切屑排出不如楔块式可转位车刀排出流畅

（2）可转位刀片

在切削加工中，当一个刃尖磨钝后，将刀片转位后使用另外的刃尖，这种刀片用钝后不再重磨，被称为可转位刀片。大多数可转位刀具的刀片采用硬质合金材料。常用的刀片形状有正三边形、四边形、五边形、凸三边形、圆形和菱形等。刀片廓形的内切圆直径是刀片的基本参数。常用的刀片公差等级有精密级（G）、中等级（M）和普通级（U）3 种，可按需要选用。各种形状的刀片有中心带孔或不带孔的；有不带后角或带不同后角的；有不带断屑槽的，也有一面或两面都有断屑槽的。

三、直线切削指令 G00、 G01

1. 快速定位指令（G00）

（1）指令格式

G00 X（U）_Z（W）_；

X（U）、Z（W）——快速定位的目标位置绝对坐标值（U、W 表示增量值）。

（2）指令运动轨迹及说明

G00 一般用于加工前的快速定位或加工后的快速退刀。G00 指令使刀具以预先设定好的最快进给速度，从刀具所在位置快速运动到另一位置。该指令只是快速定位，无运动轨迹要求。刀具快速从 *A* 点移动到 *B* 点，先沿两轴夹角 45°移动，再移动剩余一轴，实际运动路线是折线而不是直线，如图 2—1—32 所示。因此，刀具快速定位的移动要注意避免和工件发生干涉。

说明：1）G00 为模态指令，可由 G01、G02、G03 或 G33 指令注销。

2）快速移动速度不能用程序指令设定，而是由数控车床系统参数“快移进给速度”对各轴分别预先设置，所以快速移动速度不能在地址 F 中规定，可由数控车床操作面板上的快速修调按钮修正。进给速度指令对 G00 无效。

3）G00 的执行过程：刀具由程序起始点加速到最大速度，然后快速移动，最后减速到终点，实现快速定位。

2. 直线插补指令（G01）

（1）指令格式

G01 X（U）_ Z（W）_ F _；

X（U）、Z（W）——直线插补的目标位置绝对坐标值（U、W 表示增量值）。

F——进给速度。

（2）指令运动轨迹及说明

指令运动轨迹为从起点到终点的一条直线，如图 2—1—33 所示。

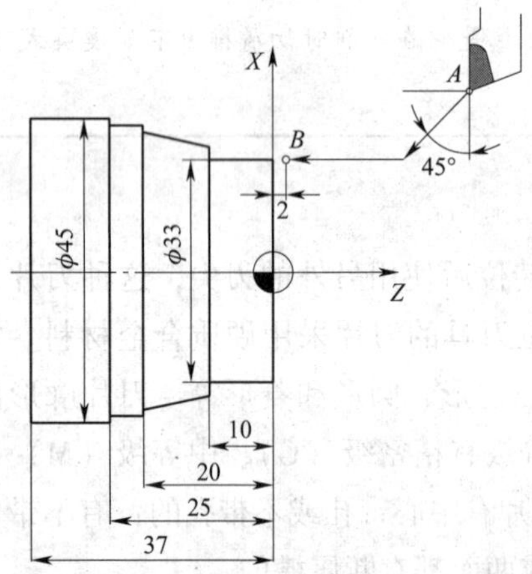

图 2—1—32 快速定位指令运动轨迹

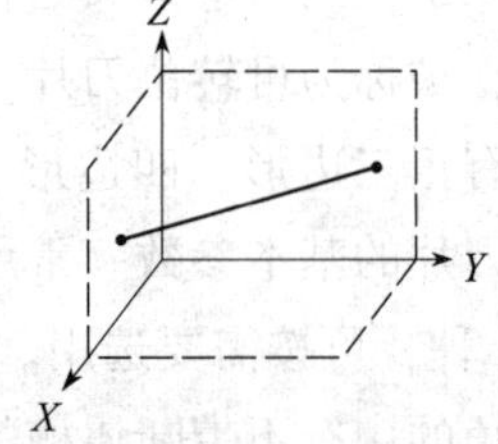

图 2—1—33 直线插补指令运动轨迹

说明：1）G01 是模态指令。

2）G01 指令后的坐标值可用绝对值，也可用增量值，根据情况确定。

3）进给速度由 F 指令确定，F 指令也是模态指令。

四、外圆加工单一固定循环指令 G90

1. 圆柱面切削循环指令

（1）指令格式

G90 X（U）_ Z（W）_ F _；

X（U）、Z（W）——切削循环终点（图 2—1—34 中的 *C* 点）处的坐标，U 和 W 后面数值的符号取决于轨迹 *AB* 和 *BC* 的方向。

F——切削循环过程中的进给量，该值可沿用到后续程序中，也可沿用循环程序前已经指令的F值。

（2）指令运动轨迹及说明

圆柱面切削循环（即矩形循环）指令运动轨迹如图2—1—34所示。从程序起点*A*开始，刀具以G00方式径向移动至指令中的*X*坐标处（图中*B*点），再以G01方式沿轴向切削进给至终点坐标处（图中*C*点），然后*X*向退至循环开始的*X*坐标处（图中*D*点），最后以G00方式返回循环起点*A*处，准备下一个动作。

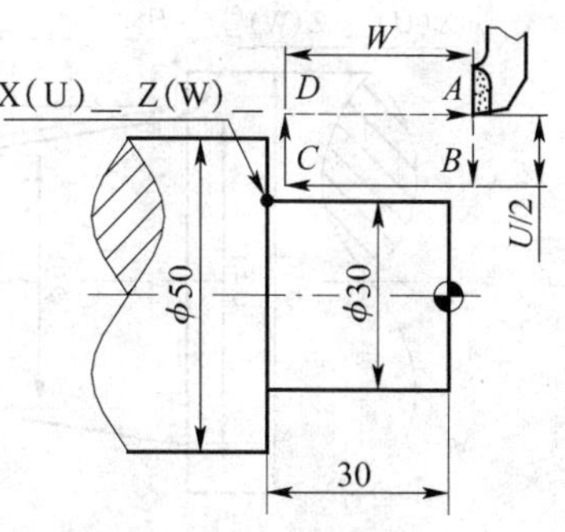

图2—1—34 圆柱面切削循环指令运动轨迹

本指令与简单的编程指令（如G00、G01等）相比，将*AB*、*BC*、*CD*、*DA*四条直线指令组合成一条指令进行编程，从而达到了简化编程的目的。

对于数控车床的所有循环指令，要特别注意正确选择程序循环起始点的位置。因为该点既是程序循环的起点，又是程序循环的终点。程序循环起始点一般宜选择在离开工件或毛坯1～2 mm的位置。

2. 圆锥面切削循环指令

（1）指令格式

G90 X（U）__ Z（W）__ R__ F__；

X（U）、Z（W）——切削循环终点处的坐标。

F——切削循环过程中进给量的大小。

R——圆锥面切削起点（图2—1—35a中的*B*点）处的*X*坐标与终点（图2—1—35a中的*C*点）处*X*坐标之差的一半。

（2）指令运动轨迹及说明

指令运动轨迹如图2—1—35所示，类似于圆柱面切削循环。G90循环指令中的R值有正负之分，当切削起点处的半径小于终点处的半径时，R值为负值，如图2—1—35a所示R值；反之，R值则为正值。

为了保证加工锥面时锥度正确，该循环的循环起点一般应在离工件*X*向1～2 mm和*Z*向为Z0的位置处，如图2—1—35b所示。当加工*CD*直线段时，如果*Z*向起刀点处于Z2.0位置时，其实际的加工路线为*ED*，从而产生了锥度误差。解决锥度误差的另一种办法是：在*CD*直线的延长线上起刀（图2—1—35b中的*G*点），但这时要重新计算R值。

锥面加工的背吃刀量应参照最大加工余量来确定，即以图2—1—35b中*CF*段的长度进行平均分配。如果按图2—1—35b中的*BD*段长度来分配背吃刀量的大小，则在加工过程中会使第一次执行循环时的开始处背吃刀量过大，如图中*ABF*区域所示，即在切削开始处的背吃刀量为5 mm。

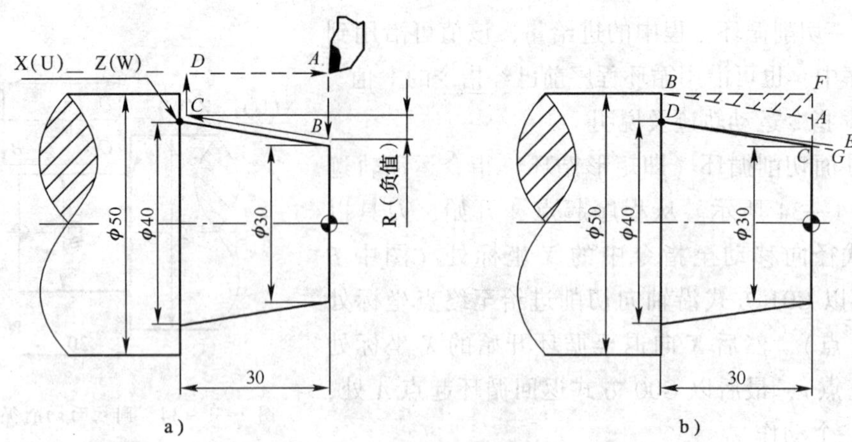

图 2—1—35 圆锥面切削循环指令运动轨迹和背吃刀量示意图

a）运动轨迹 b）背吃刀量示意图

五、平端面切削循环指令 G94

1. 指令格式

G94 X（U）_ Z（W）_ F _；

X（U）、Z（W）和 F 的含义与 G90 相同。

2. 指令运动轨迹及说明

本指令的运动轨迹如图 2—1—36 所示。刀具从程序起点 *A* 开始以 G00 方式快速到达指令中的 *Z* 坐标处（图中 *B* 点），再以 G01 的方式切削进给至终点坐标处（图中 *C* 点），并退至循环起始的 *Z* 坐标处（图中 *D* 点），再以 G00 方式返回循环起点 *A*，准备下一个动作。

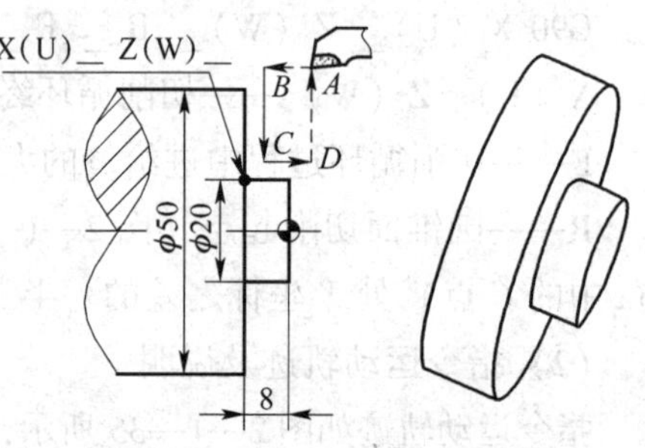

图 2—1—36 平端面切削循环指令运动轨迹

执行本指令的工艺过程与 G90 指令的工艺过程相似，不同之处在于切削进给速度及背吃刀量应略小，以减小切削过程中的刀具振动。

任务三 数控车削球形轴

工作任务

数控车削球形轴（用 G71、G73、G70 指令进行编程），如图 2—1—37 所示。毛坯尺寸为 $\phi45$ mm×75 mm，外圆和端面已粗车，外圆的表面粗糙度值为 *Ra*3.2 μm，两端面的表面粗糙度值为 *Ra*6.3 μm，材料为 45 钢。

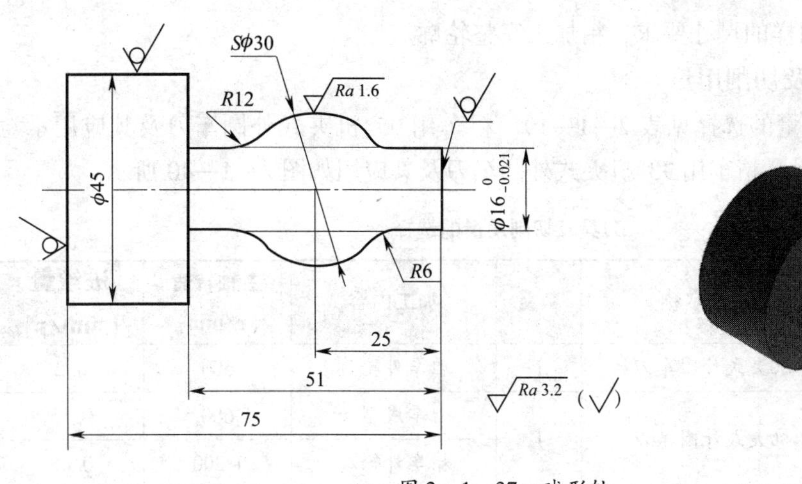

图 2—1—37 球形轴

任务实施

一、工艺分析

球形轴零件结构简单，球头部分加工需要用尖刀加工凹轮廓部分，因此合理选择刀具和加工工艺方法是保证弧面轮廓成型的基本要求。

1. 确定工艺路线

（1）夹住毛坯 ϕ45 mm 外圆，伸出 55 mm，选择 95°外圆车刀，用 G71 循环指令粗车外轮廓，留精加工余量 0.5 mm，如图 2—1—38a 所示。

（2）选择尖刀，用 G73 循环指令粗车球形的凹轮廓，留精加工余量 0.5 mm，如图2—1—38b 所示。

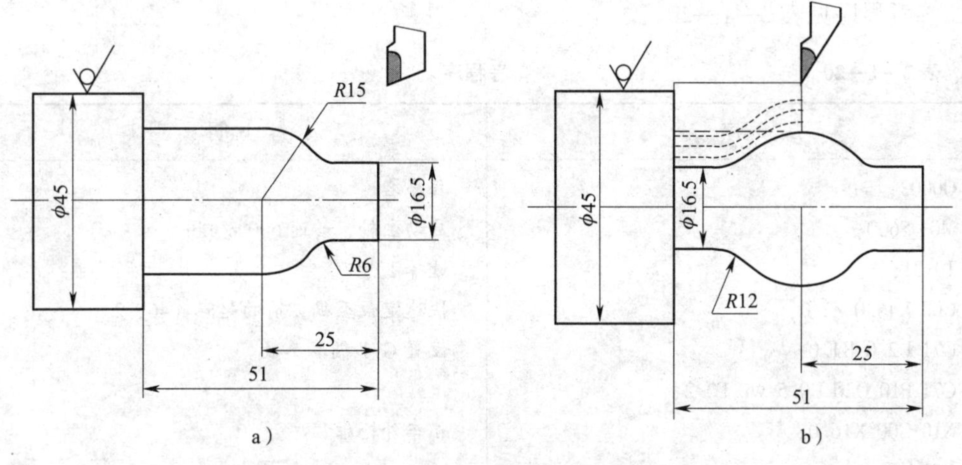

图 2—1—38 粗车轨迹示意图

a）用 G71 循环指令粗车外轮廓 b）用 G73 循环指令粗车凹轮廓

（3）按零件图样的尺寸要求，精加工完整轮廓。

2. 选择刀具及切削用量

刀具及切削用量的选择见表 2—1—19。粗车用 95°机夹式外圆车刀及其应用示意如图 2—1—39 所示；精车用 93°机夹式外圆车刀及其应用如图 2—1—40 所示。

表 2—1—19　　刀具及切削用量的选择

刀具号	刀具规格名称	数量	加工内容	主轴转速（r/min）	进给量（mm/r）
T0101	95°机夹式外圆车刀	1	粗车外轮廓	600	0.2
T0202	93°机夹式外圆车刀	1	粗车成型面	600	0.15
			精车外轮廓	1 200	0.08

a）

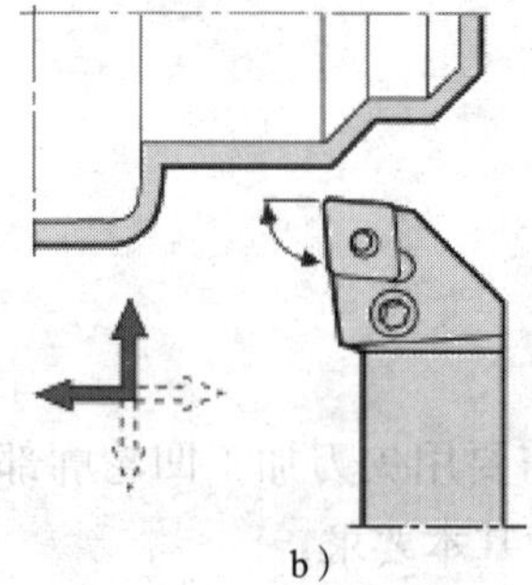
b）

图 2—1—39　粗车用 95°机夹式外圆车刀
a）实物图　b）刀具应用示意图

a）

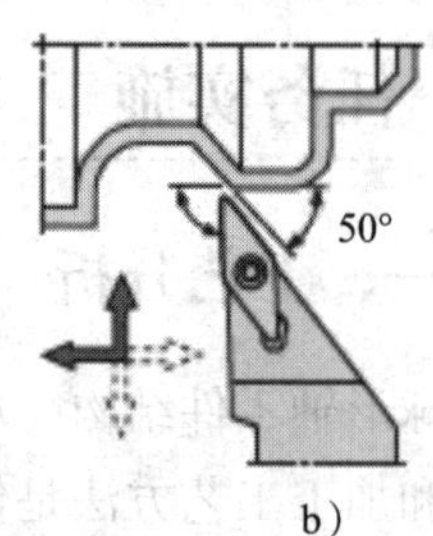

b）

图 2—1—40　精车用 93°机夹式外圆车刀
a）实物图　b）刀具应用示意图

二、程序编制

参考程序见表 2—1—20。

表 2—1—20　　参考程序

程序	说明
O0003;	程序名
M03 S600;	启动主轴，转速 600 r/min
T0101;	选择 1 号刀
G00 X46.0 Z2.0;	快速定位至循环前的起点（46，2）
G71 U2.0 R1.0;	设置 G71 循环参数
G71 P10 Q20 U0.5 W0 F0.2;	
N10 G00 X16.0;	粗车外轮廓程序
G01 Z0;	
Z -9.35;	

续表

程序	说明
G02 X20.0 Z-13.82 R6.0;	
G03 X30.0 Z-25.0 R15.0;	
G01 Z-51.0;	
N20 G01 X46.0;	
G00 X100.0 Z100.0;	
T0202;	换刀
G00 X46.0 Z-25.0;	定位至加工凹轮廓位置
G73 U7.0 R4.0;	设置 G73 循环参数
G73 P30 Q40 U0.5 W0 F0.15;	
N30 G42 G01 X30.0;	粗车外形凹轮廓
G03 X22.22 Z-35.08 R15.0;	
G02 X16.0 Z-42.51 R12.0;	
G01 Z-51.0;	
N40 G40 G01 X32.0;	
G00 X100.0 Z100.0;	
M05;	暂停，测量
M00;	
M03 S1200;	设置精加工转速
T0202;	选择刀具
G00 X46.0 Z1.0;	快速定位
X16.0;	精加工完整轮廓
G01 Z-9.35 F0.08;	
G02 X20.0 Z-13.82 R6.0;	
G03 X22.22 Z-35.08 R15.0;	
G02 X16.0 Z-42.51 R12.0;	
G01 Z-51.0;	
G01 X46.0;	
G00 X100.0 Z100.0;	
M30;	

加工步骤略。

三、评价

数控车削球形轴评分标准见表2—1—21。

表 2—1—21　　数控车削球形轴评分标准

考核项目	考核内容及要求	配分	评分标准	检测结果	得分
尺寸精度	$\phi16_{-0.021}^{0}$ mm	15	超差不得分		
	$S\phi30$ mm	15	超差不得分		
	51 mm	10	超差不得分		
	$R6$ mm	10	超差不得分		
	$R12$ mm	10	超差不得分		
表面粗糙度	$Ra1.6$ μm	5	超差不得分		
	$Ra3.2$ μm	5	超差不得分		
工艺与编程	工艺分析合理	5	每处错误扣 2 分		
	程序编制正确	10	每处错误扣 2 分		
其他	操作动作规范	5	不符合要求不得分		
	车削方法正确	5	不符合要求不得分		
	安全文明生产	5	违者每次扣 1 分，严重者扣 3～5 分		
总计		100			

相关知识

机床上有些零件（如椭球手柄、圆球手柄等）表面的轴向剖面呈曲线形，这些表面属于圆弧面。圆弧面一般分凹、凸圆弧。随着数控技术的发展和普及，利用数控车床的两轴联动功能及圆弧插补指令，可以联动控制 X、Z 轴加工曲线轮廓零件，并且加工精度及生产效率也得到了大大的提高。

一、车削圆弧工艺

1. 圆弧加工的工艺路线

应用 G02 或 G03 车削圆弧时，当背吃刀量较大时，一刀就把圆弧加工出来，这样容易扎刀。因此，实际车削圆弧时，需要多刀粗加工，先切除较大的余量，再精车得到所需要的圆弧。圆弧加工的工艺路线见表 2—1—22。

2. 圆弧车削对刀具的要求

车削圆弧时，应该使用标准半径的数控车削用机夹圆弧车刀。

表 2—1—22　　圆弧加工的工艺路线

切削路线	台阶形	同心圆弧形
图示及说明	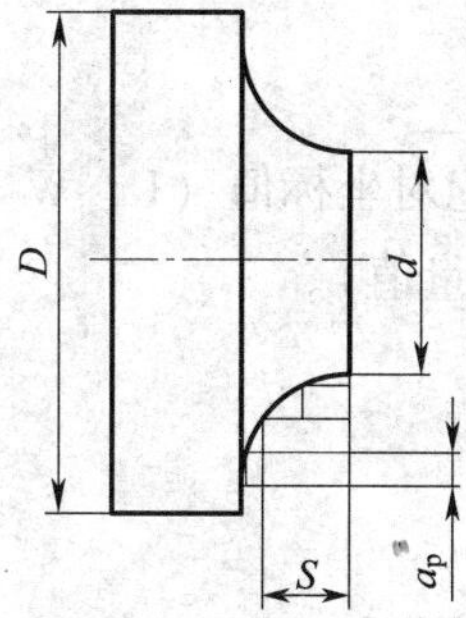 先粗车成台阶形状，最后一刀精车出圆弧	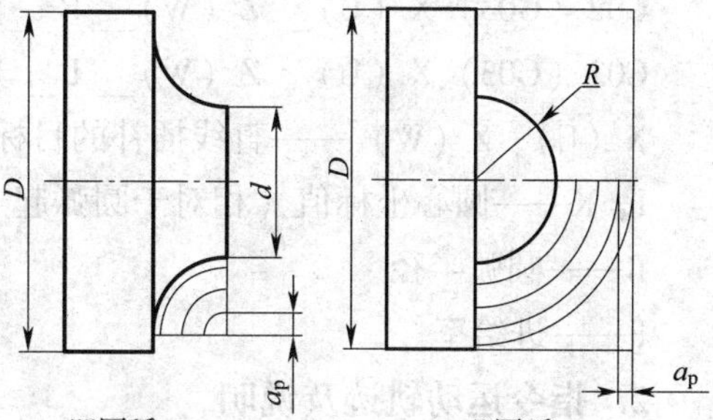 凹圆弧　凸圆弧 沿不同的半径圆进行车削，最后将所需圆弧加工出来
数值计算	首先确定每次背吃刀量 a_p，然后精确算出粗车的终刀距 S	首先确定每次背吃刀量 a_p，然后确定 90°圆弧的起点、终点坐标
特点	刀具切削距离运动较短，但计算较烦琐	数值计算简单，编程方便；但是空行程较长
切削路线	锥形	曲面平移形（平移轨迹）
图示及说明	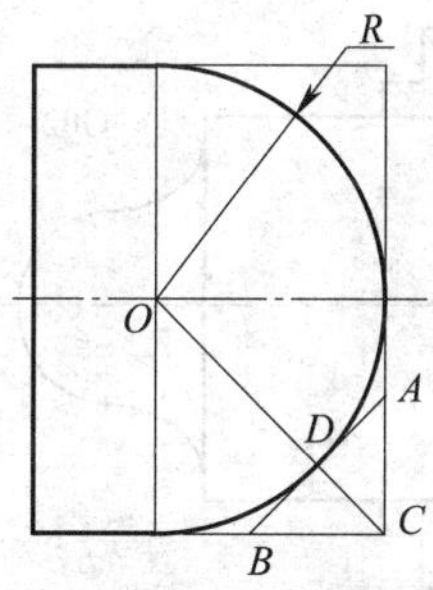 先车一个圆锥，再车圆弧。必须确定车圆锥时的起点和终点	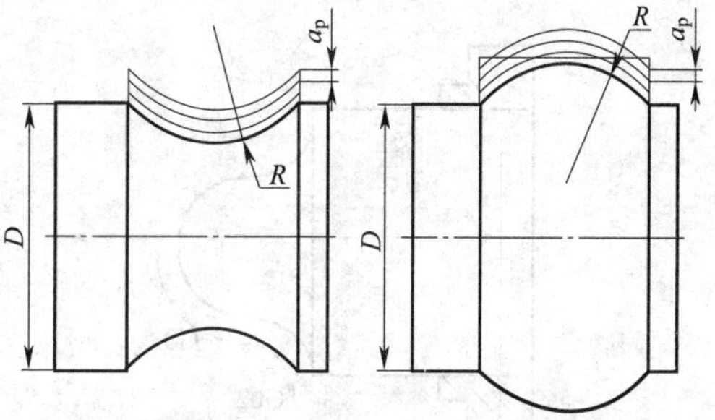 凹圆弧　凸圆弧 综合考虑圆弧总背吃刀量和每次背吃刀量，将圆弧起点和终点同时向外平移，圆弧半径不变
数值计算	车锥时的最大切削余量为 $CD = OC - OD = 0.414R$，即车锥时的加工路线不能超过 AB 线	—
特点	数值计算比较烦琐，刀具切削线路较短	计算简单，但有空刀

二、圆弧插补指令 G02、G03（顺圆加工、逆圆加工）

1. 指令格式

G02（G03）X（U）_ Z（W）_ R _ F _；

G02（G03）X（U）_ Z（W）_ I _ K _ F _；

X（U）、Z（W）——直线插补的目标位置绝对坐标值（U、W 表示增量值）。

I、K——圆心坐标值（相对于圆弧起点的增量值）。

R——圆弧半径。

F——进给率。

2. 指令运动轨迹及说明

G02 指令运动轨迹是从起点到终点的顺时针圆弧，G03 指令运动轨迹是从起点到终点的逆时针圆弧。

说明：(1) G02、G03 是模态指令。

(2) 刀具进行圆弧插补，必须规定所在平面，然后再确定回转方向。加工圆弧前，刀具必须停到圆弧起点。

(3) 数控机床的刀架方向决定 *X* 坐标轴的方向，圆弧顺逆的判断十分重要。对于前置刀架数控车床，顺圆为 G03，逆圆为 G02，如图 2—1—41a 所示；对于后置刀架数控车床，顺圆为 G02，逆圆为 G03，如图 2—1—41b 所示。

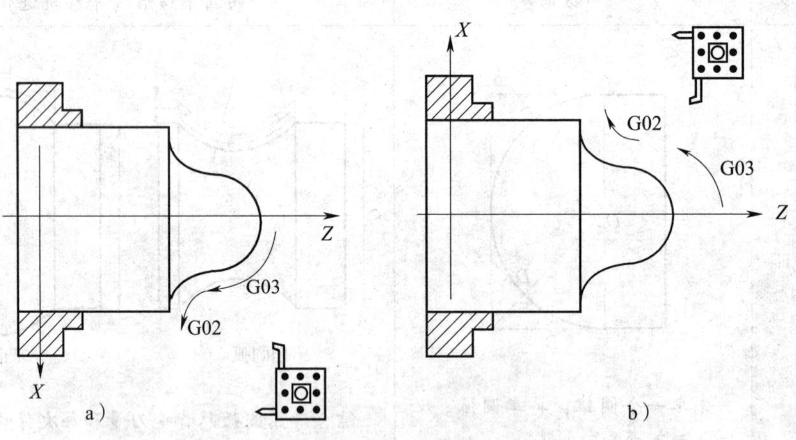

图 2—1—41　圆弧顺逆方向的判断
a）前置刀架数控车床　b）后置刀架数控车床

(4) 用半径 *R* 指定圆心位置时，由于在同一半径 *R* 的情况下，从圆弧的起点到终点有两个圆弧的可能性。如图 2—1—42 所示，为了区别两者，规定圆心角 $\alpha \leqslant 180°$ 时，图中的圆弧 1，R 取正值；圆心角 $\alpha > 180°$ 时，图中的圆弧 2，R 取负值。一般情况下数控车床加工时不会出现 $\alpha > 180°$ 的圆弧，因此 R 为正值。

(5) 因为数控车床加工时圆心角不会超过 180°，所以没有必要用 I、K 指令，避免计算上的麻烦。

(6) 在加工锥面或圆弧面轮廓时，应正确使用刀尖圆弧半径补偿功能。如果不进行刀尖圆弧半径补偿，加工轮廓会出现“欠切”或“过切”现象。

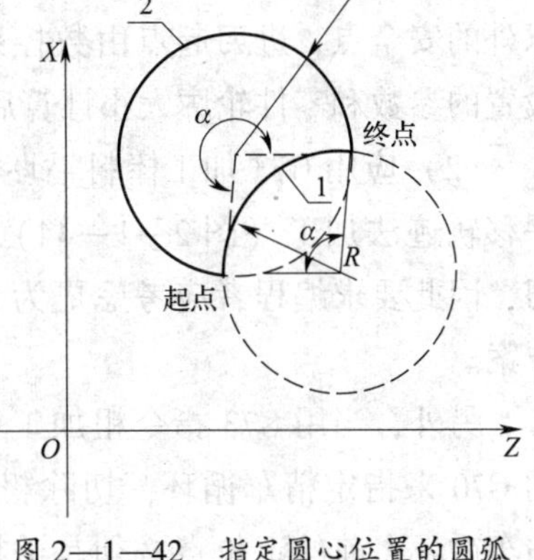

图 2—1—42 指定圆心位置的圆弧半径正、负值的确定

三、成型加工复合循环指令 G73

1. 指令格式

G73 U(Δi) W(Δk) R(Δd)

G73 P(ns) Q(nf) U(Δu) W(Δw) F_

Δi——粗车 X 向切除的总余量（半径值指定）。

Δk——粗车 Z 向切除的总余量。

Δd——分层次数，与粗车重复次数相同，为模态值。

ns——指定循环加工路线的第一个程序段号。

nf——指定循环加工路线的最后一个程序段号。

Δu——X 方向上的精加工余量（直径量）和方向（外轮廓用“+”，内轮廓用“–”）。

Δw——Z 方向上的精加工余量和方向。

在 $ns \sim nf$ 程序段内的 F、S、T 功能无效。在整个成型加工循环中，只执行循环开始前指令的 F、S、T 功能。

2. 指令运动轨迹及说明

G73 成型加工复合循环的每一刀切削路线的轨迹形状是相同的，只是位置不同，即每走完一刀，就把切削轨迹向工件移动一个位置。G73 主要用于车削毛坯轮廓形状与零件轮廓形状基本接近的铸、锻造毛坯件，可实现高效加工。

图 2—1—43 所示为 G73 成型加工复合循环指令运动轨迹，$A \rightarrow B$ 为精车轮廓形状，粗加工轨迹与 $A \rightarrow B$ 形状一致，只是由外向内逐步平移，实现轮廓的粗加工，最终分别在 X 向和 Z 向留精加工余量 $\Delta u/2$ 和 Δw。

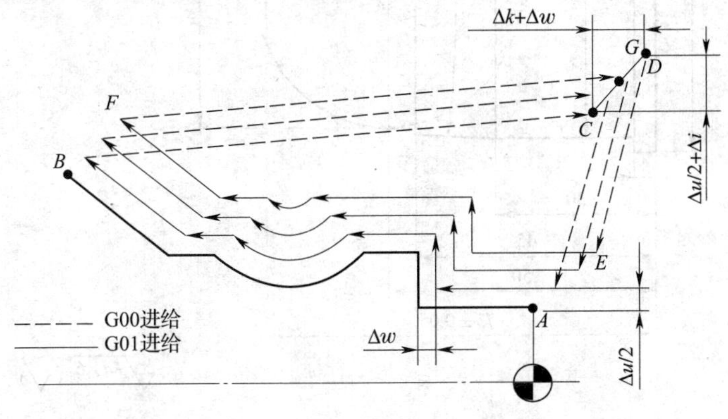

图 2—1—43 成型加工复合循环指令运动轨迹

说明：（1）G73 循环前的定位点必须是毛坯以外的安全点，进刀起点由数控系统根据 G73 所设置的参数和零件轮廓大小计算后自动调整定位。

（2）应用 G73 加工棒料毛坯零件时，由于是平移轨迹法加工（图 2—1—44），会出现很多空刀，因此要求编程者应考虑更为合理的加工工艺方案。

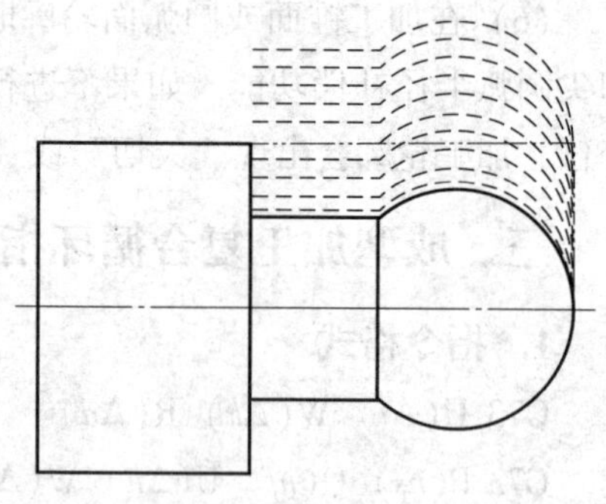
图 2—1—44　平移轨迹加工示意图

另外，当用 G73 指令粗加工完工件后，应当用 G70 来指定精车循环，切除粗加工余量。G70 精车循环之前的定位点必须是毛坯外的点，该点将被系统认为精加工结束后的退刀点。如果定位点位于毛坯范围内，将会出现“撞刀”现象。

任务四　数控车削塑料碗模具凸模

 工作任务

数控车削塑料碗模具凸模，如图 2—1—45 所示。毛坯：圆棒料，尺寸为 ϕ75 mm × 90 mm，材料为 45 钢。

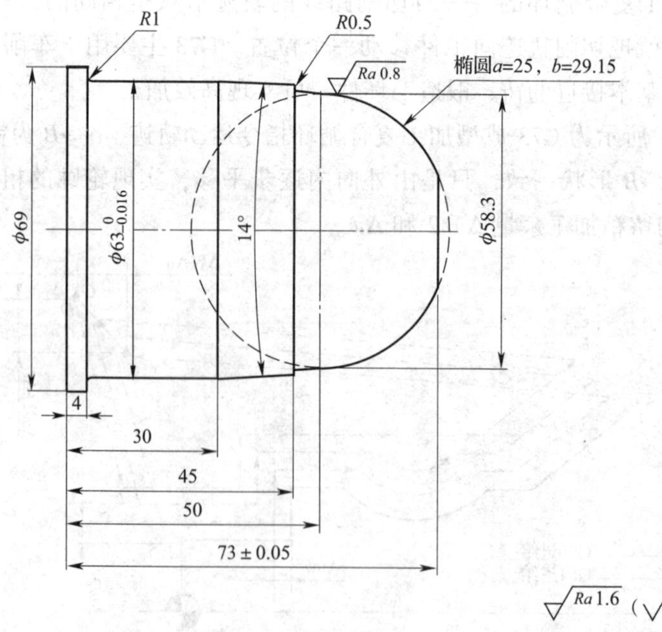

图 2—1—45　塑料碗模具凸模零件图

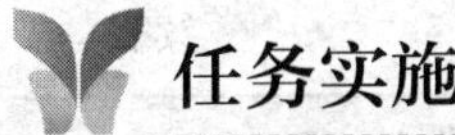

任务实施

一、工艺分析

塑料碗模具凸模加工时，需根据图中尺寸先进行轮廓整体粗加工，在将外圆和锥面精车至尺寸要求，最后精加工图中椭圆轮廓部分。

1. 工艺路线

(1) 夹住毛坯 ϕ75 mm 外圆，伸出长度大于 75 mm→粗、精车外圆、外锥面至图样尺寸要求。

(2) 粗加工椭圆。

(3) 精加工椭圆。

2. 刀具及切削用量的选择

刀具的选择及切削用量的确定见表 2—1—23。

表 2—1—23 刀具及切削用量选择

刀具号	刀具规格名称	数量	加工内容	主轴转速 (r/min)	进给量 (mm/r)
T0101	90°机夹外圆车刀	1	粗车外轮廓	600	0.2
			精车外轮廓	1 200	0.1

二、程序编制

参考程序见表 2—1—24。

表 2—1—24 参考程序

程序	说明
O0002;	程序名
M03 S600;	启动主轴正转，转速 600 r/min
T0101;	选择 1 号刀，90°机夹外圆车刀
G00 X76.0 Z2.0;	快速定位，X 方向 76 mm，Z 方向 2 mm
G71 U2.0 R1.0;	设置 G71 粗车循环参数
G71 P10 Q20 U0.5 W0.05 F0.2;	
N10 G00 X58.3 S1200;	X 轴进刀
G01 Z-28.0 F0.1;	车外圆
X59.3;	退刀
X63.0 W-15.0;	加工 14°锥面
W-25.0;	车外圆

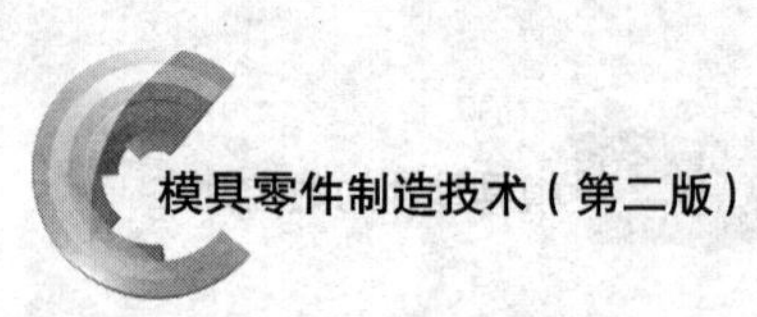

续表

程序	说明
G02 X65.0 W-1.0 R1.0	倒圆角
G01 X69.0;	退刀
Z-75.0;	车外圆
N20 X76.0;	退刀
G70 P10 Q20;	半径加工
G00 X200.0 Z100.0;	退刀
M05;	主轴停
M00;	程序暂停
M3 S1200;	启动主轴
T0101;	更新刀补
G00 X76.0 Z2.0;	定位至加工起点
G70 P10 Q20;	精加工轮廓
G00 X200.0 Z100.0;	退刀
M30;	程序结束
O0002;	椭圆加工程序
M3 S500;	启动主轴
T0101;	选择刀具
G00 X25.0 Z2.0;	定位靠近起点
#1 =23;	设定初始变量
N10 #2 =2 * 29.15/25 * SQRT [25 * 25 - #1 * #1];	以标准方程建立椭圆轮廓模型
G01 X#2 Z [#1 - 23] F0.2;	直线插补，拟合椭圆加工
#1 =#1 -0.1;	变量累加
IF [#1 GE 0] GOTO10;	条件转移
G01 W1.0;	
G00 X200.0 Z100.0;	退刀
M30;	程序结束

三、加工步骤

这里仅介绍加工零件椭圆轮廓的步骤，具体如下：

1. 用三爪自定心卡盘装夹工件，伸出足够长度；设置刀具参数，如图 2—1—46a 所示。

2．开始粗加工椭圆轮廓，如图 2—1—46b 所示。粗加工椭圆轮廓过程如图 2—1—46c所示。

3．粗加工结束，停机，测量椭圆轮廓，如图 2—1—46d 所示。

4．完成椭圆轮廓的精加工，如图 2—1—46e 所示。

5．检测合格后取下工件。

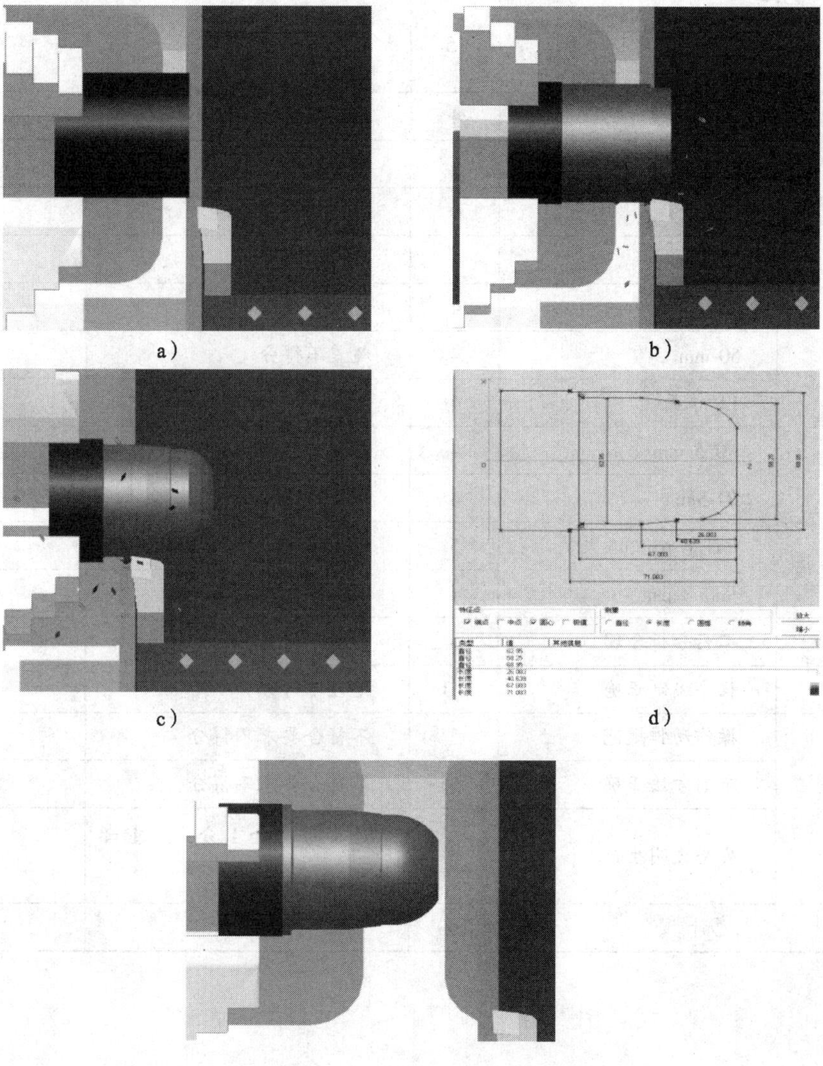

a）

b）

c）

d）

e）

图 2—1—46 加工零件椭圆轮廓

a）椭圆轮廓加工前准备 b）粗加工椭圆轮廓 c）粗加工椭圆轮廓过程中

d）测量椭圆轮廓 e）完成椭圆轮廓精加工

四、评价

数控车削塑料碗模具凸模评分标准见表 2—1—25。

表 2—1—25　　数控车削塑料碗模具凸模评分标准

考核项目	考核内容及要求	配分	评分标准	检测结果	得分
尺寸精度	$\phi63_{-0.016}^{0}$ mm	5	超差不得分		
	(73 ±0.05) mm	5	超差不得分		
	椭圆 a = 25 mm，b = 29.15 mm	15	超差不得分		
	ϕ69 mm	4	超差不得分		
	ϕ58.3 mm	4	超差不得分		
	4 mm	4	超差不得分		
	30 mm	4	超差不得分		
	45 mm	4	超差不得分		
	50 mm	4	超差不得分		
	14°锥面	4	超差不得分		
	R0.5 mm	4	超差不得分		
	R1 mm	4	超差不得分		
表面粗糙度	Ra1.6 μm（5 处）	5	超差不得分		
	Ra0.8 μm	4	超差不得分		
工艺与编程	工艺分析合理	5	超差不得分		
	程序编制正确	10	超差不得分		
其他	操作动作规范	5	不符合要求不得分		
	车削方法正确	5	不符合要求不得分		
	安全文明生产	5	违者每次扣 1 分，严重者扣 3 ~ 5 分		
总计		100			

相关知识

一、宏程序

将一组命令所构成的功能，像子程序一样事先存入存储器中，用一个命令作为代表，执行时只需写出这个代表命令，就可以执行其功能，这一组命令称为用户宏主（本）体（或用户宏程序），简称为用户宏（Custom Macro）指令。调用宏程序的指令称为用户宏程序指令，或宏程序调用指令（简称宏指令）。用户宏程序功能有 A、B 两种类型。目前，数控系统一般采用 B 类宏程序，在编程加工中它更方便、实用。本任务主要介绍 B 类宏程序的基本使用方法。

使用时，操作者只需会使用用户宏命令即可，而不必记忆用户宏主（本）体。用户宏的最大特征有以下几个方面：可以在用户宏主（本）体中使用变量；可以进行变量之间的运算；用户宏命令可以对变量进行赋值。

二、变量

用一个可赋值的代号代替具体的数值，这个代号就称为变量。使用用户宏时的主要方便之处在于可以用变量代替具体数值。因此，在加工同一类的零件时，只需将实际的值赋予变量即可，而不需要对每一个零件都编一个程序。

1. 变量的表示

变量由变量符号“#”和变量号（阿拉伯数字）组成，如#1、#20 等。变量也可由变量符号“#”和表达式组成，如#［#1＋10］。

2. 变量的种类

按变量号码可将变量分为局部（local）变量、公共（common）变量、系统（system）变量，其用途和性质都是不同的，见表 2—1—26。

表 2—1—26 变量类型及功能

变量号	变量类型	功能
#1～#33	局部变量	所谓局部变量就是在用户宏中局部使用的变量。换句话说，在某一时刻调出的用户宏中所使用的局部变量#i 和另一时刻调用的用户宏（无论与前一个用户宏相同还是不同）中所使用的#i 是不同的
#1～#149 #500～#531	公共变量	公共变量是在主程序及调用的子程序中通用的变量。例如，在某个用户宏中运算得到的公共变量的结果#i，可以用到别的用户宏中
#1000～	系统变量	系统变量是根据用途而被固定的变量，它的值决定系统的状态

3. 变量的引用

普通程序总是将一个具体的数值赋值给一个地址。

【例】 G01 X100.0 F0.1；

用宏变量：#1＝100.0；

G01 X#1 F0.1；

两者执行的结果是相同的。

说明：（1）当在程序中定义变量时，小数点可以省略。例如，定义#1 = 100 时，变量#1 的值实际是 100.0。

（2）在程序中引用变量时，变量号必须放在地址符后边。

【例】 #1 = 100.0；

G00 X#1；

执行的结果是“G00 X100.0；”。

（3）如果需加入符号，要把符号放在“#”的前边。

【例】 #1 = 100.0；

G00 X - #1；

执行的结果是“G00 X - 100.0；”。

三、运算符

FANUC 0i 系列数控系统的运算符见表 2—1—27。

表 2—1—27　　常用的运算符

名称	运算符	举例	名称	运算符	举例
定义	=	#i = #j	正切	TAN	#i = TAN [#j]
加法	+	#i = #j + #k	反正切	ATAN	#i = ATAN [#j]
减法	-	#i = #j - #k	平方根	SPART	#i = SPART [#j]
乘法	*	#i = #j * #k	绝对值	ABS	#i = ABS [#j]
除法	/	#i = #j/#k	舍入	ROUND	#i = ROUND [#j]
正弦	SIN	#i = SIN [#j]	上取整	FIX	#i = FIX [#j]
反正弦	ASIN	#i = ASIN [#j]	下取整	FUP	#i = FUP [#j]
余弦	COS	#i = COS [#j]	自然对数	LN	#i = LN [#j]
反余弦	ACOS	#i = ACOS [#j]	指数函数	EXP	#i = EXP [#j]
或运算	OR	#i = #j OR #k	十—二进制转换	BIN	#i = BIN [#j]
异或运算	XOR	#i = #j XOR #k	二—十进制转换	BCD	#i = BCD [#j]
与运算	AND	#i = #j AND #k			

四、语句

在程序中，如果有相同轨迹的指令，可通过语句改变程序的流向，让其反复循环运算执行，即可达到简化程序的目的。常用的控制指令有以下几种：

1. 无条件转移（GOTO *n*）

【例】 N10 G00 X50.0 Z10.0；

N20 G01 X45.0 F0.2;

N30 G01 Z0.0;

N40 GOTO 20;

当执行 N40 程序段时，程序无条件转移到 N20 程序段继续运行。

2. 条件语句（IF 语句）

IF［<条件式>］GOTO n（n 为顺序号）

<条件式>成立时，从顺序号为 n 的程序段以下执行；<条件式>不成立时，执行下一个程序段。

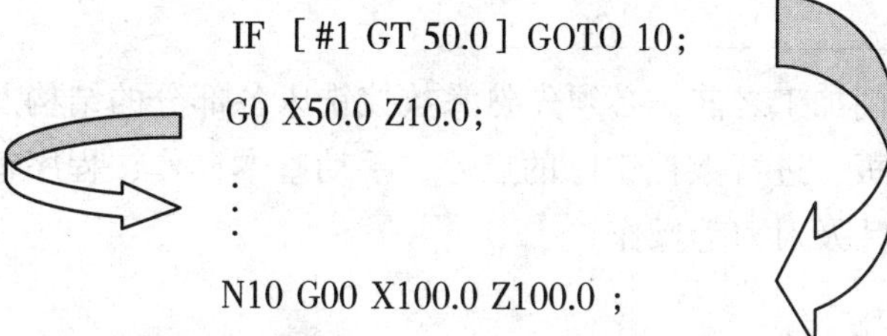

该语句中的条件表达式必须包括运算符，这个运算符插在两个变量或一个变量和一个常量之间，并且要用方括号封闭。常用<条件式>运算符见表 2—1—28。

表 2—1—28　　常用<条件式>运算符

符号	代号	符号	代号	符号	代号
=	EQ	>	GT	≥	GE
≠	NE	<	LT	≤	LE

3. 循环语句（WHILE 语句）

WHILE［<条件式>］DO m（m 为顺序号）

⋮

END m

当<条件式>成立时，从 DO m 的程序段到 END m 的程序段重复执行；如果<条件式>不成立，则从 END m 的下一个程序段执行。

说明：（1）函数 SIN、COS 等的角度单位是度（°），分（′）和秒（″）均要换成度（°）。例如，90°30′应表示为 90.5°，30°18′应表示为 30.3°。

（2）当用表达式指定变量时，必须把表达式放入方括号内“[ ]”。

【例】 G00 X［#1+10］Z30.0;

（3）方括号“[ ]”也可用于改变运算的次序，同时允许嵌套使用，最多嵌套五层。

【例】 #1=SIN［［［#1+10］*#2+#3］/#4］;

课题二　数控铣削加工

任务一　数控铣床基础知识与基本操作

工作任务

在学习数控铣削加工之前，必须先熟悉数控铣床各部分的结构及作用，熟练地使用数控铣床系统面板，进行数控铣床的启停、手动基本操作、程序输入与编辑、程序校对、安装铣刀刀片及对刀等操作。

任务实施

一、认识数控铣床的数控系统

认识数控铣床的数控系统，以 FANUC 0i－MB 数控系统为例。图 2—2—1 所示为数控铣床的 FANUC 0i－MB 数控系统的输入/输出部分。

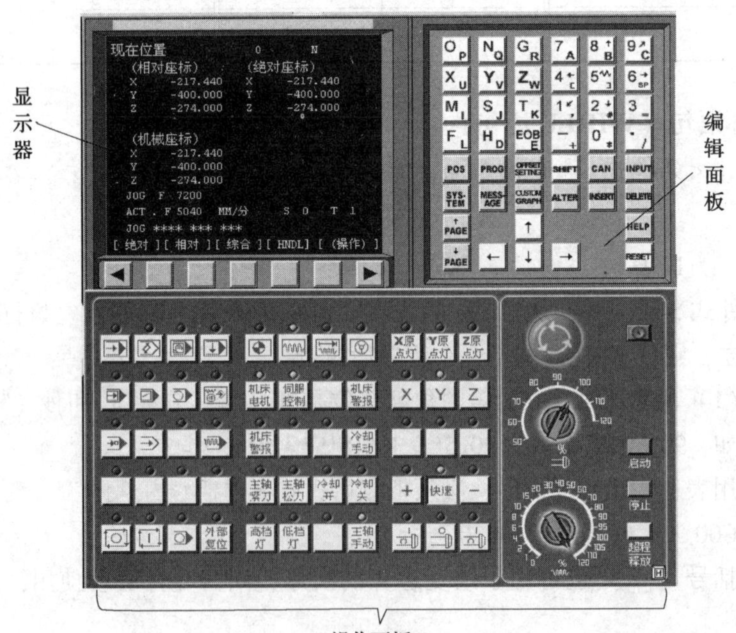

图 2—2—1　FANUC 0i－MB 数控系统输入/输出部分

1. 显示器

显示器如图2—2—2所示。数控系统的显示器主要显示当前操作状态、程序状态、报警信息、参数设置、加工程序信息等。

2. 编辑面板

如图2—2—3所示为FANUC 0i－MB数控系统的编辑面板。该面板各按键名称及功能见表2—2—1。

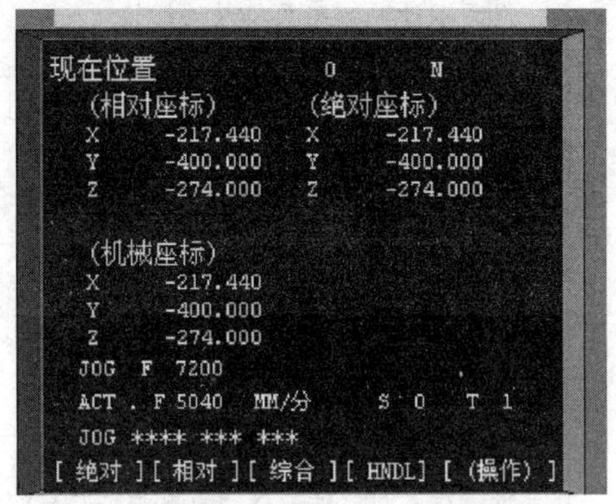

图2—2—2 显示器

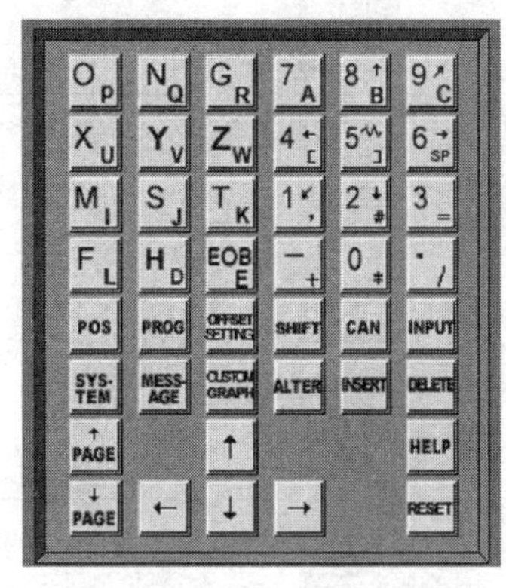

图2—2—3 编辑面板

表2—2—1 编辑面板按键名称及功能

按键	名称	功能
Op Nq Gr 7A 8B 9C Xu Yv Zw 4[5] 6SP Mi Sj Tk 1, 2# 3= Fl Hd EOB E －+ 0* ./	地址键 数字/符号键	用于输入数据到输入区域，系统自动判别字母还是数字。字母、数字及符号通过SHIFT（上挡）键切换输入
POS	坐标显示键	坐标显示有三种方式，用PAGE按键切换
PROG	程序键	程序显示与编辑页面
OFFSET SETTING	参数输入键	按第一次，进入坐标系设置页面；按第二次，进入刀具补偿参数页面。进入不同的页面以后，用PAGE按键切换
SYS-TEM	系统参数键	显示系统参数页面

续表

按键	名称	功能
MESSAGE	报警显示键	显示报警信息
CUSTOM GRAPH	轨迹显示键	图形参数设置及显示页面
SHIFT	上挡键	用于字母、数字及符号的切换
CAN	取消键	消除输入区内的数据
INPUT	输入键	将输入区内的数据输入参数页面
ALTER	替换键	用输入的数据替换光标所在的数据
INSERT	插入键	将输入区的数据插入到当前光标之后的位置
DELETE	删除键	删除光标所在的数据，或者删除一个程序或者删除全部程序
↑ PAGE ↓ PAGE	翻页键	向上翻页与向下翻页
↑ ← ↓ →	光标键	上、下、左、右移动光标
HELP	帮助键	系统帮助页面
RESET	复位键	用于使所有操作停止，返回初始状态

3. 操作面板

如图 2—2—4 所示为 FANUC 0i－MB 数控系统的操作面板。

（1）电源开关

数控铣床电源开关：一般位于机床的背面，根据生产厂家的不同，也有的在机床侧面。数控系统电源开关：向机床 CNC 系统供电。

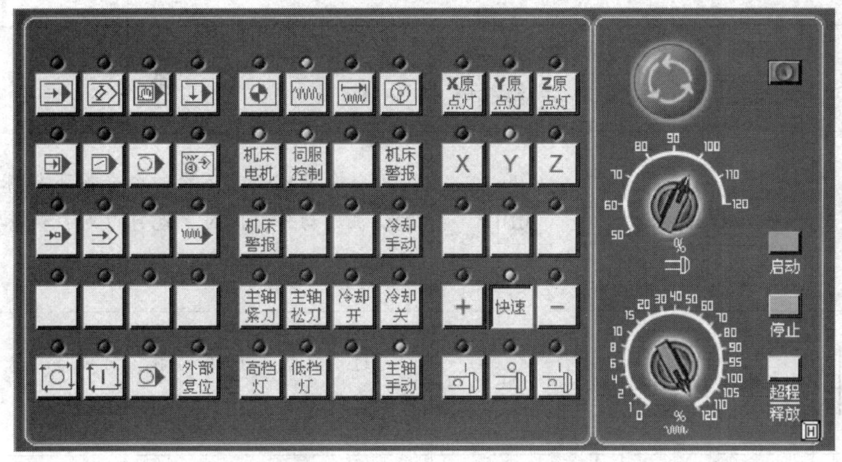

图 2—2—4 操作面板

(2) 急停键

当出现紧急情况时，按下操作面板上的急停键（图 2—2—5），机床及 CNC 系统处于停止状态，此时在系统屏幕上出现“EMG”报警字样，数控机床的报警灯亮。

图 2—2—5 急停键

消除急停报警状态的操作：一般情况下，按照急停键上所示的方向转动按键，直至向上弹起，然后按下面板上的复位键即可。

(3) 模式选择按键

模式选择按键共有八个，如图 2—2—6 所示，用以选择机床的工作方式。这类按键均为单选键，即只能选择其中的一个。选中其中一个铵键时，其上相应的指示灯亮，同时在屏幕下方显示相应的工作方式。按键的名称及功能见表 2—2—2。

图 2—2—6 模式选择按键

表 2—2—2 模式选择按键的名称及功能

图示	名称	屏幕显示英文标记	功能
	自动运行键	AUTO	自动执行程序
	程序编辑键	EDIT	可以输入程序，可对储存在内存中的程序进行编程

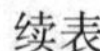
续表

图示	名称	屏幕显示英文标记	功能
	手动数据输入键	MDI	可以输入单一或多段命令并按下循环启动按键使机床动作；同时，也可以对系统参数进行修改
	在线加工运行键	DNC	通过计算机与 CNC 连接，可以实现大容量程序的在线加工
	回参考点键	REF	可以执行机床的返回参考点动作
	手动方式键	JOG	可以实现手动切削连续进给和手动快速连续进给
	增量进给键	INC	机床坐标轴向相应的方向移动一个增量距离
	手轮方式键	HANDLE	可以通过挂在机床上的手摇脉冲发生器（又称为手轮）使坐标轴移动

（4）循环启动执行按键（表 2—2—3）

表 2—2—3　　循环启动执行按键的名称及功能

图示	名称	屏幕显示英文标记	功能
	程序暂停键	CYCLE STOP	在机床循环启动状态下，按下，程序运行及刀具运动将处于暂停状态，其他指令（主轴转速、冷却状态等）保持不变
	程序运行键	CYCLE START	在自动运行状态下，按下，机床自动运行程序

（5）主轴功能按键（表2—2—4）

表2—2—4　　主轴功能按键的名称及功能

图示	名称	屏幕显示英文标记	功能
	主轴正转	CW	按下，主轴将顺时针转动
	主轴停转	STOP	按下，主轴将停止转动
	主轴反转	CCW	按下，主轴将逆时针转动

注意：主轴功能按键需在“JOG”和“HANDLE”模式下操作。

（6）其他功能按键（表2—2—5）

表2—2—5　　其他功能按键的名称及功能

图示	名称	功能
	程序保护锁	当保护锁处于打开时，不能对程序进行编辑；当保护锁处于关闭时，才能对程序进行编辑
超程释放	超程释放按键	当机床出现超程报警时，按下该键且不松开，同时移动坐标轴反向移动，从而解除报警
	主轴倍率旋钮	在主轴旋转过程中，可用于调整主轴的转速
	进给倍率旋钮	在手动切削连续进给和自动加工时，可用于调整进给速度

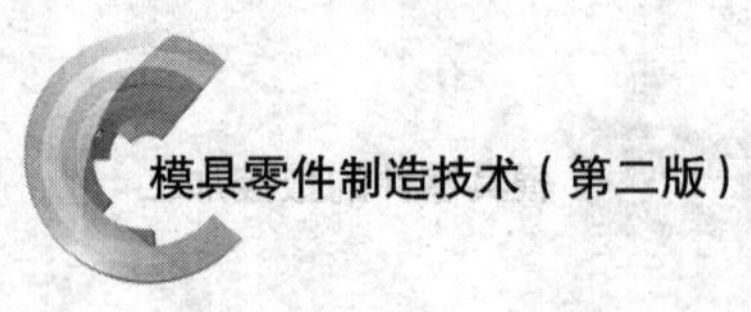

（7）用户自定义键（表2—2—6）

表2—2—6　　用户自定义键的名称及功能

图示	名称	功能
主轴紧刀 主轴松刀	刀具夹紧、松开按键	用于手动换刀过程中的装刀与卸刀
冷却开 冷却关	冷却开、关按键	用于开启、关闭切削液
X原点灯 Y原点灯 Z原点灯	机床原点指示灯	当机床坐标轴回到机床原点时，相应的灯亮

二、数控铣床的基本操作

1. 机床开机操作

（1）检查机床状态是否正常。

（2）接通机床电源。

（3）接通数控系统电源，检查CRT画面显示内容。

（4）检查面板上的指示灯是否正常。

（5）检查风扇电动机运转是否正常。

接通数控系统电源后，系统软件自动运行。系统启动完毕，CRT画面显示“EMG”报警画面，此时应松开急停键，再按面板上的复位键，机床将复位。

2. 手动返回参考点操作

（1）返回参考点操作

返回参考点的目的是建立机床坐标系。操作步骤如下：

1）模式按键选择“REF”方式。

2）分别选择返回参考点的坐标轴，顺序为“Z轴→X轴→Y轴”，移动速度由倍率开关调整。

3）按下坐标轴的“+”方向键不松开，直至相应坐标轴返回参考点的指示灯（绿色）亮，如图2—2—7所示。

（2）注意事项

1）返回参考点时应确保安全，在机床运行方向上不能发生碰撞。一般情况下，Z轴先回参考点，将刀具抬起；然后，再选择X轴和Y轴返回参考点。

2）在机床返回参考点过程时，坐标轴不能离参考点太近，否则会出现超程报警。

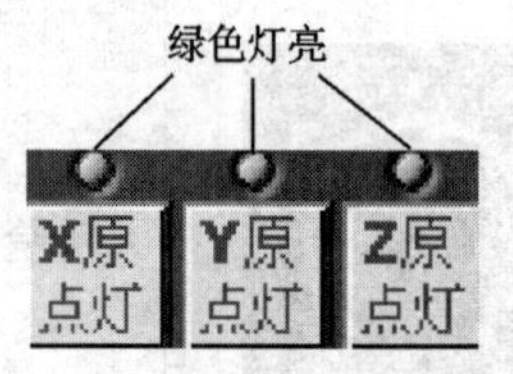

图2—2—7　X、Y、Z轴原点指示灯亮

3）在回参考点过程中，如果出现超程报警，应按住面板上的“超程释放”按键，向相反方向手动移动该轴，使其退出超程状态，解除报警。

3. 手动进给和手摇进给操作

（1）手动（JOG）进给操作

在手动（JOG）方式下，按下操作面板上的进给轴及其方向选择开关，可以使刀具沿着所选轴的所选方向连续移动。

1）操作步骤

①按下模式按键中的手动（JOG）进给选择开关。

②分别选择移动轴（“Z”键、“X”键或“Y”键）以及运动方向（“+”键或“-”键），坐标轴则按相应的方向及速度移动。

③手动进给的移动速度分为切削进给和快速进给。切削进给是通过进给倍率旋钮进行控制，顺时针旋转时进给速度逐步增加，逆时针旋转时则逐步减小；快速进给是在按下方向键（“+”键或“-”键）的同时按下方向键中间的快速移动键，则进给轴按指定方向快速移动。在快速移动过程中，快速移动倍率开关有效。

2）注意事项

①这里介绍的数控铣床的手动（JOG）进给操作一次只能移动一个轴。

②手动进给操作时，进给方向一定不能搞错，这是数控机床的基本操作。

（2）手摇（HANDLE）进给操作

在手摇进给方式中，刀具可以通过旋转机床操作面板上的手摇脉冲发生器微量移动。使用手摇进给轴选择开关选择要移动的轴，如图2—2—8所示。手摇进给的操作步骤如下：

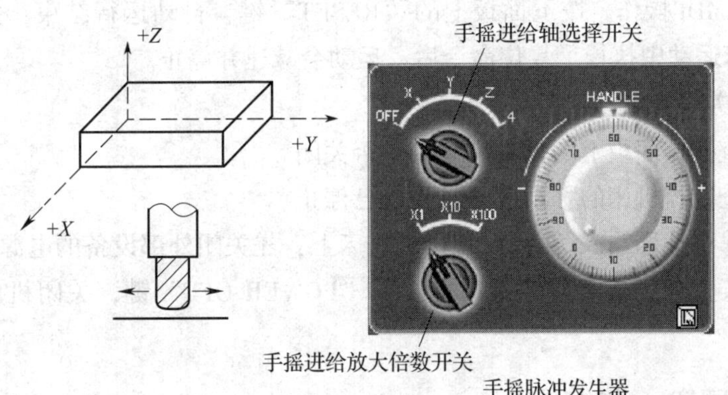

图2—2—8 手摇进给方式

1）按下模式选择按键中的手摇方式（HANDLE）键。

2）按下手摇进给轴选择开关，选择刀具要移动的轴。

3）通过手摇进给放大倍数开关，选择刀具移动距离的放大倍数。手轮旋转一个刻度时，刀具移动的最小距离等于最小输入增量，对应关系见表2—2—7。

4）旋转手轮以手轮转向对应的方向移动刀具。

表 2—2—7　　手摇脉冲发生器移动距离的对应关系

位置	×1	×10	×100
增量值（mm）	0.001	0.01	0.1

4. MDI（手动输入）操作

在 MDI 运行方式下，通过 MDI 面板可以编制最多 10 行的程序并被执行，MDI 运行程序格式和通常程序一样。MDI 运行适用于简单的程序操作。MDI 操作步骤如下：

（1）按下模式按键中的 MDI 方式按键。

（2）按下 MDI 操作面板上的“PRGRM”键，选择程序屏幕，自动加入程序号“O0000”。

（3）用通常的程序编辑操作编制一个要执行的程序。在 MDI 方式编制程序，可以用插入、修改、删除、字检索、地址检索和程序检索等操作。

（4）为了执行程序，需要将光标移动到程序开始处（从中间点启动执行也可以）。按下操作面板上的循环启动按钮，程序便启动运行。当执行程序结束语句（M02 或 M30）后，运行结束。

（5）要是在中途停止或结束 MDI 操作，可以按以下步骤进行：

1）停止 MDI 操作。按下操作面板上的进给暂停开关，进给暂停指示灯亮，循环启动指示灯熄灭。机床响应如下：当机床在运动时，进给操作减速并停止；当执行 M、S 或 T 指令时，操作在 M、S 和 T 执行完毕后运行停止。

当操作面板上的循环启动按钮再次被按下时，机床的运行重新启动。

2）结束 MDI 操作。按下面板上的“RESET”键，自动运行结束，并进入复位状态。当在机床运动中执行了复位命令后，运动会减速并停止。

5. 机床关机操作

（1）检查操作面板上的循环启动灯是否关闭。

（2）检查数控机床的移动部件是否都已停止。

（3）如果有外部输入/输出设备接到机床上，先关闭外部设备的电源。

（4）检查完毕，按下急停键，再按下“POWER OFF”键，关闭机床电源，切断总电源。

三、程序输入与编辑

1. 程序编辑操作

（1）建立一个新程序

1）按下模式按键中“EDIT”键。

2）按下“PROG”键。

3）输入程序号（如 O0011），按下“INSERT”键，完成程序号的插入。

4）按下“EOB”键，表示程序段结束。

（2）调用存储器中储存的程序

1）按下模式按键中“EDIT”键。

2）按下“PROG”键。

3）输入程序号（如O0011），按下光标向下移动键，即可完成程序O0011的调用。

（3）删除程序

1）按下模式按键中“EDIT”键。

2）按下“PROG”键。

3）输入程序号（如O0011），按下“DELETE”键，即可完成单个程序O0011的删除。

如果要删除所有程序，输入“O9999”后按下“DELETE”键，即可删除存储器中所有程序。

2. 程序段编辑操作

（1）程序段输入

1）按下模式按键中“EDIT”键。

2）按下“PROG”键，输入程序号（如O0011）。

3）输入程序字“G90 G40”，按下“EOB”键。

4）按下“INSERT”键，即可完成程序段“G90 G40;”的插入。

5）以后的程序段输入方法都一样。

注意事项：在FANUC 0i－MB系统中程序名的输入步骤与程序段的输入步骤不同，详见程序输入步骤。程序段输入时，既可以输入程序号（N××××），也可以不输入。

（2）程序段删除

1）按下模式按键中“EDIT”键。

2）按下“PROG”键，输入程序号（如O0011）。

3）用光标移动键检索或扫描到将要删除的程序段地址（N××××），按下“EOB”键。

4）按下“DELETE”键，将当前光标所在的程序段删除。

如果要删除多个程序段，则用光标移动键检索或扫描到将要删除的程序段开始地址N（如N0020），键入地址N和最后一个程序段号（如N0110），按下功能键“DELETE”，即可将N0020～N0110的所有程序段删除。

3. 程序字编辑操作

（1）查寻程序字

在“EDIT”模式下，分别按下光标的上、下、左、右移动键，光标将在屏幕上相应地移动。按下翻页键，光标将相应地向前或向后翻页显示。

（2）跳到程序首

在“EDIT”模式下，按下“RESET”键，即可使光标跳到程序的开始位置。

(3) 插入程序字

在“EDIT”模式下，将光标移动到要插入位置前的程序字，输入要插入的程序字，按下“INSERT”键，即可完成程序字的插入。

(4) 程序字的替换

在“EDIT”模式下，将光标移动到要被替换的程序字，输入要替换的程序字，按下“ALTER”键，即可完成程序字的替换。

(5) 程序字的删除

在“EDIT”模式下，将光标移动到要删除的程序字，按下“DELETE”键，即可完成程序字的删除。

(6) 输入过程中的程序字删除

在程序输入过程中，如果发现当前字符输入错误，按下“CAN”键，即可删除当前输入的字符。

四、程序校对

1. 机床锁住和辅助功能锁住校对

在校对程序时，要做到不移动刀具而显示其位置的变化，可以使用机床锁住功能。机床锁住有两种类型，一是将所有轴锁住，二是将指定轴锁住。一般情况下，采用前者比较安全。

(1) 操作步骤

1) 在“EDIT”模式下，按下“PROG”键，调用程序“O0011”。

2) 切换到“AUTO”模式，按下“MC LOCK”键。

3) 按下“CYCLE START”键，锁住机床来检查程序。

按下机床操作面板上的机床锁住开关后，刀具不再移动，但是显示器上沿每一轴运动的位置仍然在变化，模拟刀具在运动。

(2) 注意事项

1) 在校对过程中，可以按下机床操作面板上的“DRY RUN”键，用来改变机床运行的速度。

2) 在用机床锁住校对程序后，要执行回参考点操作，来指定工件坐标系。因为机床坐标系和工件坐标系之间的位置关系在机床锁住前后发生了变化。

2. 图形显示校对

图形显示功能可以显示自动运行期间刀具的移动轨迹，操作者可通过观察屏幕显示出的轨迹来检查加工过程，显示的图形可以进行放大及复原。

(1) 操作步骤

1) 在“EDIT”模式下，按下“PROG”键，调用程序“O0011”。

2) 切换到“AUTO”模式，按下“MC LOCK”键。

3) 按下 MDI 面板上的“CUSTOM GRAPH”键，按下屏幕显示的软键［GPRM］。

4）按下“CYCLE START”键，此时在屏幕上出现刀具的运动轨迹。

（2）注意事项

与机床锁住校对方法一样，用图形显示校对操作中也可以按下“DRY RUN”键，来改变机床运行速度。在校对结束后，也要执行回参考点操作。

以上两种方法，利用图形显示功能校对程序，较为方便、直观。

五、安装机夹不重磨铣刀刀片

机夹式硬质合金不重磨铣刀不需要操作者刃磨。如果铣削过程中刀片的切削刃磨钝，可以用内六角扳手旋松双头螺钉，松开刀片夹紧块，取出刀片，把磨钝的刀片转换一个位置，然后将刀片紧固即可。待多边形刀片的每一个切削刃都磨钝后，再更换新刀片。硬质合金不重磨刀片的安装如图 2—2—9 所示。

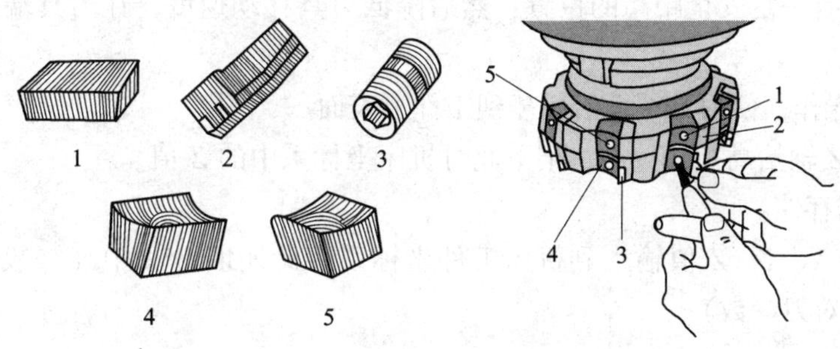

图 2—2—9　硬质合金不重磨刀片的安装

1—刀片　2—刀片座　3—双头螺钉　4—刀片夹紧块　5—刀片座夹紧块

六、对刀

1. 试切对刀

试切对刀如图 2—2—10 所示。其操作步骤如下：

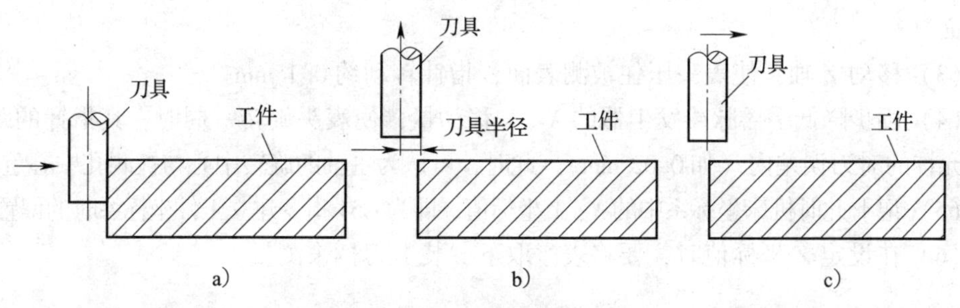

图 2—2—10　试切对刀

a）刀具靠近并轻触工件　b）铣刀沿 Z 向退离工件　c）设定 X 坐标

（1）X、Y 向对刀

1）将工件通过夹具安装在数控铣床的工作台上。

2）启动主轴，使其中速旋转；快速移动工作台和主轴，让刀具快速移动到靠近工件左侧且有一定安全距离的位置；然后降低刀具移动速度，缓慢移动至接近工件左侧。

3）刀具靠近工件时改用微调操作，使其恰好接触到工件侧表面。铣刀周刃轻微接触到工件表面时，可听到刀刃与工件的摩擦声（但是没有切屑）。记下此时机床坐标系中显示的 X 坐标值，如图 2—2—10a 所示。

4）保持 X、Y 坐标不变，将铣刀沿 Z 向退离工件，如图 2—2—10b 所示。

5）将机床相对坐标 X 置零，并沿 X 向工件方向移动刀具半径的距离，如图 2—2—10c 所示。

6）将此时机床坐标系中的 X 值输入系统偏置寄存器中，该值就是被测边的 X 坐标。

7）改变方向（即与 X 向同一平面的垂直方向）重复以上操作，可得被测边的 Y 坐标。

（2）Z 向对刀

1）将刀具快速移至工件上方。启动主轴，使其中速旋转；让刀具快速移动到靠近工件上表面且有一定安全距离的位置；然后降低刀具移动速度，让刀具端面缓慢接近工件上表面。

2）微调操作，使刀具端面恰好碰到工件上表面。

3）再将 Z 轴抬高 0.01 mm，记下此时机床坐标系中的 Z 值。

（3）数据存储

将测得的 X、Y、Z 值输入到机床工件坐标系存储地址 G54 中（一般使用 G54 ~ G59 代码存储对刀参数）。

（4）启动生效

在 MDI 模式下，输入“G54”；在自动模式下，按启动键运行 G54，使其生效。

2. 百分表对刀

百分表对刀的操作步骤如下：

（1）在“HANDLE”模式下，用磁性表座将杠杆百分表吸在机床主轴端面上，并手动转动机床主轴。

（2）手动操作，使旋转的表头按照“X→Y→Z”的顺序逐渐靠近工件的侧壁（或圆柱面）。

（3）移动 Z 轴，使表头压住被测表面，指针转动约 0.1 mm。

（4）逐步降低手摇脉冲发生器的 X、Y 移动量，使表头旋转一周时，其指针的跳动量在允许的对刀误差内（如 0.02 mm）。此时，可认为主轴的旋转中心与被测孔中心重合。

（5）记下此时机床坐标系中的 X、Y 坐标值，即为 G54 指令建立工件坐标系时的偏置值。

（6）在设定 Z 坐标值时，要将表座取下，装上刀柄来测量。

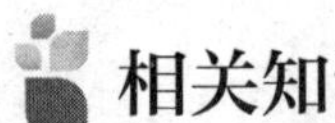

相关知识

一、数控铣床基础知识

用于完成铣削加工或镗削加工的数控机床称为数控铣床。数控铣床适用于多种零件的加工，包括多品种、小批量生产的零件，结构比较复杂的零件，需要频繁改型的零件，价值昂贵且不允许报废的关键零件，设计制造周期短的急需零件等。

1. 数控铣床的组成

数控铣床一般由机床本体、数控装置、驱动装置、辅助装置等组成，见表2—2—8。

表2—2—8　　数控铣床的组成

组成部分	说明	图示
机床本体	是数控铣床的基础构件，需要承受机床自身的静载荷以及在加工时的切削载荷，是质量和体积最大的部件。它既可以是铸铁件，也可以是焊接钢结构件。机床本体包括床身、床鞍、工作台、立柱、主轴箱、进给机构等	
数控装置	是数控机床的控制核心，由各种数控系统完成对机床的控制	
驱动装置	是数控机床的执行机构，包括主轴电动机和进给伺服电动机。它的作用是把来自数控装置的信号转换为机床移动部件的运动。其性能是决定机床加工精度、表面质量和生产效率的主要因素之一	主轴电动机　进给伺服电动机
辅助装置	主要包括润滑、冷却、排屑、防护、液压和随机检测系统等部分	排屑装置　润滑系统

2. 数控铣床的加工特点

数控铣削加工除了具有普通铣床加工的特点外，还有如下特点：

(1) 零件加工的适应性强、灵活性好，能加工轮廓形状特别复杂或难以控制尺寸的零件（如模具类零件、壳体类零件等）。

(2) 能加工普通机床无法加工或很难加工的零件，如用数学模型描述的复杂曲线零件以及三维空间曲面类零件。

(3) 能加工在一次装夹定位中需要进行多道工序加工的零件。

(4) 加工精度高，加工质量稳定、可靠。

(5) 生产自动化程度高，可以减轻操作者的劳动强度，有利于实现生产管理自动化。

(6) 生产效率高。

(7) 从切削原理上讲，无论端铣或是周铣都属于断续切削方式，因此要求铣刀具有良好的抗冲击性、韧性和耐磨性。在干式切削状况下，还要求铣刀有良好的红硬性。

二、数控铣床的加工对象

根据数控铣床的特点，适合在数控铣床上加工的零件主要有平面类零件、变斜角类零件、曲面类零件、箱体类零件、盘套类零件、凸轮类零件、整体叶轮类零件、模具类零件、异形零件（图 2—2—11）以及新产品试制件等。

图 2—2—11　数控铣床的加工对象

三、数控铣床的坐标系及原点

1. 机床坐标系

数控铣床的机床坐标系方向分别如图 2—2—12、图 2—2—13 所示，具体说明见表 2—2—9。

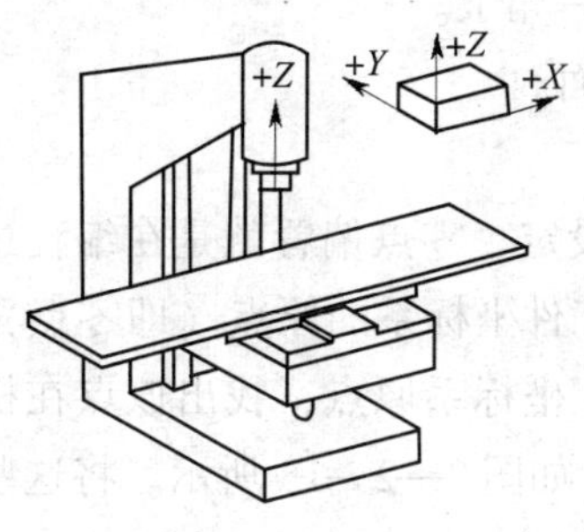

图 2—2—12 立式升降台铣床的机床坐标系

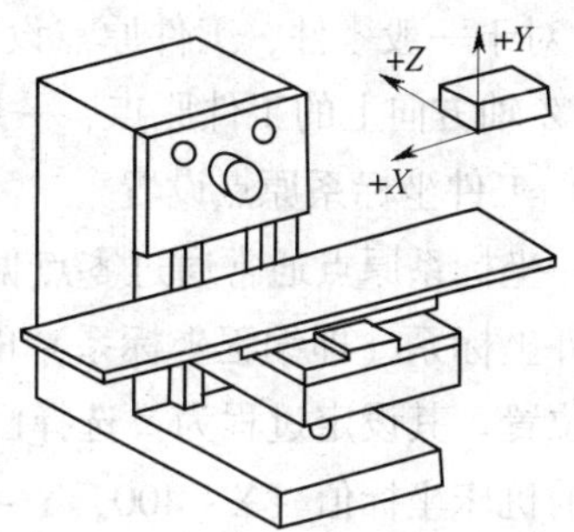

图 2—2—13 卧式升降台铣床的机床坐标系

表 2—2—9 数控铣床机床坐标系的坐标轴方向

坐标轴	坐标轴定义	坐标轴方向
Z 坐标轴	是与主轴轴线平行的坐标轴 立式铣床的 Z 轴呈垂直方向；卧式铣床的 Z 轴呈水平方向	在铣、钻削加工中，Z 轴的正方向是与铣入或钻入工件相反的方向
X 坐标轴	一般呈水平方向，垂直于 Z 轴且平行于工件的装夹面	立式铣床：从刀具主轴向立柱看，水平向右为 X 轴的正方向 卧式铣床：从主轴向工件看（即从机床背面向工件看），水平向右为 X 轴的正方向
Y 坐标轴	垂直于 X、Z 坐标轴	根据右手笛卡尔坐标系来判别
旋转轴 A、B、C	其轴线平行于 X、Y、Z 坐标轴	为 X、Y、Z 坐标轴正方向上的右旋方向

2. 机床原点、机床参考点

数控铣床的机床原点一般设在刀具远离工件的极限点处，即坐标正方向的极限点处。立式数控铣床的机床原点如图 2—2—14 所示。在数控铣床上，其机床原点和机床参考点通常是重合的。

3. 工件原点、工件坐标系

工件坐标系是用来确定工件几何形体上各要素的位置而设置的坐标系。工件原点（即工件零点）的位置是由编程人员在编制程

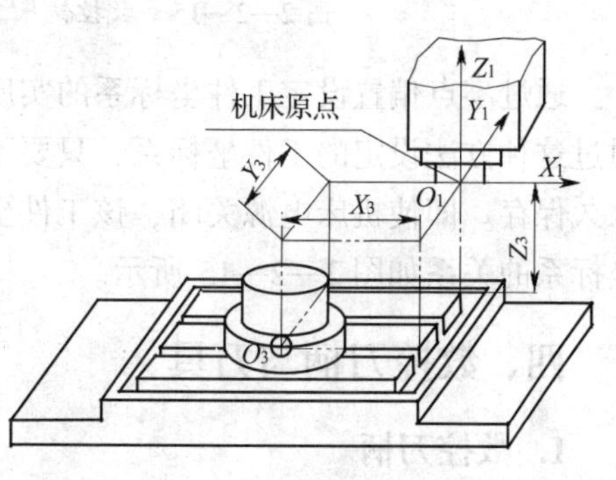

图 2—2—14 立式数控铣床的机床原点

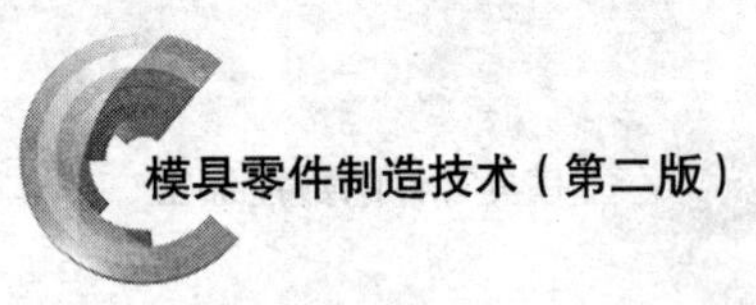

序时根据零件的特点选定的。工件原点也是加工程序的零点，一般也是工件的对刀点。

（1）工件原点位置选择的原则

1）工件原点应选在零件图的尺寸基准上，便于坐标值的计算，并减少错误。

2）工件原点尽量选在精度较高的工件表面，以提高被加工零件的加工精度。

3）对于对称零件，工件零点设在对称中心上。

4）对于一般零件，工件原点设在工件轮廓的某一角上。

5）*Z* 轴方向上的工件原点，一般设在工件上表面。

（2）工件坐标系原点设置

工作坐标系原点通常通过零点偏置的方法进行设定。零点偏置就是在编程过程中进行工件坐标系（即编程坐标系）的平移变换，使工件坐标系的原点（即零点）偏移到新的位置。其设定过程为：选择已装夹工件的编程坐标系原点，找出该点在机床坐标系中的机床坐标值（X－400，Y－200，Z－300），如图 2—2—15 所示。将这些值通过机床操作面板输入机床偏置存储器参数（参数为 G54～G59，共 6 个）中，从而将机床坐标系原点偏移到工件坐标系的原点。

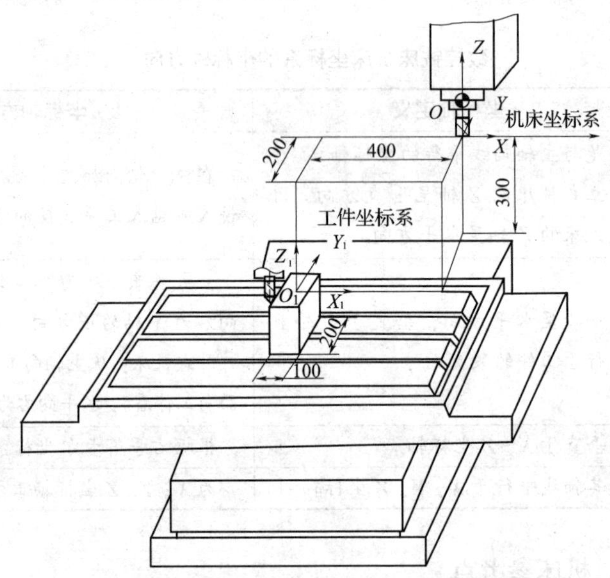

图 2—2—15　数控铣床工件坐标系与机床坐标系的关系

通过零点偏置设定工件坐标系的实质就是确定工件坐标系在机床坐标系中的位置。通过这种方法设定的工件坐标系，只要不对其进行修改、删除操作，该工件坐标系将永久保存。即使机床电源关闭，该工件坐标系也将保留。数控铣床工件坐标系与机床坐标系的关系如图 2—2—15 所示。

四、数控刀柄与刀具

1. 数控刀柄

数控铣床使用的刀具通过刀柄与主轴相连。刀柄通过拉钉固定在主轴上，由刀柄夹持铣刀传递转速、转矩。刀柄已经标准化、系列化，其刀柄模块采用 7∶24 锥柄，锥柄不自锁，换刀比较方便，且与直柄相比有更高的定心精度和刚度，如图 2—2—16 所示。

固定在锥柄尾部与主轴内拉紧机构相配备的拉钉已标准化，分为 A 型和 B 型，如图 2—2—17 所示。装配时，首先要将拉钉旋紧在刀柄尾部，主轴内拉紧机构通过滚珠与拉钉的配合来定位刀具。装配拉钉时，要注意清理拉钉与刀柄的表面，防止夹杂铁屑杂物。

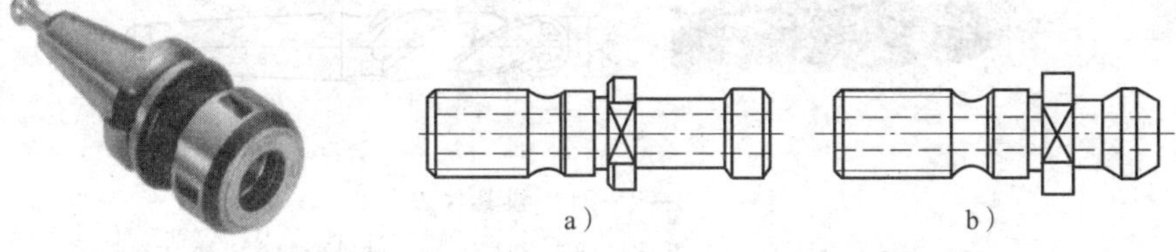

图 2—2—16　7∶24 ISO 锥柄

图 2—2—17　ISO 拉钉
a）A 型　b）B 型

图 2—2—18 所示为弹簧夹头刀柄用卡簧，图 2—2—19 所示为刀柄锁紧螺母。弹簧夹头刀柄主要用于装夹 ϕ20 mm 以下直柄立铣刀。弹簧夹头刀柄装夹刀具如图 2—2—20 所示。装夹步骤为：旋转刀柄锁紧螺母，将卡簧放入刀柄锁紧螺母内；将刀杆由弹簧夹头一端放入卡簧内，夹持的长短要适中；将装配好的部分旋入刀柄，并用专用扳手旋紧；最后，将装配好的刀具放入刀库或主轴头上。

图 2—2—18　弹簧夹头刀柄用卡簧

图 2—2—19　刀柄锁紧螺母

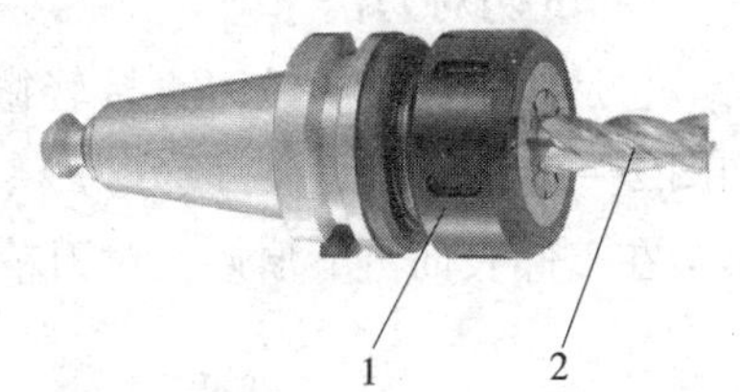

图 2—2—20　刀具装夹
1—锁紧螺母　2—刀具

2. 模具铣刀

模具铣刀是由立铣刀发展而成的，其直径为 ϕ4 ~ ϕ63 mm，主要用于加工三维的模具型腔或凸凹模成型表面。其通常有以下三种类型：圆锥形立铣刀、圆柱形球头立铣刀及圆锥形球头立铣刀，如图 2—2—21 所示。

在模具铣刀的圆柱面（或圆锥面）和球头上都有切削刃，可以进行轴向和径向进给切削。铣刀的工作部分用高速钢或硬质合金制造。小尺寸的硬质合金模具铣刀制成整体结构；直径 ϕ6 mm 以上的模具铣刀可制成焊接结构或机夹可转位刀的形式。模具铣刀的柄部形式有直柄、削平形直柄和莫氏锥柄。

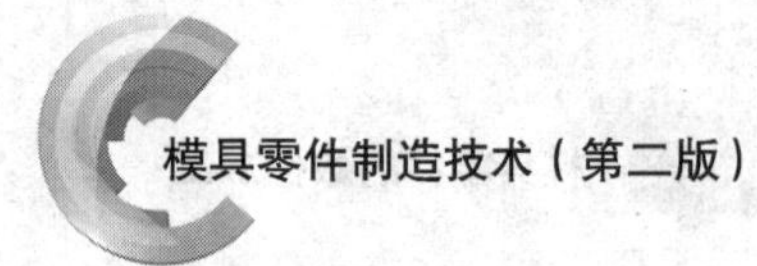

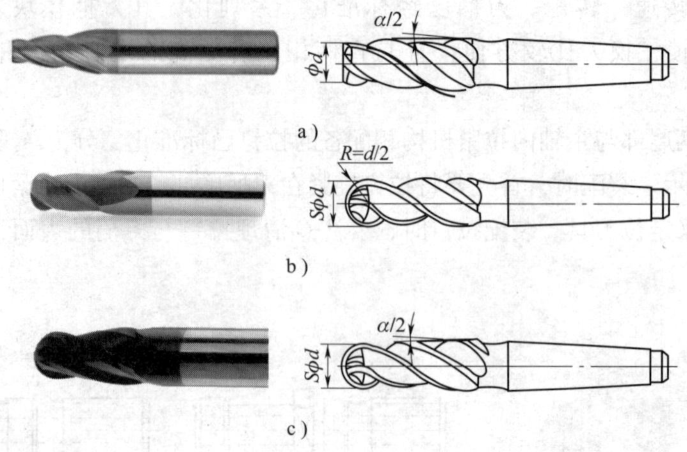

图 2—2—21　模具铣刀

a）圆锥形立铣刀　b）圆柱形球头立铣刀　c）圆锥形球头立铣刀

五、数控铣床对刀方法

机床坐标系是机床出厂前已经设置的，确定不变，但是工件在机床加工尺寸范围内的安装位置却是任意的。如果需要确定工件在机床坐标系中的位置，就要依靠对刀来完成。简单地说，对刀就是将工件装夹在工作台上的位置告诉机床。这要通过确定工件坐标系在机床坐标系中的位置来实现。对刀的准确程度将直接影响加工精度，因此对刀方法一定要与零件加工精度要求相适应。

1. 试切对刀法

它是使用旋转的铣刀直接轻微碰触工件表面，确定工件坐标系原点坐标的方法，如图 2—2—22 所示。一般分为 X、Y 向对刀和 Z 向对刀。这种方法操作比较简单，但是会在工件表面留下痕迹，对刀精度不高。

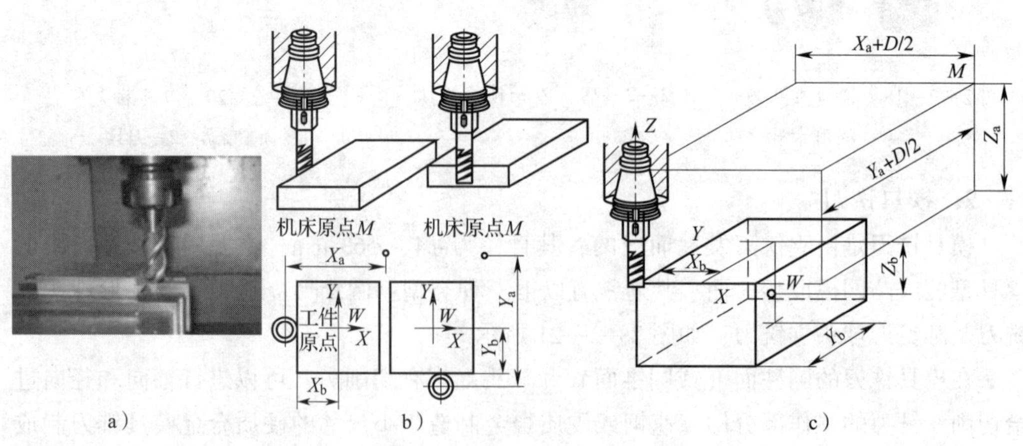

图 2—2—22　试切对刀法

a）实物图　b）X、Y 向对刀　c）Z 向对刀

2. 塞尺或标准心棒对刀法

这种对刀法与试切对刀法相似，区别是：用这种方法对刀时主轴不转动，需要在刀具和工件之间加入塞尺（或标准心棒、量块），如图 2—2—23 所示。计算坐标时应将塞尺（或量块）的厚度减去。因为主轴不需要转动切削，所以这种方法不会在工件表面留下痕迹，但是对刀精度也不够高。

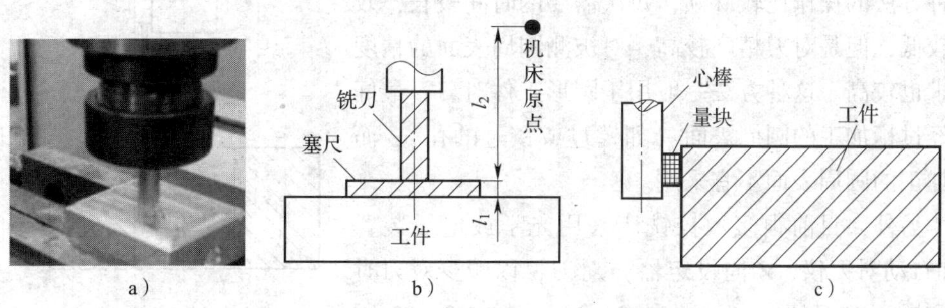

图 2—2—23 塞尺或标准心棒对刀法

a）实物图 b）塞尺对刀 c）标准心棒对刀

3. 寻边器对刀法

常用的寻边器分为两种，它们的实物及对刀应用如图 2—2—24 所示。使用电子式寻边器时，人为目测定位，随机误差较大，需重复操作几次，以确定其正确位置，其重复定位精度在 2 μm 以内。操作步骤与采用试切对刀法相似，只是将刀具换成了寻边器，移动距离是寻边器角头的半径。这种方法简便，对刀精度较高。

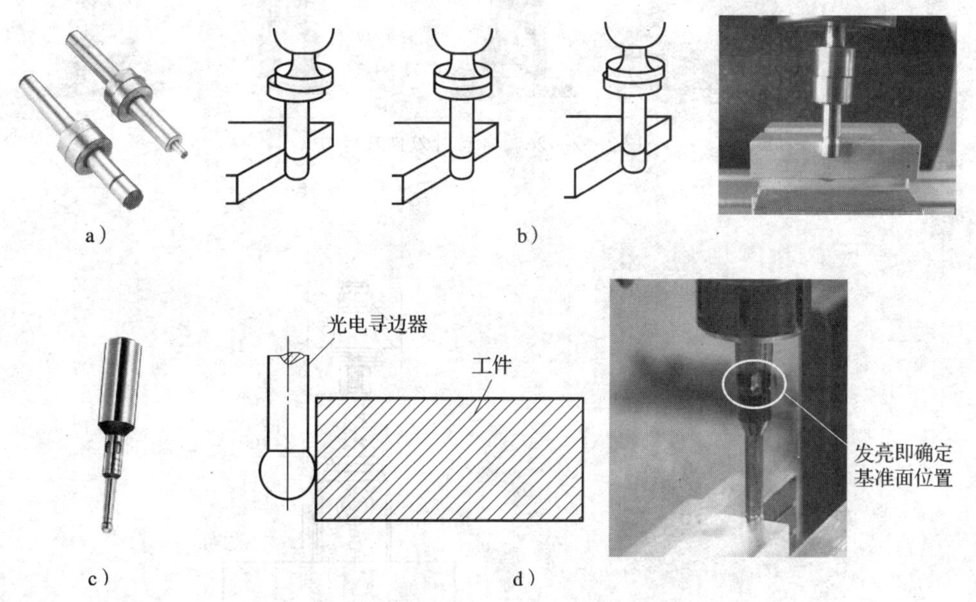

图 2—2—24 常用寻边器及寻边器对刀法

a）偏心式寻边器实物 b）偏心式寻边器对刀法 c）电子式寻边器实物 d）电子式寻边器对刀法

4. 百分表对刀法

这种方法是将百分表安装在数控铣刀刀柄上，使百分表的触头接触工件的圆周表面，通过慢慢转动主轴，使触头沿着工件的圆周面转动，以使主轴中心与工件坐标原点重合来完成对刀，如图 2—2—25 所示。这种方法的操作比较麻烦，每次需要的时间较长，效率较低，但是对刀精度较高，对被测圆周表面的精度要求也较高。这种方法一般用于圆形工件对刀，最好是经过精加工的圆周表面（如镗过或铰过的孔），而粗加工的圆周表面不宜采用。

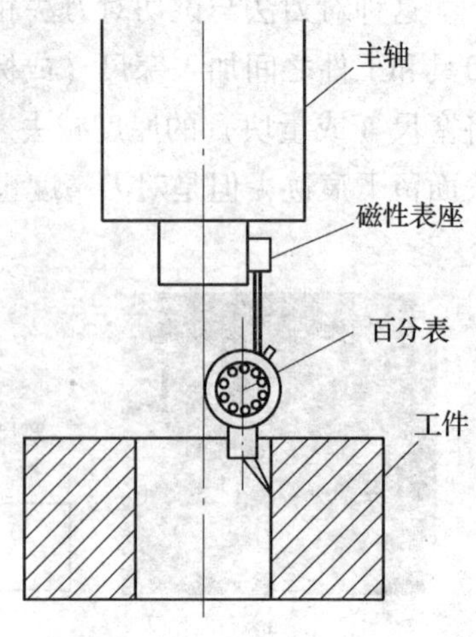

图 2—2—25 百分表对刀法

另外，目前很多数控铣床采用光学或电子装置（如自动对刀仪、Z 向设定器）对刀，以减少对刀时间和提高对刀精度，如图2—2—26、图 2—2—27 所示。

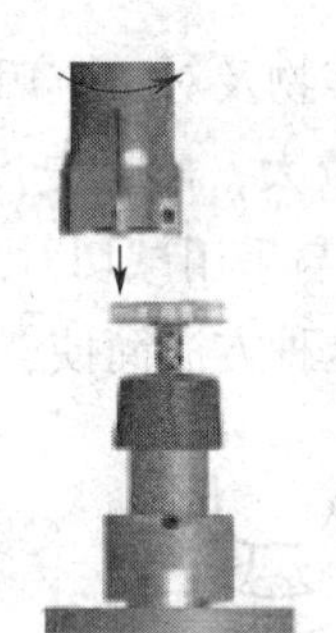
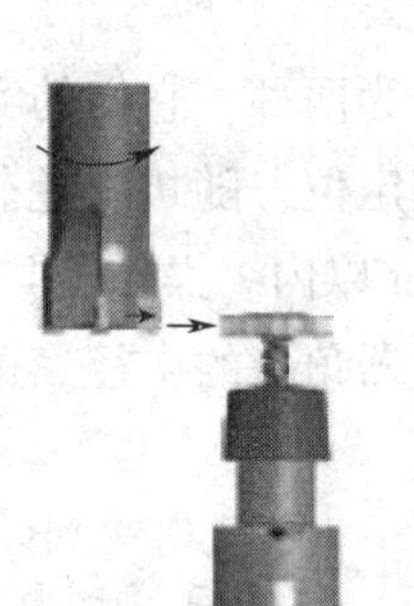

图 2—2—26 自动对刀仪及对刀

机械式 Z 向设定器

电子式 Z 向设定器

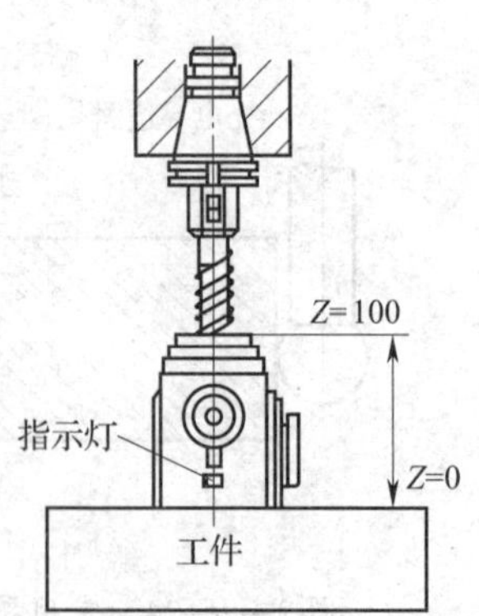

图 2—2—27 Z 向设定器及对刀

任务二 数控铣削凸模

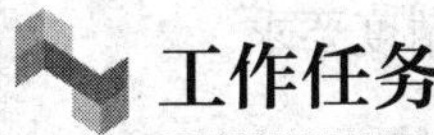

工作任务

数控铣削模具的凸模，如图 2—2—28 所示。毛坯尺寸为 90 mm × 90 mm × 22 mm，下表面（基准面）和侧面已粗铣，表面粗糙度值为 *Ra*6.3 μm，材料为 45 钢。

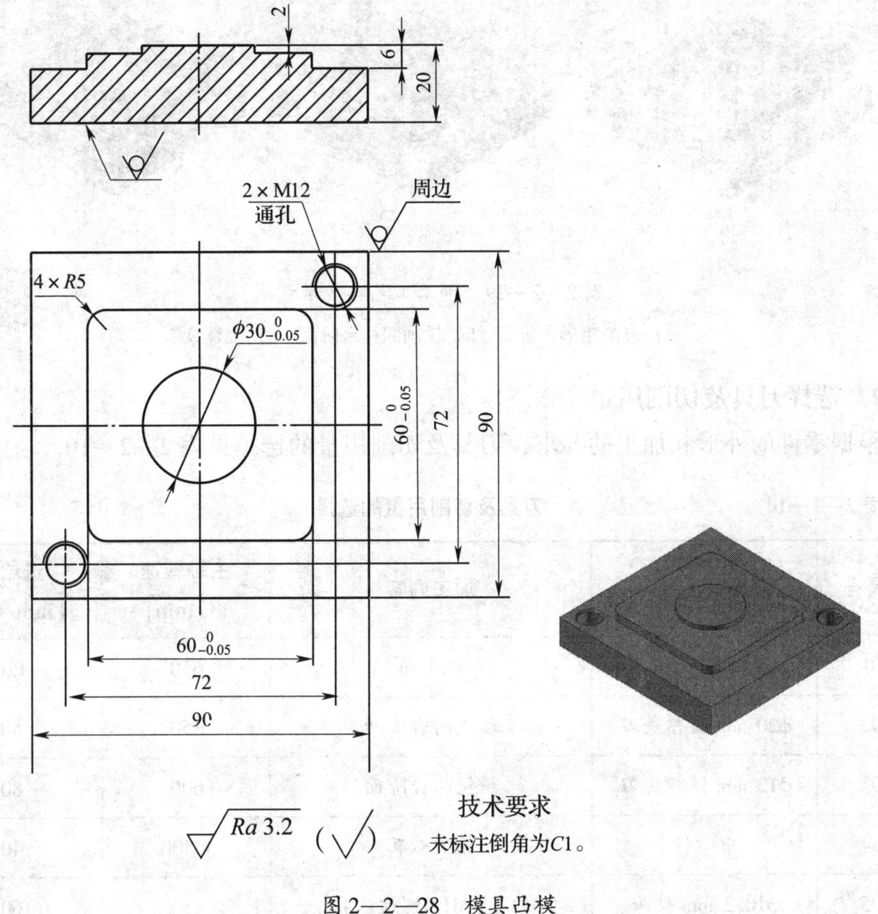

图 2—2—28 模具凸模

任务实施

一、工艺分析

凸模零件的形状较简单，主要加工内容是圆柱、矩形台阶及攻螺纹。

1. 确定工艺路线

选用平口虎钳装夹零件。具体工艺路线（图 2—2—29）如下：

（1）粗、精铣坯料上表面，粗铣余量根据毛坯情况由程序控制，也可以手动加工。

（2）用 ϕ20 mm 键槽铣刀粗铣矩形台阶及圆柱台阶，留精铣余量 0.2 mm。

（3）用 ϕ12 mm 键槽铣刀精铣矩形台阶及圆柱台阶，达到图样精度要求。

（4）用中心钻钻 2 × M12 的中心孔。

（5）用 ϕ10.3 mm 钻头钻 2 × M12 的底孔。

（6）用 M12 丝锥攻 2 × M12 的螺纹孔。

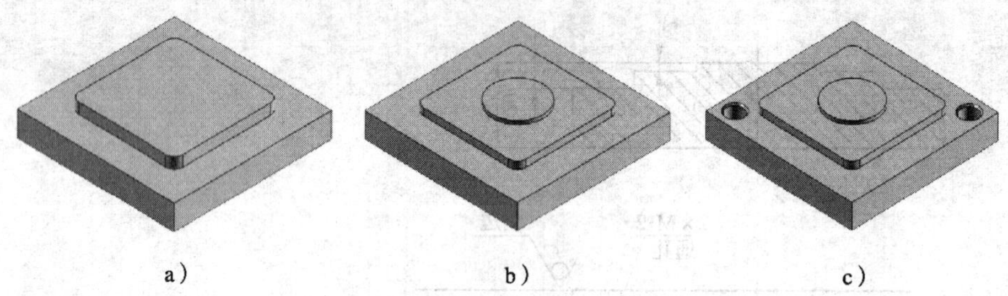

a）　　　　b）　　　　c）

图 2—2—29　加工工艺路线示意图

a）铣削矩形台阶面　b）铣削圆柱台阶面　c）攻螺纹

2. 选择刀具及切削用量

根据零件的外形和加工的要求，刀具及切削用量的选择见表 2—2—10。

表 2—2—10　　刀具及切削用量的选择

刀具号	刀具规格名称	加工内容	主轴转速（r/min）	进给量（mm/min）
T01	ϕ80 mm 盘铣刀	铣平面	650	120
T02	ϕ20 mm 键槽铣刀	粗铣两台阶面	350	50
T03	ϕ12 mm 键槽铣刀	精铣两台阶面	600	80
T04	中心钻	钻中心孔	1 500	40
T05	ϕ10.3 mm 钻头	钻 2 × M12 螺纹底孔	450	60
T06	M12 丝锥	攻 2 × M12 螺纹	100	175

粗铣两个台阶面时，T02 刀具半径补偿号为 D02，补偿值为 10.2 mm（0.2 mm 是精加工余量）。精铣两个台阶面时，T03 刀具半径补偿号为 D03，补偿值为 6 mm。

3. 填写工序卡片

根据以上分析，该零件的数控加工工序卡见表 2—2—11。

表 2—2—11　　数控加工工序卡

<table>
<tr><td>零件名称</td><td>凸模</td><td colspan="2">数量</td><td>1</td><td>日期</td><td>年　月</td></tr>
<tr><td>序号</td><td>工序</td><td colspan="4">工艺要求</td><td>工作者</td></tr>
<tr><td>1</td><td>备料</td><td colspan="4">方料 1 块，尺寸为 90 mm × 90 mm × 22 mm，材料 45 钢</td><td></td></tr>
<tr><td rowspan="7">2</td><td rowspan="7">数控铣削</td><td>工步</td><td colspan="2">工步内容</td><td>刀具号</td><td rowspan="7"></td></tr>
<tr><td>1</td><td colspan="2">粗、精铣平面</td><td>T01</td></tr>
<tr><td>2</td><td colspan="2">粗铣两个台阶面</td><td>T02</td></tr>
<tr><td>3</td><td colspan="2">精铣两个台阶面</td><td>T03</td></tr>
<tr><td>4</td><td colspan="2">钻 2 × M12 的中心孔</td><td>T04</td></tr>
<tr><td>5</td><td colspan="2">钻 2 × M12 的底孔</td><td>T05</td></tr>
<tr><td>6</td><td colspan="2">攻 2 × M12 的螺纹孔</td><td>T06</td></tr>
<tr><td>3</td><td>检验</td><td colspan="4"></td><td></td></tr>
<tr><td></td><td>定位图</td><td colspan="5"></td></tr>
<tr><td colspan="2">材料</td><td colspan="2">45 钢</td><td colspan="3" rowspan="2">备注：</td></tr>
<tr><td colspan="2">规格数量</td><td colspan="2">90 mm × 90 mm × 22 mm，1 块</td></tr>
</table>

二、程序编制

1. 确定工件坐标系和基点坐标

选择零件两对称轴的交点为工件坐标系 *X*、*Y* 轴零点，工件上表面为 *Z* 轴零点，建立工件坐标系，见表 2—2—11。

在编制程序之前要计算每一个基点坐标的数值。根据表 2—2—11 所列，经简单计算得到基点坐标：*A* 点（25.0，30.0）、*B* 点（30.0，25.0）。

2. 编制加工程序

根据设定的工件坐标系和算得的基点，编制零件程序。

（1）矩形台阶加工程序（表 2—2—12）

表 2—2—12　　矩形台阶加工程序

程序	说明
O0002;	程序名
G90 G94 G40 G17 G21;	程序初始化
G91 G28 Z0;	*Z* 轴回参考点
G90 G54 M03 S350;	绝对值编程，主轴正转，转速 350 r/min
G00 X - 60.0 Y0.0 M08;	快速定位到（ - 60，0），并打开切削液
Z5.0;	快速定位到 Z5 点
G01 Z - 6.0 F50;	直线插补到 Z - 6
G41 D02 G01 X - 30.0 Y0.0 F50;	建立刀具半径左补偿，直线插补到点（ - 30，0）
Y25.0;	加工矩形台阶
G02 X - 25.0 Y30.0 R5.0;	
G01 X25.0;	
G02 X30.0 Y25.0 R5.0;	
G01 Y - 25.0;	
G02 X25.0 Y - 30.0 R5.0;	
G01 X - 25.0;	
G02 X - 30.0 Y - 25.0 R5.0;	
G01 Y3.0;	
G40 G01 X - 60.0 Y0.0;	取消刀具半径补偿，直线插补到点（ - 60，0）
G00 Z20.0 M09;	快速定位到 Z20，关闭切削液
G91 G28 Z0;	*Z* 轴回参考点
M30;	程序结束

（2）圆柱台阶加工程序（表2—2—13）

表2—2—13　　圆柱台阶加工程序

程序	说明
O0002；	程序名
G90 G94 G40 G17 G21；	程序初始化
G91 G28 Z0；	Z轴回参考点
G90 G54 M3 S350；	绝对值编程，主轴正转，转速为350 r/min
G00 X-60.0 Y0；	快速定位到点（-60，0）
Z5.0；	快速定位到Z5
G01 Z-2.0 F52；	直线插补到Z-2
G41 D02 G01 X15.0 Y0 F50；	
G02 I15.0 J0；	刀具半径左补偿，铣ϕ30 mm的圆
G40 G01 X-60.0 Y0；	
G00 Z20.0；	刀具快速定位到Z20的位置
G91 G28 Z0；	Z轴回参考点
M30；	程序结束

（3）孔加工程序

1）钻中心孔程序（表2—2—14）

表2—2—14　　钻中心孔程序

程序	说明
O0003；	程序名
G90 G40 G21 G17 G94；	程序初始化
G91 G28 Z0；	Z轴回参考点
G90 G54 M3 S1500；	绝对值编程，主轴正转，转速为1 500 r/min
G00 X0.0 Y0.0；	快速定位到点（0，0）
Z20.0 M08；	打开切削液，刀具高度到达Z20.0
G99 G81 X36.0 Y36.0 R5.0 Z-10.0 F40；	钻中心孔
X-36.0 Y-36.0；	
G80 Z20.0 M08；	取消固定循环
G91 G28 Z0；	Z轴回参考点
M30；	程序结束

2）钻2×M12螺纹底孔程序（表2—2—15）

表 2—2—15　　钻螺纹底孔程序

程序	说明
O0004；	程序名
G90 G40 G21 G17 G94；	程序初始化
G91 G28 Z0；	Z 轴回参考点
G90 G54 M3 S450；	绝对值编程，主轴正转，转速为 450 r/min
G00 X0. 0 Y0. 0；	快速定位到点（0，0）
Z20. 0 M08；	打开切削液，刀具高度到达 Z20. 0
G99 G81 X36. 0 Y36. 0 R5. 0 Z－24. 0 F60；	钻孔
X－36. 0 Y－36. 0；	
G80 Z20. 0 M08；	取消固定循环
G91 G28 Z0；	Z 轴回参考点
M30；	程序结束

3）攻 2×M12 螺纹程序（表 2—2—16）

表 2—2—16　　攻螺纹程序

程序	说明
O0005；	程序名
G90 G40 G21 G17 G94；	程序初始化
G91 G28 Z0；	Z 轴回参考点
G90 G54 M3 S100；	绝对值编程，主轴正转，转速为 100 r/min
G00 X0. 0 Y0. 0；	快速定位到点（0，0）
Z20. 0 M08；	打开切削液，刀具高度到达 Z20. 0
G99 G84 X36. 0 Y36. 0 R5. 0 Z－24. 0 F175；	攻螺纹
X－36. 0 Y－36. 0；	
G80 Z20. 0 M08；	取消固定循环
G91 G28 Z0；	Z 轴回参考点
M30；	程序结束

三、加工步骤

1. 加工前准备

（1）接通电源。

（2）机床回零。

（3）准备刀具、工具，检查毛坯尺寸和形状及毛坯余量。

（4）在平口虎钳上装夹工件，工件伸出钳口 10 mm。

（5）刀具安装。

（6）对刀，并输入各刀具半径及长度补偿参数。

2. 程序调入及调试

（1）调入加工程序。

（2）输入或检查刀具补偿参数。

（3）进行程序校验及加工轨迹仿真。

3. 工件加工

启动程序，数控铣床自动进行零件加工。

四、注意事项

1. 加工完毕，应清除切屑和擦拭机床，以保持机床与环境的清洁状态。
2. 检查润滑油及冷却液的状态，及时添加或更换。
3. 依次关闭机床操作面板上的电源和总电源。
4. 打扫工作现场，保持清洁状态。

五、评价

数控铣削凸模评分标准见表2—2—17。

表2—2—17　　数控铣削凸模评分标准表

考核项目	考核内容及要求	配分	评分标准	检测结果	得分
尺寸精度	$\phi30_{-0.05}^{\ 0}$ mm	10	超差不得分		
	$60_{-0.05}^{\ 0}$ mm（两处）	10	超差不得分		
	2 mm	8	不正确不得分		
	6 mm	8	不正确不得分		
	2×M12	8	不正确不得分		
	倒角 $C1$ mm（3处）	6	每处超差扣该项2分		
表面粗糙度	$Ra3.2$ μm	6	超差不得分		
形状及表面要求	零件轮廓正确	6	每处缺陷扣2分，扣完为止		
	去毛刺	4	每处1分，扣完为止		
工艺与编程	工艺分析合理	10	每处错误扣2分		
	程序编制正确	10	每处错误扣2分		
其他	操作动作规范	5	不符合要求不得分		
	车削方法正确	5	不符合要求不得分		
	安全文明生产	4	违者每次扣1分，严重者扣2~4分		
总计		100			

相关知识

一、数控铣削加工工艺

1. 确定加工路线时应遵循的原则

（1）加工方式、路线应保证被加工工件的精度和表面粗糙度。

（2）尽量减少进、退刀时间和其他辅助时间，尽量使加工路线最短，减少空行程时间，保证加工效率。

（3）进、退刀位置应选在相对不重要的位置，并且使刀具尽量沿切线方向进、退刀，避免采用法向进、退刀和进给中途停顿，否则会产生刀痕。

（4）所确定的加工路线应当能减少编程工作量，以及编程时数值计算的工作量。

总之，在确定加工路线时，应参照以上原则，并综合考虑加工余量及机床的加工能力等因素，合理安排加工路线。

2. 外轮廓加工常用的切入切出路线

在数控铣削轮廓表面时，一般使用立铣刀的侧面刃口进行切削。对于二维轮廓加工，通常采用的加工路线为：从起刀点下刀到下刀点→沿切向切入工件→轮廓切削→刀具向上抬刀，退离工件→返回起刀点。

（1）铣削平面工件外轮廓时，一般使用立铣刀的侧刃进行切削。刀具切入工件时，应避免沿工件外轮廓的法向切入，而应沿切削起始点的延伸线逐渐切入工件，以保证工件曲线的平滑过渡。在切离工件时，应避免在切削终点处直接抬刀，要沿着切削终点的延伸线逐渐切离工件，如图 2—2—30 所示。

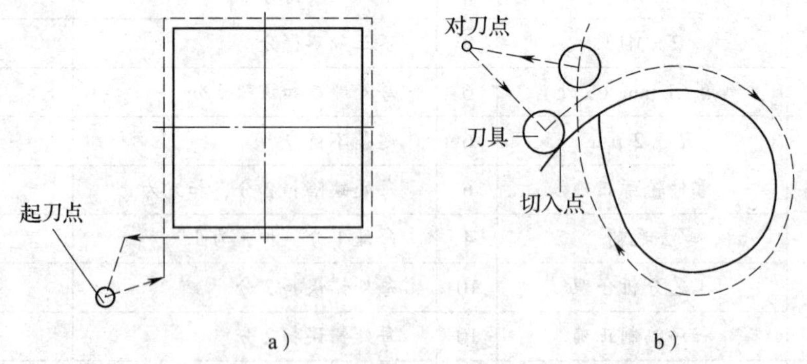

图 2—2—30　沿外轮廓铣削时的切入、切出路线

a）直线轮廓的切入、切出路线　b）曲线轮廓的切入、切出路线

（2）当用圆弧插补方式铣削外整圆（图 2—2—31）时，要安排刀具从切向进入圆周；当整圆加工完毕时，不要在切点处直接退刀，而应让刀具沿切线方向多运动一段距离，以免取消刀补时刀具与工件表面相碰，造成工件报废。

3. 顺、逆铣方式的选择

一般情况下，尤其是粗加工或加工有硬皮的毛坯时，多采用逆铣。精加工时，加工余量小，铣削力小，不易引起工作台窜动，可采用顺铣。在逆铣中刀具寿命比在顺铣中短，这是因为在逆铣中产生的热量比在顺铣中明显高。逆铣中径向力也明显高，这对主轴轴承有不利影响。

为了降低表面粗糙度值，提高刀具耐用度，尽量采用顺铣加工铝镁合金、钛合金和耐热合金等材料。但是，如果工件毛坯为黑色金属锻件或铸件，表皮硬而且余量一般较大，这时采用逆铣较为合理。

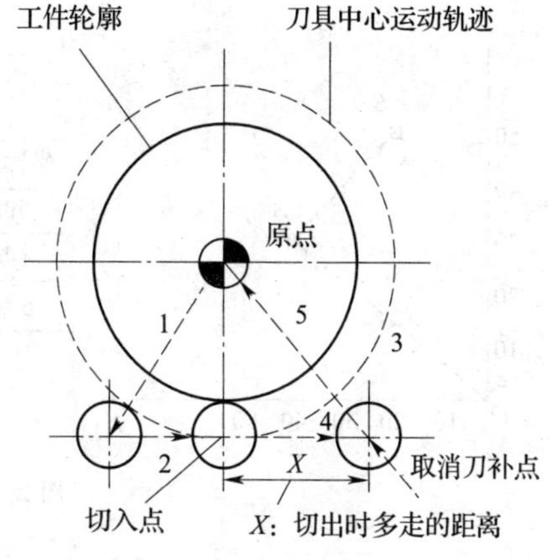

图 2—2—31 用圆弧插补方式铣削外整圆时的切入、切出路线

4. 加工余量确定原则

（1）尽量采用最小的加工余量总和，以便缩短加工时间，降低工件加工费用。

（2）要留有足够的加工余量，保证最后工序的加工能得到图样上所规定的精度和表面粗糙度。

（3）加工余量要与加工工件的尺寸相适应。一般来说，工件越大，加工余量也相应大些。

（4）决定加工余量时，应考虑到工件热处理引起的变化，以免产生废品。

（5）决定加工余量时，应考虑加工方法和加工设备的刚度，以免工件发生变形。

二、数控铣床常用编程 G 指令

1. 绝对坐标与增量坐标指令（G90、G91）

（1）绝对坐标指令

指令格式：G90 X __ Y __ Z __；

说明：G90 表示绝对坐标。

程序中绝对坐标功能字后面的坐标以工件坐标原点为基准，表示刀具终点的绝对坐标。

（2）增量坐标指令

指令格式：G91 X __ Y __ Z __；

说明：1）G91 表示增量坐标。

程序中增量坐标功能字后面的坐标以刀具起点坐标为基准，表示刀具终点坐标相对刀具起点坐标的增量。该坐标系称为增量坐标系。其计算公式为：增量坐标值 = 终点坐标值 - 起点坐标值。

【例】 刀具轨迹 $O \rightarrow A \rightarrow B$，绝对坐标系中三个点的绝对坐标值坐标与相对坐标值，如图 2—2—32 所示。该轨迹分别以 G90、G91 指令编程，对比见表 2—2—18。

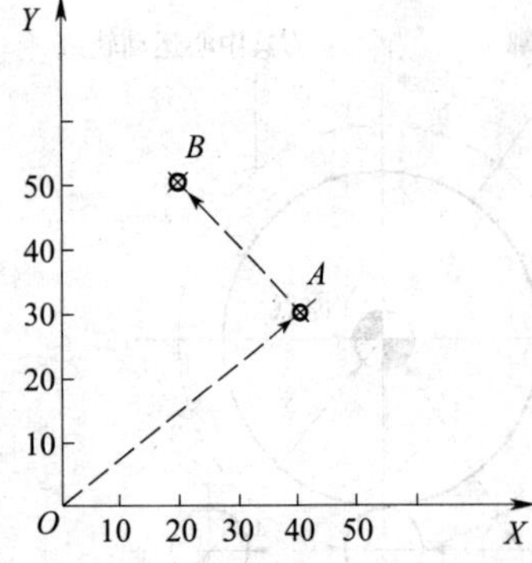

坐标点	X绝对坐标值	Y绝对坐标值	X增量坐标值	Y增量坐标值
O点	0	0	0	0
A点	40	30	40	30
B点	20	50	–20	20

图 2—2—32　刀具轨迹

表 2—2—18　编程对比

G90（绝对坐标指令）编程	G91（增量坐标指令）编程
G90 G01 X40. 0 Y30. 0 F80； X20. 0 Y50. 0；	G91 G01 X40. 0 Y30. 0 F80； X－20. 0 Y20. 0

2）G90 和 G91 属于同组代码，系统默认指令是 G90。

在数控编程中，G90 的编程方式使用较多。因为应用 G90 程序编写方便，程序直观明了，便于校对检查。G90 和 G91 编程方式可根据具体的加工零件来进行切换。选择合适的编程方式可使编程简化。如图 2—2—33a 所示，尺寸由一个固定基准给定时，采用 G90 绝对方式编程较为方便。如图 2—2—33b 所示，尺寸以轮廓顶点之间的间距给出时，采用 G91 增量方式编程较为方便。

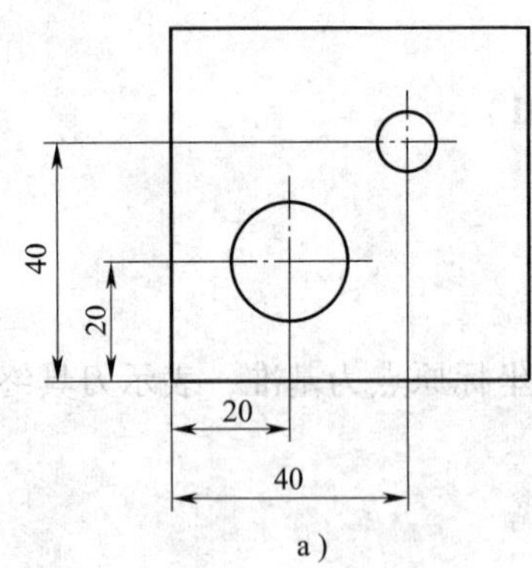

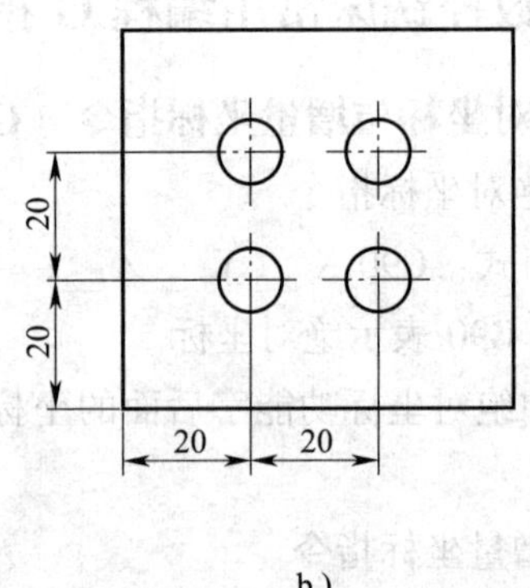

图 2—2—33　G90 与 G91 编程方式的选择

a）G90 编程　b）G91 编程

3）数控铣床的增量编程不能用 U、W。

2. 平面选择指令（G17、G18、G19）

当机床坐标系及工件坐标系确定后，对应地就确定了三个坐标平面，如图 2—2—34 所示，可分别用 G17、G18、G19 指令选择加工平面。

指令格式：G17/G18/G19

说明：（1）G17 表示 *XY* 平面，G18 表示 *ZX* 平面，G19 表示 *YZ* 平面。

（2）G17/G18/G19 是用来选择圆弧插补平面和刀具补偿平面的。

（3）G17、G18、G19 为模态功能，属于同组代码，可以相互注销，系统默认是 G17。

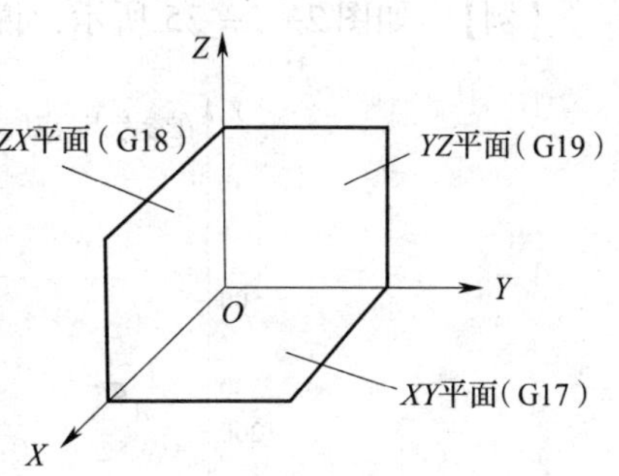

图 2—2—34 平面设定

3. 返回参考点指令（G27、G28、G29）

对于机床回参考点动作，除可以采用手动返回参考点的操作外，还可以通过编程指令来自动实现。在 FANUC 0i－MB 系统中与返回参考点相关的编程指令主要有 G27、G28、G29，具体见表 2—2—19。这三种指令均为非模态指令。

表 2—2—19 常见的返回参考点指令功能、格式及参数、说明

代码	G27
指令名称	返回参考点检验指令
功能	使刀具以快速移动速度定位
指令格式及参数含义	G27 X＿ Y＿ Z＿； X、Y、Z——指定参考点（绝对值/增量值）
说明	如果刀具到达参考点，返回参考点指示灯亮；如果刀具到达的位置不是参考点，则显示报警
代码	G28
指令名称	自动返回参考点指令
功能	使各轴以快速移动速度定位到中间点
指令格式及参数含义	G28 X＿ Y＿ Z＿； X、Y、Z——指定的中间点位置（绝对值/增量值）
说明	中间点的坐标储存在 CNC 中，每次只存储 G28 程序段中指令轴的坐标值，目的是防止刀具在返回参考点过程中与工件或夹具发生碰撞。为了加工安全，在执行该指令之前，应该清除刀具半径补偿和刀具长度补偿
代码	G29
指令名称	自动从参考点返回指令
功能	使刀具从参考点出发，经过一个中间点到达由这个指令后面 X_ Y_ Z_ 坐标值所指令的位置
指令格式及参数含义	G29 X＿ Y＿ Z＿； X、Y、Z——指定从参考点返回的目标点（绝对值/增量值）
说明	中间点的坐标由前面的 G28 指令所规定，这条指令应与 G28 指令一起使用

【例】 如图 2—2—35 所示，说明 G28 指令与 G29 指令的执行过程。

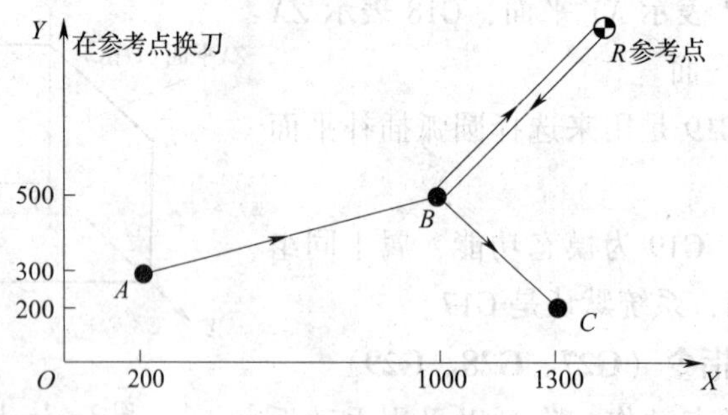

图 2—2—35 G28 与 G29 指令动作

刀具回参考点前已定位到 A 点，B 点为中间点，R 点为参考点，C 点为终点。程序如下：

G90 G28 X1000.0 Y500.0；

G29 X1300.0 Y200.0；

上述指令执行过程为：首先，执行 G28 指令，刀具从 A 点出发，经过中间点 B，返回参考点 R；然后，执行 G29 指令，从参考点 R 出发，经过中间点 B，然后定位到终点 C 点。

4. 快速点定位指令（G00 或 G0）

指令格式：G00（或 G0）X _ Y _ Z _；

X、Y、Z——定位终点坐标，G90 时为终点在工件坐标系中的坐标；G91 时为终点相对于起点的位移量。不运动的轴可以不写。

说明：（1）G00 指定刀具相对于工件以各轴预先设定的速度，从当前位置快速移动到程序段指令的定位目标点。G00 指令中的快移速度由机床参数“快移进给速度”对各轴分别设定，不能用地址 F 指定。

（2）G00 一般用于加工前快速定位或加工后快速退刀。移动速度可由面板上的速度倍率旋钮来调整。

（3）在执行 G00 指令时，由于各轴以各自速度移动，不能保证各轴同时到达终点，因而联动直线轴的合成轨迹不一定是直线。

【例】 如图 2—2—36 所示，刀具从 A 点快速定位到 B 点，使用 G00 编程。

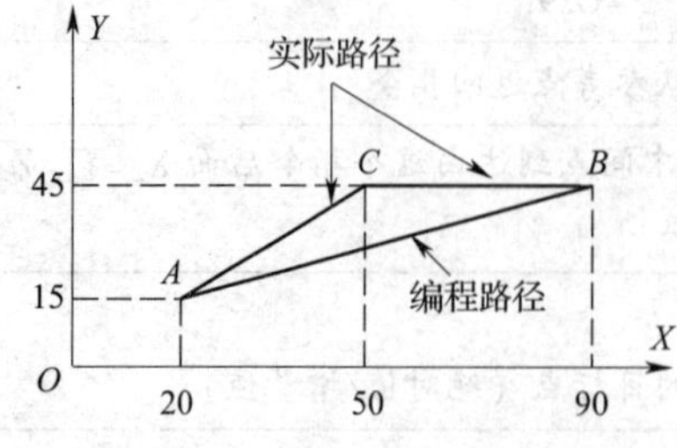

从A点到B点的快速定位

绝对值编程	增量值编程
G90 G00 X90 Y45；	G91 G00 X70 Y30；

图 2—2—36 G00 编程

当 *X* 轴和 *Y* 轴的快进速度相同时，从 *A* 点到 *B* 点的快速定位路线为 *A*→*C*→*B*，即以折线的方式到达 *B* 点，而不是以直线方式从 *A* 到 *B*。

（4）因为 G00 的移动速度较快，要避免刀具与工件发生碰撞。常见的做法是：刀具下降时，先移动 *X* 轴和 *Y* 轴进行定位，然后 *Z* 轴下降到加工深度；刀具退刀时，先将 *Z* 轴向上移动到安全高度，然后再移动 *X* 轴和 *Y* 轴。上述刀具动作的程序见表 2—2—20。

表 2—2—20　　刀具下降、退刀时的程序

刀具下降时	刀具退刀时
G00 X _ Y _； Z _；	G00 Z _； X _ Y _ ；

5. 直线插补指令（G01 或 G1）

指令格式：G01 X _ Y _ Z _ F _；

X、Y、Z——直线插补的终点；在 G90 时为终点在工件坐标系中的坐标；在 G91 时为终点相对于起点的位移量。

F——进给量。

说明：G01 指令刀具以联动的方式，按 F 规定的合成进给速度，从当前位置按线性路线移动到程序段指令的终点。

【例】 如图 2—2—37 所示，使用 G01 指令编程，要求从 *A* 点直线插补到 *B* 点。

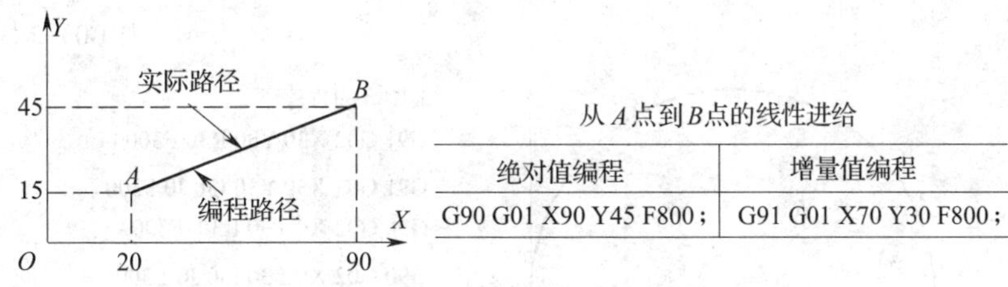

图 2—2—37　G01 编程

6. 圆弧插补指令（G02、G03）

XY 平面指令格式：G17 G02（G03）X _ Y _ I _ J _ F _；

或 G17 G02（G03）X _ Y _ R _ F _；

ZX 平面指令格式：G18 G02（G03）X _ Z _ I _ K _ F _；

或 G18 G02（G03）X _ Z _ R _ F _；

YZ 平面指令格式：G19 G02（G03）Z _ Y _ J _ K _ F _；

或 G19 G02（G03）Z _ Y _ R _ F _；

X、Y、Z——圆弧终点，在 G90 时为圆弧终点在工件坐标系中的坐标；在 G91 时为圆弧终点相对于圆弧起点的位移量。

I、J、K——圆弧圆心点相对于圆弧起点的增量值（等于圆心的坐标减去圆弧起点的坐标，如图 2—2—38 所示），在 G90/G91 时都是以增量方式指定。

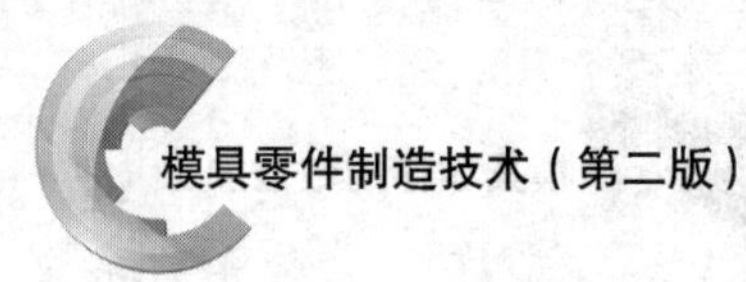

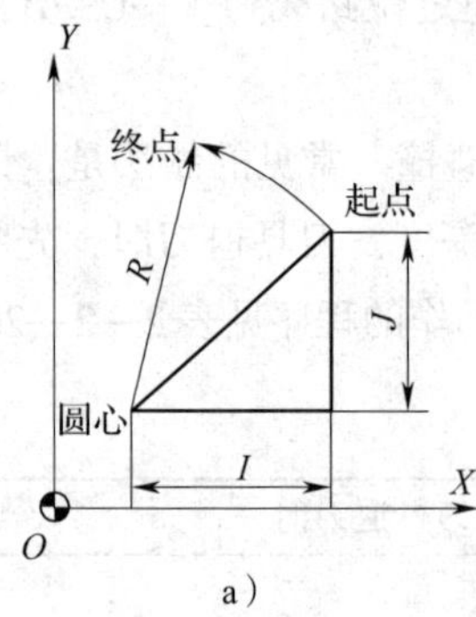

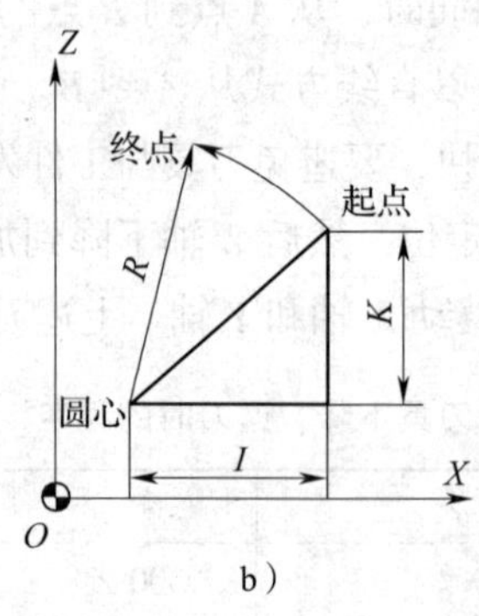

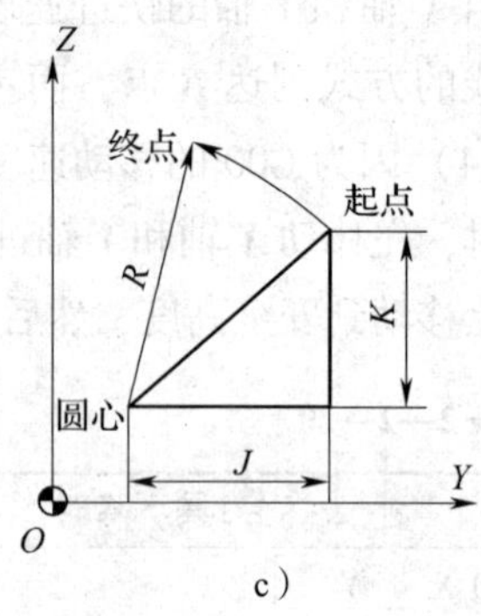

图 2—2—38　I、J、K 的选择

a）*XY* 平面圆弧　b）*ZX* 平面圆弧　c）*YZ* 平面圆弧

R——圆弧半径，当圆弧圆心角小于 180°时，R 值为正值；否则 R 值为负值。

F——被编程的两个轴的合成进给速度。

说明：（1）G02 为顺时针圆弧插补指令，G03 为逆时针圆弧插补指令，如图 2—2—39 所示。

（2）G02 和 G03 均为模态指令。

【例】 使用 G02 对图 2—2—40 所示图弧 *a* 和图弧 *b* 编程。

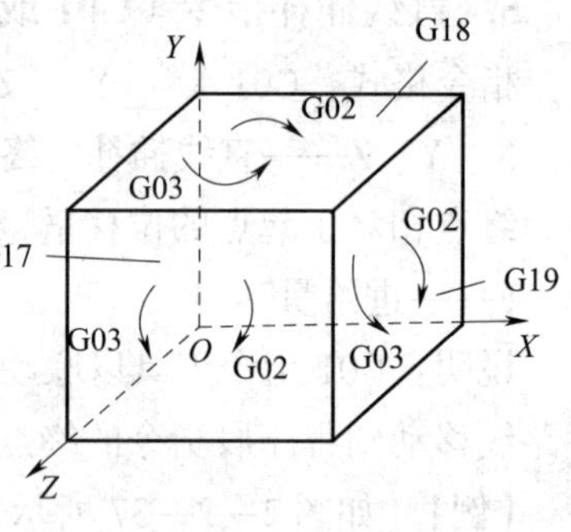

图 2—2—39　不同平面的 G02 与 G03 选择

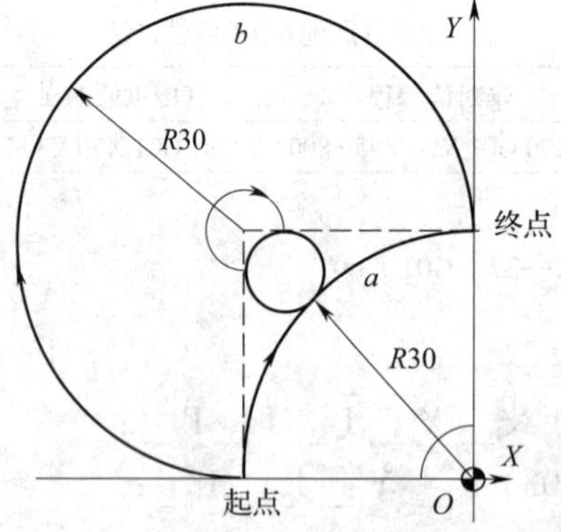

圆弧*a* 的程序:

G91 G02 X30 Y30 R30 F300；

G91 G02 X30 Y30 I30 J0 F300；

G90 G02 X0 Y30 R30 F300；

G90 G02 X0 Y30 I30 J0 F300；

圆弧*b* 的程序:

G91 G02 X30 Y30 R–30 F300；

G91 G02 X30 Y30 I0 J30 F300；

G90 G02 X0 Y30 R–30 F300；

G90 G02 X0 Y30 I0 J30 F300；

图 2—2—40　圆弧编程

【例】 使用 G02、G03 对图 2—2—41 所示的整圆编程。

（3）注意事项

1）圆弧顺逆时针的判断方法是沿圆弧所在平面（如 *XY* 平面）的另一个坐标的负方向（$-Z$）看，顺时针方向为 G02，逆时针方向为 G03。

2）整圆编程时不可以使用 R，只能用 I、J、K。

3）同时编入 R 与 I、J、K 时，R 有效。

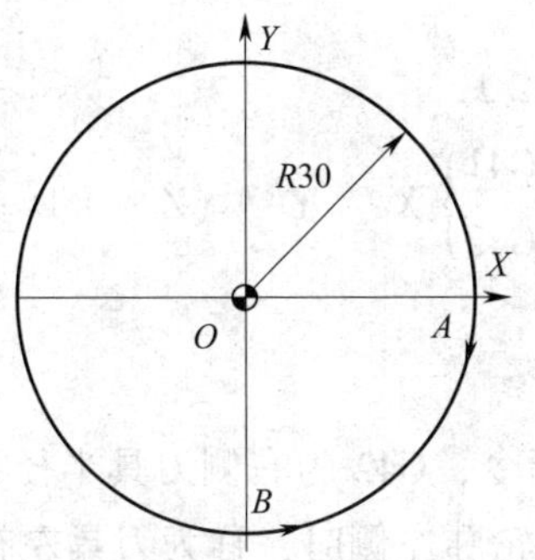

从A点顺时针一周的程序：

G91 G02 X30 Y0 I−30 J0 F300；

G91 G02 X0 Y0 I−30 J0 F300；

从B点逆时针一周的程序：

G90 G03 X0 Y−30 I0 J30 F300；

G91 G03 X0 Y0 I0 J30 F300；

图 2—2—41 整圆编程

三、数控铣床常用 M 指令

常用 M 指令见表 2—2—21。

表 2—2—21 FANUC 0i－MB 系统中常用 M 指令功能及说明

指令	功能	说明
M00	机床所有动作停止	机床动作停止，以便进行一些操作（如精度检测、除切屑等）。重新按循环启动按键后，再继续执行 M00 指令后面的程序
M01	机床所有动作停止	只有按下机床控制面板上的“选择停止”开关后，该指令才有效，否则机床继续执行后面的程序
M02	程序结束	程序结束后，光标不返回程序开始处
M30	程序结束	当程序内容结束后，随即关闭数控机床所有动作。此时，光标自动返回程序开始处，为下一个工件加工做好准备
M98	子程序调用	
M99	子程序结束	
M03	主轴正转	
M04	主轴反转	
M05	主轴停转	
M06	刀具交换	通过 M06 指令可实现机床的自动换刀，应配合 T 指令使用，如“M06 T12”，表示换 12 号刀
M08	切削液开	
M09	切削液关	

四、刀具半径补偿指令

1. 刀具半径补偿开始指令（G41、G42）

指令格式：（G17、G18、G19）$\left\{\begin{matrix}G00\\G01\end{matrix}\right\}\left\{\begin{matrix}G41\\G42\end{matrix}\right\}$ X＿ Y＿（Z＿）D＿；

X、Y——指令坐标轴的移动量。

D——指定刀具半径补偿值。

说明：（1）G41 为左侧刀具半径补偿指令，G42 为右侧刀具半径补偿指令。沿刀具进给的方向观察，当刀具中心在零件加工轮廓左侧时，称为刀具左补偿（简称左刀补），如图 2—2—42a 所示；当刀具中心在零件加工轮廓右侧时，称为刀具右补偿（简称右刀补），如图 2—2—42b 所示。

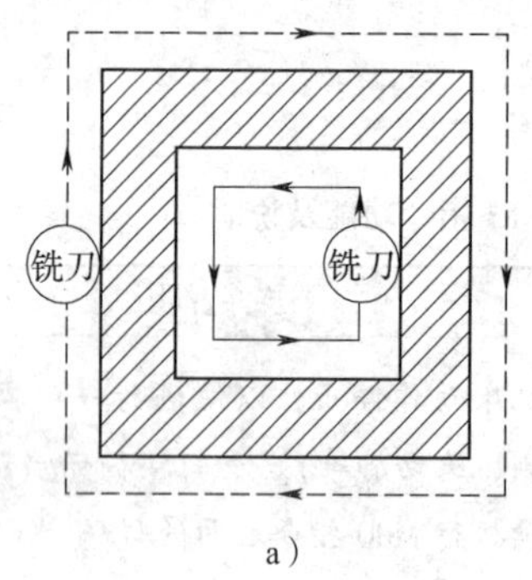

a）

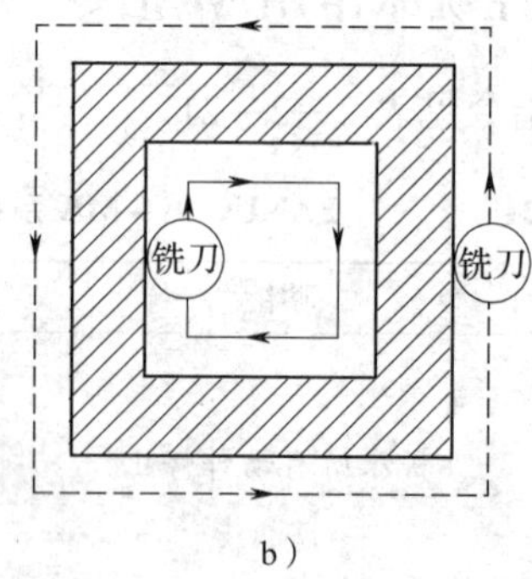

b）

图 2—2—42 刀具半径补偿

a）左刀补 b）右刀补

（2）刀具补偿建立前，刀具半径补偿值必须在系统刀具参数表内设置完成，并且刀具半径补偿值应小于工件轮廓凹形轨迹的最小曲率半径，否则系统将无法计算刀具中心轨迹而出现报警。

（3）刀具补偿程序段必须有 G01 或 G00 功能及对应的坐标参数才有效，以用来建立刀补。

（4）在建立与取消刀具半径补偿的过程中，为了避免刀具产生过切现象，建立或取消刀具半径补偿的程序段的起始位置与终点位置最好与补偿方向在同一侧。在刀具半径补偿模式下，一般不允许存在两段以上非补偿平面内的移动指令，以避免刀具出现过切现象。

（5）刀具补偿的程序内不得出现任何转移加工，如镜像、子程序跳转等。

2. 刀具半径补偿取消指令（G40）

指令格式：G40 G00（G01）X＿ Y＿ F＿；

X、Y——指令坐标轴移动量。

F——切削进给速度。

说明：(1) G40为刀具半径补偿取消指令。G40指令必须与G41或G42指令成对使用，即有建立刀具半径补偿指令，就应有取消补偿指令。

(2) 编入G40的程序段为撤销刀具半径补偿的程序段，必须用G01或G00指令和对应的坐标参数才有效。

五、钻孔、铰孔循环、攻螺纹循环指令

1. 钻孔指令

(1) 钻孔循环指令（G81）和锪孔循环指令（G82）

指令格式：G81 X__ Y__ Z__ R__ F__;

G82 X__ Y__ Z__ R__ P__ F__;

X、Y——孔位坐标（G90）或加工起点到孔位的距离（G91）。

Z——孔底坐标（G90）或点到孔底的增量距离（G91）。

R——*R*点的坐标（G90）或初始点到*R*点的增量距离（G91）。

P——孔底的暂停时间。

F——切削进给速度。

说明：1）G81指令的动作循环包括*X*、*Y*坐标定位，快速进给，切削进给和快速返回等动作，如图2—2—43a所示。

2）G82指令的动作与G81指令动作相似，唯一区别在于G82在孔底增加了暂停，如图2—2—43b所示。因此，G82指令适用于盲孔、锪孔或镗台阶孔的加工，以提高孔底表面加工精度；而G81指令只适用于一般孔的加工。

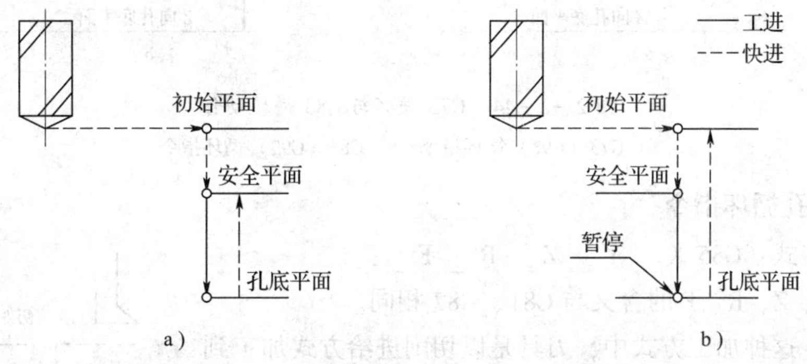

图2—2—43 G81循环与G82循环动作

a）G99 G81动作 b）G98 G82动作

(2) 高速深孔往复排屑钻孔指令（G73）

指令格式：G73 X__ Y__ Z__ R__ Q__ F__;

Q——每次的背吃刀量。

X、Y、Z、R、F的含义与G81、G82相同。

说明：1）G73指令用于深孔加工，如图2—2—44a所示。该固定循环用于*Z*轴方

向的间歇进给，使深孔加工时可以较容易地实现断屑和排屑，减少退刀量，进行高效率的加工。

2）Q 值为每次的背吃刀量（增量值，且用正值表示），必须保证 Q 值小于退刀量 *d*，快速退刀，退刀量 *d* 由参数设定。

（3）深孔往复排屑钻孔指令（G83）

指令格式：G83 X __ Y __ Z __ R __ Q __ F __；

X、Y、Z、R、Q、F 的含义与 G81、G82、G73 相同。

说明：G83 指令同样用于深孔加工，如图 2—2—44b 所示。与 G73 略有不同的是，每次刀具间歇进给后退至 *R* 点平面，此处的 *d* 为刀具间歇进给每次下降时由快进转为工进的那一点至前一次切削进给下降的点之间的距离，距离由参数来设定。

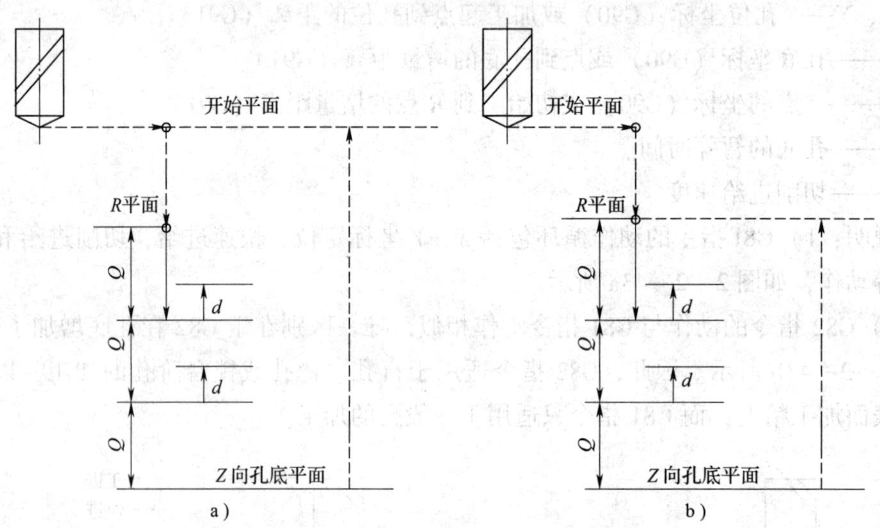

图 2—2—44　G73 循环与 G83 循环动作

a）G73（G98）循环指令　b）G83（G99）循环指令

2. 铰孔循环指令

指令格式：G85 X __ Y __ Z __ R __ F __；

X、Y、Z、R、F 的含义与 G81、G82 相同。

说明：这种加工方式中，刀具是以切削进给方式加工到孔底，然后又以切削进给方式返回到 *R* 点平面，如图 2—2—45 所示。因此，该指令适用于铰孔。

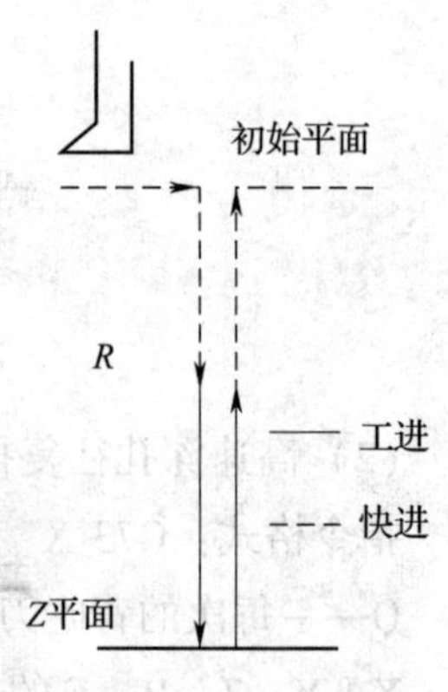

图 2—2—45　G98 G85 铰孔循环指令

3. 攻螺纹指令（G84、G74）

指令格式：G84 X __ Y __ Z __ R __ F __；

G74 X __ Y __ Z __ R __ F __；

X、Y、Z、R、F 的含义与 G81、G82 相同。

说明：（1）G84 表示攻右旋螺纹，G74 表示攻左旋螺纹。

(2) G84 指令使主轴从 R 点至 Z 点时刀具正向进给，主轴正转；刀具到孔底时，主轴反转；刀具返回到 R 点平面后，主轴恢复正转，如图 2—2—46 所示。

(3) G74 指令使主轴攻螺纹时反转，到孔底正转，返回到 R 点时恢复反转。

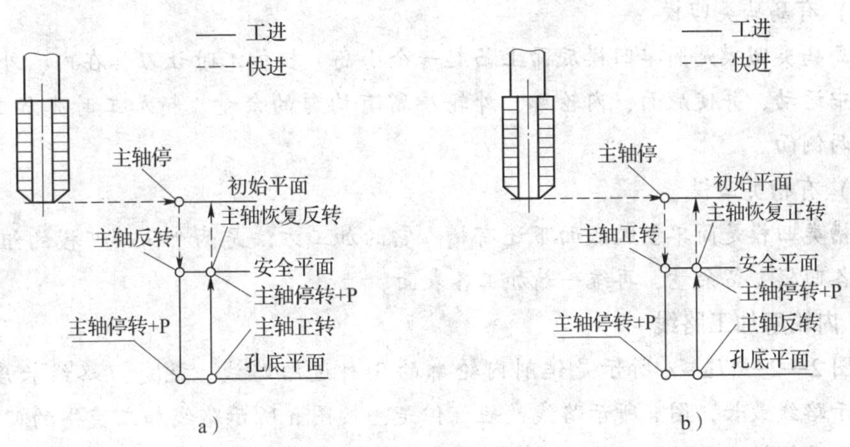

图 2—2—46 攻螺纹循环指令（G74 与 G84）

a）G74（G98） b）G84（G98）

(4) 攻螺纹结束后与钻孔加工不同，它的返回过程不是快速运动，而是按照进给速度反转退出。攻螺纹过程要求主轴转速与进给速度成严格的比例比系，因此编程时要求根据主轴转速计算进给速度，计算公式为：$F = NP$。

式中 F——进给速度。

N——主轴转速。

P——螺纹导程（单线为螺距）。

使用这种加工方式时，要求数控机床的主轴必须是伺服主轴，以保证主轴的回转和 Z 轴的进给严格地同步，即主轴每转一圈，Z 轴进给一个螺距或导程。由于机床的硬件保证了主轴和进给轴的同步关系，因此使用普通弹簧夹头刀柄即可攻螺纹。

除了使用上述这种传统的柔性攻螺纹的加工方式，应用 G74/G84 指令还可实现刚性攻螺纹加工。为了和柔性攻螺纹区别，执行刚性攻螺纹加工时需在指令段之前指定 M29 指令，或在包含攻螺纹指令的程序段中指定 M29。M29 表示刚性攻螺纹。

任务拓展

数控铣削凹模

一、凹模铣削工艺

1. 凹模的类型及其加工方法

凹模加工的特点是粗加工时有大量余量要被切除，一般采用分层切削的方法。

(1) 简单凹模

采用分层切削，把每一层入刀点统一到沿 Z 轴的一根轴线上，沿此轴线预钻入刀孔，底面与侧面都要留有余量。精加工时，先加工底面，后加工侧面。

(2) 有岛屿类凹模

有岛屿类凹模是简单凹模底面上凸起一个小岛。粗加工时让刀具在内、外轮廓中间区域中运动，并使底面、内轮廓、外轮廓留有均匀的余量。精加工时先加工底面，再加工两侧面。

(3) 有槽类凹模

有槽类凹模是简单型腔底面下还有槽。它的加工方法是两个简单凹模的组合，先粗加工各凹模，留余量，再统一精加工各表面。

2. 内轮廓加工路线

如图 2—2—47a～c 所示是铣削内轮廓的 3 种进给路线。就走刀路线长度而言，图 b 所示路线最长，图 a 所示路线最短。但是，按图 a 所示路线加工获得的凹槽内壁表面的表面粗糙度最差。而图 c、图 b 所示路线都安排了一次连续铣削加工凹槽内壁表面的精加工走刀路线，可以满足凹槽内壁表面的加工精度和表面粗糙度的要求。另外，图 c 所示走刀路线总长度比图 b 所示路线短。因此，图 c 所示路线最佳。

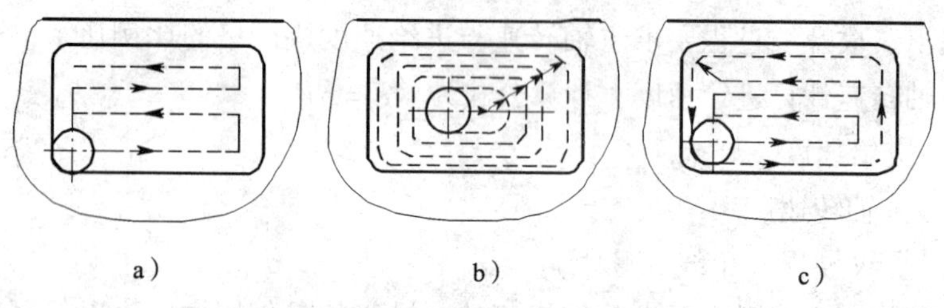

图 2—2—47　内轮廓加工路线

a）行切　b）环切　c）先行切再轮廓环切

如图 2—2—48 所示，使用平底铣刀分两步加工凹槽，第一步铣削内腔，第二步铣削轮廓，刀具边缘部分的圆角半径应符合内槽的技术要求。铣削轮廓通常又分为粗、精铣两步。粗铣时，从凹槽轮廓线向内平移铣刀半径 R 的距离，并且留出精加工余量 δ，由此得出的粗铣刀位线形是计算凹槽走刀路线的依据。铣削凹槽时，环切和行切在生产中都有应用。两种走刀路线的共同点是都要铣削干净内腔中的全部面积，不留死角，不伤轮廓，同时尽量减少重复走刀的搭接量。环切法的刀位点计算略微复杂，需要一次一次向内收缩轮廓线。偏移轮廓的算法应用局限性稍大。例如，当凹槽中带有局部凸台（岛屿）时，环切法就难于设计通用的算法。

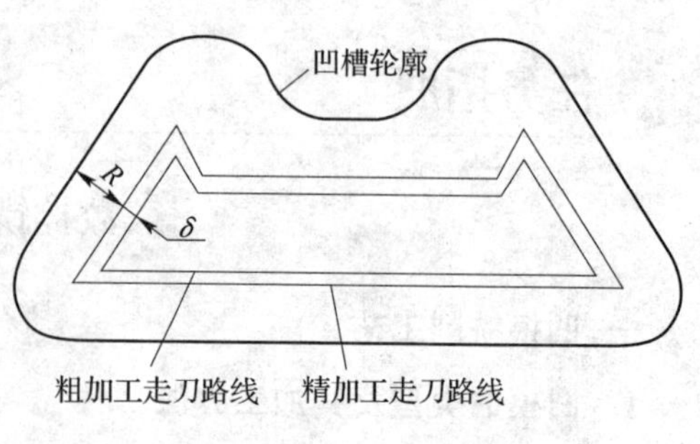

图 2—2—48　凹槽的加工

比较走刀路线的长短，行切法略优于环切法。但在加工小面积内槽时，环切法的程序量要比行切法小。

此外，对刀点和起刀点分离，合理利用“回零”指令（在坐标平面内实现双向同时“回零”）等，都能缩短刀具路线。在确定走刀路线时，可以画一张工序简图，即画出确定的走刀路线，这样可以为编制程序提供许多便利。

二、槽的铣削方法

1. 轨迹法

轨迹法铣削实际上是进行成型铣削。刀具按照槽的形状沿单一轨迹运动，刀具轨迹与刀具形状合称为槽的形状。槽的尺寸取决于刀具的尺寸。槽的两个侧面中，一面为顺铣，一面为逆铣，因此两个侧面加工质量不同。精加工余量由半精加工刀具尺寸决定。

2. 型腔法

为克服轨迹法铣削的缺点，可把槽看作细长的型腔，进行型腔加工。

三、数控铣削凹模加工实例

在数控铣床上铣削模具的凹模（型腔），如图 2—2—49 所示。毛坯尺寸为 90 mm × 90 mm × 22 mm，方料，下表面（基准面）和侧面已粗铣，表面粗糙度值为 *Ra*6.3 μm，材料 45 钢。

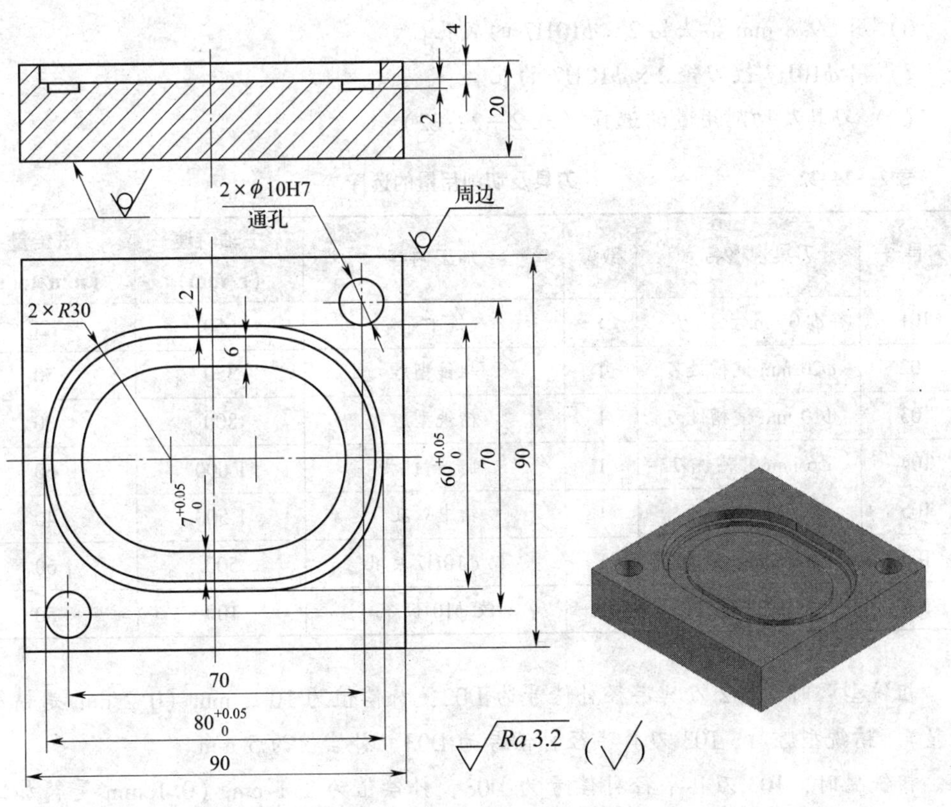

图 2—2—49 模具凹模

1. 工艺分析

凹模零件形状较简单，主要加工内容是铣削型腔、槽及加工孔。

(1) 确定工艺路线

选用平口虎钳装夹零件。其具体工艺路线（图 2—2—50）如下：

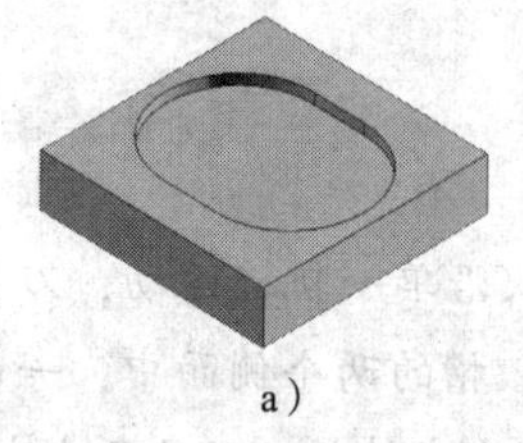

a）

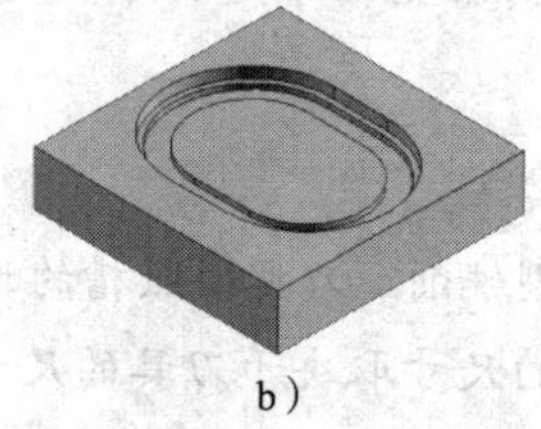

b）

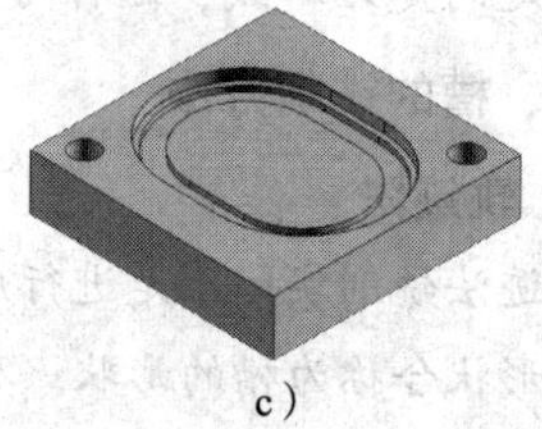

c）

图 2—2—50　加工工艺路线

a）铣型腔　b）铣槽　c）孔加工

1）粗、精铣坯料上表面，精铣余量根据毛坯情况由程序控制，也可手动加工。

2）用 ϕ20 mm 键槽铣刀粗铣型腔，留精铣余量 0.2 mm。

3）用 ϕ10 mm 键槽铣刀精铣型腔，达到图样精度要求。

4）用 ϕ6 mm 键槽铣刀粗、精铣槽，达到图样精度要求。

5）用中心钻钻 2 × ϕ10H7 的中心孔。

6）用 ϕ9.8 mm 钻头钻 2 × ϕ10H7 的底孔。

7）用 ϕ10H7 铰刀铰 2 × ϕ10H7 的孔。

(2) 刀具及切削用量的选择（表 2—2—22）

表 2—2—22　　刀具及切削用量的选择

刀具号	刀具规格名称	数量	加工内容	主轴转速（r/min）	进给量（mm/min）
T01	ϕ80 mm 盘铣刀	1	铣平面	650	120
T02	ϕ20 mm 键槽铣刀	1	粗铣型腔	350	50
T03	ϕ10 mm 键槽铣刀	1	精铣型腔	800	80
T04	ϕ6 mm 键槽铣刀	1	粗、精铣槽	1 000	50
T05	中心钻	1	钻中心孔	1 500	40
T06	ϕ9.8 mm 钻头	1	钻 ϕ10H7 底孔	500	60
T07	ϕ10H7 铰刀	1	铰 ϕ10H7 孔	100	50

粗铣型腔时，T02 刀具半径补偿号为 D02，补偿值为 10.2 mm（0.2 mm 是精加工余量）。精铣型腔时，T03 刀具半径补偿号为 D03，补偿值为 5 mm。

粗铣槽时，T03 刀具半径补偿号为 D03，补偿值为 3.1 mm（0.1 mm 是精加工余量）。精铣槽时，T03 刀具半径补偿号为 D03，补偿值为 3 mm。

（3）填写工序卡片（表 2—2—23）

表 2—2—23　　　　数控加工工序卡

<table>
<tr><td>零件名称</td><td colspan="2">模具凹模</td><td>数量</td><td>1</td><td>日期</td><td>年　月</td></tr>
<tr><td>序号</td><td>工序</td><td colspan="4">工艺要求</td><td>工作者</td></tr>
<tr><td>1</td><td>备料</td><td colspan="4">尺寸为 90 mm×90 mm×22 mm 方料 1 块，材料 45 钢</td><td></td></tr>
<tr><td rowspan="8">2</td><td rowspan="8">数控铣削</td><td>工步</td><td colspan="2">工步内容</td><td>刀具号</td><td></td></tr>
<tr><td>1</td><td colspan="2">铣平面</td><td>T01</td><td></td></tr>
<tr><td>2</td><td colspan="2">粗铣型腔</td><td>T02</td><td></td></tr>
<tr><td>3</td><td colspan="2">精铣型腔</td><td>T03</td><td></td></tr>
<tr><td>4</td><td colspan="2">粗、精铣槽</td><td>T04</td><td></td></tr>
<tr><td>5</td><td colspan="2">钻 ϕ10H7 的中心孔</td><td>T05</td><td></td></tr>
<tr><td>6</td><td colspan="2">钻 ϕ10H7 的底孔</td><td>T06</td><td></td></tr>
<tr><td>7</td><td colspan="2">铰 ϕ10H7 孔</td><td>T07</td><td></td></tr>
<tr><td>3</td><td>检验</td><td colspan="5"></td></tr>
<tr><td></td><td>定位图</td><td colspan="5"> 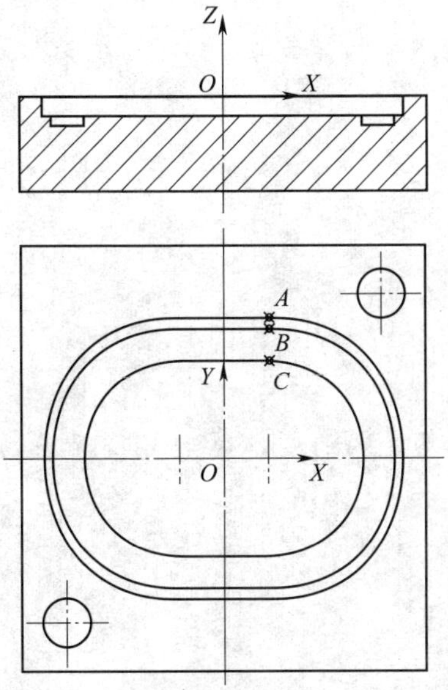</td></tr>
<tr><td colspan="2">材料</td><td colspan="2">45 钢</td><td colspan="3" rowspan="2">备注：</td></tr>
<tr><td colspan="2">规格数量</td><td colspan="2">90 mm×90 mm×22 mm，1 块</td></tr>
</table>

2. 程序编制

（1）确定工件坐标系

选择零件两个对称轴的交点为工件坐标系 *X*、*Y* 轴零点，工件上表面为 *Z* 轴零点，建立工件坐标系，见表 2—2—16。

（2）确定基点坐标

在编制程序之前要计算每一个基点坐标的数值。经简单计算得到基点坐标：*A* 点（10.0，30.0）、*B* 点（10.0，28.0）、*C* 点（10.0，21.0）。

（3）编制加工程序

根据设定的工件坐标系和算得的基点，分别编制三部分程序（型腔、槽、孔），完成凹模零件程序（程序略）。

3. 工件加工

加工步骤略。

模具零件的电切削加工

随着科技的不断发展，产品在设计时对工件材料的硬度要求越来越高，表面形状越来越复杂，传统的切削加工方法已无法适应，极大地限制了生产效率的提高，影响加工质量。通过研发，人们已经掌握了用电能、热能、光能、电化学能、化学能、声能及特殊机械能等能量达到去除或增加材料的加工方法，实现材料被去除、变形、改变性能或被镀覆等。这类新加工工艺及方法统称为特种加工。

特种加工方法种类较多，在模具制造过程中应用较多的有电火花线切割加工和电火花成型加工。

课题一　电火花线切割加工

任务一　电火花线切割机床的基本操作和日常维护

工作任务

在学习电火花线切割加工前，必须先熟悉电火花线切割机床的结构及作用，能够熟练地操作电火花线切割机床，并正确地维护保养。

任务实施

一、认识电火花线切割机床的结构

通过实地参观，近距离观察电火花线切割机床的结构，了解各个主要结构的作用。图3—1—1所示为电火花线切割机床的主要结构。

工作台

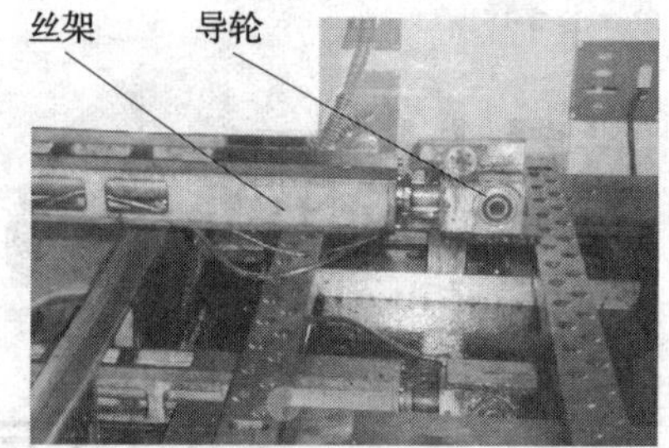

导轮及丝架

储丝及走丝机构

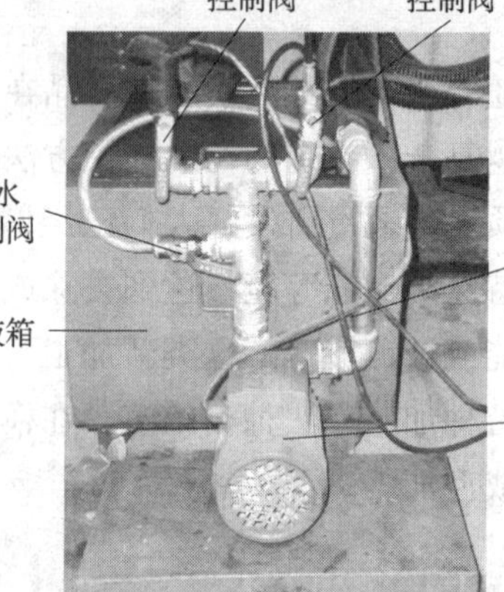

工作液循环系统

a）

显示屏

电压、电流表

输入键盘

控制按钮、按键

手控盒

立式电控柜

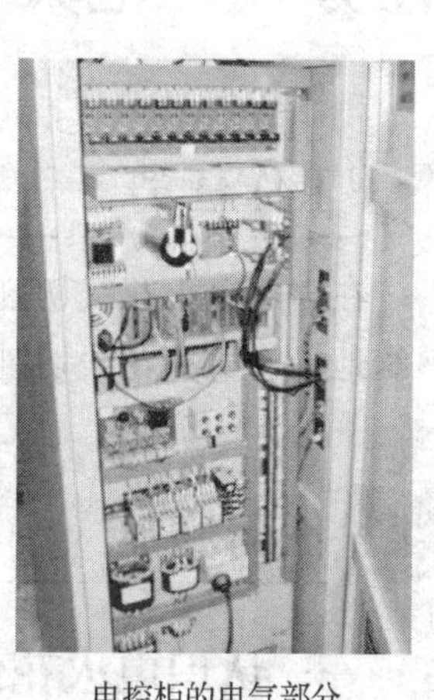

电控柜的电气部分

b）

图 3—1—1　典型电火花线切割机床的主要结构

a）主机部分　b）电控柜部分

二、认识手控盒

电火花线切割机床的控制部件包括控制柜面板和手控盒，主要用于图形的绘制、程序的编写、指令的发送以及加工参数设置与调整。其中，手控盒适用于操作者远离控制面板时的机床操作。快走丝线切割机床的手控盒及其操作如图 3—1—2 所示。

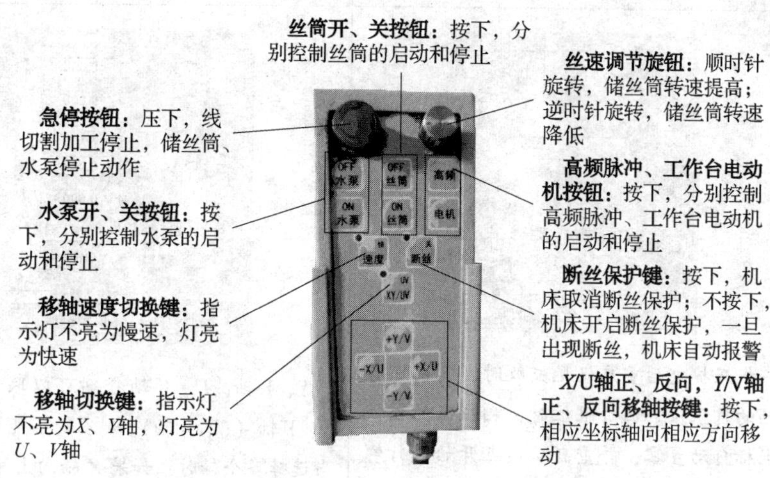

图 3—1—2 快走丝线切割机床的手控盒及其操作

三、认识电火花线切割机床的操作面板

1. “加工准备”界面

“加工准备”界面如图 3—1—3 所示。加工准备是确定工件坐标位置，实现加工图形在工件上精确体现的重要步骤。该界面具有七个功能按钮：回限位、移动、找边、参考点、回半程、找中心、火花找正。

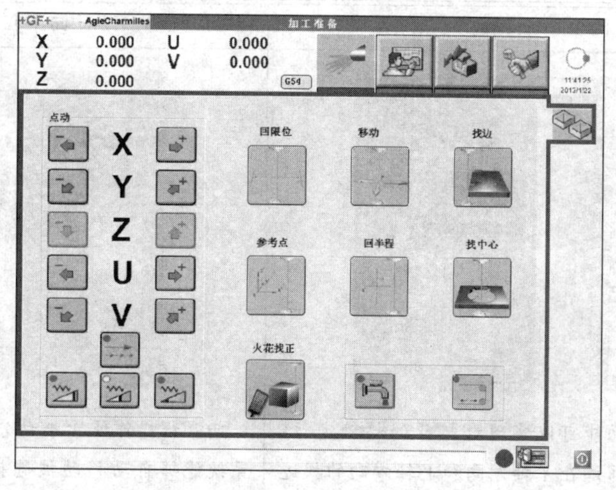

图 3—1—3 “加工准备”界面

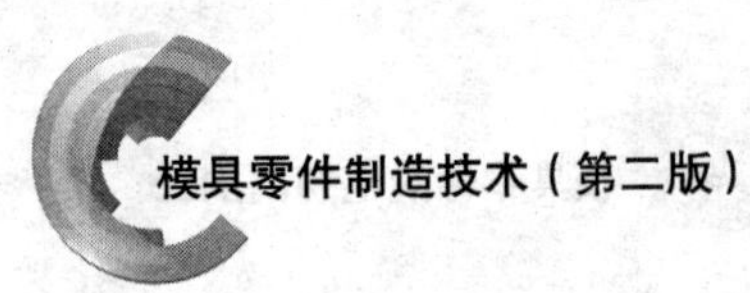

单击“加工准备”界面的上述功能按钮，就可以打开该功能的对话框，根据加工及编程需求，选择相关选项，再单击“执行”按钮，执行相关操作。对话框及具体操作见表3—1—1。

表3—1—1　　“加工准备”界面功能按钮的对话框

名称	回限位	移动
图示及说明	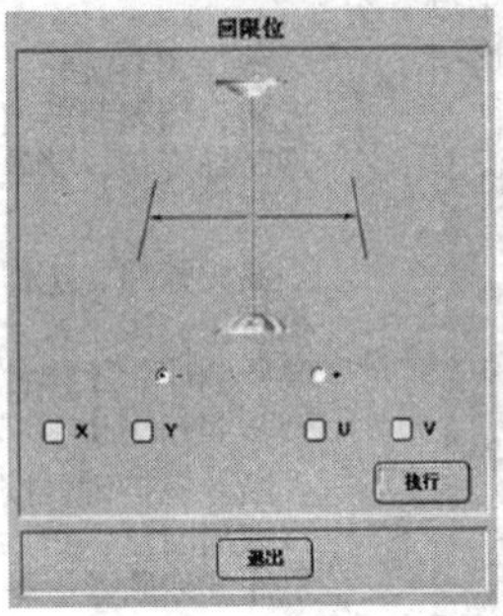 机床掉电后重启记忆失败时，需要回各轴的负限位。回负限位时，相应轴的机械坐标自动置零，并重新从该点开始进行螺距误差补偿运算。回正限位仅用于检测机床行程大小，不会改变机床系统数据	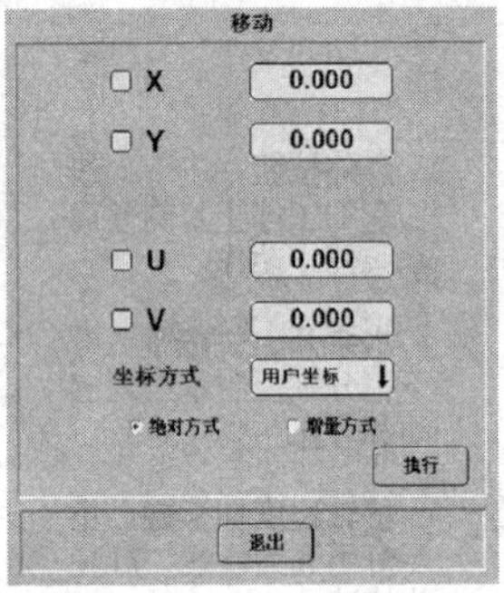 *X*、*Y*轴，*U*、*V*轴分别可以联动。但是，*X*、*Y*轴（*U*、*V*轴）与*Z*轴不能同时联动。当选择多个轴时，如果*Z*轴向上移动，各轴移动顺序为：*Z*轴→*X*（或*Y*）轴→*U*（或*V*）轴；如果*Z*轴向下移动，各轴的移动顺序为：*X*（或*Y*）轴→*Z*轴→*U*（或*V*）轴
操作	（1）点选回限位的轴，*X*、*Y*轴或*U*、*V*轴 （2）点选回限位的正、负方向	（1）点选坐标方式（用户坐标、机械坐标）、移动方式（绝对方式、增量方式） （2）根据需要选择单轴或多轴，输入所需移动数据（绝对方式，输入坐标值；增量方式，输入距离）
名称	找边	回半程
图示及说明	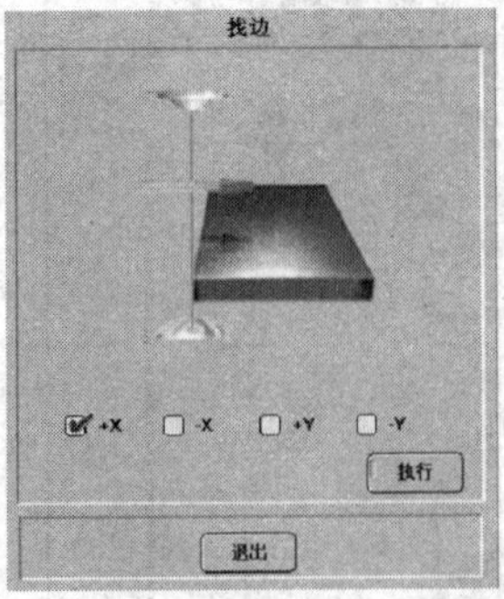 找边功能可以实现电极丝的精确定位。电极丝通过在*X*轴方向和*Y*轴方向的找边来实现	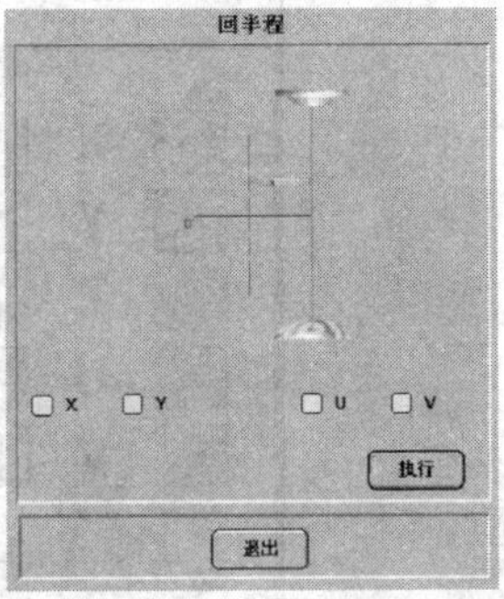 回半程操作便于手动分中。执行操作后，系统能够自动移动被选择轴到用户坐标的半值坐标位置

续表

名称	找边	回半程
操作	(1) 转动储丝筒，使行程开关离开换向触点 (2) 选择轴方向（+X、-X、+Y、-Y），让电极丝根据所选择的轴方向移动，电极丝会沿着所选择的方向慢慢靠近工件，找到边后电极丝就会停止，对相应的轴进行清零	选择需要移动的轴（X、Y 轴或 U、V 轴）

名称	参考点
图示及说明	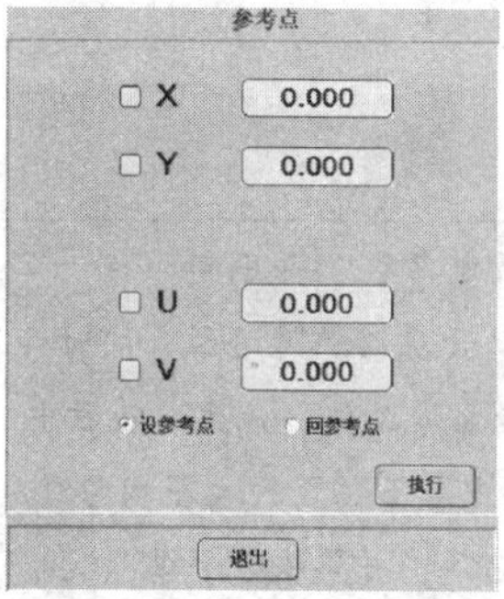 设参考点 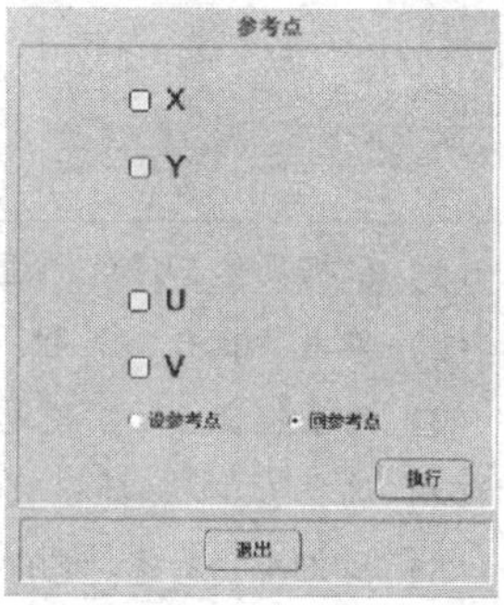　　回参考点 设定用户坐标系的坐标值，等同于 NC 文件的 G92 指令功能。回参考点执行后，坐标轴将移动回归到最后一次设定的坐标点
操作	(1) 点选“设参考点”或“回参考点” (2) 设参考点时，选择需要设定的轴，并输入相应的值 (3) 回参考点时，选择需要回归的坐标轴（X、Y 轴或 U、V 轴）

名称	找中心
图示及说明	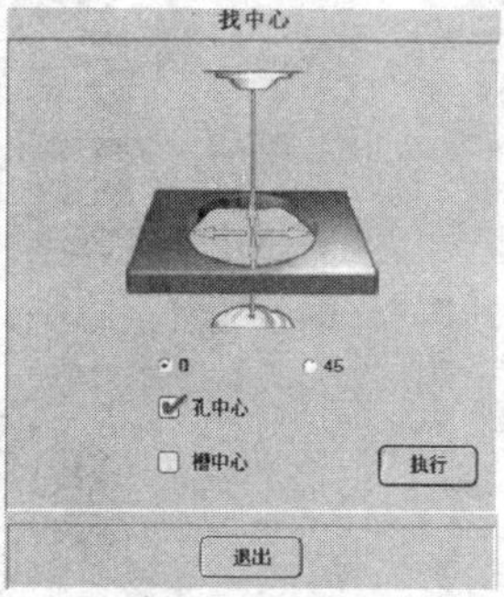 找孔中心 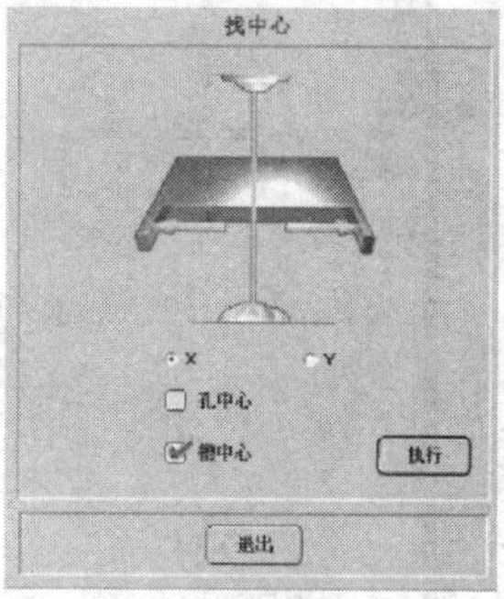　　找槽中心 孔、槽找中心对话框的选项不同

续表

名称	找中心
操作	(1) 点选“孔中心”或“槽中心” (2) 找孔中心时，选择起始角度（0°或45°） (3) 找槽中心时，选择 X、Y 轴
名称	火花找正
图示及说明	可以用手控盒与找正块“看火花”的方式实现垂直找正。找正块应去除毛刺，表面干净、干燥。电极丝应缓慢靠近找正块，防止短路。新电极丝需放电 10 min 以后才能进行火花找正
操作	(1) 根据具体工件选择适当的“放电参数”并刷新 (2) 单击“执行”按钮，系统自动开启储丝筒运丝，同时开启高频放电 (3) 用手控盒点动，使电极丝慢慢靠近工件，产生火花放电 (4) 调整 U、V 轴的位置，使上、中、下位置的火花均匀 (5) 找正后，勾选“U0”“V0”选项，并单击“清零”

2. “文件准备”界面

“文件准备”界面的功能是读取 NC 文件、检测 NC 文件、编辑修改、确认加工路径。

(1) 文件编辑窗口（图 3—1—4）

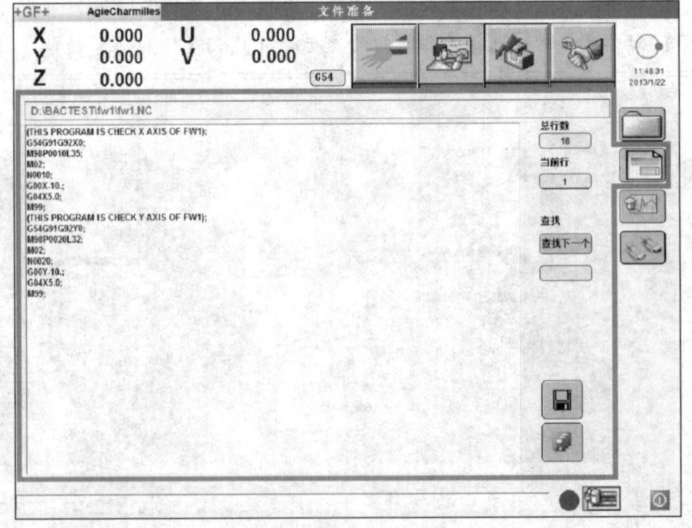

图 3—1—4　“文件准备”界面中的文件编辑窗口

NC 文件的编辑需要熟悉电火花线切割机床的通信语言 G 代码、M 代码。

（2）图形校验窗口（图 3—1—5）

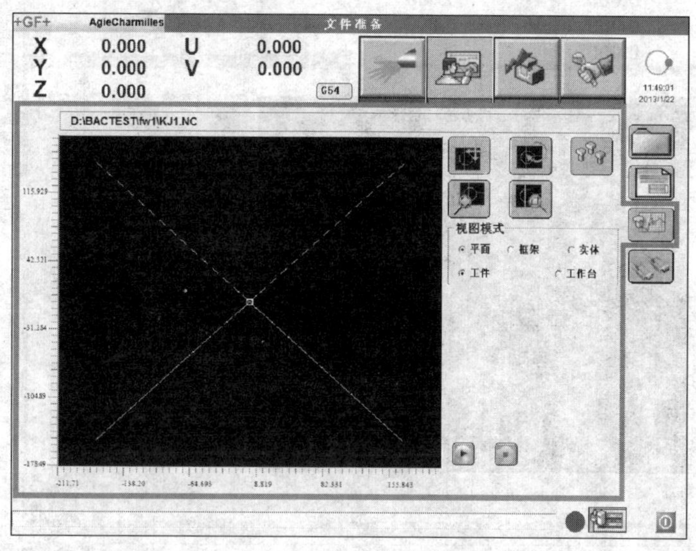

图 3—1—5　“文件准备”界面中的图形校验窗口

进入该窗口，可以对所选择的 NC 程序进行图形检查、验证，查看图形轨迹与实际的加工轨迹是否正确，并且可以进行 2D 平面、3D 框架、3D 实体方式显示。利用鼠标可以对图形进行平移、旋转、缩放操作。

3. “放电加工”界面

工件装夹完毕，进入“放电加工”界面，在调取程序切割加工对话框中选择所需的 NC 文件（图 3—1—6）；启动放电加工，可以显示加工状态和跟踪加工轨迹，如图 3—1—7 所示。

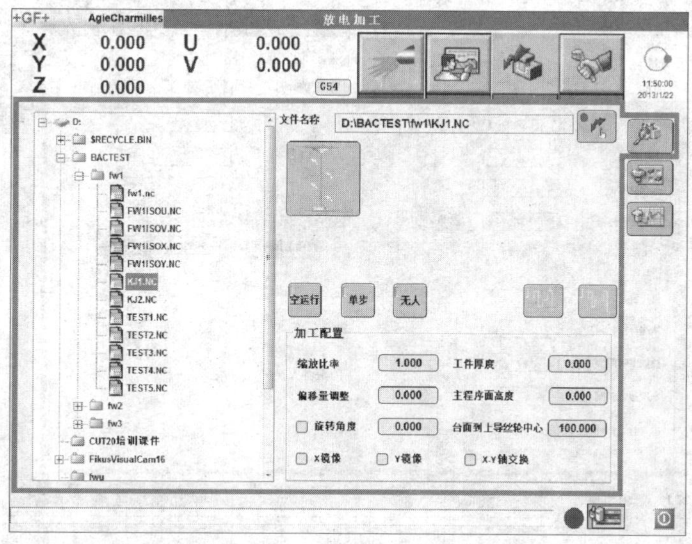

图 3—1—6　“放电加工”界面中的调取程序切割加工对话框

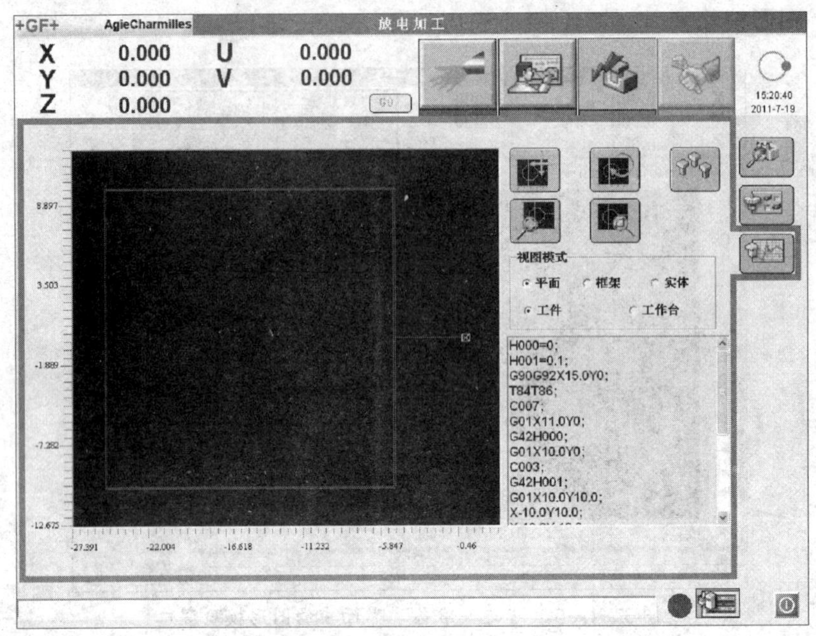

图 3—1—7 “放电加工”界面中显示加工状态和跟踪加工轨迹

4. “机床配置”界面

“机床配置”界面的功能是根据用户需求选择合适的系统语言、测量单位“公制/英制”等信息，如图 3—1—8 所示；显示系统默认的加工条件参数，也可以在此页面对加工条件参数进行修改保存，如图 3—1—9 所示。

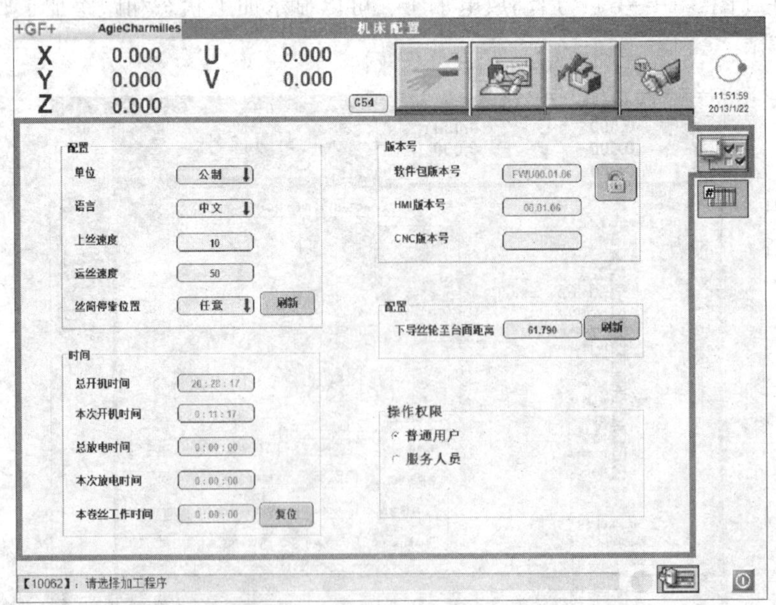

图 3—1—8 “机床配置”界面

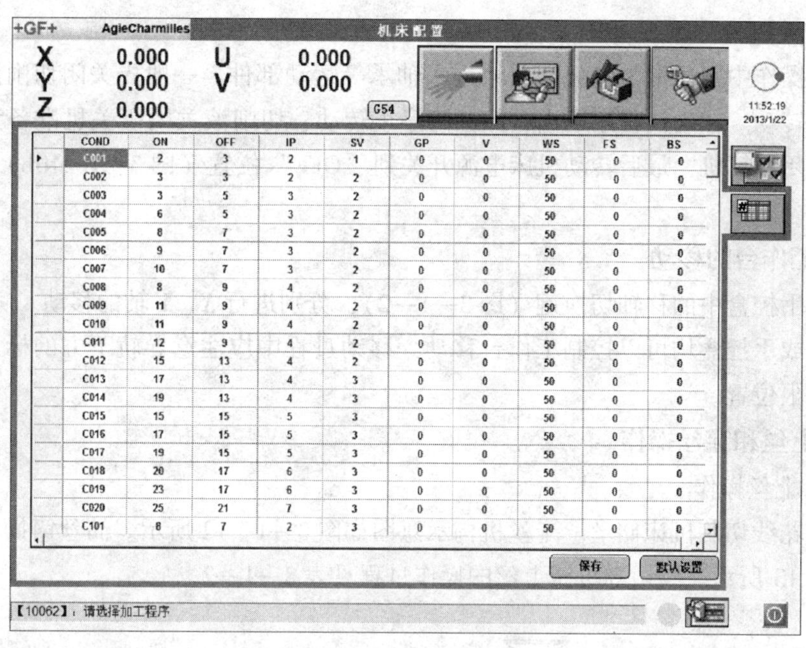

COND	ON	OFF	IP	SV	GP	V	WS	FS	BS
C001	2	3	2	1	0	0	50	0	0
C002	3	3	2	2	0	0	50	0	0
C003	3	5	3	2	0	0	50	0	0
C004	6	5	3	2	0	0	50	0	0
C005	8	7	3	2	0	0	50	0	0
C006	9	7	3	2	0	0	50	0	0
C007	10	7	3	2	0	0	50	0	0
C008	8	9	4	2	0	0	50	0	0
C009	11	9	4	2	0	0	50	0	0
C010	11	9	4	2	0	0	50	0	0
C011	12	9	4	2	0	0	50	0	0
C012	15	13	4	2	0	0	50	0	0
C013	17	13	4	3	0	0	50	0	0
C014	19	13	4	3	0	0	50	0	0
C015	15	15	5	3	0	0	50	0	0
C016	17	15	5	3	0	0	50	0	0
C017	19	15	5	3	0	0	50	0	0
C018	20	17	6	3	0	0	50	0	0
C019	23	17	6	3	0	0	50	0	0
C020	25	21	7	3	0	0	50	0	0
C101	8	7	2	3	0	0	50	0	0

图 3—1—9　系统参数设定窗口

四、电火花线切割机床的基本操作

1. 启停操作

(1) 开机

转动电源开关到“ON”位置，接通电源，如图 3—1—10a 所示。松开控制柜、手控盒上的急停按钮，按下电控柜上的绿色开机按钮（图 3—1—11）。

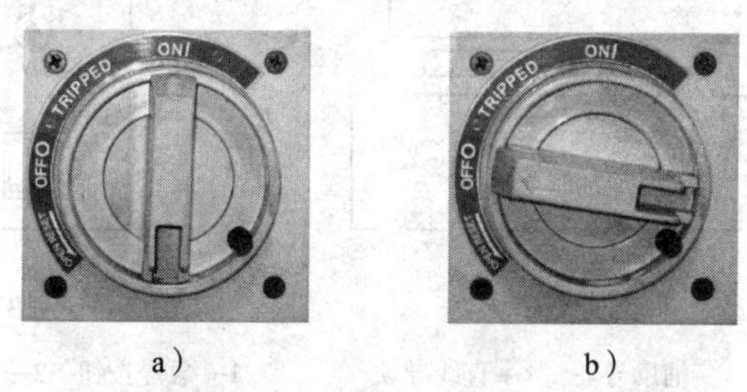

a)　　b)

图 3—1—10　机床电源开关

a) 接通状态　b) 关闭状态

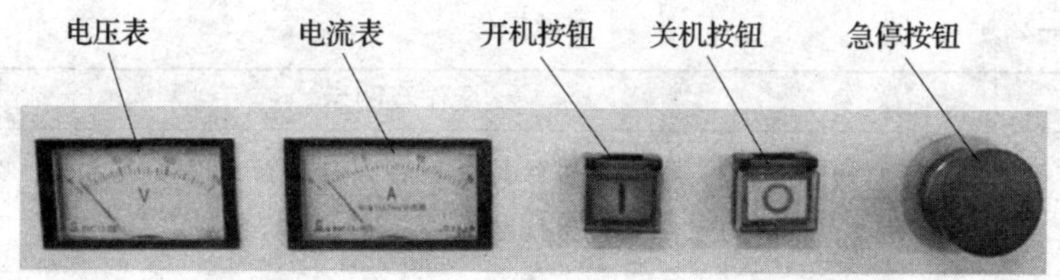

图 3—1—11　机床开机、关机、急停按钮

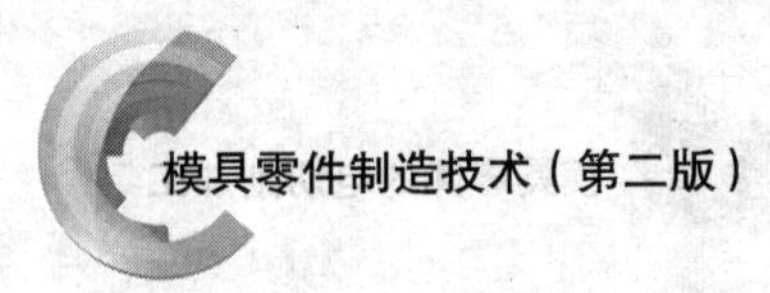

（2）关机

关机操作中，通常为避免切削液进入轴承等运动部件，一般先关闭切削液，再停止储丝筒转动。在确认程序退出、储丝筒停止转动、切削液关闭等关机准备工作的情况下，关闭计算机，最后转动机床电源开关到“OFF”位置（图 3—1—10b），切断机床总电源。

2. 工作台的移动

选择手控盒中的移轴切换键（图 3—1—2），分别进行 *X*、*Y* 轴的移动。

手柄或手控盒均可以控制工作台移动，移动过程中应注意导轨下方的标尺不要超过行程极限位置。

3. 上丝和穿丝操作

（1）上丝操作

电火花线切割机床储丝、走丝机构示意图如图 3—1—12 所示。储丝筒操作面板如图 3—1—13 所示。线切割机床上丝的操作过程见表 3—1—2。

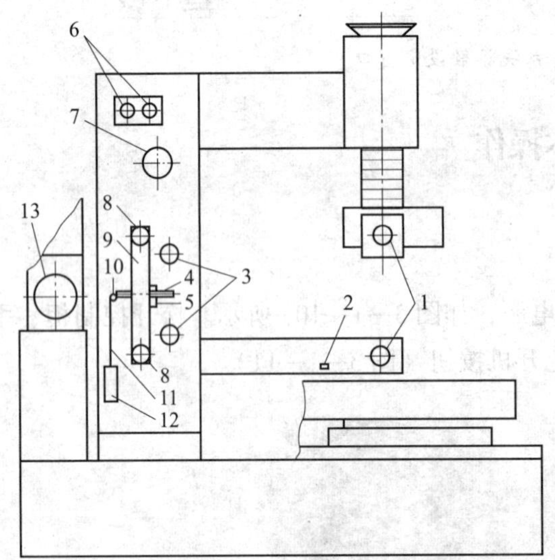

图 3—1—12　储丝、走丝机构示意图

1—主导轮　2—导电块　3—辅助导轮　4—直线导轨　5—导轨滑块　6—旋钮　7—上丝盘　8—张紧轮　9—移动板　10—定滑轮　11—绳索　12—重锤　13—储丝筒

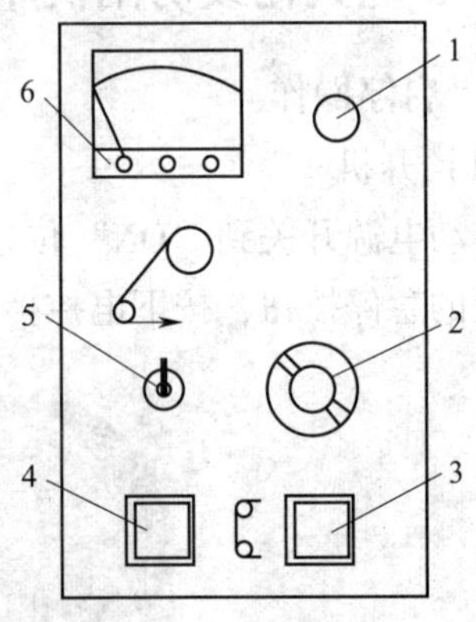

图 3—1—13　储丝筒操作面板

1—急停按钮　2—上丝电动机电压调整按钮　3—储丝筒停止按钮　4—储丝筒启动按钮　5—电动机开关　6—上丝电动机电压表

表 3—1—2　　上丝操作

步骤	操作及图示
调整储丝筒位置	线切割机床准备，即先将储丝筒分别移到行程最左端或最右端；分别调整左、右换向块，使其与无触点开关接触；然后将储丝筒移到中间位置
拆卸附件	取掉储丝筒上方护罩，拉出互锁开关的小柱，取下摇把

续表

步骤	操作及图示
调整过丝槽位置	启动储丝筒，将其移到最左端，让立柱上的过丝槽对准绕丝开始的地方（对准的位置尽量靠近储丝筒上右端的螺钉，将电极丝在整个储丝筒上满，一般保证运丝到两侧，距离边缘大约2 cm)。待储丝筒换向后立即关掉储丝筒电动机电源 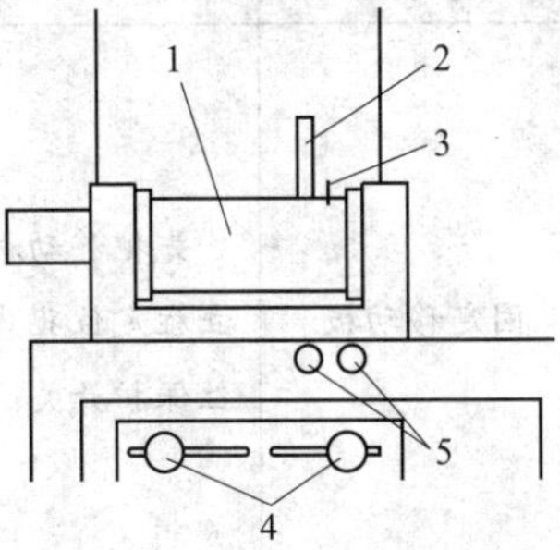 1—储丝筒 2—立柱过丝槽 3—电极丝的紧固螺钉 4—换向块 5—注油窗
安装丝盘	打开立柱侧面的防护门，将装有电极丝的丝盘固定在上丝装置的转轴上 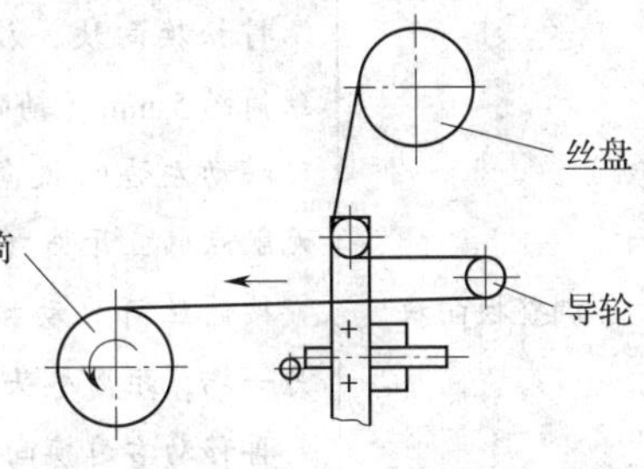 丝盘 储丝筒 导轮
压紧电极丝头	把电极丝通过右图中所示导轮引到储丝筒，并在筒上右端的紧固螺钉下压紧丝头
调节电压	打开上丝电动机电源开关，调节上丝电动机电压调节钮，使电压表上的示值在60 V左右
绕丝	在保证电极丝不从导轮上掉下的前提下，用手转动摇把使储丝筒旋转，同时向右移动，电极丝在一定的张力下均匀地盘绕在储丝筒上
剪丝头	绕丝后，关掉张力旋钮，剪断电极丝，即可开始穿丝

注意事项：

1）电极丝要按规定的走向绕在储丝筒上，同时固定两端。

2）绕丝时，一般储丝筒两端各留10 mm，中间绕满不重叠，宽度不少于储丝筒长度的一半，以免电动机换向频繁而使机件加速损坏，也防止钼丝频繁参与切割而断丝。

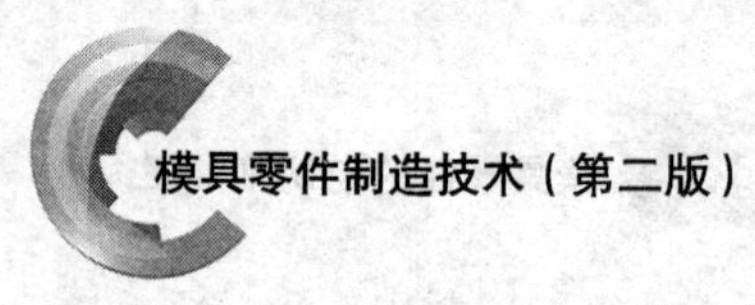

（2）穿丝操作（表3—1—3）

表3—1—3　　　　　　　　　　　　**穿丝操作**

步骤	操作及图示
固定移动板	先把移动板推到前面，用定位销固定在立柱定位孔内，使其不能左右移动，与断丝保护开关隔开一定的距离 断丝保护开关　移动板 隔开移动板与断丝保护开关
绕丝	拉动电极丝头，依次从上至下绕过各导轮、导电块至储丝筒，将丝头拉紧并用储丝筒的螺钉固定
手移储丝筒	拔出移动板上的定位销，手摇储丝筒向中间移动约 10 mm
调整换向块	拧松换向块，放在两端，往回摇动储丝筒约 5 mm（轴向距离） 移动左边的换向块，对准里面左边的无触点感应开关（圆形），拧紧换向块 按储丝筒启动按钮，使储丝筒旋转到另一端，距离尽头 5 mm 左右时按停止钮 换向块 再移动右边换向块，对准右边的无触点开关处，拧紧换向块 由于无触点开关感应位置不一定在中间，可运丝观察换向处剩余多少，再微调一下换向块位置，保证能换向不冲出限位即可。取下储丝筒摇把
均匀张力	机动操作储丝筒往复运行两次，使电极丝的张力均匀
复原	将工作台三个侧面的护板复位，关上立柱的两个侧门，盖好储丝筒罩壳，取下储丝筒摇把，复位主导轮罩壳及上臂盖板，至此整个穿丝过程结束

注意事项：

1）穿丝前检查导轨滑块移动是否灵活。如果有阻滞现象，可拆下移动板、直线导轨，用汽油或煤油清洗，使滑块移动灵活。清洗干净后，注入润滑机油，重新装上移动板和直线导轨。

2）电极丝经过导轮后要从储丝筒下面穿回。

3）电极丝要装入导轮槽内，放在导电块上并接触良好。应防止电极丝滑入导轮或导电块旁边的缝隙里，以防止断丝或造成导轮和导电块的损坏。

4）电极丝经过的上面活动臂内有一个夹丝的弹簧，其作用是上丝时固定电极丝，防止其从导轮上脱落。电极丝上好后一定要从弹簧上取下。

5）操作过程中要沿着绕丝方向拉紧电极丝，以避免电极丝松脱而造成乱丝。

6）摇把使用后应立即取下，以免误操作使摇把甩出，造成人身伤害或设备损坏。

4. 快走丝线切割机床的润滑

快走丝线切割机床的润滑操作见表3—1—4。

表3—1—4　　机床润滑表

加油部位	加油时间	加油方法	润滑油种类
横向进给滚珠丝杠	每班一次	油壶	20号机油
纵向进给滚珠丝杠	每班一次	油壶	20号机油
横向进给中间齿轮轴	每月一次	油枪	20号机油
纵向进给中间齿轮轴	每月一次	油枪	20号机油
丝架升降丝杠	每班一次	油枪	20号机油
储丝筒丝杠螺母	每班一次	油枪	20号机油
各部件拖板导轨	每班一次	油枪	20号机油

注：线架上导轮的滚动轴承用高速润滑脂，每两个月更换一次；其他滚动轴承用润滑脂，每半年更换一次。

相关知识

一、电火花线切割加工基础知识

1. 加工原理

电火花线切割加工（WEDM）以一根移动的金属丝（电极丝）作为工具电极，电极丝与工件分别连接脉冲电源的正、负极，当其相互接近到一定距离时，脉冲电压击穿电极之间的介质产生火花放电，放电产生的瞬时高温使工件局部熔化甚至汽化而被蚀除；同时，电极丝不断进给对工件进行切割，直至加工出理想工件形状。在线切割加工过程中，电极丝与工件保持较小的间隙，彼此不接触。

图3—1—14所示为电火花线切割加工原理示意图。电极丝2作为工具电极进行切割。脉冲电源6的正、负极分别接工件5和电极丝。工作液作为工作介质处在电极之间，并具有一定的绝缘性。工作台在水平面内按控制程序的指令进行伺服进给移动，从而将工件切割出各种形状。

2. 加工特点

（1）电火花线切割对不同材料、形状及结构的工件加工适应性强。它可加工金刚石、硬质合金等导体或半导体高硬度材料；可加工复杂形状的工件，容易实现自动加工，适合小批量形状复杂零件、单件和试制品的加工；利用四轴或五轴联动，还可加工锥度、上下面异形体或回转体等零件。

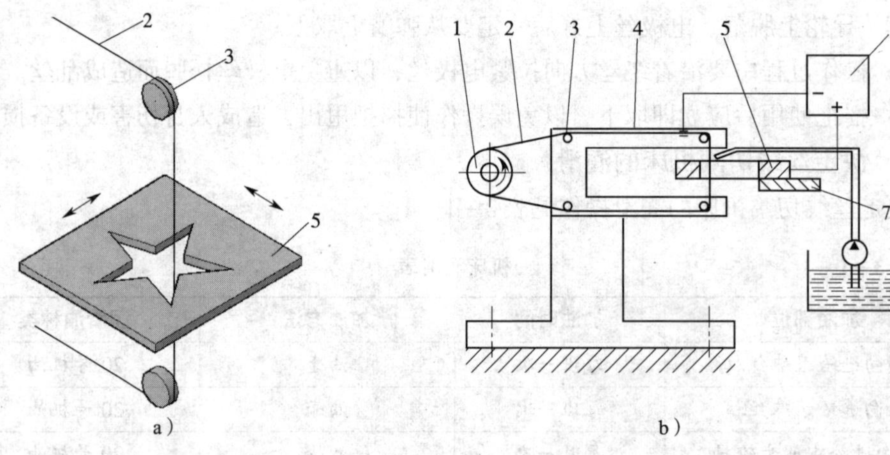

图 3—1—14　电火花线切割加工原理示意图

a）工件及其运动方向　b）线切割加工装置原理图

1—储丝筒　2—电极丝　3—导向轮　4—支架　5—工件　6—脉冲电源　7—绝缘底板

（2）由于线切割加工切缝很窄，实际金属去除量很少，因此材料的利用率很高。

（3）线切割加工过程中，电极丝的损耗较少，因而加工精度高。还可以方便地对影响加工精度的加工参数（如脉冲宽度、间隔、伺服速度等）进行调整，有利于加工精度的提高。

（4）辅助时间少。电极丝可以方便地外购，缩短了生产准备时间。凸模与凹模等配合零件可一次编程完成加工。

二、电火花线切割机床的分类

电火花线切割机床的分类方式有很多种，通常可以按电极丝运行速度、对电极丝运动轨迹的控制形式、电源形式进行分类。

1. 按电极丝的运行速度分类

电火花线切割机床可分为快走丝、慢走丝和混合式（有快、慢两套走丝系统，俗称中走丝）线切割机床三种类型。这是电火花线切割机床主要的分类方式。快、慢走丝线切割机床的分类及具体内容见表 3—1—5。

由表 3—1—5 可知，慢走丝线切割机床具有切割精度高、加工表面质量高等优点，但机床和加工成本高；而快走丝线切割技术由我国独创，其机床及加工成本低，但是加工表面质量欠佳。

近年来，我国在快走丝线切割加工的基础上研发了中走丝电火花线切割机床（简称中走丝线切割机，英文缩写 MS - WEDM）。中走丝线切割机床实质上仍属于快走丝线切割机床范畴，其功能主要是在快走丝线切割机床上实现了多次切割。从工作原理上讲，中走丝并非是指走丝速度介于高速与低速之间，而是复合走丝线切割，即在粗加工时采用快速走丝，精加工时采用慢走丝，这样工作相对平稳，抖动小，并通过多次切割减少材料变形及钼丝损耗带来的误差，使加工质量也相对提高。

表 3—1—5　　按电极丝运行速度分类的线切割机床

<table>
<tr><th colspan="2">类型</th><th>快走丝电火花线切割机床</th><th>慢走丝电火花线切割机床</th></tr>
<tr><td colspan="2">简称及英文缩写</td><td>快走丝线切割机，WEDM－HS</td><td>慢走丝线切割机，WEDM－LS</td></tr>
<tr><td colspan="2">图示及说明</td><td>是我国电火花线切割生产中使用的主要机床类型</td><td>是国际上电火花线切割生产中使用的主要机床类型</td></tr>
<tr><td rowspan="6">电极丝</td><td>运动形式</td><td>双向往复运动</td><td>单向运动</td></tr>
<tr><td>运行速度</td><td>8～10 m/s</td><td>低于 0.2 m/min</td></tr>
<tr><td>材料</td><td>钼丝</td><td>铜、钨、钼丝等</td></tr>
<tr><td>规格（mm）</td><td>ϕ0.1～ϕ0.2</td><td>ϕ0.1～ϕ0.35</td></tr>
<tr><td>使用方式</td><td>可重复使用</td><td>放电后不再使用</td></tr>
<tr><td>加工特点</td><td>电极丝易抖动和反向时停顿，使加工质量下降</td><td>电极丝工作平稳、均匀、抖动小，加工质量较好</td></tr>
<tr><td colspan="2">工作液</td><td>乳化液或皂化液</td><td>去离子水、煤油</td></tr>
<tr><td colspan="2">加工尺寸的最高精度（mm）</td><td>0.015</td><td>0.001</td></tr>
<tr><td colspan="2">加工表面的表面粗糙度（μm）</td><td>*Ra*1.25</td><td>*Ra*0.16</td></tr>
<tr><td colspan="2">设备成本</td><td>低廉</td><td>昂贵</td></tr>
<tr><td colspan="2">用途</td><td>用于加工中、低精度的模具零件</td><td>用于加工高精度的模具零件</td></tr>
</table>

2．按对电极丝运动轨迹的控制形式分类

电火花线切割机床可以分为靠模仿形控制、光电跟踪控制、数字程序控制三类。目前，国内外 95% 以上的数控电火花线切割机床都已采用数控技术。

3．按电源形式分类

电火花线切割机床可分为 RC 电源、晶体管电源、分组脉冲电源及自适应控制电源式线切割机床。

三、电火花线切割机床的组成

电火花线切割机床一般分成主机和电控柜两大部分。主机主要由 *X*、*Y* 轴（部分机床带 *U*、*V* 轴）、工作台、走丝系统、工作液循环系统等部分组成；电控柜主要由控制系统、高频电源和伺服驱动等部分组成。图 3—1—15 所示为典型的电火花线切割机床。

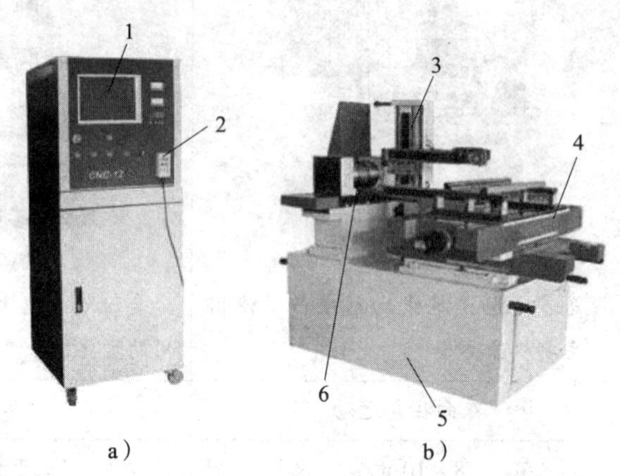

图 3—1—15　典型的电火花线切割机床

1—显示屏　2—手控盒　3—丝架　4—工作台　5—床身　6—储丝筒

a）电控柜　b）主机

1. 主机

(1) 工作台

电火花线切割机床是通过工作台与电极丝的相对运动来完成零件加工的。工作台用来装夹工件，可在计算机程序控制下相对于固定的丝架移动。工作台由滑板、导轨、丝杠运动副和齿轮传动副组成。为了保证机床精度，对导轨的精度、刚度和耐磨性都有较高的要求。为了保证工作台的定位精度和灵敏度，必须消除传动丝杠与螺母之间的间隙。

(2) 走丝系统

走丝系统主要由导轮、丝架、储丝及走丝机构等组成。快走丝线切割机床的走丝系统结构原理如图 3—1—16 所示。

1）导轮及丝架。导轮对电极丝起定位和导向作用，还要保证电极丝高速运转且不断裂，是线切割机床的关键零件。丝架主要对导轮和电极丝起支撑作用，并使电极丝工作部分与工作台台面保持一定的几何角度。

2）储丝及走丝机构。储丝及走丝机构是线切割机床的关键部件。电极丝整齐地缠绕在储丝筒上，由电动机带动储丝筒旋转，以实现电极丝的运转。在线切割机床正常工作时，储丝筒要在轴向上做往复运动。它的轴向往复运动的距离可以通过调整行程挡块之间的距离进行控制。储丝筒的行程由行程开关（又称为限位开关）控制，避免储丝筒超程。

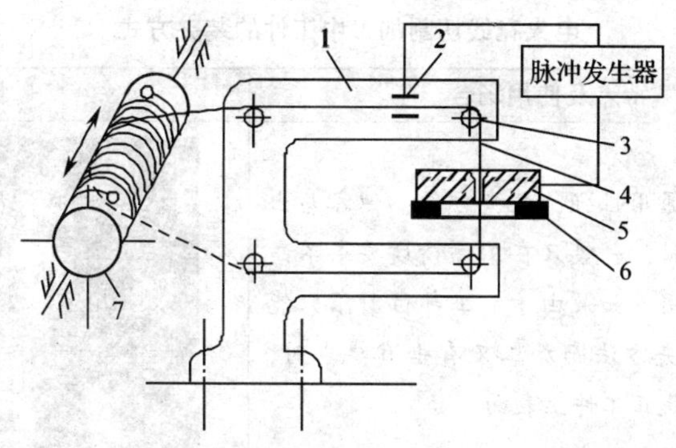

图 3—1—16 快走丝线切割机床的走丝系统结构原理图

1—丝架 2—导电器 3—导轮 4—电极丝 5—工件 6—工作台 7—储丝筒

（3）工作液循环系统

在电火花线切割加工过程中，需要稳定供给有一定绝缘性能的工作液，以冷却电极丝和工件、排除电蚀物等，保证线切割加工持续进行。工作液循环系统由工作液箱、工作液泵、流量控制系统、连接导管和上、下水嘴等组成。

电火花切割机床的工作液循环系统主要采用浇注式供液方式，部分慢走丝线切割机床的工作液循环系统也采用浸泡式供液方式。

2. 电控柜

电控柜里包括电火花线切割机床的控制系统和脉冲电源。控制系统由输入/输出设备、数控装置、电气控制系统（包括高频电源和伺服驱动系统）组成。输入设备有键盘、鼠标、软驱、手控盒等，也可以通过通用串行总线（USB）接口连接外部设备实现数据传输。输出设备多为显示器，可显示图形、代码、加工参数等。数控装置用于数据的储存、运算、指令传输等。

四、工件的装夹和找正

1. 装夹的一般要求

（1）工件装夹前，其基准部位应清洁，无毛刺，符合图样要求。

（2）装夹位置在加工中应能满足加工行程需要，工作台移动时不得和丝架臂相碰，否则无法进行加工。

（3）装夹位置应有利于工件的找正。

（4）夹具对固定工件的作用力应均匀，不得使工件变形或翘起，以免影响加工精度。

（5）成批零件加工时，最好采用专用夹具，以提高工作效率。

（6）细小、精密、壁薄的工件应先固定在不易变形的辅助小夹具上，然后才能进行装夹，否则无法加工。

2. 装夹方式

电火花线切割加工中的工件装夹方式、特点及使用场合见表 3—1—6。

表 3—1—6　　电火花线切割加工中工件的装夹方式

装夹方式	特点及使用场合	图示
悬臂支撑装夹	悬臂支撑通用性强，装夹方便，但容易出现上仰或倾斜，一般只在工件精度要求不高的情况下使用。如果由于加工部位所限只能采用这种装夹方法而加工又有垂直要求时，应用百分表找正工件上表面	
垂直刃口支撑装夹	工件装在具有垂直刃口的夹具上，装夹后工件也能悬伸出一角，便于加工。其装夹精度和稳定性比悬臂支撑装夹好，也便于百分表找正。装夹时，夹紧点注意对准刃口	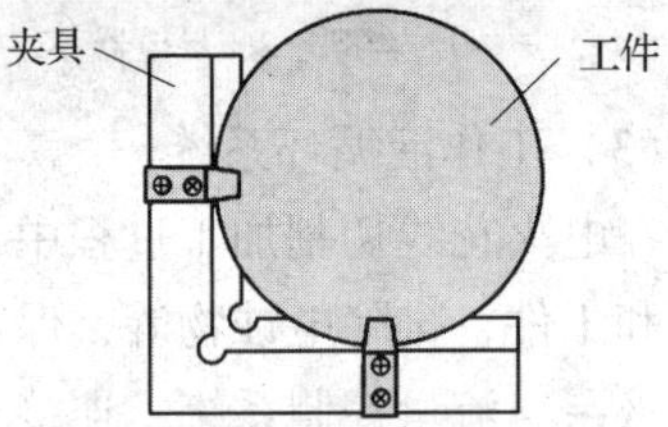
桥式支撑装夹	它是线切割加工最常用的装夹方法，适用于装夹各类工件，特别是方形工件，装夹后稳定。桥的侧面也可作为定位面使用，百分表找正桥的侧面与工作台 X 轴平行	
板式支撑装夹	加工外轮廓周边无装夹余量或装夹余量很小且中间有孔的零件时，可在底面加一块托板，用胶粘牢固或螺栓压紧，使工件与托板连成一体，保证导电良好，加工时连托板一起线切割	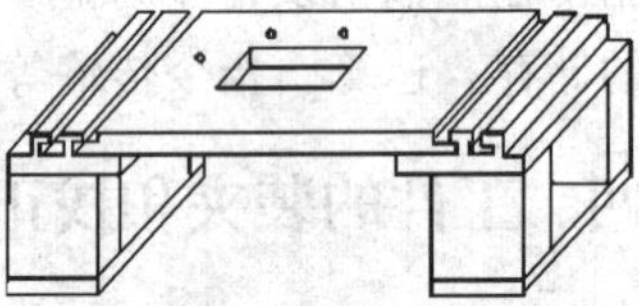
复式支撑装夹	复式支撑夹具是在桥式夹具上再装上专用夹具组合而成 加工的零件切割余量较小，加工精度较高，且不利于装夹时，可采用这种方式进行装夹。这种方式特别适用于成批零件加工，可大大缩短装夹和找正时间，提高效率	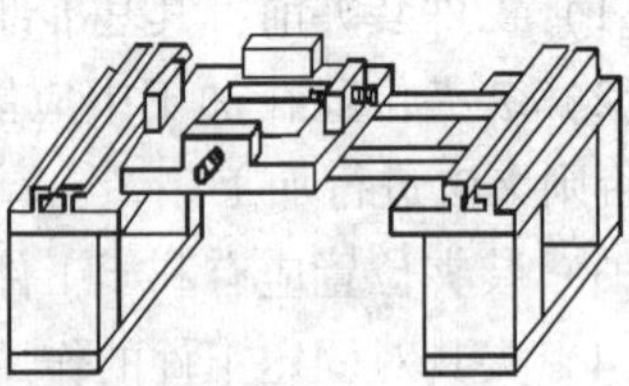
V 形夹具支撑装夹	装夹圆柱形工件时，可采用 V 形夹具支撑装夹，便于圆柱形工件的定位	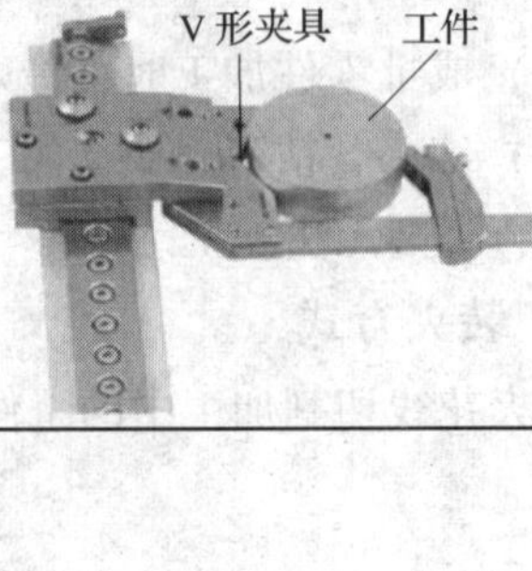

续表

装夹方式	特点及使用场合	图示
弱磁力夹具装夹	多用于小型零件的装夹及凸模零件线切割过程中，可防止凸模零件切割掉落	 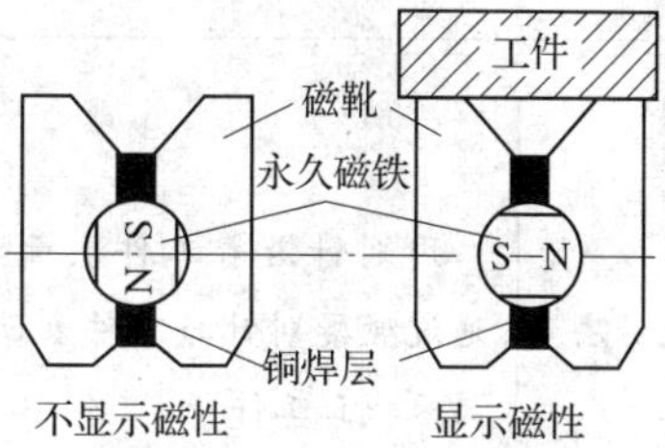 工件 磁靴 永久磁铁 S N S—N 铜焊层 不显示磁性　显示磁性

3. 找正方法

工件装夹好后，为了保证零件的加工精度，还需对工件进行找正。常用的找正方法有靠定法、电极丝法、量块法、划针法及百分表法（俗称拉表法），具体操作见表3—1—7。

表3—1—7　　工件找正方法

找正方法	操作说明	图示
靠定法	工件利用已经找正的夹具基准面为参考基准，将工件基准贴紧夹具基准面并固定	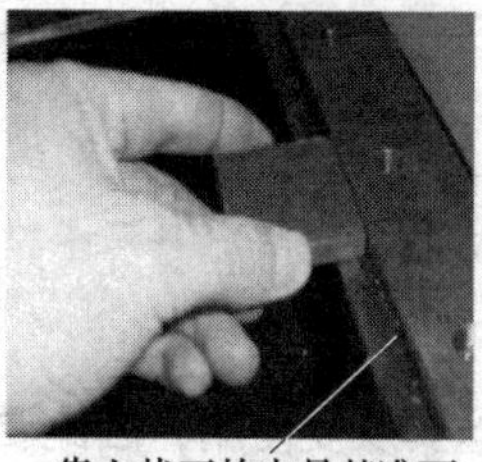 靠上找正的夹具基准面 　固定
电极丝法	将工件装夹好后，将电极丝沿着工件基准面放电，通过观察放电火花是否均匀来找正工件	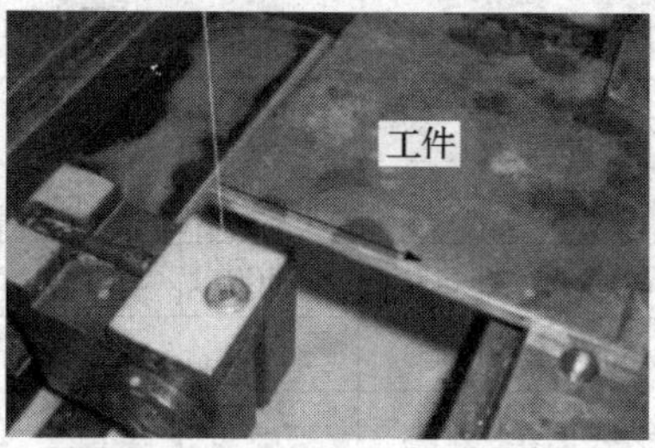 工件

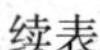
续表

找正方法	操作说明	图示
量块法	工件装夹后，用量块靠近工件基准面，通过观察量块与工件的透光度来找正工件	量块 工件 夹具
划针法	用划针沿着工件表面移动，通过观察划针与工件表面的距离来找正工件	
百分表法	百分表固定在表架上，将百分表的测头触碰工件基准面，并沿着工件基准面移动。通过观察百分表的指针刻度来调整工件的位置，从而找正工件	表架 磁性表座 百分表 丝架 工件 测头

五、电极丝的选用及位置确定

1. 电极丝的选用

电火花线切割的电极丝要反复使用，因此要有一定的韧性、抗拉强度和抗腐蚀能力。

(1) 常用电极丝的材料及性能

常用电极丝的材料及性能见表 3—1—8。

表 3—1—8　　常用电极丝的材料及性能

材料	适用温度（℃）		延伸率（%）	拉伸强度（MPa）	熔点（℃）	电阻率（Ω·m）	材质
	长期	短期					
钨（W）	2 000	2 500	0	1 200 ~ 1 400	3 400	6.12×10^{-8}	较脆
钼（Mo）	2 000	2 300	30	700	2 600	4.72×10^{-8}	较韧
钨钼合金（W50Mo）	2 000	2 400	15	1 000 ~ 1 100	3 000	5.32×10^{-8}	适中

（2）电极丝的直径及张力选择

常用的电极丝直径有 ϕ0.12、ϕ0.14、ϕ0.18、ϕ0.2 mm。张力是保证加工零件精度的一个重要因素，但受丝径、丝使用时间的长短等要素限制。一般在使用初期，电极丝的张力可大些，使用一段时间后，电极丝已不易伸长，可适当去掉配重，以延长丝的使用寿命。

2. 确定电极丝位置的方法

在线切割加工中，需要确定电极丝相对工件基准面、基准线或基准孔的坐标位置。确定电极丝位置的方法见表3—1—9。

表3—1—9　确定电极丝位置的方法

名称	目测法	
图示及说明	对于外轮廓，采用直接观察电极丝与基准面接触间隙的方法 电极丝　X向　Y向　基准面 目测基准面法	对于内轮廓（如孔），可以使用放大倍数为2～8倍的放大镜观察基准线与十字划线重合的方法 基准线　X向　Y向 目测基准线法
适用及特点	用于加工要求较低的工件上确定电极丝与工件基准间的相对位置。这种方法获得的电极丝中心坐标误差较大	
名称	火花法	
图示及说明	移动工作台使工件的基准面逐渐地靠近电极丝。在出现电火花的瞬间，记录工作台的相应坐标值，再根据放电间隙计算电极丝中心的坐标 电极丝中心位置＝工件外形尺寸/2＋电极丝半径＋单边放电间隙	工件　电极丝　火花　X向　Y向
适用及特点	这种方法简单易行。但是，此时的放电间隙与正常线切割条件下的放电间隙不同，电极丝中心坐标产生误差	

续表

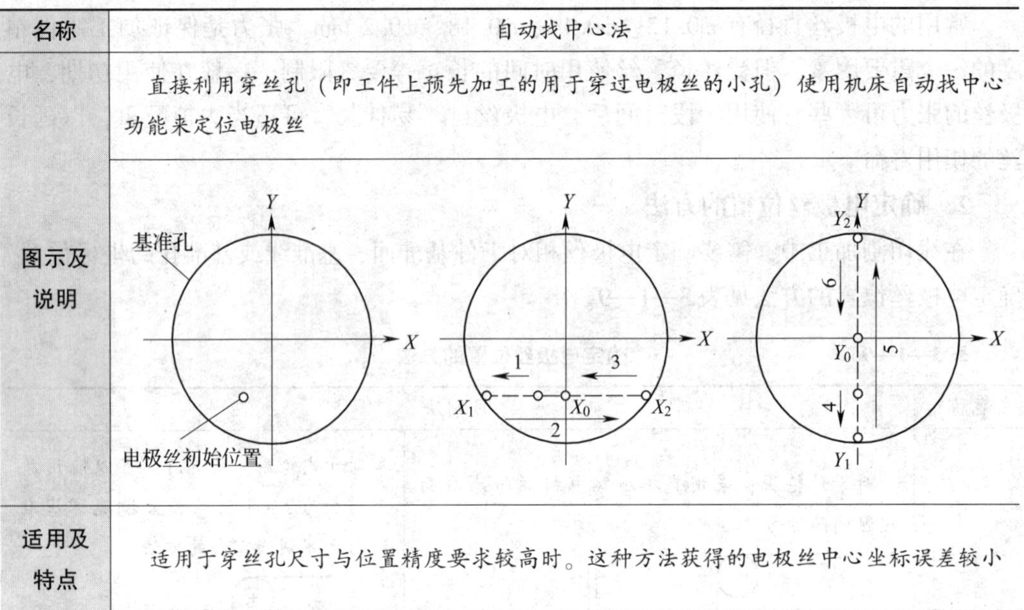

名称	自动找中心法
	直接利用穿丝孔（即工件上预先加工的用于穿过电极丝的小孔）使用机床自动找中心功能来定位电极丝
图示及说明	
适用及特点	适用于穿丝孔尺寸与位置精度要求较高时。这种方法获得的电极丝中心坐标误差较小

六、电火花线切割机床的维护保养

1. 日常维护保养

（1）日常维护保养主要内容

1）每班维护时，班前要对设备进行点检，查看有无异常，并按润滑图表规定加油；确认安全装置及电源等是否良好。

2）设备先空载运转，等到充分润滑及达到热平衡后再工作。

3）对运行中的设备要注意观察，发现问题必须立即停机处理。同时严格遵守操作规程。对不能排除故障的设备要填写设备故障维修单，交维修部门，检修完成后由操作者签字验收。

4）下班时要切断电源，清扫、擦拭设备，在设备导轨部位涂油，清理工作场地，保持设备及周围环境清洁。

（2）日常维护保养注意事项

1）避开阳光直射，尽量远离振动源（如电焊机、高频处理设备）。经常清理数控装置的散热通风系统，便于数控系统可靠运行。有超温情况时，一定要立即停机检测。应始终保持机床的清洁与完整。

2）机床电源保持稳定，波动范围控制在 $-15\% \sim 10\%$。最好有稳压装置和防止损坏系统。

3）润滑装置要保持清洁、油路畅通，各部位润滑良好。油液必须符合标准。

4）电控柜的门应尽量少开，防止灰尘、油雾对电子元器件的腐蚀及损坏。

2. 定期维护

设备的定期维护是在维修工的配合下，由操作者进行的定期维修作业，按设备管理部门的计划执行。在维护作业中发现的故障隐患一般由操作者自行调整，不能完成的则以维修工为主、操作者配合进行处理，并按规定做好记录备查。设备定期维护后要由机械员（师）组织维修组验收，由设备部门抽查。定期维护的主要内容如下：

（1）清洁

拆卸指定部件、箱盖及防尘罩等，彻底清洗，擦拭各部件内外；更换切削液及清洗切削液箱；补齐手柄、手球、螺钉、螺母及油嘴等机件，保持设备完整；清扫、检查、调整电气线路及装置。

（2）定期润滑

疏通油路，清扫滤油器，检修油毡、油线、油标，增添或更换润滑油。线切割机床上需定期润滑的部位主要有机床导轨、丝杠螺母、传动齿轮、导轨轴承等，一般用油枪注入润滑油。如果轴承和滚珠丝杠外罩保护套，可以每隔半年或一年拆开注油。

（3）定期调整

有些电火花线切割机床的丝杠螺母采用锥形开槽式的调节螺母，需要拧紧，一般凭经验和手感确定间隙，保持其转动灵活。滚动导轨的调整方法为：松开工作台一边的导轨固定螺钉，拧动调节螺钉，观察百分表指针的反应，使其靠紧另一边。挡丝块和导电块的调整在于改变电极丝与挡丝块、导电块的接触位置。因为挡丝块和导电块使用很长时间后，会摩擦出沟痕，易造成电极丝断裂，所以需转动或移动，以改变接触位置。

（4）检查、调整与更换

检查和调整各部分配合间隙，更换个别易损件及密封件。需定期更换的电火花线切割机床上的易损件有导轮、导电块、挡丝块和导轮轴承。

七、电火花线切割机床安全操作规程

1. 电火花线切割机床的操作人员必须是经过专业训练的技工。

2. 启动机床进行加工前应注意检查以下各项：工件是否压紧；工件的切割尺寸是否留有余量，以免电极丝割伤工作台；储丝筒正、反转的运行限位是否调整好；所有开关应处于非工作的安全位置；机床的冷却系统应处于良好的工作状态；电极丝应处于导丝轮槽内，张紧力应合适；工作台区域无搁放其他杂物，工作台应运行畅通。

3. 程序输入前，必须严格检查程序的格式、代码及参数选择是否正确。程序输入后，必须首先进行加工轨迹的模拟显示，确定程序正确后，方可进行加工操作。

4. 启动机床后，首先检查电极放电是否正常，电路有无报警；调整切削液的流量，检查切削液有无滴漏。操作时必须保持精力集中，发现异常情况要立即停止机床，

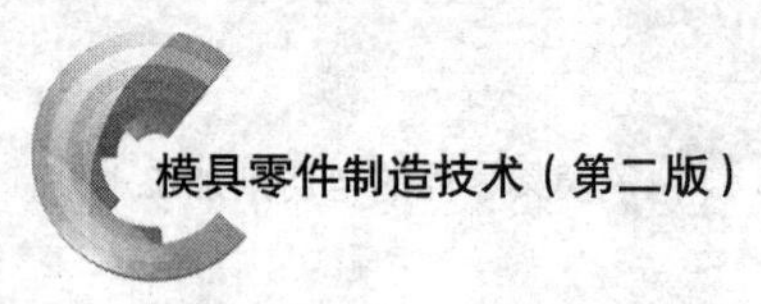

及时处理，以免损坏设备。

5. 只有在机床停稳后，才能进行拆装工件等工作。装卸工件时，禁止用重物敲打机床部件。

6. 操作人员离开线切割机床前，必须停止机床的运转。

7. 操作完毕必须关闭电源开关，清理工具，保养机床和打扫工作场地。

任务二　电火花线切割加工凸模

工作任务

在快走丝电火花线切割机床上手工编程并加工如图 3—1—17 所示的凸模。它是冲孔冲裁模的工作零件。毛坯尺寸为 25 mm × 25 mm × 80 mm，材料为 Cr12。工件上下表面均为磨削表面，外形尺寸按 IT8 公差等级加工。

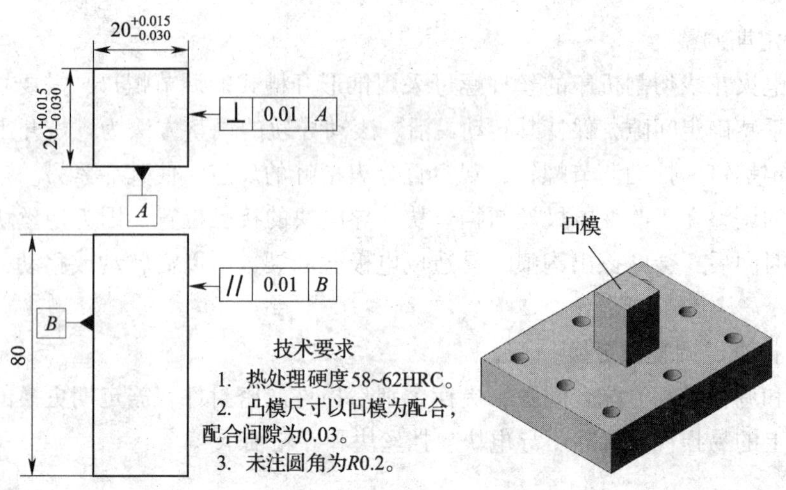

图 3—1—17　冲孔冲裁模工作零件凸模

任务实施

一、工艺分析

1. 凸模是一个截面为正方形的长方体零件。凸模的加工精度要求不高，达到 IT8 级精度即可。由于在凸模线切割加工之前工件需要经过淬火处理，因此在工件淬火前要先钻出穿丝孔，才能实现封闭式切割。

2. 由于工件是一块不大的材料，因此选择悬臂支撑装夹方式。

3．电极丝选用直径 $\phi0.18$ mm（或 $\phi0.2$ mm）的钼丝。

4．因为凸模只需要进行一次线切割，所以在加工时电参数选用加工条件号为 C821。凸模的线切割轨迹如图 3—1—18 所示。

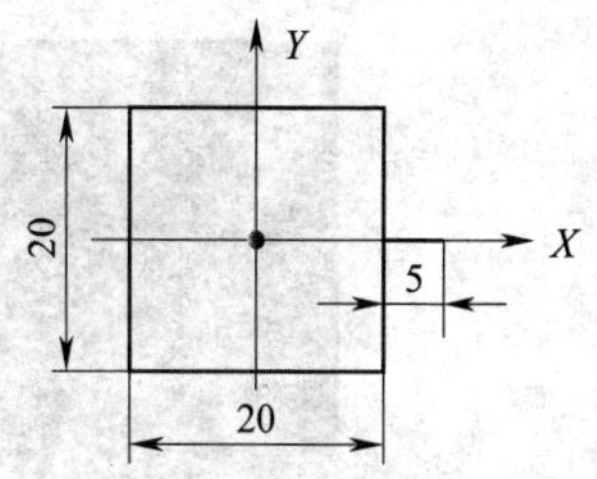

图 3—1—18　凸模线切割轨迹图

5．凸模线切割选用水基切割液。

二、程序编制

参考程序见表 3—1—10。

表 3—1—10　　参考程序

程序	说明
H000 = 0;	给 H000 赋值为 0
H001 = 0.1;	给 H001 赋值为 0.1
G90 G92 X15.0 Y0;	制定绝对坐标系，预设当前位置
T84 T86;	开启切削液，运丝
C821;	指定放电加工条件号
G01 X11.0 Y0;	直线插补加工
G42 H000;	建立右补偿
G01 X10.0 Y0;	
G42 H001;	对切割路径进行右补偿
G01 X10.0 Y10.0;	切削外轮廓
X-10.0 Y10.0;	
X-10.0 Y-10.0;	
X10.0 Y-10.0;	
X10.0 Y0;	
T85 T87;	关闭工作液，停止运丝
M00;	暂停
T84 T86;	
G40 H000 G01 X11.0 Y0;	取消补偿
X15.0 Y0;	
T85 T87;	
M02;	程序结束

三、加工操作

1．准备工作

（1）检查毛坯尺寸、形状及表面是否符合要求。

（2）检查机床的开关、按钮及系统是否符合安全要求。

（3）装夹工件，并用百分表找正，如图 3—1—19 所示。

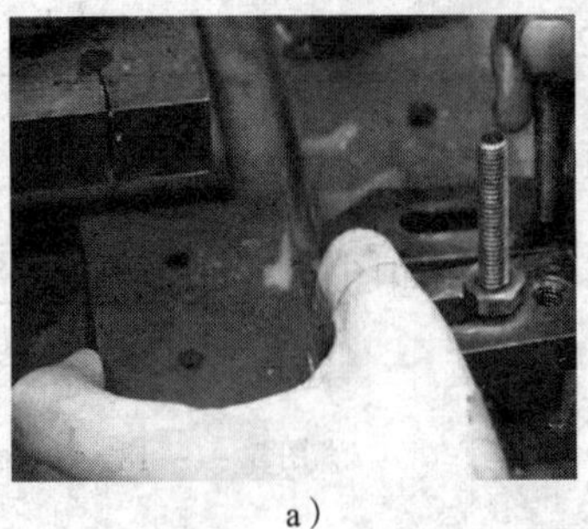
a)

b)

图 3—1—19 装夹并找正工件

a) 装夹工件 b) 百分表找正

（4）给线切割机床上丝。

（5）找正电极丝垂直度并清零。

（6）拆下电极丝，将钼丝从穿丝孔穿入（图 3—1—20），并调整行程开关。

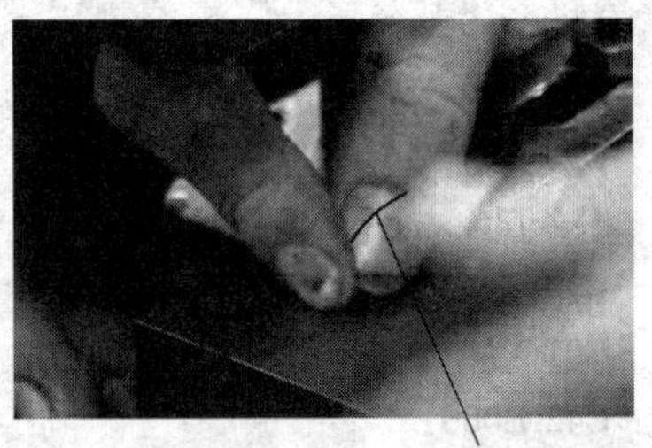

图 3—1—20 穿丝

2. 启动机床

首先，转动电源开关，接通电源。然后，旋开急停按钮，按下开机按钮，启动机床。

3. 线切割加工

（1）启动机床后，进入“加工准备”界面。

（2）在“加工准备”界面中，点击“文件准备”图标进入“文件准备”界面（图 3—1—21）

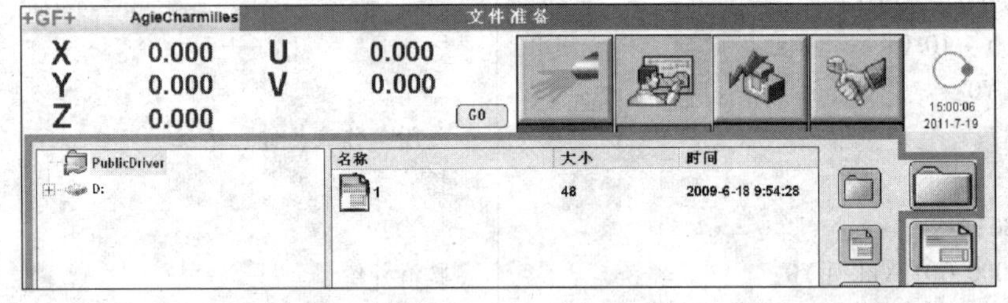

图 3—1—21 “文件准备”界面

（3）输入加工程序（图 3—1—22）。

（4）调取程序，进行线切割加工。

1）在“放电加工”界面左侧文件目录里，选择刚保存的程序名称。选定程序后，右侧上方“文件名称”的文本框里会直接显示程序的地址，如图 3—1—23 所示。

2）鼠标点击右侧代表放电加工的小闪电图标，图标变暗，说明程序已经加载到机床。

3）按一下机床手柄上的绿色按钮，启动机床，开始加工。加工后可以用鼠标点击右侧下方的图形跟踪，会显示电极丝加工的位置，如图 3—1—24 所示。

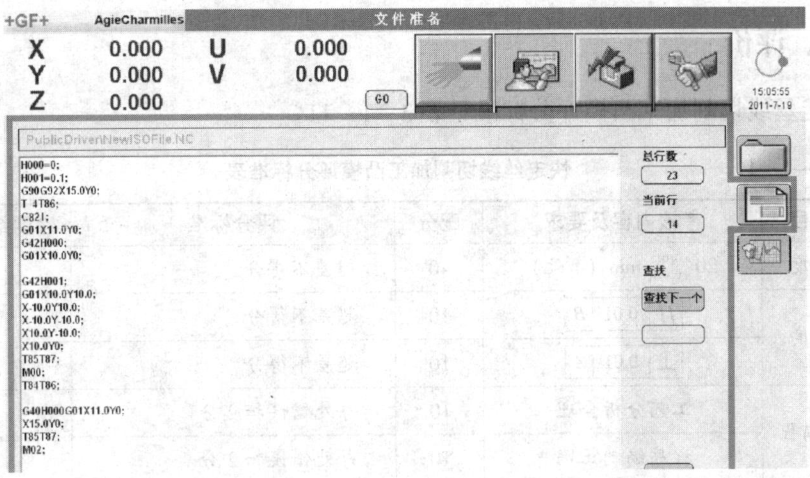

图 3—1—22 “文件准备”界面的“加工程序输入”窗口

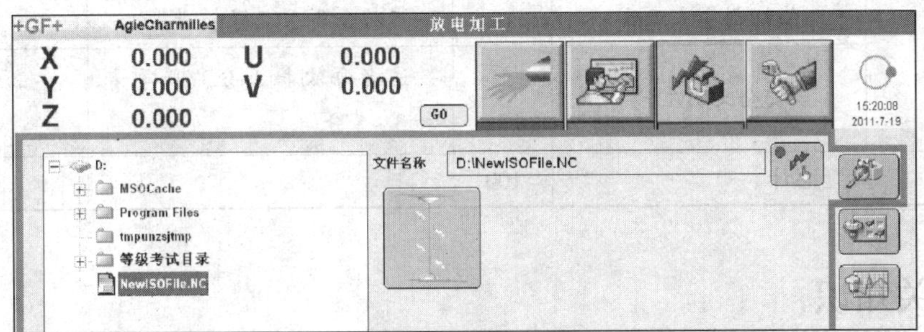

图 3—1—23 调取程序

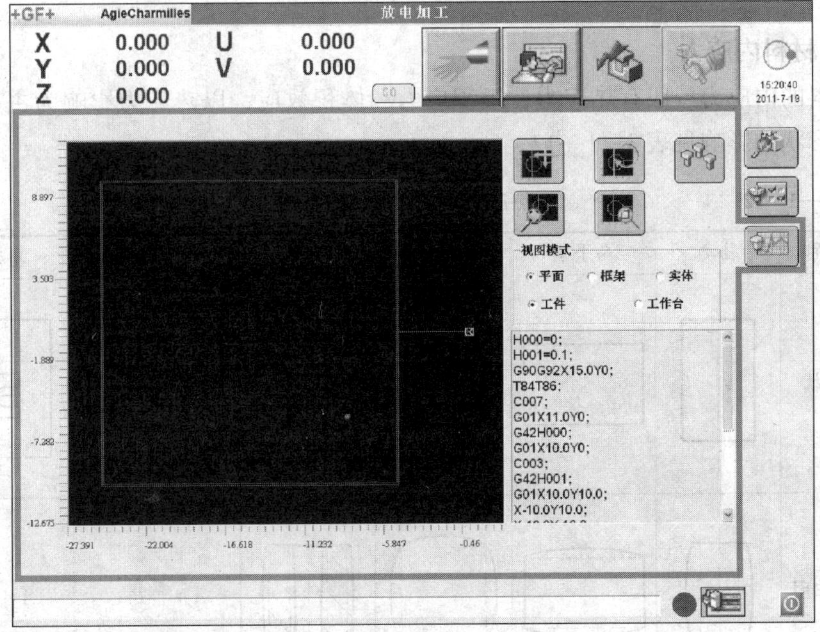

图 3—1—24 “放电加工”界面显示电极丝加工位置

四、评价

快走丝线切割加工凸模评分标准见表3—1—11。

表3—1—11　　快走丝线切割加工凸模评分标准表

考核项目	考核内容及要求	配分	评分标准	检测结果	得分
尺寸精度	$20^{+0.015}_{-0.030}$ mm（4处）	40	超差不得分		
位置精度	// 0.01 B	10	超差不得分		
	⊥ 0.01 A	10	超差不得分		
工艺与编程	工艺分析合理	10	每处错误扣2分		
	程序编制正确	10	每处错误扣2分		
其他	操作动作规范	5	不符合要求不得分		
	线切割方法正确	10	不符合要求不得分		
	安全文明生产	5	违者每次扣1分，严重者扣3~5分		
总计		100			

相关知识

一、影响加工精度的因素

1. 材料内应力

材料的内应力一般有热应力、组织应力和体积效应，以热应力影响为主，热应力对工件形状的影响见表3—1—12。

表3—1—12　　热应力对工件形状的影响

零件类别	轴类	扁平类	正方形类	套类	薄壁型孔	复杂型腔
理论形状					A B	A B
热应力作用					A+　B+	A-　B+

对于应力变形，一般可采用预加工（如在余料上钻孔、切槽等）、热处理（如充分回火）消除应力，以及合理安排切割起点的位置、加工路线，以限制应力释放。

2. 定位孔精度

定位孔自身的精度及找正该孔的精度都会影响加工精度。如果用穿丝孔作为定位孔，则要保证穿丝孔精度。如图 3—1—25 所示，假设工件厚度为 H，定位孔如果有一定的倾斜度 α，则找正中心误差与工件厚度、倾角的正切成正比。

为了减小定位孔自身精度对定位的影响，在工件厚度不变的情况下，通常采用挖空定位孔的方式来减小 H，如图 3—1—26 所示；或者设法提高定位孔的垂直度，如对要求较高的定位孔需在坐标镗床上加工。对于多孔位加工，为了保证各孔的位置精度，也需在坐标镗床上加工定位孔。另外，为了提高感知精度，感知面的表面粗糙度值要小，且孔口倒角，以防产生毛刺。

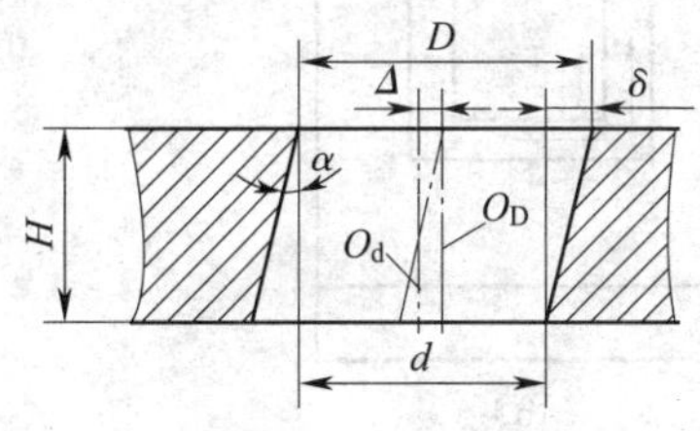

图 3—1—25 找正示意图

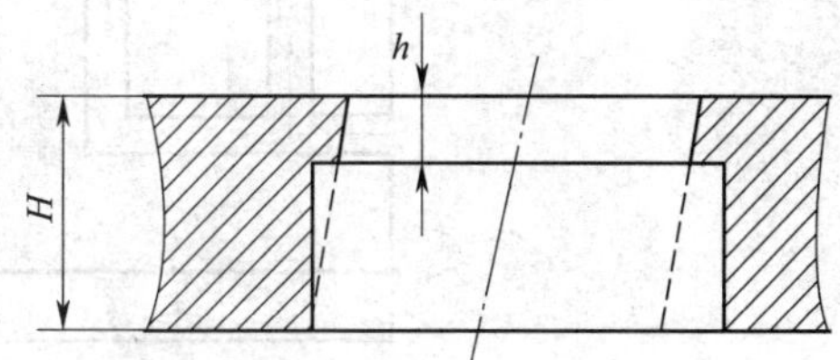

图 3—1—26 孔位修正后找正示意图

3. 拐角策略

线切割加工时由于电磁力的作用，电极丝会产生一个挠曲变形而滞后。在进行拐角切割时，这种情况会使得工件轮廓的尖角被抹掉而造成塌角，如图 3—1—27 所示。为防止塌角可采用以下方法：

（1）程序段尾延时，以等待电极丝切直。

（2）进行凸模加工时，可在外面的余料上过切（即沿原程序段多切一段距离，再原路返回）。在这个过切过程中，电极丝已回直，则可加工出清角。

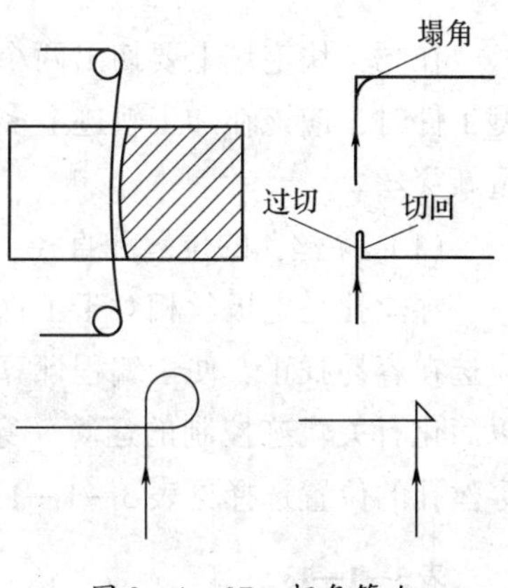

图 3—1—27 拐角策略

4. 走丝系统

走丝系统正、反向运丝时张力差，是产生换向条纹、影响表面粗糙度的重要因素。此外，电极丝的抖动程度（即走丝的平稳性）、张力的大小都会对加工表面及尺寸精度带来影响。电极丝的抖动在切割表面呈现为两端条纹明显而中间条纹略轻微。张力大小会影响工件纵剖面尺寸的一致性。如果张力大，则电极丝绷得较直，工件上下一致性好；但是，电极丝的损耗大，且对导电块、导轮及轴承的磨损也大。电极丝在使用的中、后期要适当减小配重，以延长其使用寿命。操作人员应经常检查走丝机构（包括储丝筒、配重、导轮、导电块）的状况，维护好它们才能保证走丝平稳。

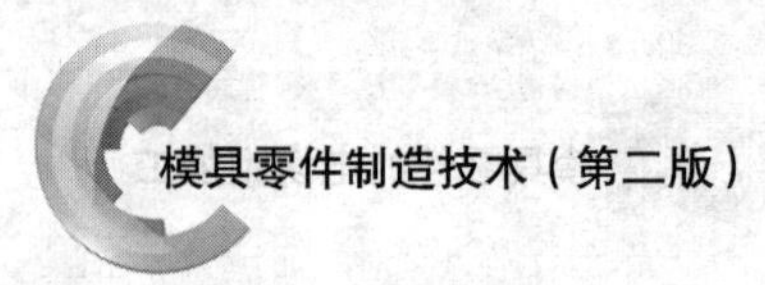

二、线切割加工工艺

1. 穿丝孔的选择及加工

如图 3—1—28a 所示，在线切割工件时电极丝从毛坯外直接切割，随着电极丝的持续进给，工件外部割除的金属质量会逐渐变大，在与工件连接部位产生变形，影响线切割的精度或造成断丝、夹丝故障。如图 3—1—28b 所示，采用穿丝孔切割，可以使工件毛坯保持完整，减小因材料变形所造成的误差，保证了工件的加工精度。因此，切割封闭形工件时，为了保证零件的完整性，必须预先加工出穿丝孔；切割工件外轮廓时，一般也要加工出穿丝孔。

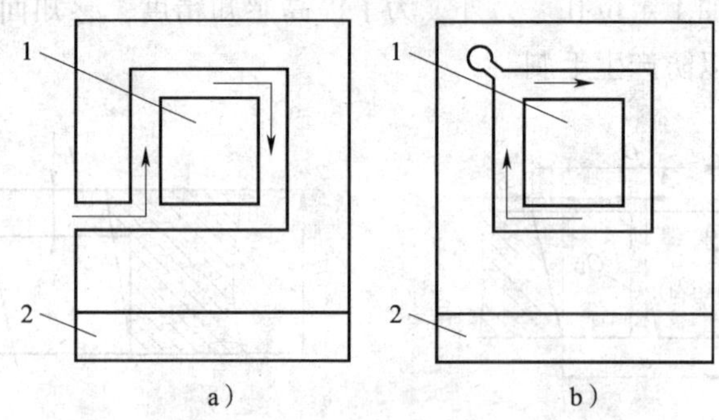

图 3—1—28　切割工件时有无穿丝孔的比较

a）不好　b）好

1—工件　2—夹持部分

在同一块毛坯上要切出两个以上工件时，应设多个穿丝孔，并靠近工件。加工大型工件时，应该在加工轨迹上多设置几个穿丝孔，以便在切割中发生断丝时能够就近重新穿丝。

（1）穿丝孔的位置和直径

穿丝孔是电极丝相对于工件运动的起点，同时也是程序执行的起点位置。穿丝孔应选在容易找正、便于编程计算的位置，最好选在已知坐标点或便于计算的坐标点上，以简化有关轨迹控制的运算。穿丝孔的直径不宜太小或太大，一般为 $\phi3 \sim \phi10$ mm。穿丝孔的位置选择见表 3—1—13。

表 3—1—13　穿丝孔位置的选择

线切割对象的类型	穿丝孔的位置	目的
中、小型凹形工件	工件中心	便于穿丝孔加工位置的准确定位，又便于轨迹坐标的计算
凸形工件或大型凹形工件	加工起始点附近	缩短加工路径，节约工时
外形（外轮廓）	型面外侧靠近切割起点处	缩短距离，减小变形
窄槽（内轮廓）	图形的最宽处	避免变形

为缩短开始切割时的切入长度，穿丝孔可以设在距离型孔边缘 2 ~ 5 mm 处。加工凸模时为减小变形，电极丝切割时的运动轨迹与毛坯边缘的距离应大于 5 mm。

（2）穿丝孔的加工

穿丝孔的尺寸精度、位置精度一般不能低于工件要求的精度。为了保证孔径尺寸精度，穿丝孔可采用较精密的机械加工方法，如钻→铰、钻→镗或钻→车等。在加工穿丝孔时，如果有基准面定位，不需要用穿丝孔定位时，可直接用钻床钻出穿丝孔。当选择以穿丝孔作为加工基准定位时，穿丝孔的位置精度直接影响加工精度，其应在具有较精密坐标工作台的机床上进行加工。

2. 切割起点及切割路线的选择

线切割加工过程中，除了需要从穿丝孔开始加工外，还应该合理选择切割起点和切割路线。

（1）切割起点的选择

线切割加工的多是封闭图形，切割起点一般也是切割终点。为了避免电极丝返回起点时重复位置误差，减少加工痕迹，提高切割精度和表面质量，应合理选择切割起点。

切割起点的选择原则是：应选择在表面粗糙度要求较低的表面上；应尽量选择在切割图形的交点上；对于无切割交点的工件，应尽量选择在便于钳工修复的部位，如外轮廓的平面、半径大的弧面等。

（2）切割路线的选择

为了避免线切割过程中工件的变形，在选择切割路线时必须注意以下方面：

1）尽量采用穿丝孔，切割路线从坯件预制的穿丝孔开始。一般情况下，切割路线应从工件装夹位置的附近开始，向离开工件装夹位置的方向切割，最后回到工件装夹位置的附近。如果工件在开始时就与夹持部分大部分隔离，工件的刚度大大降低，会产生变形而导致加工误差。图 3—1—29 所示为切割起点和切割路线的选择。

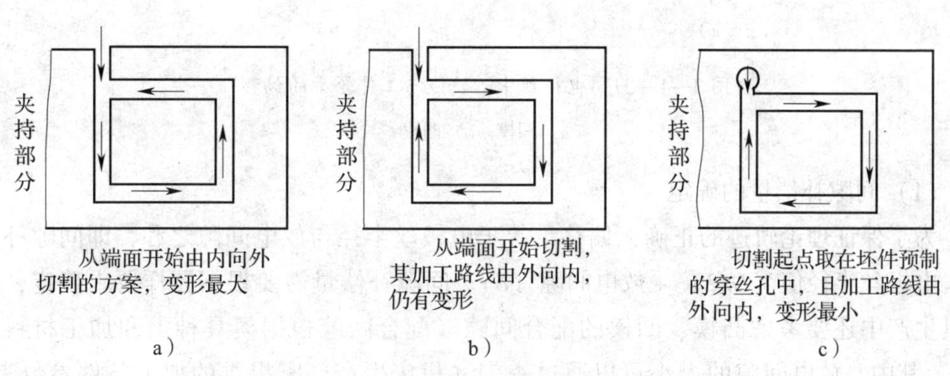

图 3—1—29 切割起点和切割线路选择

a）错误的方案 b）可用的方案 c）最好的方案

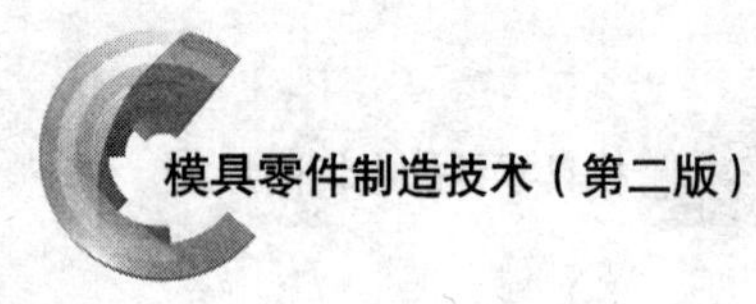

2）在一块毛坯上要切出两个及以上工件时，不应连续一次切割出来，而应从该毛坯的不同预制穿丝孔开始加工，如图 3—1—30 所示。

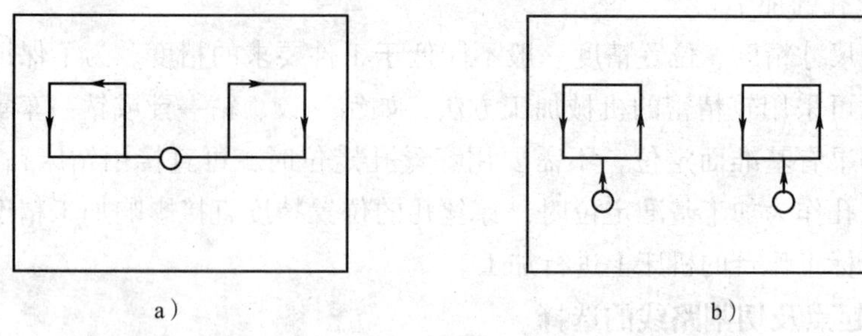

图 3—1—30　一块毛坯上切出两个工件的切割路线

a）错误方案（从同一个穿丝孔加工）　b）正确方案（从不同穿丝孔加工）

3. 间隙补偿量的确定及偏移方向的判断

因为电极丝具有一定的直径，加工时还会产生一定的放电间隙（即放电发生时电极丝与工件的距离），所以加工时工件的加工轮廓与电极丝的中心运动轨迹之间存在一定的偏移量（向材料内偏移），如图 3—1—31 所示。为保证加工后零件符合图样要求，电极丝中心轨迹应预先向材料外偏移一定的值，这个偏移值称为间隙补偿量。具体到模具的不同成型零件，凹模的偏移应向图形内侧，凸模的偏移向图形外侧，如图 3—1—31 所示。

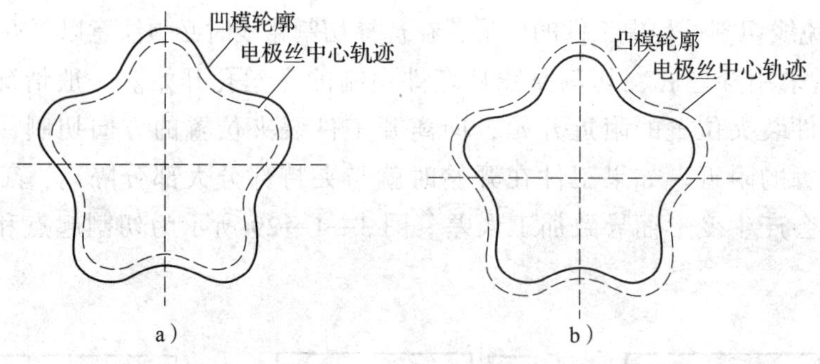

图 3—1—31　电极丝中心轨迹与工件轮廓的偏移

a）凹模　b）凸模

（1）间隙补偿量的确定

为了保证理论轨迹的正确，偏移量等于电极丝半径与放电间隙之和，即间隙补偿量 = 电极丝半径值（$D/2$）+ 放电间隙（δ）。间隙补偿量需要根据图样要求确定，在模具生产中还要考虑凸模、凹模的配合间隙（配合间隙根据模具种类和加工材料选取）。其中，放电间隙的大小可以通过查表（机床生产厂家提供的加工条件参数表）后计算得到。一般快走丝线切割加工时，放电间隙取 0.01 ~ 0.02 mm。对于在加工条件参数表中查不到的加工情况和加工精度要求很高的情况，可以通过切割一个正方形试件后实测得到。间隙补偿量可以在程序编写时加入，也可以在加工时通过机床自动补偿。

（2）偏移方向的判断

在线切割加工编程时，要判断偏移量的方向。偏移根据实际需要可分为左偏和右偏，具体要根据成型尺寸的需要来确定。按照电极丝轨迹的位置，电极丝位于理论轨迹的左边即为左偏，电极丝位于理论轨迹的右边即为右偏，如图 3—1—32 所示。

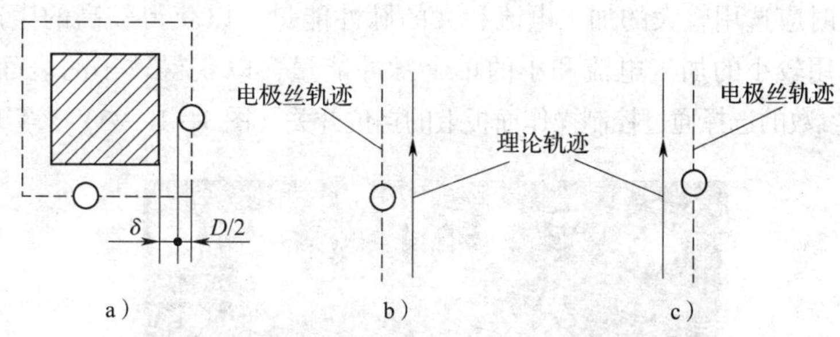

图 3—1—32 线切割加工中电极丝的偏移方向

a）电极丝偏移图 b）电极丝左偏 c）电极丝右偏

三、主要电参数的选用

1. 电参数

（1）脉冲宽度

在特定的工艺条件下，当脉冲宽度（简称脉宽）增加时，单个脉冲能力增大，加工速度提高，但是表面质量变差。通常情况下，脉宽的取值要考虑工艺指标及工件的材质、厚度。如果工件表面粗糙度要求较高，当工件材质易于放电切割加工，切割厚度适中时，脉宽取值一般为 3 ~ 10 μs；当工件材质放电切割性能差，切割厚度较厚时，脉宽取值一般为 10 ~ 25 μs。

（2）脉冲间隔

在特定的工艺条件下，当脉冲间隔减小时，平均电流增大，脉冲频率提高，切割速度加快。在脉冲间隔时间内，放电通道被消除电离，附近的液体介质恢复绝缘。因此，脉冲间隔不能过小，以免引起电弧和断丝，尤其是在刚切入或大厚度加工时，应取较大的脉冲间隔数值。

（3）开路电压

开路电压会引起放电峰值电流和电加工间隙的改变。随着开路电压的提高，加工间隙增大，排屑变得容易，线切割速度和加工稳定性提高；但是，容易造成电极丝振动，同时还会使电极丝损耗加大。

（4）峰值电流

峰值电流是决定单个脉冲能量的主要因素之一。峰值电流增大时，线切割速度提高，表面质量变差，电极丝损耗增大甚至出现断丝。

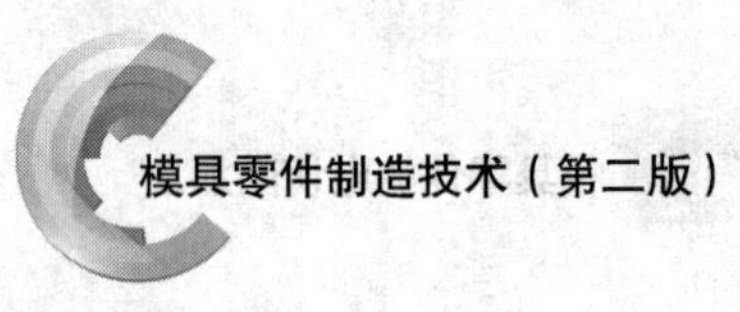

（5）放电波形

在相同的工艺条件下，高频分组脉冲常常能获得较好的加工效果。电流波形的前沿上升比较缓慢时，电极丝损耗较小。不过当脉冲宽度很窄时，必须要有陡的前沿才能进行有效的加工。

2. 电参数的合理选择

线切割加工时正确选择电参数，可以提高加工工艺指标和加工的稳定性。一般情况下，粗加工时应选用较大的加工电流和大的脉冲能量，以获得较高的生产效率；而精加工时应选用较小的加工电流和小的单个脉冲能量，以获得较小的表面粗糙度值。线切割加工电参数的选择通过控制操作面板上的挡位开关（图3—1—33）来实现。

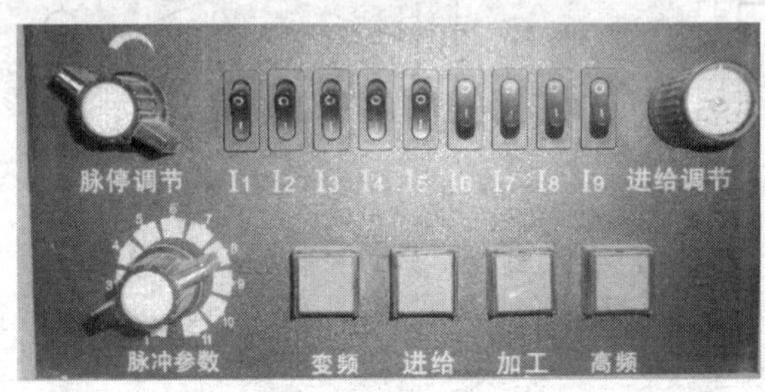

图3—1—33　线切割机床操作面板

（1）精加工时电参数的选择

脉冲宽度选择最小挡，电压幅值选择低挡，幅值电压约为75 V，接通1～2个功率管，调节变频电位器，加工电流控制在0.8～1.2 A。

（2）保证加工效率最大时电参数的选择

脉冲宽度选择4～5挡，电压幅值选择高挡，幅值电压约为100 V，功率管全部接通，调节变频电位器，加工电流控制在4～4.5 A。

（3）加工不同厚度工件时电参数的选择（表3—1—14）

表3—1—14　　加工不同厚度工件时电参数的选择

工件厚度	电压幅值（挡）	脉冲宽度（挡）	打开功率管（个）	加工电流（A）
薄	低	1或2	2～3	约1
较大（60～100 mm）	高	5	约4	2.5～3
大（>300 mm）	高	5～6	4～5	2.5～3

四、电火花线切割工作液

线切割加工只有在液体介质中进行最为稳定，并且液体介质对线切割工艺指标（如切割速率、工件表面粗糙度和加工精度等）影响很大。

线切割加工中使用的工作液是乳化液，它是由线切割专用乳化油加入一定比例的水配制而成。为了达到较好的防锈性，线切割乳化液中除了水、油和乳化剂外，还可以加入防锈剂；为了满足洗涤方面的要求，乳化液需要加入一些洗涤剂；为了增加线切割硬质合金和较厚工件时的爆炸力，乳化液中还添加爆炸剂。线切割加工常使用的乳化液有 DX－1 型皂化液、502 型皂化液、植物油皂化液、线切割专用皂化液。乳化液有以下特点：

1. 有一定的绝缘性能，适合线切割对放电介质的要求。

2. 具有良好的洗涤性能。在电极丝带动下，乳化液渗入工件切缝，起到溶屑、排屑作用。

3. 有良好的冷却性能，使整个放电区得到充分冷却。

4. 有良好的防锈能力。

5. 对环境无污染，对人体无害。

五、电火花线切割机床编程基本知识

1. ISO 代码程序格式

ISO 格式是国际上通用的线切割程序格式，我国生产的线切割系统也正逐步采用 ISO 格式。

一个完整的零件加工程序由多个程序段组成。一个程序段由若干个代码字组成。每个代码字由一个地址（用字母表示）和一组数字组成，有些数字还带有符号。例如，G02 总称为字，其中 G 为地址，02 为数字组合。

程序段由程序段号及各种字组成。举例如下：

N0020 G03 X－20.0 Y20.0 I－30.0 J－10.0；

每个程序都必须指定一个程序号，并编在整个程序的开始。程序号的地址为英文字母（通常设为 O、P、% 等），紧接着为 4 位数字，可编的范围为 0001～9999，如 O0018、P1532、%0965。

（1）N 为程序段号地址，程序段号可编的范围为 0001～9999。程序段号通常以每次递增 1 以上的方式编号。例如，N0010、N0020、N0030…，每次递增 10，其目的是留有插入新程序的余地。

（2）G 为指令动作方式的准备功能地址，可指令插补、平面、坐标系等，其后续数字一般为两位数（00～99），如 G00、G02、G91（G 功能指令在下面会详细介绍）。

（3）尺寸坐标字主要用于指定坐标移动的数据，其地址符为 X、Y、Z、U、V、W、I、J、K、A 等。其中，X、Y、Z 指定到达点的直线尺寸坐标；U、V、W 指定附加轴上到达点的直线尺寸坐标；I、J、K 指定圆弧中心坐标的数据；A 指定加工锥度的数据。

（4）线切割 ISO 代码中还有一些其他常用代码，其形式和功能如下：

1）M 为辅助功能地址，其后续数字一般为两位数（00～99），如 M02。

2）地址 T 用于指定操作面板上的相应动作的控制。例如，T80 表示送丝，T81 表示停止送丝。

3）地址 D、H 用于指定补偿量。例如，D0001 或者 H001 表示取 1 号补偿值。

4）地址 L 用于指定子程序的循环执行次数。例如，L3 表示循环 3 次。

2. G 功能指令（准备功能指令）

G 功能指令是设立机床工作方式或控制系统工作方式的一种命令。不同的数控系统中，G 代码、M 代码和 T 代码的功能并不完全相同。

（1）快速定位指令 G00

快速定位指令 G00 使电极丝按机床最快速度移动到指定位置。

指令格式：G00 X _ Y _；

X、Y——定位点的坐标。

（2）坐标指令 G90、G91、G92

1）绝对坐标指令 G90。采用该指令后，后续程序段的坐标值都应按绝对方式编程，即所有点的表示数值都是在编程坐标系中的点坐标值，直到执行 G91 为止。

指令格式：G90 X _ Y _；

X、Y——移动指令终点在工件坐标系中的坐标值。

2）相对坐标指令 G91。采用该指令后，后续程序段的坐标值都应按增量方式编程，即所有点的表示数值均以前一个坐标位置作为起点来计算运动终点的位置矢量，直到执行 G90 为止。

指令格式：G91 X _ Y _；

X、Y——移动指令终点在工件坐标系中的坐标增量值，即主轴的移动量。

3）设定坐标原点指令 G92。该指令指定电极丝起点坐标值。

指令格式：G92 X _ Y _；

X、Y——起点在编程坐标系中的坐标。

（3）直线插补指令 G01

该指令使电极丝从当前位置以进给速度移动到指定位置。

指令格式：G01 X _ Y _；

X、Y——*XY* 平面内直线的终点坐标。

（4）圆弧插补指令 G02（顺时针）、G03（逆时针）

指令格式：G02 X _ Y _ I _ J _；

G03 X _ Y _ I _ J _；

X、Y——圆弧终点的坐标值。

I、J——分别是在 *X* 方向和 *Y* 方向上，圆心相对于圆弧起点的距离。I、J 为 0 时可以省略。

3. 常用辅助功能 M 指令

M 指令是用来控制机床各种辅助动作及开关状态的指令，如主轴的转与停、切削液的开与关等。程序的每一个语句中 M 代码只能出现一次。

（1）程序暂停指令 M00

执行含有 M00 指令的语句后，机床自动停止。如果编程人员想要在加工中使机床暂停（检验工件、调整、排屑等），可以使用 M00 指令。只有重新启动程序后，才能继续执行后续程序。

（2）程序结束指令 M02

执行含有 M02 指令的语句后，机床自动停止，机床的数控单元复位（如主轴、进给、冷却停止），表示加工结束，但该指令并不返回程序起始位置。

（3）程序结束指令 M30

执行含有 M30 指令的语句后，机床自动停止，机床的数控单元复位（如主轴、进给、冷却停止），表示加工结束，但该指令返回程序起始位置。

任务拓展

电火花线切割自动编程简介

在电火花线切割机床上采用 Twin CAD/WTCAM 软件自动编程加工多工位级进凹模中间位置的 5 个孔，如图 3—1—35 所示。毛坯为 130 mm × 80 mm × 30 mm 的长方体，工件表面均为磨削表面，外形尺寸按 IT10 公差等级加工，材料为 Cr12。

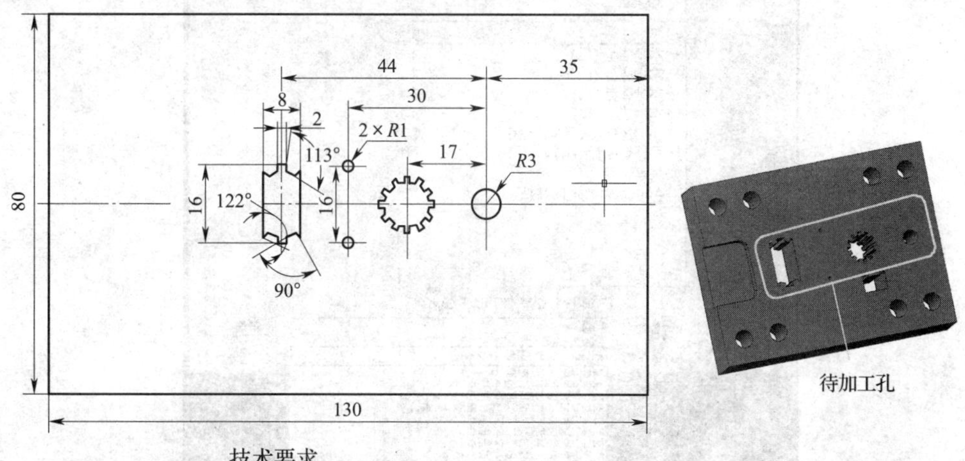

技术要求

1. 凹模在线切割加工前去毛刺和倒角。
2. 保证凹模各孔间的位置精度。
3. 凹模线切割加工前经淬火处理，硬度达50HRC。

图 3—1—34 多工位级进凹模

一、 自动编程

1. 图形导入

（1）绘制凹模零件的二维图形

1）在 AutoCAD 软件中绘制零件二维图形，如图 3—1—35 所示。

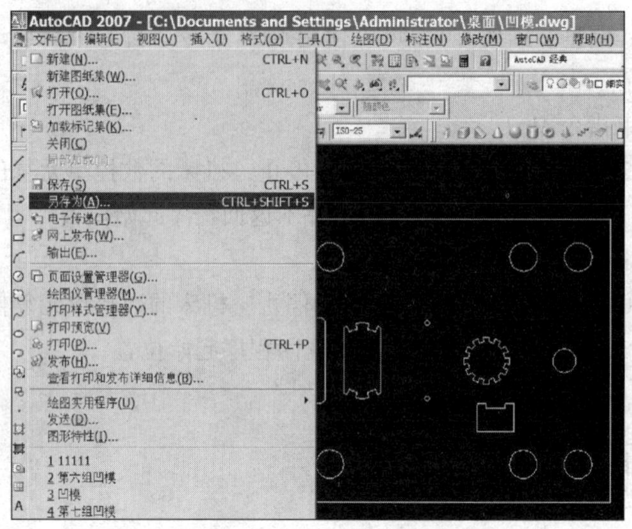

图 3—1—35　绘制零件图

2）单击“文件”，选择“另存为”，将图形文件格式 dwg 转换为 dxf，如图 3—1—36 所示。

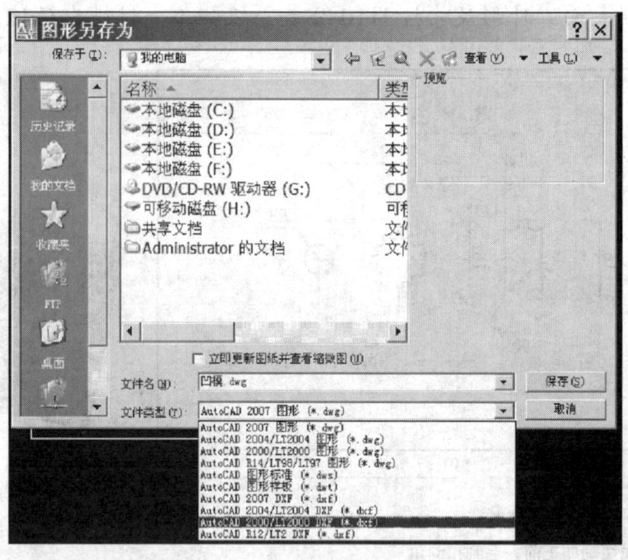

图 3—1—36　图形文件格式转换为 dxf

（2）凹模图形文件导入 Twin CAD/WTCAM

1）打开 Twin CAD/WTCAM，点击“图档并入”，选择“DXF 档”，如图 3—1—37 所示。

2）选中存储的文件（图 3—1—38a），双击打开，这样图形文件就由 AutoCAD 软件导入 Twin CAD/WTCAM（图 3—1—38b）。

2．程序转化

（1）画出与穿丝孔位置一致的各加工轮廓中心点

图 3—1—37 图档并入

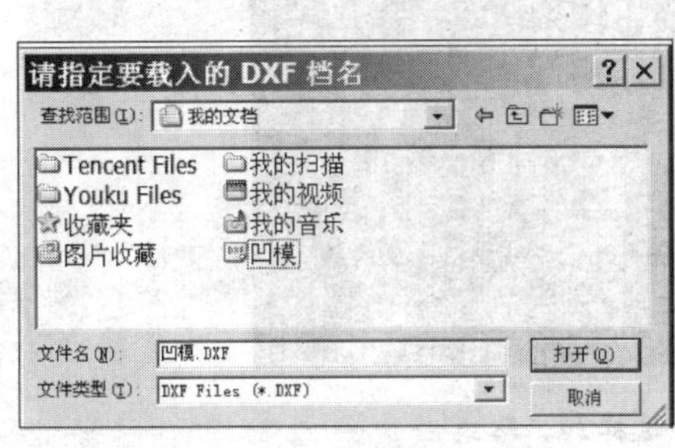

a)

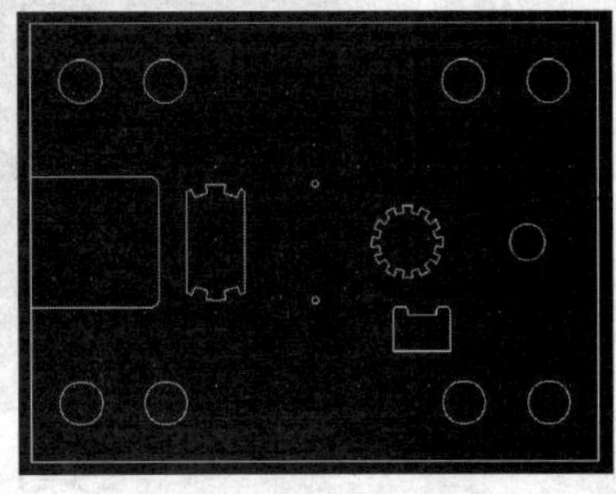

b)

图 3—1—38 打开图档

1）双击“WTCAM”图标，进入“WTCAM”系统环境。

2）设置加工路线，具体操作如下：

①输入字符“S”（图 3—1—39），按【Enter】键，进入前处理设定窗口。

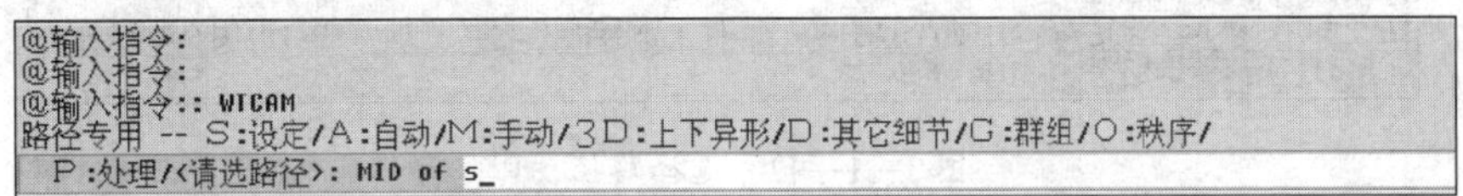

图 3—1—39 进入“刀具路径前处理参数设定”窗口

②输入参数并选择设定选项，如图 3—1—40 所示，然后单击“确定”按钮。

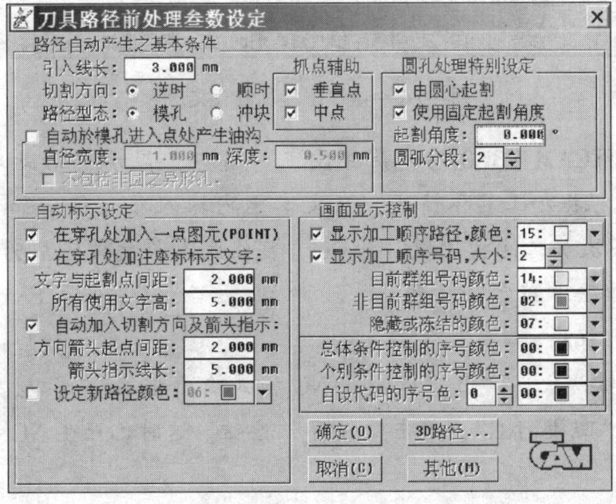

图 3—1—40 刀具路径前处理参数的设定

③在凹模零件图形上，依次点击，选择凹模三个异形孔的中心点，如图3—1—41所示。

(96.996,199.640)
(83.996,191.640)

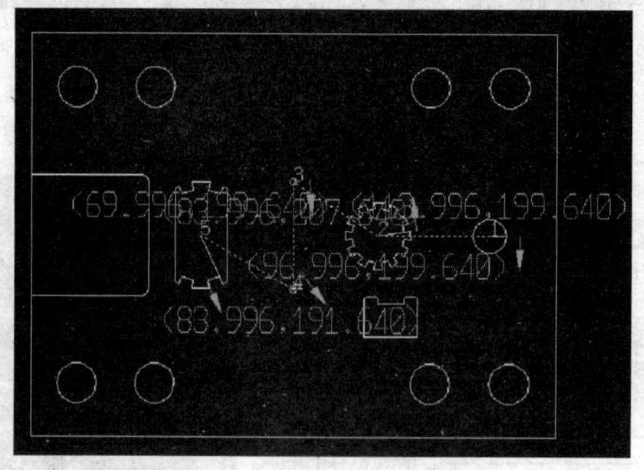

图3—1—41　选择加工路线

④设置完成，按两次回车键结束路径设置。

（2）加工路线对刀后处理控制设定

1）输入字符“P”，进入后处理控制设定，如图3—1—42所示。

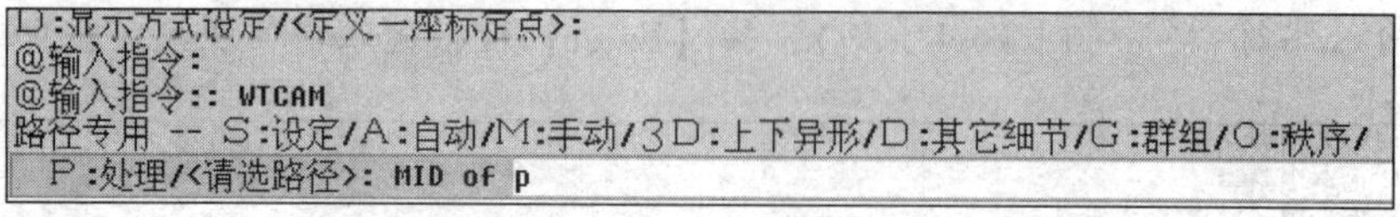

D:显示方式设定/<定义一座标定点>:
@输入指令:
@输入指令:: WTCAM
路径专用 -- S:设定/A:自动/M:手动/3D:上下异形/D:其它细节/G:群组/O:秩序/
P:处理/<请选路径>: MID of p

图3—1—42　选择路径“P”

2）进入编程设定，输入字符“S”，如图3—1—43所示，按【Enter】键。

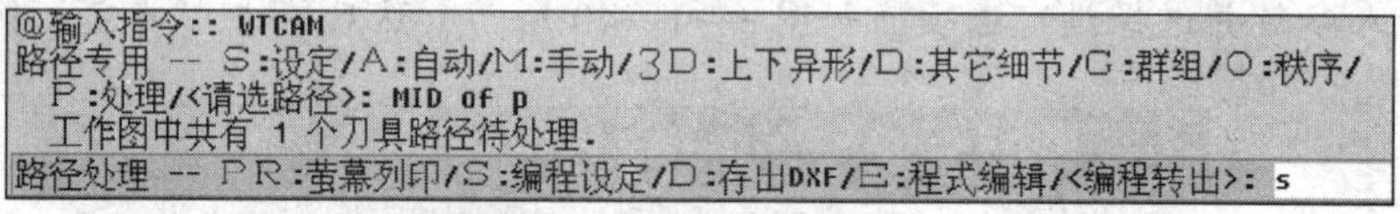

@输入指令:: WTCAM
路径专用 -- S:设定/A:自动/M:手动/3D:上下异形/D:其它细节/G:群组/O:秩序/
P:处理/<请选路径>: MID of p
工作图中共有 1 个刀具路径待处理.
路径处理 -- PR:萤幕列印/S:编程设定/D:存出DXF/E:程式编辑/<编程转出>: s

图3—1—43　选择编程设定“S”

3）弹出“WTCAM V3.0总体条件设定”窗口，显示“后处理控制档”，如图3—1—44所示。根据加工具体情况，在文本框内输入参数值，如“趋近长度设定”为1.000 mm；“多次加工修模次数”为0；“割线脱离长度设定”为0.200 mm等。参数设置完成后，单击“确定”按钮。

（3）保存NC程序

按【Enter】键两次，弹出“请输入NC程式输出档名”窗口，如图3—1—45所示。输入文件名“凹模.NC”，单击“保存”按钮。这时已产生NC程序，并储存在刚才指定的路径下。

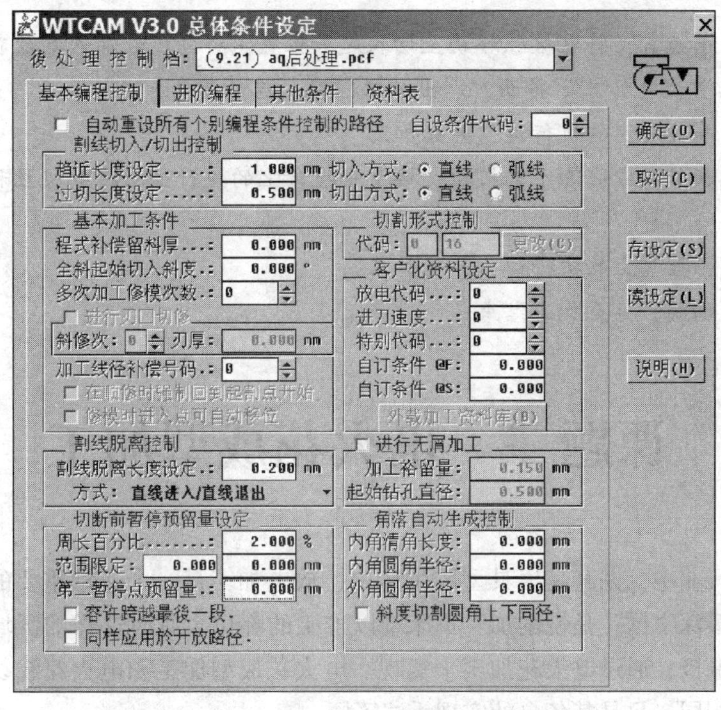

图 3—1—44 “后处理控制档”设定参数值

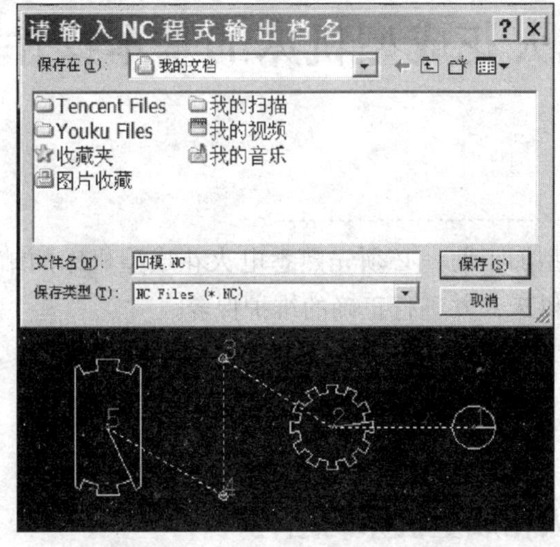

图 3—1—45 存储 NC 程序

二、加工操作

1. 接通电源，启动电火花线切割机床系统。
2. 按照前面所介绍的方法，进入“文件准备”界面，调出加工程序进行校验。
3. 工件采用悬臂装夹。零件装夹后，用垂直度找正器找正电极丝与工件的垂

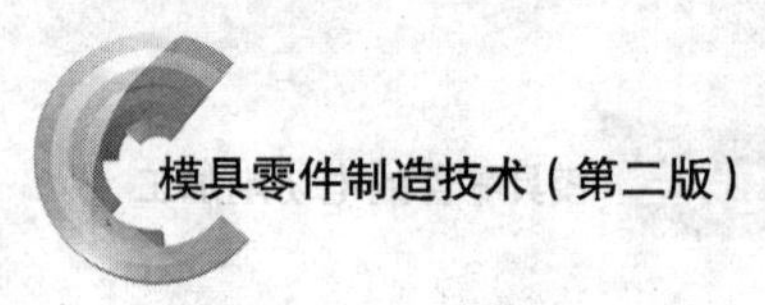

直度。

4. 操纵手控盒，将电极丝移动至切入起点位置，将电极丝穿入穿丝孔中。

5. 进入“放电加工”界面，调出加工程序，启动放电加工。

6. 按下手控盒上的执行键，开始加工。

7. 内孔加工完成，卸下电极丝，按下手控盒上的执行键，将电极丝移动至外形加工处穿丝。

8. 按下手控盒上的执行键，开始加工。

9. 依次切割，直至加工结束。

课题二　电火花成型加工

在模具行业中，尤其是模具型腔生产中，放电加工是一个非常重要的环节。模具型面上有许多深窄槽，是铣削加工机床难以加工的部位，有时这样的区域很多。这就需要大量的电极，通过电火花加工来实现。电火花成型加工和电火花线切割加工的放电加工原理相同，只是其各自的实现手法不同。

任务一　电火花成型机床的基本操作与日常维护

工作任务

在学习电火花成型加工前，必须先熟悉电火花成型机床的结构及其作用，能够熟练地操作电火花成型机床，并进行正确的维护保养。

任务实施

一、 认识电火花成型机床的结构

参观工厂的电加工车间，近距离观察电火花成型机床的结构，了解各个主要结构的作用。图 3—2—1 所示为电火花线成型机床的主要结构。

二、认识电火花成型机床操作面板

电火花成型机床系统也是分菜单来控制的，一个主菜单就是一个主屏幕。以阿奇夏米尔 SP 系列电火花成型机床为例说明主要屏幕操作功能。

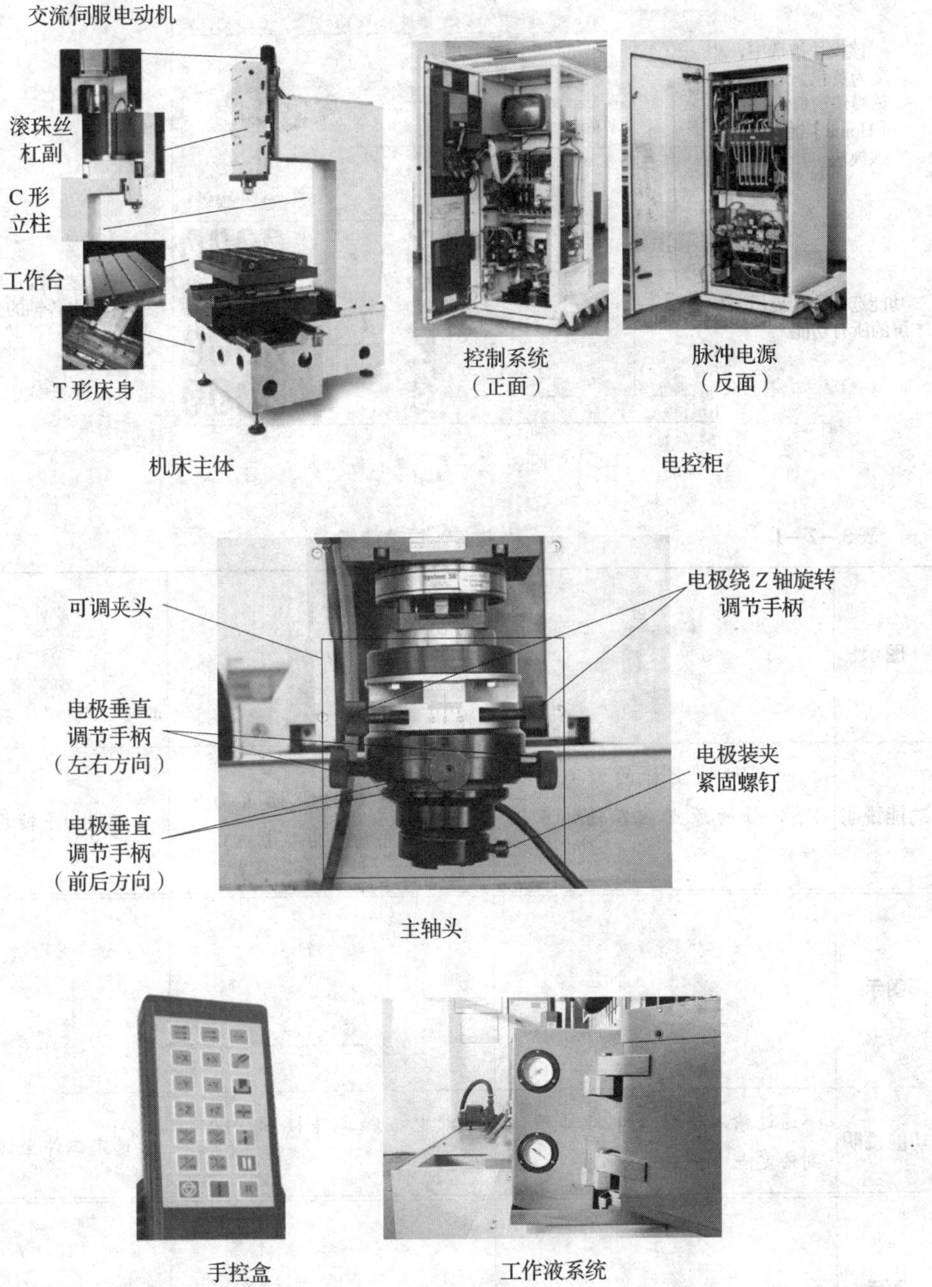
交流伺服电动机
滚珠丝杠副
C形立柱
工作台
T形床身
机床主体
控制系统（正面）
脉冲电源（反面）
电控柜
可调夹头
电极绕Z轴旋转调节手柄
电极垂直调节手柄（左右方向）
电极装夹紧固螺钉
电极垂直调节手柄（前后方向）
主轴头
手控盒
工作液系统

图 3—2—1 电火花成型机床的主要结构

1. “准备”屏

“准备”屏如图 3—2—2 所示。机床启动后，默认初始屏幕即为“准备”屏。同时按【Alt】和【F1】键，可选取自动定位功能。该屏的功能是完成加工前的准备工作。屏上有九个子功能键，具体功能见表 3—2—1。

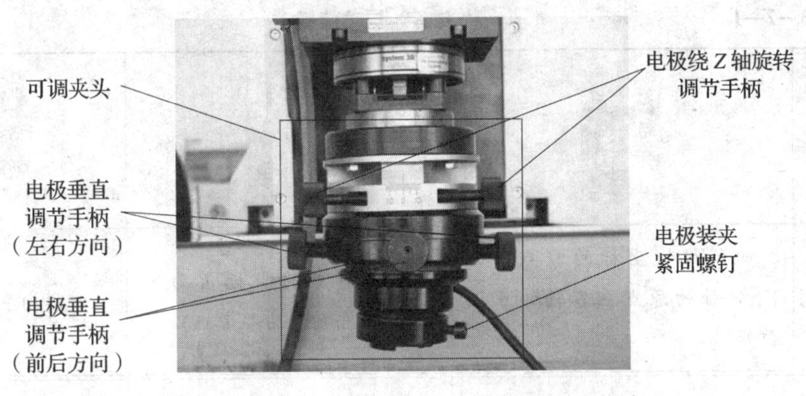

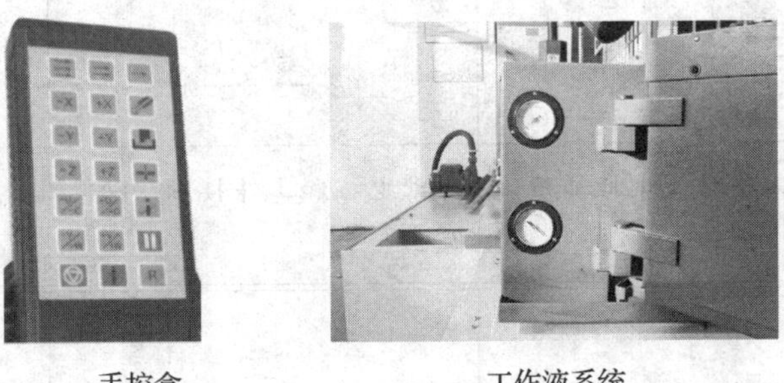

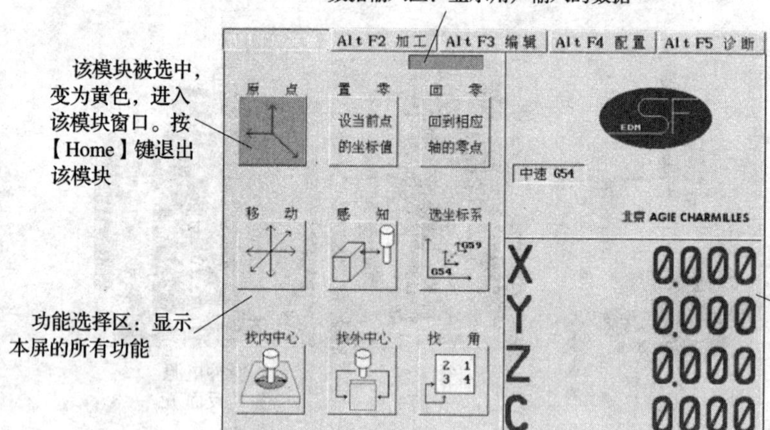

图 3—2—2 “准备”屏

表 3—2—1 **“准备”屏功能键**

图示	原 点	置 零 设当前点的坐标值	回 零 回到相应轴的零点
功能说明	回到机械坐标的零点，X、Y、Z 轴的原点在各轴的正限位处	设当前点的坐标值为零（即设定当前点为参考点）	回到相应轴的零点
图示	移 动	感 知	选坐标系 G59 G54
功能说明	通过输入数值使坐标轴移动到给定点	让电极和工件接触，以便定位	选定工件坐标系
图示	找内中心	找外中心	找 角 2 1 3 4
功能说明	自动确定一个型腔在 X 向或 Y 向上的中心	自动确定工件在 X 向或 Y 向上的中心	自动测定工件拐角

注：在找中心前，电极应大致位于工件中心，且在其运动范围内没有障碍物。

2. “加工”屏

“加工”屏如图 3—2—3 所示。同时按【Alt】和【F2】键，可进入“加工”屏。该屏的功能是完成零件的实际加工及自动编程。

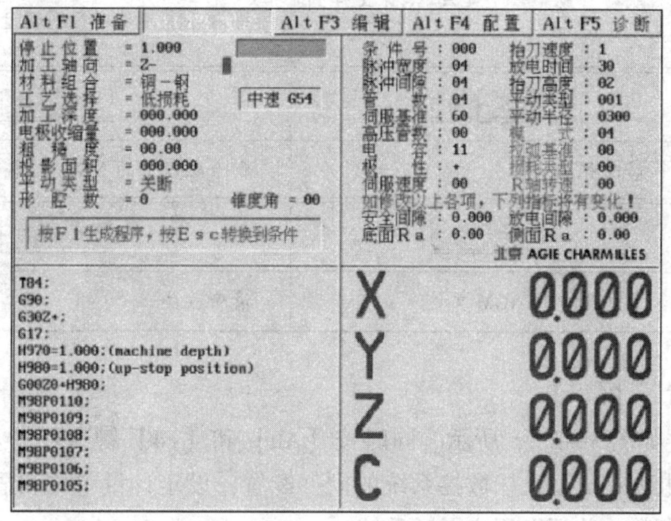

图 3—2—3 “加工”屏

3. “编辑”屏

“编辑”屏如图 3—2—4 所示。同时按【Alt】和【F3】键，可进入“编辑”屏。该屏的功能是进行手工编程或程序修改及程序文件的管理。屏的下方为六个子功能按钮，具体见表 3—2—2。

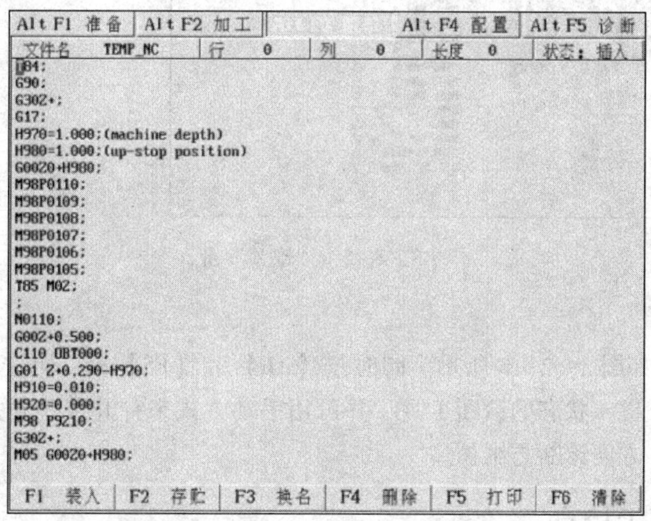

图 3—2—4 “编辑”屏

表 3—2—2　　“编辑”屏功能键

图示	F1 装入	F2 存贮
功能说明	从硬盘或光盘上装入 NGM 文件到内存	将内存中的程序存到硬盘或光盘上
图示	F3 换名	F4 删除
功能说明	修改程序名称	删除磁盘上的 NGM 文件
图示	F5 打印	F6 清除
功能说明	打印选中的 NGM 文件	清除程序

4. “配置”屏

“配置”屏如图 3—2—5 所示。同时按【Alt】和【F4】键，可进入“配置”屏。该屏用来设置电火花成型机床数控系统的硬件配置，设定计量单位和显示所用的语言以及系统其他参数，并帮助用户了解系统。

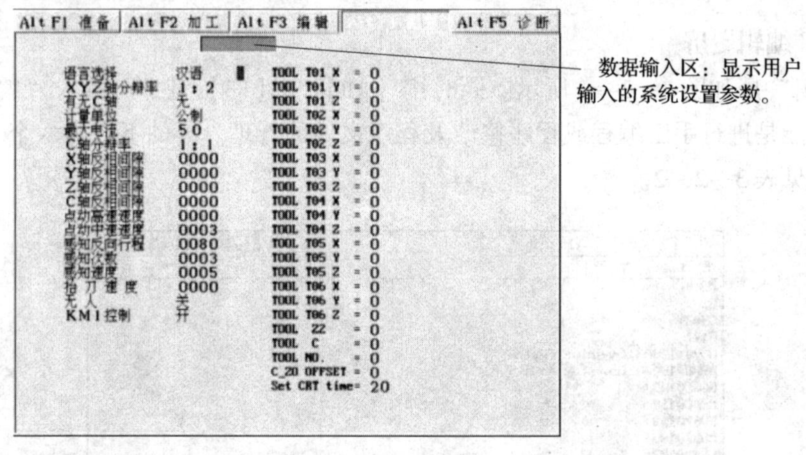

图 3—2—5　“配置”屏

5. “诊断”屏

“诊断”屏如图 3—2—6 所示。同时按【Alt】和【F5】键，可进入“诊断”屏。该屏提供了检查机床状态的诊断工具，并可用手动方式来打开某些开关，同时显示机床的各种信息，方便诊断与维护。

三、认识手控盒

以阿奇夏米尔 SP 系列电火花成型机床为例，手控盒如图 3—2—7 所示。手控盒按键名称及其功能见表 3—2—3。

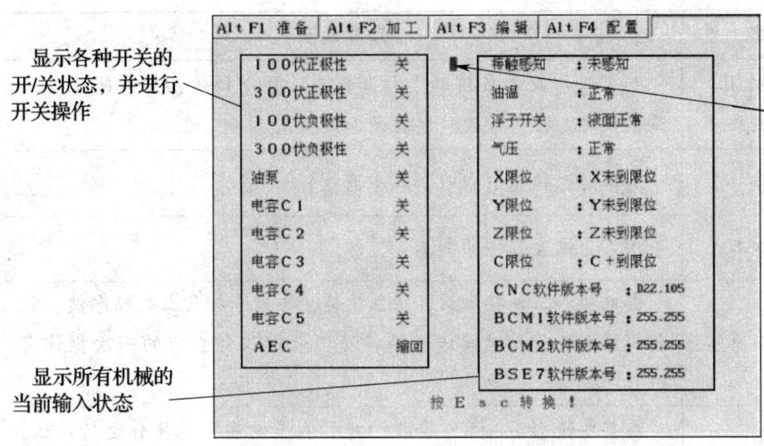

图 3—2—6 “诊断”屏

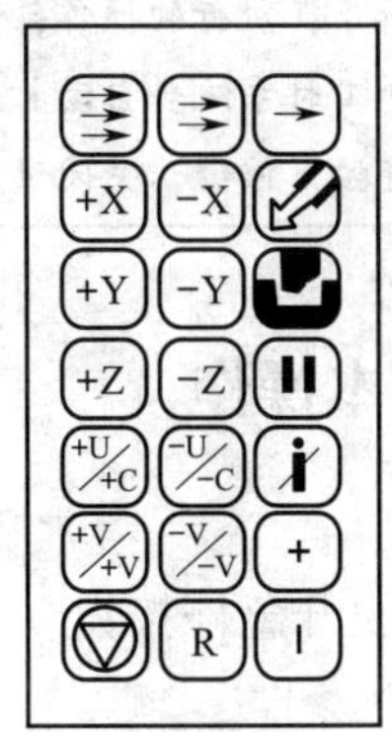

图 3—2—7 手控盒面板

表 3—2—3 手控盒按键及其功能

图示	名称	功能说明
	点动高速挡	分为 0 ~ 9 挡。0 挡速度最快，9 挡速度最慢
	点动中速挡	开机时系统默认为中速。分为 0 ~ 9 挡，0 挡速度最快，9 挡速度最慢
	点动单步挡	每按一次所选轴向键，机床移 0. 001 mm
+X −X +Y −Y +Z −Z	点动轴及其方向	面对机床正前方，左右方向为 *X* 轴，前后向为 *Y* 轴，上下方向 *Z* 轴 以主轴（电极）的运动方向而言，向右为“+X”，向左为“−X”；向前为“+Y”，向后为“−Y”；向上为“+Z”，向下为“−Z”（“+U”“−U”“+V”“−V”“R”均不起作用）

续表

图示	名称	功能说明
	打开/关闭工作液泵	如果工作液泵当前处于打开状态，按下该键，则关闭工作液泵；反之，按下该键，则打开工作液泵
	暂停	加工暂时停止（仅在加工中有效）
	恢复加工	按下，恢复暂停的加工
	忽视接触感知	当电极和工件接触后，按住该键，再按手控盒上的轴向键，能忽视接触感知，继续进行轴移动（此键仅对当前的一次操作有效）
	确认	在某些情形下，系统会提示操作人员对当前的操作进行确认，此时按下该键
	停止	中断正在执行的操作，关闭电阻箱内的风扇 在加工时系统会自动打开电阻箱内的风扇。在加工结束 5 min 后，可按下该键，关闭风扇

四、电火花成型机床的基本操作

1. 开机操作

（1）合上控制柜右侧总开关，脱开急停按钮（蘑菇头按钮按箭头方向旋转），启动机床。

（2）等待大约 20 s，机床显示屏进入“准备”屏。未进入“准备”屏前，操作人员不要按任何键。

（3）机床回原点的动作可选单轴回原点，也可选三轴回原点。图 3—2—8 所示为三轴回原点操作界面。用键盘上的上下移动箭头选取，选中后按回车键即可执行。执行期间选中的轴为黄色，执行结束后轴变成绿色。

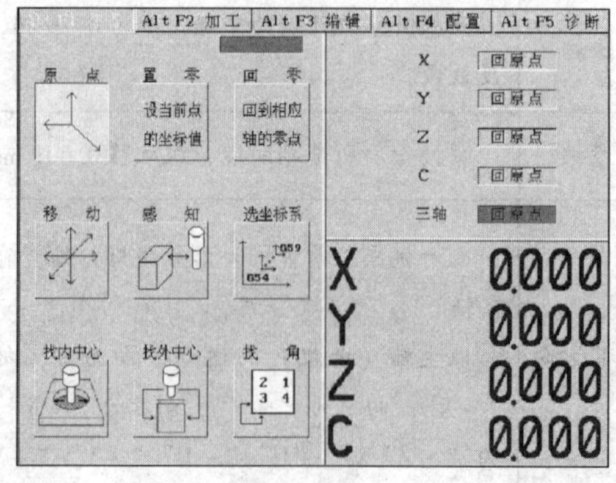

图 3—2—8　三轴回原点

2. 关机操作

（1）选择机床的“准备”屏，使用三轴回原点功能，使机床三轴回原点。

（2）按下急停按钮，断开控制柜右侧总开关，机床断电，停止运行。

3. 坐标轴移动操作

通过手控盒中的速度键和移动键可以控制各轴的移动。以操作者面对机床控制面板为基准，工作台向左移动，为 *X* 轴正方向，反之为 *X* 轴负方向；滑枕靠近工作台，为 *Y* 轴负方向，滑枕远离工作台，为 *Y* 轴正方向；主轴头上升，为 *Z* 轴正方向，主轴头下降，为 *Z* 轴负方向。

（1）*X* 轴方向的移动（工作台左右运动）

1）选择“点动单步挡”，使工作台按单步步距 0.001 mm 向左、向右移动。

2）选择“点动中速挡”，0 ~ 9 挡共 10 个挡位，对应使工作台按（10 ~ 100）mm/min 速度向左、向右移动。

3）选择“点动高速挡”，0 ~ 9 挡共 10 个挡位，对应使工作台按（100 ~ 1000）mm/min 速度向左、向右移动。

（2）*Y* 轴方向的移动（滑枕前后运动）、*Z* 轴方向的移动（主轴上下运动）

按上述方法，操作 *Y*、*Z* 轴方向的移动。

4. 加注工作液操作

为了保证电火花成型加工顺利，加工前应向工作液槽（图 3—2—9）中注入工作液。

（1）扣上工作液槽门的门扣，关闭工作液槽。

（2）闭合放油手柄（旋转后下压）。

（3）按手控盒上 ⌧ 键或在程序中用“T84”代码打开液压泵。

（4）用液面高度调节手柄调节液面的高度，工作液必须超过加工最高点 50 mm 以上。

5. 掉电恢复操作

加工过程中，如果机床出现意外停止，需要重新恢复启动。机床掉电后，如果要回到掉电前加工处的零点，必须具备以下条件：所有轴均回到了机床的原点，因为每一个零点的坐标都是以机床原点为参考点的；所有轴均设定了零点。具体操作为：

（1）电源恢复后，打开机床电源开关；将所有轴回原点。

（2）进入数控系统的第一屏（“准备”屏），把光标移到回零模块处，按【Enter】键；选择回零的轴，然后按【Enter】键。

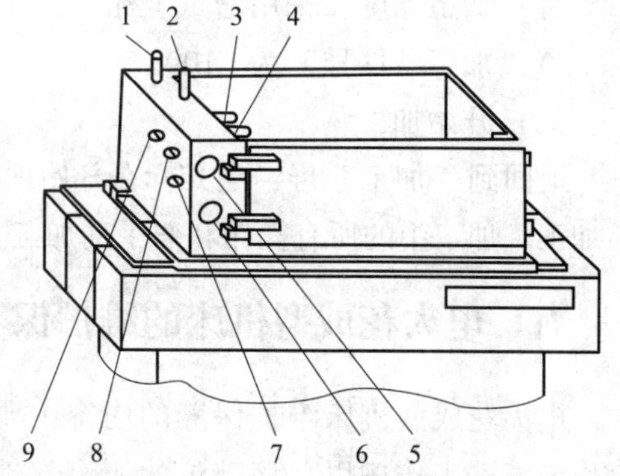

图 3—2—9　电火花成型机床的工作液槽

1—放油手柄　2—液面高度调节手柄　3—吸油嘴　4—冲油嘴　5—压力表　6—真空表　7—进油开关及冲吸油压力调节阀　8—冲油开关　9—吸油开关

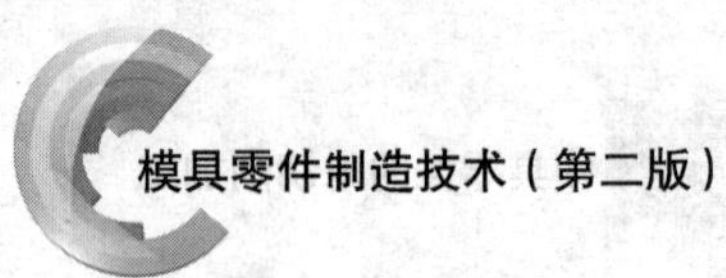

为了避开工件，用户可以先用手控盒把机床移到指定点，然后进入回零模块选择回零的轴，再开始回零。

6. 手动加工操作

手动加工指由操作人员指定一个加工的轴向，输入加工的深度和放电加工的条件号后，进行单段加工的方式。

（1）设置参数

在“加工”屏状态下按【F9】键，出现手动加工窗口（图 3—2—10），完成以下设置：

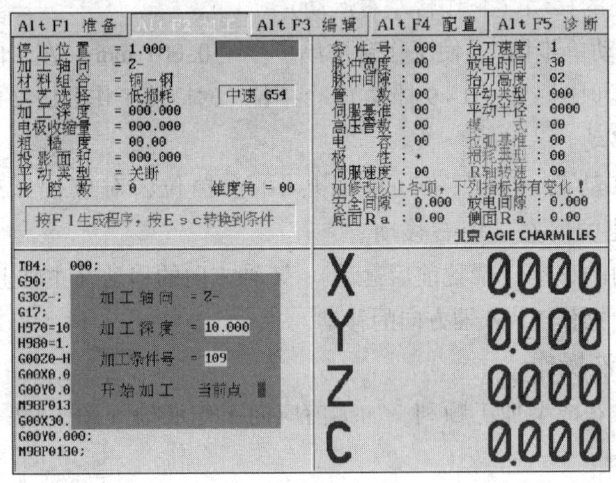

图 3—2—10 手动加工窗口

1）“加工轴向”用空格键进行选择，有 Z－、Z＋、Y－、Y＋、X－、X＋六种选择。

2）“加工深度”采用增量坐标。

3）“加工条件号”为 C109。

（2）开始加工

退回到“加工”屏，当光标在开始项时，按【Enter】键，该项会变成黄色，即开始加工。加工中的所有操作和非手动加工方式一样。

五、电火花成型机床的维护保养操作

电火花成型机床维护保养的内容主要是：经常用工作液清洗工作槽以及该部位的所有部件，将污染的工作液用冲液管冲洗干净后用干软布擦干这个区域；经常擦净工作液槽门的密封圈、夹具和附件；经常检查工作液的液面，以保证工作液系统中有足够的工作液，如图 3—2—11 所示。除此之外，还应该做好定期检查

图 3—2—11 检查工作液的液面

与更换、定期润滑等工作。

1. 常规检查操作

保持回流槽干净，检查回油管是否堵塞，控制柜后面的上、下百叶窗是否打开，切削液槽浮子开关工作是否正常，如图 3—2—12 所示。

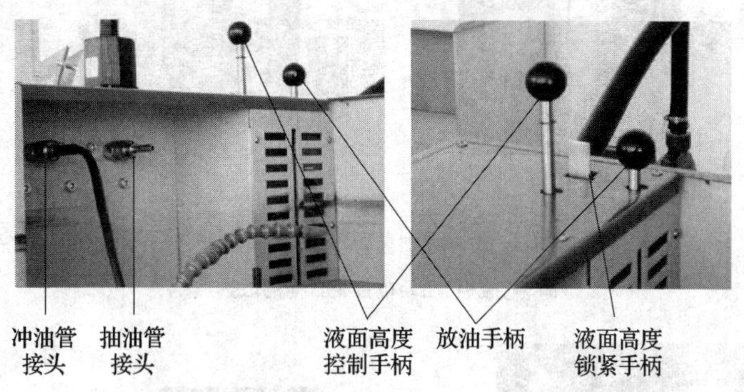

图 3—2—12　定期检查与更换的接头和手柄

检查安全保护装置，如工作液槽的安全门锁紧装置、油阀的相关手柄等，如图 3—2—13 所示。

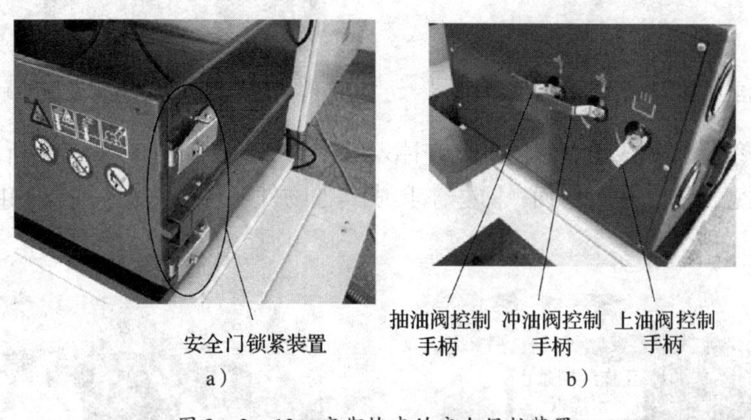

图 3—2—13　定期检查的安全保护装置

a）安全门锁紧装置　b）油阀的相关手柄

清除电控柜上的灰尘。除了外观灰尘外，重点要清理散热片（图 3—3—14）积累的灰尘。

2. 润滑

按机床使用说明书规定的润滑部位及润滑要求，注入规定的润滑油或润滑脂，以保证机床的机构运转灵活。图 3—2—15 所示为润滑部位的注油孔。

3. 注意事项

（1）不允许随意拆卸机床的零部件，以免影响机床的精度，如图 3—2—16 所示。

（2）工作液槽和油箱中不允许进水，以免影响加工和引起机件生锈，如图 3—2—17 所示。

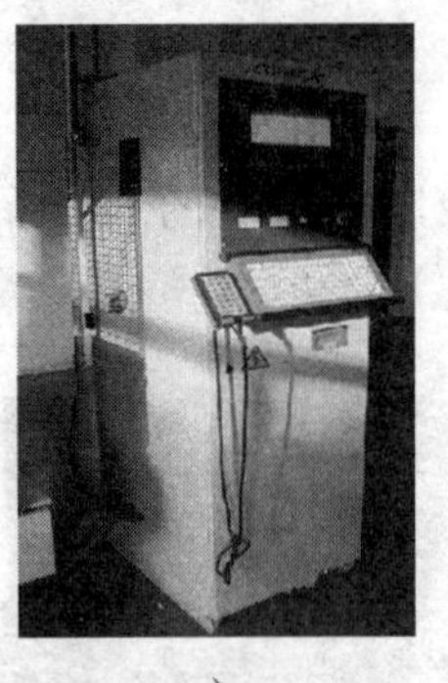

a）

b）

图 3—2—14　电控柜及其散热片

a）电控柜　b）电控柜背面的散热片

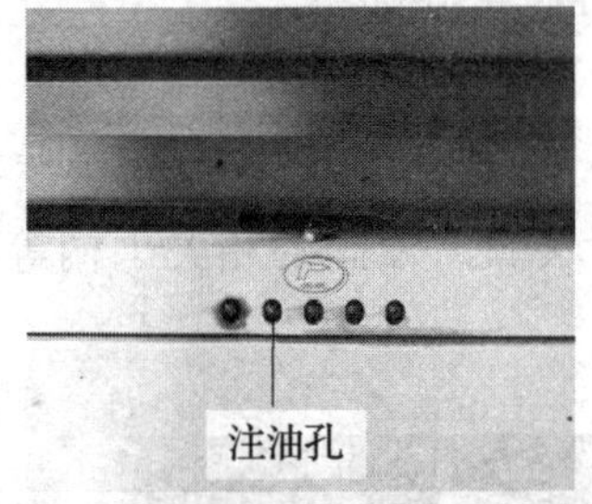

图 3—2—15　润滑部位

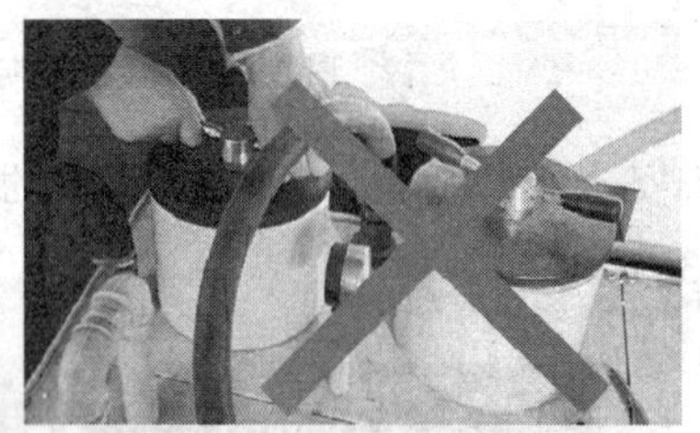

图 3—2—16　禁止随意拆卸零部件

（3）直线导轨和滚珠丝杠内不允许掉入脏物及灰尘，如图 3—2—18 所示。

（4）注意保护工作台台面，防止工具或其他物件砸伤工作台台面，如图 3—2—19 所示。

图 3—2—17　工作液槽禁止水渗入

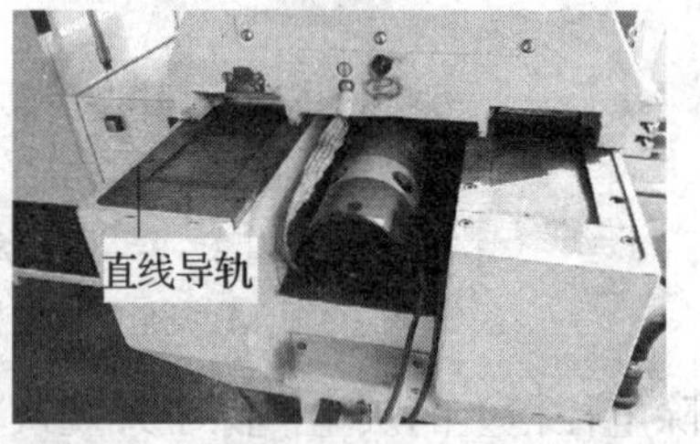

图 3—2—18　保持直线导轨清洁

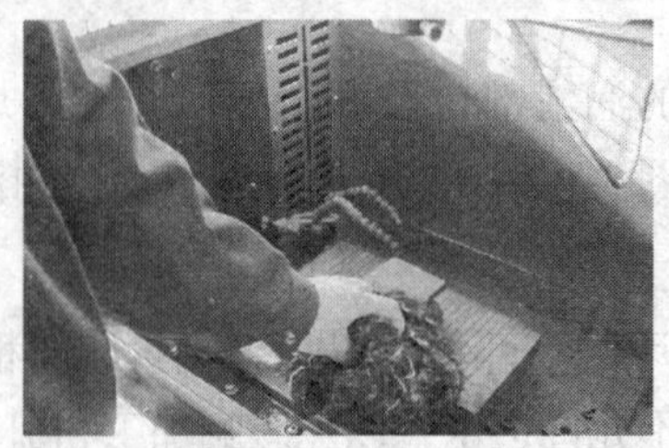

图 3—2—19　保护工作台台面

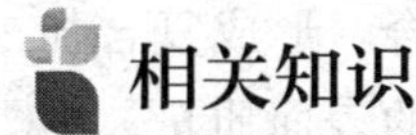

相关知识

一、电火花成型加工的原理、特点及应用

1. 电火花成型加工原理

电火花成型加工原理示意图如图 3—2—20 所示。电火花成型加工是基于脉冲放电的蚀除原理，直接利用电能和热能进行加工的工艺方法。电火花成型加工所用工具电极是依据被加工工件的形状与结构事先设计、制作的成型电极。在电火花成型加工过程中，工具电极与工件并不接触。

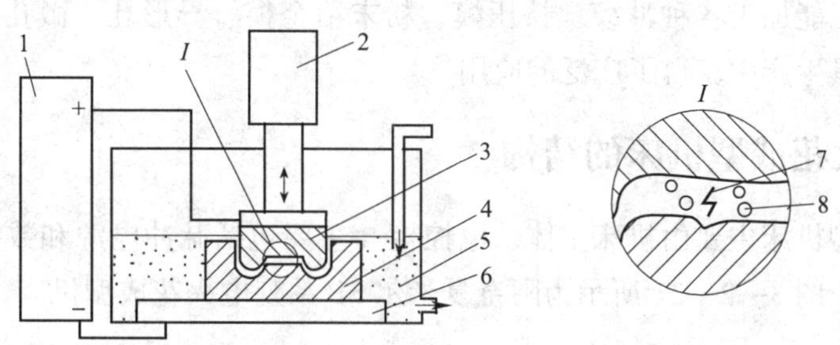

图 3—2—20　电火花成型加工原理示意图

1—脉冲电源　2—伺服进给机构　3—工具电极　4—工件　5—工作液　6—工作台　7—火花放电　8—被蚀除的金属微粒

在液体介质中，电火花成型机床的自动进给调节装置使工件和工具电极之间保持适当的放电间隙，当工具电极和工件之间施加很强的脉冲电压时，击穿介质绝缘强度最低处，如图 3—2—20 所示。因为放电区域很小，放电时间极短，所以能量高度集中，使放电区域的温度瞬时达到 10 000 ~ 12 000℃，工件表面和工具电极表面的金属局部熔化，甚至汽化蒸发。局部熔化和汽化的金属在爆炸力的作用下抛入工作液中，并被冷却为金属小颗粒，然后被工作液迅速冲离工作区，从而使工件表面形成一个微小的凹坑。一次放电后，介质的绝缘强度恢复，等待下一次放电。如此反复，工件表面不断被蚀除，并复制出工具电极的形状，从而达到成型加工的目的。

2. 电火花成型加工需满足的要求

（1）正、负极间保持合适的放电间隙，通常为几微米至几百微米。

（2）为了避免正、负极之间产生持续的放电电弧，采用脉冲电源，放电延续时间一般控制在 1 ~ 1 000 μs。

（3）使用绝缘性较好的工作液，一般为 $1 \times 10^3 \sim 1 \times 10^7\ \Omega \cdot cm$，以利于产生脉冲性的火花放电。

3. 电火花成型加工特点及应用范围

（1）特点

适用于高硬度、难切削材料的成型加工；可以加工特殊及复杂形状的零件，尤其适合型腔类模具的加工；电火花成型加工还可与其他加工工艺结合，形成复合加工，如可以利用电能、电化学能、声能对材料加工；可以获得较好的表面质量。但是，电火花成型加工的加工速度低于切削加工，加工效率不高；由于工具电极在加工过程中的损耗，降低了电火花成型加工的成型精度，并且最小圆角半径有限制，难以清角。

(2) 应用范围

电火花成型机床可以加工平面、锥度表面、多型腔工件表面等，主轴带有旋转功能的机床还可进行螺旋面加工；适用于加工低强度工件和细微加工；适用于加工金属等导电材料及热敏性材料，采取某些措施后，也能加工半导体及金刚石等非导电材料。电火花成型加工能加工各种冲模、挤压模、粉末冶金模、异形孔、微孔及复杂的型腔零件等，在模具生产中获得了广泛的应用。

二、电火花成型机床的结构

电火花成型机床主要由机床主体、电控柜（主要包括脉冲电源和数控系统）及工作液系统组成。图 3—2—21 所示为阿奇夏米尔 SP 系列电火花成型机床。

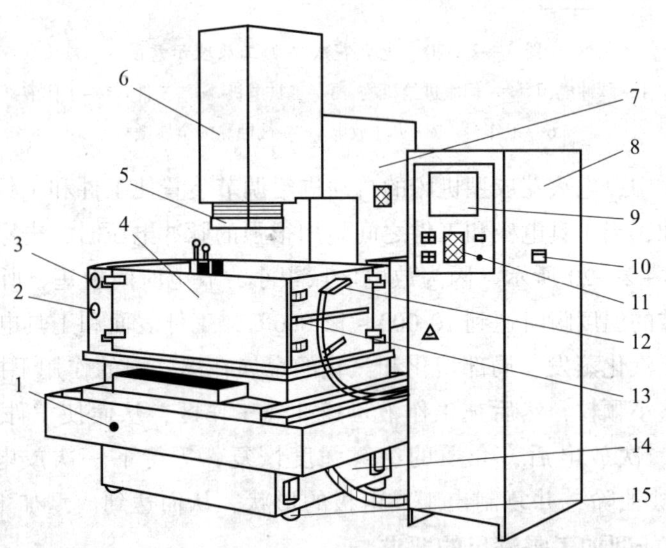

图 3—2—21　阿奇夏米尔 SP 系列电火花成型机床

1—急停开关　2—真空表　3—压力表　4—工作液槽　5—连接盘　6—Z 轴　7—立柱　8—电控柜
9—显示器　10—电源总开关　11—键盘　12—手控盒　13—工作液槽门开关　14—床身　15—机床垫铁

1. 机床主体

机床主体由床身、立柱、主轴、主轴头、工作液槽、工作台等组成。其中，主轴头是关键部件。在主轴头上装有电极夹具，用于装夹和调整电极位置。主轴头是自动进给调节系统的执行机构，对加工精度有最直接的影响。床身、立柱、工作台起支撑定位和便于操作的作用。

2. 电控柜

(1) 脉冲电源

脉冲电源将直流或交流电（如220 V或380 V、频率50 Hz的电源）转换为高频率的脉冲电源，提供电火花加工所需要的放电能量。它的性能对电火花加工生产效率、工件表面粗糙度和尺寸精度、电极损耗等工艺指标有很大影响。电火花成型机床的脉冲电源应满足的要求如下：

1）有足够的输出功率，满足电火花成型机床的加工速度要求。

2）尽可能小的电极损耗，这是保证成型精度的重要条件之一。

3）加工表面粗糙度应满足使用要求。

4）脉冲参数应能简便地进行调整，以适应各种材料及加工要求。

5）电源性能稳定、可靠，价格合理，维修方便。

(2) 数控系统

数控系统是电火花成型机床运动和放电加工的控制部分。在电火花成型加工时，由于火花放电的作用，工件不断被蚀除，电极被损耗，当火花间隙变大时，加工便因此而停止。为了使加工过程连续，电极必须及时地间歇式进给，以保持最佳放电间隙。这就是由机床的数控系统控制主轴完成的。

3. 工作液系统

工作液系统的组成如图3—2—22所示。工作液系统可进行冲、抽、喷液及过滤工作。电火花成型机床目前广泛采用的工作液是无味、无色、高燃点的高速合成型工作液。

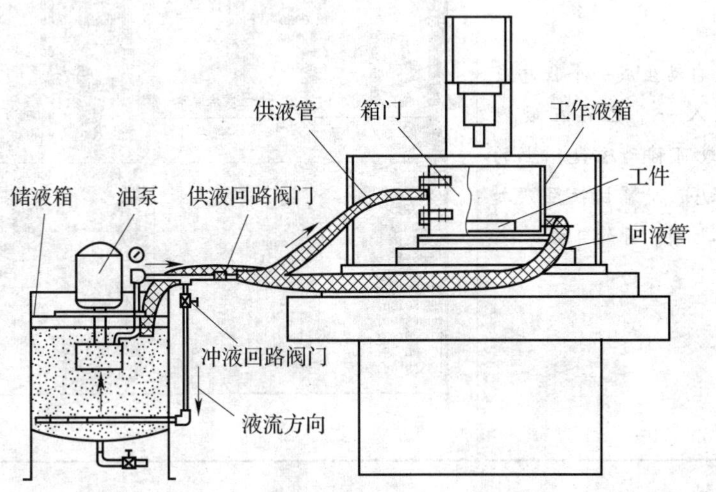

图3—2—22　电火花成型机床的工作液系统

三、电火花成型机床的加工模式

电火花成型机床加工主要有手动和自动两种加工模式，具体见表3—2—4。

表 3—2—4　　电火花成型机床加工模式

加工模式	操作方法	图示及说明
手动	在加工屏下按【F9】键，进入手动加工屏；按右图所示分别输入加工轴向、加工深度、加工条件号等参数，即可加工	在不编程的情况下，可以进行简单的加工（如钻一个通孔） 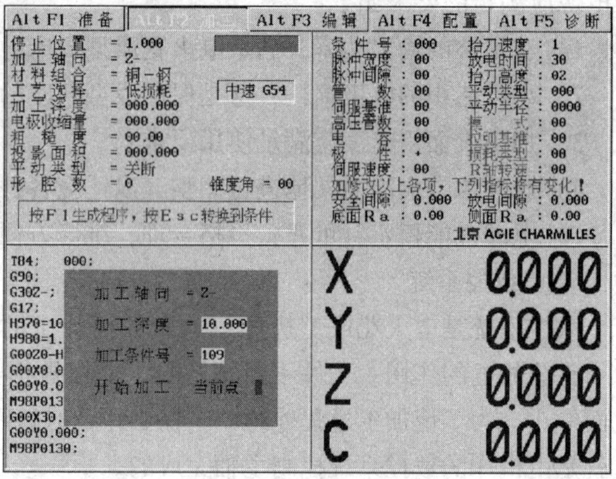
自动	自动生成一个程序或装入一个已存在硬盘（或可移动磁盘）上的程序，屏幕切换至“加工”屏，开始自动加工	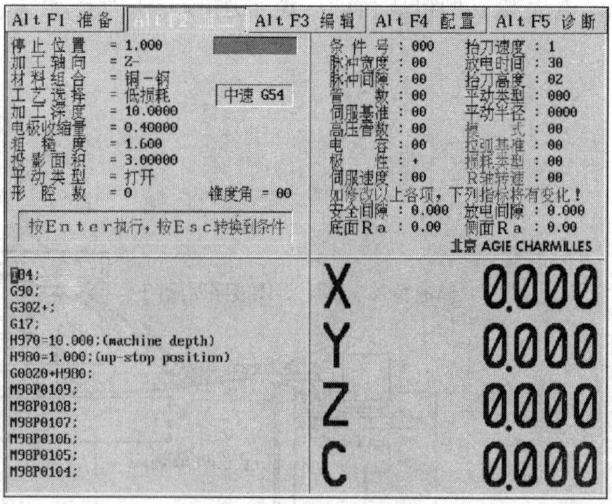

四、电火花成型机床的维护保养

1. 日常维护保养

电火花成型机床的日常维护保养见表 3—2—5。

表 3—2—5　电火花成型机床的日常维护保养

保养时间	保养内容	保养要求
使用前	检查各按键及开关、旋钮等	灵活可靠，位置正确
	检查各安全装置、紧固装置	准确、灵活、可靠、无松动
	检查各类仪表	指示正确、灵敏
	检查油位，按润滑图表加润滑油	油路畅通，油量符合要求
	执行热机操作	各部件充分运动、润滑
使用中	执行操作规程	严格遵守
	随时听、看、摸、闻，观察设备运转情况	及时处理，不带故障运行
使用后	清扫切屑，擦拭外表、主轴锥孔及各滑动面。机床超过三天不用时要涂油防锈	严格遵守
	各个移动部件、按键及开关置于合理位置	严格遵守
	切断电源、气源	严格遵守
	整理机床周围环境	整洁，无障碍
周末	全面擦拭各部位（含操作面板、按钮等），检查清洗过滤装置，按润滑图表加油，同时添加切削液，检查紧固件有无松动，清理主轴锥孔	严格遵守

2. 一级保养

电火花成型机床机械部分、电气部分的一级保养分别见表 3—2—6、表 3—2—7。一级保养由机床操作人员协助数控设备维修人员进行。

表 3—2—6　电火花成型机床机械部分的一级保养

保养部件	保养内容	保养要求
主轴	清理主轴夹头	清洁，无毛刺
工作台	检查工作台及其 T 形槽	移动平稳，清洁，无毛刺
进给传动系统	检查、清洗各坐标方向传动机构	清洁，无污物，传动灵活
	检查各坐标方向传感器、限位开关	灵活、可靠
气压或液压系统	检查管路	畅通，无泄漏
	检查压力表	指示正确
	清洗、检查过滤器	过滤器运行可靠，保持清洁
润滑系统	检查、清洗过滤器及各润滑点	油路畅通，无泄漏
	检查润滑剂的质量	润滑剂不变质，符合要求

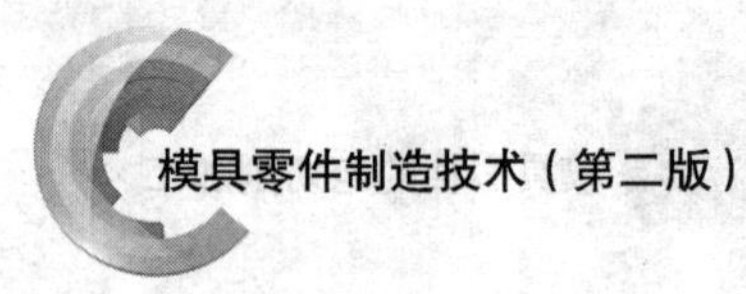

续表

保养部件	保养内容	保养要求
切削液（加工液）系统	检查、清洗过滤器、油箱及各管路	清洁、畅通、无泄漏
	检查切削液的质与量，必要时更换切削液	切削液不变质，符合要求
	清洗切削液箱	清洁，符合要求
排污系统	检查油污过滤装置	过滤正常
床身及外表	擦洗机床表面及死角	漆见本色、铁见光
	清除滑动表面的毛刺	光滑
	清洗过滤装置和防尘罩	清洁
	检查紧固装置、安全装置	可靠、安全

表 3—2—7　　电火花成型机床电气部分的一级保养

保养部位	保养内容	保养要求
强电控制系统	清理电气控制箱内各电气元件、线路上的积灰和杂物	清洁
	紧固各电气器件，拧紧各接线端子	牢固，无松动
	整理线路，更换老化导线	整齐、美观、可靠
	检查各管线的保护状况	管卡卡紧，无脱落、吊挂现象
	检查各级电动机的外表、散热风扇	漆见本色，无积灰
	检查各部位照明状况	亮度符合要求
	检查各级熔断器	容量符合要求
	检查机床接地状况	牢固，符合要求
	检查动力电源	符合规定
数控系统	清理电控柜	清洁，无污物
	清扫各元器件	清洁，无污物
	擦拭操作面板、显示器、按钮、指示灯、指示仪表等	清洁，无污物，功能可靠
	清理风冷、过滤装置的积灰和杂物	清洁、畅通
	清扫各安全装置、检测装置的积灰	可靠，动作灵活

任务二 电火花成型加工凹模漏料孔

工作任务

在电火花成型机床上加工角度样板冲裁模凹模上的漏料孔，如图 3—2—23 所示。工件尺寸为 100 mm × 80 mm × 22 mm，材料为 Cr12，表面粗糙度为 *Ra*3.2 μm。在加工漏料孔之前，工件表面已经过平面磨削、螺纹孔和圆孔的加工。

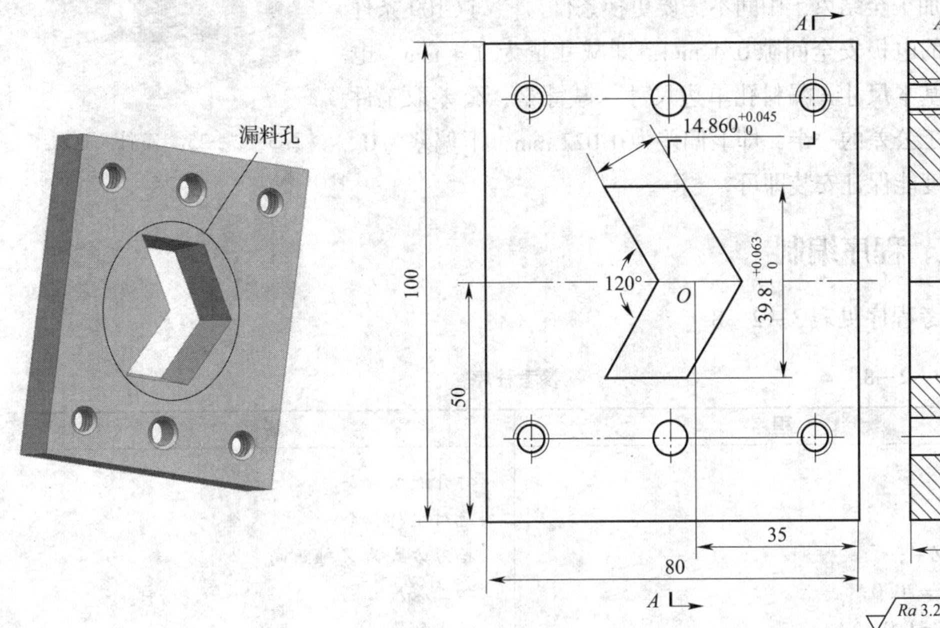

图 3—2—23 角度样板冲裁模凹模

 任务实施

一、 工艺分析

如图 3—2—23 所示，角度样板冲裁模凹模的漏料孔的加工精度要求不高，而且深度较小，属于贯通件。可以采用单电极直接成型法加工漏料孔。由于漏料孔为贯通形状，可以加大电极的进给深度，用一只电极通过贯通延伸加工（图 3—2—24），可弥补因电极底面损耗留下的加工缺陷。

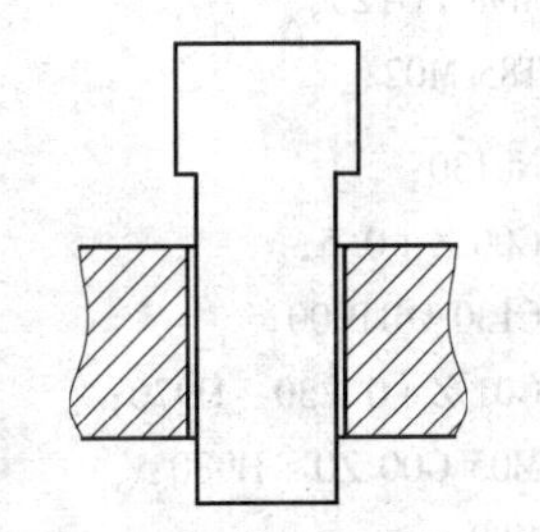

图 3—2—24 单电极的贯通加工

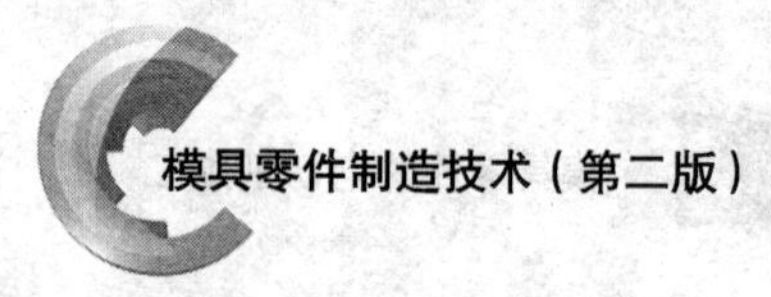

二、电极准备

所用工具电极采用整体式的2D电极，由可以贯通漏料孔的工作部分和底座组成，如图3—2—25所示。电极的材料选用纯铜。由于该零件内角圆弧较小，难以用铣削方式加工，因此采用电火花线切割加工来制作电极。

以铜电极加工钢件，电极截面面积为6.43 cm^2为依据，查电极的相关技术手册，按照电加工参数表选最小耗损型C109作为第一加工条件号。C109条件号对应的表面粗糙度能符合加工要求，则本次加工可选用条件号C109，加工至结束，中间不需要更换条件号。与C109条件号对应的电极安全间隙0.4 mm，即减寸量为0.4 mm。电极截面基本尺寸 = 漏料孔单边尺寸 - 减寸量，公差取工件成型加工公差的一半，即上偏差为0.022 mm，下偏差为0。电极长度能保证安装即可。

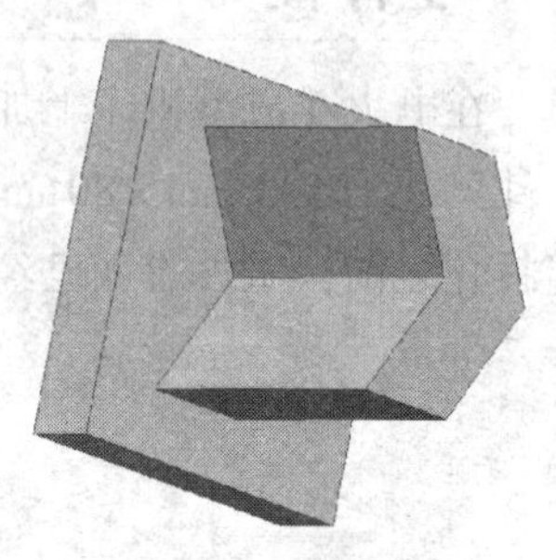
图3—2—25　漏料孔电极

三、程序编制

参考程序见表3—2—8。

表3—2—8　　参考程序

程序	说明
T84;	打开液泵开关
G90;	绝对坐标指令
G30 Z+;	抬刀方式为Z轴正向
H970 = 20.0;	加工深度
H980 = 1.0;	停止位置
G00 Z0 + H980;	Z轴正向移动1 mm
M98 P0130;	调用子程序0130
M98 P0129;	调用子程序0129
M98 P0128;	调用子程序0128
M98 P0127;	调用子程序0127
M98 P0126;	调用子程序0126
M98 PO125;	调用子程序0125
T85 M02;	关闭液泵，程序结束
N0130;	子程序号
G00 Z+0.5;	移动到Z+0.5 mm处
C130 OBT000;	加工条件号
G01 Z+0.230 - H970;	Z加工到（0.23，-20）mm处
M05 G00 Z0 + H980;	忽略接触感知
M99;	结束调用

续表

程序	说明
N0129; G00 Z+0.5; C129 OBT000; G01 Z+0.190-H970; M05 G00 Z0+H980; M99; N0128; G00 Z+0.5; C128 OBT000; G01 Z+0.140-H970; M05 G00 Z0+H980; M99; N0127; G00 Z+0.5; C127 OBT000; G01 Z+0.110-H970; M05 G00 Z0+H980; M99; N0126; G00 Z+0.5; C126 OBT000; G01 Z+0.070-H970; M05 G00 Z0+H980; M99; N0125; G00 Z+0.5; C125 OBT000; G01 Z+0.027-H970; M05 G00 Z0+H980; M99;	(以下分程序说明略)

四、加工操作

1. 启动机床及数控系统

(1) 做好开机准备工作，然后合上电控柜右侧总开关，脱开急停按钮（蘑菇头按箭头方向旋转），启动电火花成型机床。

（2）按启动按钮，数控系统自检，指示灯全亮。未进入“准备”屏之前，不要按任何键。约 20 s 进入“准备”屏后，准备执行回原点动作。

2. 返回机床的绝对零点

（1）执行回原点动作前，应先检查机床回原点的路径有无障碍。

（2）选择回原点模块，并按【Enter】键。数控系统按“*Z* 轴→*Y* 轴→*X* 轴”的顺序开始回零。当回到原点后，轴显示自动变为零。

（3）操作结束后，按【F10】键退出回原点模式。

3. 装夹和找正电极

机床手控盒面板置于拉表状态，用千分表找正电极，调节电极夹头上的调节螺钉，分别调节电极 *X*、*Y* 向的倾斜（图 3—2—26a、b，图 3—2—27a、b）和电极旋转（*Z* 向），反复调整，以找正电极。

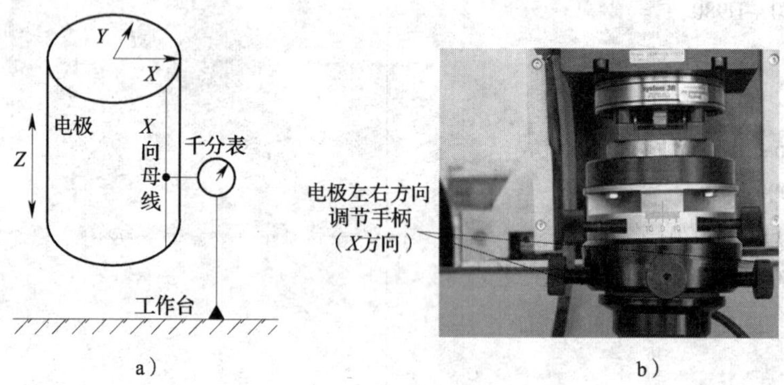

图 3—2—26　*X* 向调整电极

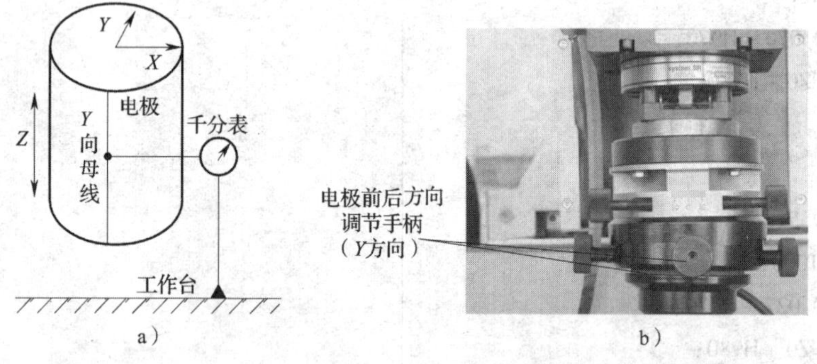

图 3—2—27　*Y* 向调整电极

4. 装夹和找正工件

该零件可使用永磁吸盘进行装夹，也可以使用其他的辅助工具（如平口虎钳、导磁块等）。装夹之后，用百分表找正加工基准面和加工坐标。

注意事项：

（1）工件应安放在电火花成型机床行程的允许范围内，使机床在移动或加工中与夹具不会产生干涉。

(2) 装夹电极、工件时，机床手控盒面板一定要置于对刀状态，以防触电。

(3) 清除工件找正表面的毛刺和油污。

(4) 找正操作中避免工件、主轴发生碰撞。

(5) 使用手控盒移动坐标轴时，必须首先将功能键按下，然后再按相应的轴按钮移动坐标轴。

(6) 找正时，百分表应与机床绝缘。否则，表头与工件接触时机床会因为短路而报警，造成机床锁死而无法移动。如果发生上述情况，应先按下“忽视接触感知”键，然后移动相应的轴。每次忽视接触感知后只能移动轴一次。

5. 机床定位

将主轴头移动到加工所需位置，并升起 Z 轴，以使主轴头沿 X、Y 向移动时不发生碰撞，并根据需要将主轴头移至所需位置。

6. 设置参数

在机床系统中设置电加工规准和各个电参数。

7. 加注工作液

启动油泵，使液位达到合适位置。

8. 放电加工

(1) 按下“AUTO”（自动）→“SLEEP”（睡眠）→WORK（加工）键，此时机床为自动加工；如果只按下加工键，机床为非自动加工，主轴在深度方向上不会自动停止加工，需要人工控制加工深度。

(2) 按下加工键后可按快下键，使主轴快速接近工件；主轴快接近工件时，放开快下键，开始进给。

(3) 电火花成型加工开始后，调节电压，保持放电稳定。

加工规准电参数在加工过程中可根据实际加工情况进行修改。

9. 加工完毕

加工完毕，升起主轴，按下急停按钮。关闭油泵、总电源，打扫机床卫生。

五、评价

电火花成型加工漏料孔评分标准见表 3—2—9。

表 3—2—9　　电火花成型加工漏料孔评分标准表

考核项目	考核内容及要求	配分	评分标准	检测结果	得分
尺寸精度	$14.860^{+0.045}_{0}$ mm	10	超差不得分		
	$39.81^{+0.063}_{0}$ mm	10	超差不得分		
	120°	10	超差不得分		
	35 mm	10	超差不得分		
	50 mm	10	超差不得分		

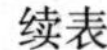

续表

考核项目	考核内容及要求	配分	评分标准	检测结果	得分
表面粗糙度	$Ra3.2\ \mu m$	5	超差不得分		
工艺与编程	工艺分析合理，电参数选择得当	10	每处错误扣2分		
	电极制作达到尺寸精度要求	5	超差不得分		
	程序编制正确	10	每处错误扣2分		
其他	操作动作规范	5	不符合要求不得分		
	电火花成型加工方法正确	10	不符合要求不得分		
	安全文明生产	5	违者每次扣1分，严重者扣3~5分		
总计		100			

相关知识

一、电火花成型加工参数

1. 加工速度

对于电火花成型机床来说，加工速度是指在单位时间内工件被蚀除的体积（多数情况下采用）或质量。如果在时间 t 内工件被蚀除的体积为 V，则加工速度 v_w 的公式为：$v_w = V/t$。在规定表面粗糙度（如 $Ra2.5\ \mu m$）、相对电极损耗（如1%）时的最大加工速度是衡量电加工机床工艺性能的重要指标。在实际加工中，加工速度往往大大低于机床的最高加工速度。

2. 常用电参数

（1）脉冲宽度

脉冲宽度越大，放电间隙越大，电极损耗减小，表面粗糙度值增大。粗加工时，用较大的脉宽（$t_i > 100\ \mu s$）；精加工时，只能用较小的脉宽（$t_i < 50\ \mu s$）。

（2）峰值电流

峰值电流值越大，放电间隙就越大，加工速度越高，表面粗糙度值也越大。电火花成型加工时可按机床说明书选定粗、中、精加工的峰值电流。

（3）脉冲间隔

如果脉冲间隔太短，放电间隙来不及消电离和恢复绝缘，容易产生电弧放电，造成加工不稳定；如果脉冲间隔太长，将降低生产效率。实际加工中，应根据加工的稳定性，选择有效的脉冲间隔。

(4) 加工电流

加工电流是指加工时电流表上指示的流过放电间隙的平均电流。精加工时加工电流小，粗加工时加工电流大；放电间隙偏开路（即电极的进给速度小于材料的蚀除速度）时加工电流小，间隙合理或偏短路（即电极的进给速度大于材料的蚀除速度，致使电极与工件接触，不能正常放电）时加工电流大。

3. 电规准的选择

电火花成型加工中，为满足不同的加工要求所选用的一组电脉冲参数称为电规准。电规准包括的主要参数有峰值电流、脉冲宽度、脉冲间隔、加工极性等。电火花成型加工将电规准分为粗规准、中规准和精规准，具体见表3—2—10。

表3—2—10 电规准的分类、使用目的、选用及用途

种类	使用目的	选用	用途
粗规准	提高生产效率，减小工具电极的损耗	常选用较大的峰值电流、较长的脉冲宽度（20 ~ 200 μs）、较短的脉冲间隔	主要用于粗加工
中规准	减小精加工余量，使加工稳定性和加工速度提高	脉冲宽度一般为10 ~ 100 μs	用于粗、精加工间过渡加工
精规准	获得较好的表面加工质量	选用放电能量很小的电参数组合，如小的峰值电流、短的脉冲宽度和较长的脉冲间隔（一般为2 ~ 6 μs）	用于精加工

在电火花成型加工中，需要合理选配电脉冲参数和电加工用量。冲模的电火花成型加工中，根据工件的要求和电极与工件的材料等因素，确定合理的加工规准，并在加工中正确、及时地转换。选择要点见表3—2—11。

表3—2—11 不同冲模加工的规准选择要点

冲模的表现形式	规准选择要点
间隙大	加工刃口可选择较强规准，或采用电极平动法
间隙小	加工刃口部分只能选择较弱规准
斜度大	不使用阶梯电极，增加规准转换级差，并采用冲油
斜度小	使用阶梯电极，采用抽油。粗规准可较强，精规准看刃口表面粗糙度而定
半刃口	按“粗→中→精”的顺序逐级过渡电规准，根据刃口要求间隙、斜度来选择规准的强弱

续表

冲模的表现形式	规准选择要点
全刃口	使用阶梯电极，规准选择同斜度小的冲模加工
小型孔槽	采用较弱规准，以保证精度和表面粗糙度
形状复杂	规准选择相应弱些
余量大	规准选择尽量强些
“钢打钢”（钢电极加工钢质型腔）	选择脉冲宽度不大、峰值电流高、脉冲间隔较大的规准加工

二、电火花成型加工常用方法

电火花成型加工方法主要有单电极平动法、多电极更换法、分解电极法、数控摇动法、数控多轴联动法等。应根据工件成型的技术要求、复杂程度、工艺特点、机床类型及脉冲电源的技术规格、性能特点，选择合适的电火花成型加工方法。这里主要介绍单电极平动法、多电极更换法、分解电极法。

1. 单电极平动法

单电极平动法是指电火花成型加工中只用一个电极完成零件的粗、半精、精加工的方法，又称为单电极直接成型法。

加工时，首先采用损耗低、生产效率高的粗规准进行加工；然后，利用平动头做平面圆周运动，进行侧面的仿形加工，按照“粗→中→精”的顺序逐级改变电规准，同时依次加大电极的平动量，以补偿前后两个规准之间放电间隙之差和表面粗糙度之差，从而完成整个型腔的加工，如图 3—2—28 所示。

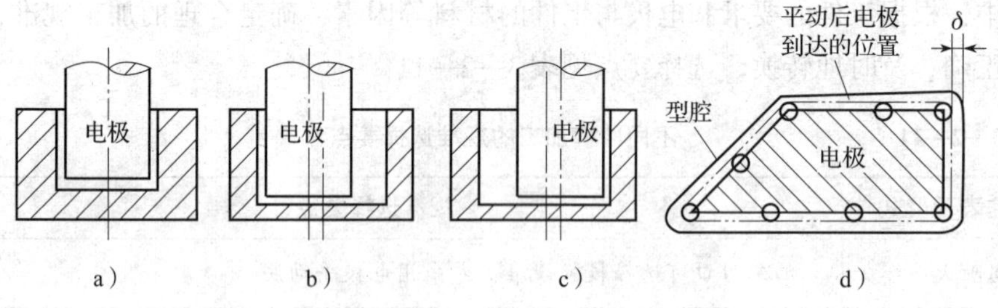

图 3—2—28　单电极平动法

a）粗加工　b）半精加工　c）精加工　d）加工俯视图

δ—电极与型腔侧壁间隙

这种工艺方法的优点是：操作简单，工具电极只需要一次装夹定位，既避免了因反复装夹而造成的定位误差，提高了加工效率，又节省了电极制造成本。它的缺点是：难以获得高精度型腔，特别是难以加工出清棱、清角的型腔；此外，它还容易引起表面龟裂，加大表面粗糙度。

由于这种方法只需一个电极和一次电极安装，因此它被广泛用于型腔的加工中。其应用范围如下：可用于没有精度要求的电火花加工场合；可用于加工形状简单、精度要求不高的型腔和经过预加工的型腔；可用于加工深度很浅或加工余量很小的型腔。

2. 多电极更换法

多电极更换法根据同一个型腔在粗、半精、精加工中放电间隙的不同，依次更换多个不同尺寸的电极来完成该型腔的粗、半精、精加工的方法，如图3—2—29所示。在加工时，先用粗加工电极蚀除大量金属，然后更换电极进行半精、精加工。每个电极加工时必须把上一规准的放电痕迹抹掉。一般用两个电极分别进行粗、精加工即可满足要求。当精度要求高时，可用多个电极加工。

这种加工方法的优点是：仿形精度高，尤其适于尖角、窄缝多的型腔加工。它的缺点是：需要制造多个电极，要求各电极一致性好；在更换电极时要有较高的定位精度。

3. 分解电极法

分解电极法是上述两种方法的综合利用。分解电极法是根据型腔的几何形状，把电极分解为主型腔电极和副型腔电极，分别制造，如图3—2—30所示。加工时，先用主型腔电极加工主型腔，再用副型腔电极加工尖角、窄缝等部位。

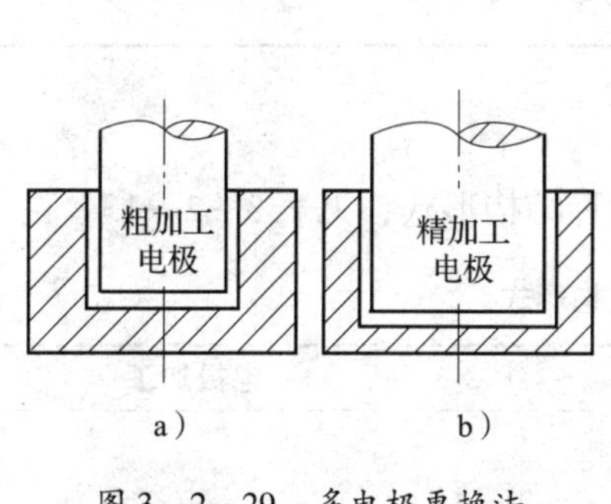

图3—2—29 多电极更换法

a）粗加工 b）更换大电极进行精加工

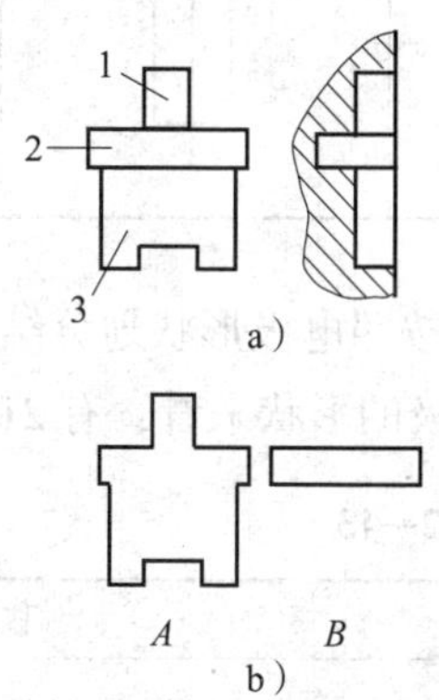

图3—2—30 分解电极法

a）型腔 b）分解电极

1、2、3—型腔的组成部分

这种方法的优点是：能根据主、副型腔的不同加工条件，选择不同的加工电规准，有利于提高加工速度和质量；还可简化电极制造，便于电极维修。它的缺点是：更换主、副电极时电极不容易精确定位。

三、电极的结构、材料与尺寸确定

1. 电极的结构形式及组成

电极是数控电火花成型加工的主要工作部件，模具加工的形状、尺寸、精度、表

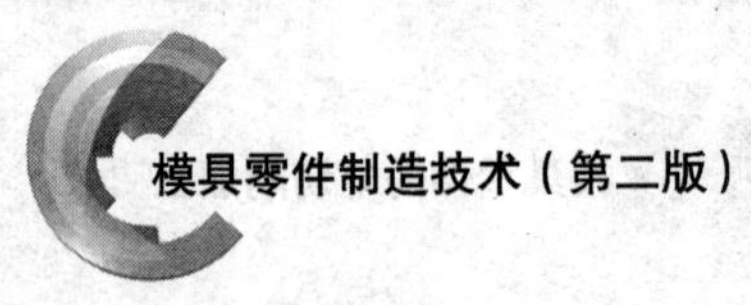

面质量等均由电极决定。

（1）按照电极构成划分结构形式

电极按其构成情况可分为整体式、镶拼式和组合式，具体见表 3—2—12。

表 3—2—12　　按照电极构成划分结构形式

电极种类	图示	说明
整体式		这是最常用的结构形式。体积较大的电极，为了减轻质量，避免主轴负载过大，一般在端面开孔或挖孔。体积较小、容易变形的电极，一般在有效长度的上部将截面尺寸增大
镶拼式		一般在机械加工有困难时采用，如在磨削时无法做到的“清根”“清角”，可以采用镶拼式电极来实现
组合式		它将多个电极组合在一起，用于一次加工多孔的落料模、级进模等。用组合式电极加工，只要垫块尺寸精确，组合时有较高的平行度，就能加工出精度较高的凹模

（2）按照电极形状划分结构形式

从电极的形状来看，有 2D 电极和 3D 电极两种结构形式，见表 3—2—13。

表 3—2—13　　按照电极形状划分结构形式

分类	图示及说明	电极加工
2D 电极	简单的二维实体，成型部分是贯通形状	一般用传统铣、车或电火花线切割加工等方法来完成此类电极的制造
3D 电极	复杂的三维实体，成型部分有非贯通部分	此类电极的制造必须用数控机床多轴联动的加工方法才能完成

(3) 电极的组成

从电极各部位的作用来看，电极组成可分为工作部分和底座，如图 3—2—31 所示。工作部分是用来放电加工的部位。底座用于连接电火花成型机床与电极的工作部分，同时在电火花成型加工时作为找正、定位的基准台。

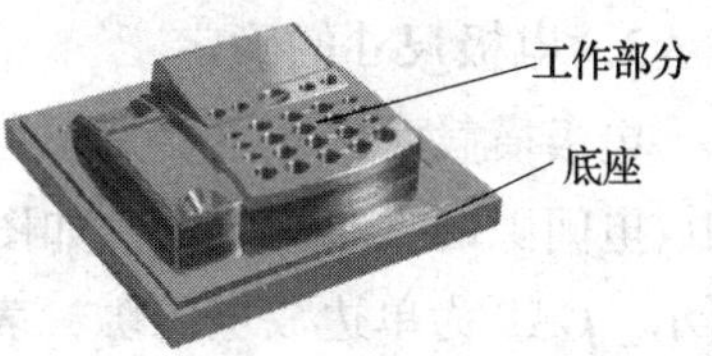

图 3—2—31 电极的组成

2. 电极材料的选择

因为电极材料对于电火花成型加工的稳定性、加工速度和工件质量等都有很大的影响，所以应选择导电性能良好、损耗小、造型容易、加工过程稳定、效率高、机械加工性能好和价格便宜的材料作为电极材料。电火花成型加工常用的电极材料有紫铜、黄铜、铸铁、钢、石墨等。常用电极材料的性能及应用范围见表 3—2—14。

表 3—2—14 常用电极材料的性能及应用范围

材料	图示	性能	应用范围
紫铜		加工性能优异，适用于晶体管电源加工，电极损耗较小	穿孔加工、型腔加工
石墨		加工性能优异，但不适用于精加工，也不适用于硬质合金加工，电极损耗小	大型型腔模具加工
钢		加工稳定性较差，电极损耗一般	冲模加工
铝		加工稳定性好，加工速度快，适用于大电流、高效率加工，电极损耗大	穿透加工、大型型腔加工
铸铁		在加工过程中易于起弧，加工速度不如铜电极高	大型型腔、冲模加工

3. 电极尺寸的确定

电极横截面尺寸主要是根据型腔尺寸和放电间隙的大小确定的。如图 3—2—32 所示，GAP 为单边放电间隙，表面粗糙度参数 R_{max} 的经验值近似于 $4Ra$。

安全间隙一般作为电极收缩量使用，是根据大量实验总结出来的工艺数据，它是制作电极时确定电极收缩量的一个依据。安全间隙的计算公式为：$M=2GAP+2R_{max}+$ 余量。

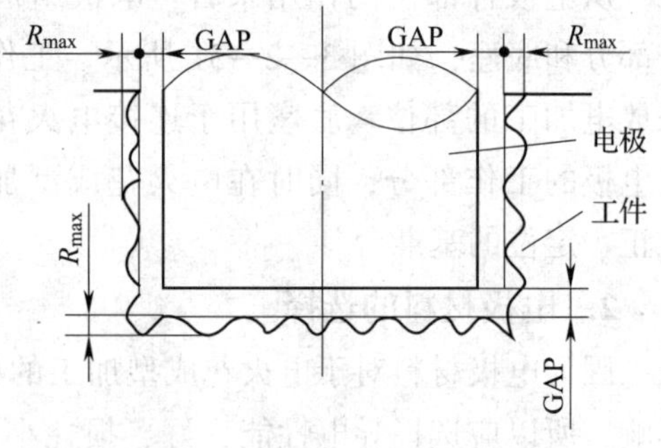

图 3—2—32　电极尺寸

如图 3—2—32 所示，电极横截面基本尺寸经验值 = 工件型腔基本尺寸 + 安全间隙。可以根据电极横截面尺寸、电极与工件材料、加工工艺类型等要素查找电火花成型加工参数表，选取加工条件号，进而查出放电间隙、安全间隙、损耗等各项参数值。电极的尺寸公差按生产实践经验取型腔尺寸公差的一半。

四、电极的制造

制造电极的方法很多，主要应根据选用的电极材料、电极要求的精度以及电极的数量来选择。

1. 一般机械切削加工

（1）纯铜电极的制造

纯铜电极主要采用机械加工方法制造，配合钳工修光达到要求。还可采用精锻、雕刻机雕刻成型、电火花成型等工艺方法代替机械加工，但是工艺比较复杂，适用于同品种、大批量电极的生产。

（2）石墨电极的制造

石墨的机械加工性能好，因此石墨电极的制造主要采用机械加工方法。另外，在制造大型腔的石墨电极时，还可采用镶拼结构，拼合处可用螺栓连接或采用环氧树脂、聚氯乙烯醋酸溶液等黏合剂黏合，然后紧固在电极固定板上。

2. 电火花线切割加工

电火花线切割加工是目前常用的电极加工方法，适合 2D 电极的制造。它可单独用来完成整个电极的制造，或者用于机械切削方法所制造电极的倾角加工。电火花线切割加工适合加工薄片类电极，可以获得很高的加工效率和加工精度。特别是使用快走丝线切割机床加工精密电极，可以准确地切割出有斜度、上下异形的复杂电极。但是，这种加工方法难以加工石墨材料。

3. 电铸加工

电铸加工是利用金属的电解沉积原理来精确复制某些复杂或特殊形状工件的特种加工方法。电铸加工适用于纯铜电极，主要用来制作大尺寸的电极。采用电铸加工方法制作的电极的放电性能特别好。电铸加工方法制造电极的优点是：复制精度高，可制作出用机械切削方法难以完成的细微形状的电极。它的缺点是：加工周期长，成本较高，电极质地比较疏松，使电极损耗较大。

4. 电极与凸模联合成型磨削

在电极制造中，为了缩短电极和凸模的制造周期，保证电极与凸模的轮廓一致，常将电极与凸模用环氧树脂或锡焊黏结在一起磨削（图 3—2—33）。电极与凸模联合成型磨削时，其共同截面的公称尺寸应直接按凸模的公称尺寸进行磨削，公差取凸模公差的 1/3 ~1/2。

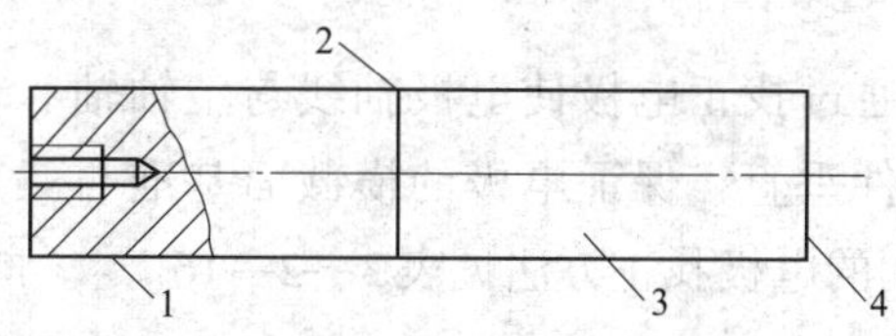

图 3—2—33 电极与凸模黏结

1—电极 2—黏结面 3—凸模 4—刃口

5. 数控加工

模具企业广泛采用数控加工的方法完成各种复杂电极的制作。经常改形的电极比较适合在数控机床上加工。采用数控机床制作电极，既可以提高生产效率，又可以保证电极的制造精度，使电火花成型加工的精度得到提高。

6. 其他加工方法

除以上方法外，电极制造方法还有加压振动成型、成型烧结、镶拼组合、超声加工等。采用快速装夹系统（图 3—2—34）制造电极，电极的制造和放电加工在同一个基准上进行，无须找正，给加工带来了很大的方便，既提高了电极的生产制造效率，又保证了电极的装夹与定位精度，是目前电极加工的一种先进工艺。

五、电极的装夹和找正

1. 电极的装夹

在电火花成型加工之前，电极必须安装在电火花成型机床的主轴头上，并使电极轴线平行于主轴头的轴线，必要时还应使电极的横截面基准与机床的纵、横滑板平行。电极的装夹方式有自动装夹和手动装夹，分别使用专用夹具和通用夹具。

（1）自动装夹

数控电火花机床采用电极自动装夹方式来完成电极的换装，可以提高装夹质量、效率。

图 3—2—34 快速装夹系统

这要求机床配备自动刀具交换装置（简称 ATC 装置）及配套使用快速装夹定位系统（图 3—2—35）。但是，配件价格昂贵，一般企业难以配备。

（2）手动装夹

大部分电火花成型机床装夹电极时采用手动装夹方式。为保证电极装夹的要求，必然要使用电极装夹夹具。常用的电极夹具有钻夹头、U 形夹头、电极柄夹头等，具体见表 3—2—15。

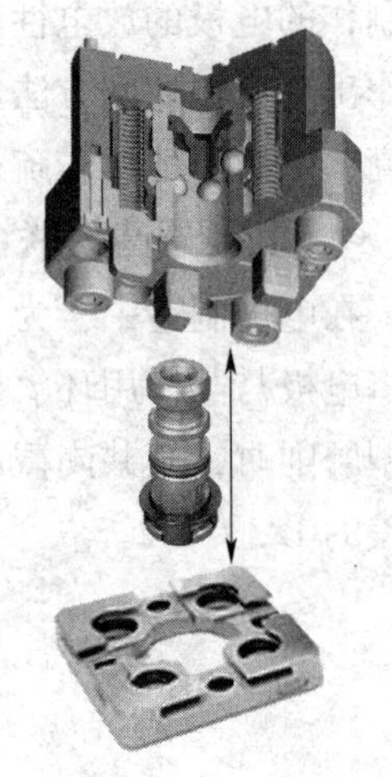
图 3—2—35　电极自动装夹

2. 电极的找正

电火花成型加工应通过找正电极使电极轴线与主轴轴线一致，保证电极与工件垂直，保证电极的横截面基准与机床 *X*、*Y* 轴平行。常用的电极找正方法见表 3—2—16。

表 3—2—15　常用的电极夹具

种类	图示	说明
钻夹头		适用于装夹圆柄电极。通常在钻夹头上开设冲液孔，在加工时可使工作液均匀地沿圆柄电极淋下，达到较好的排屑效果
U 形夹头		适用于装夹方形电极和片状电极。一般通过拧紧夹头上的螺钉来夹紧电极
电极柄夹头		适用于装夹尺寸较大的圆电极、方形电极，以及几何形状复杂而且在电极一端可以钻孔套螺纹固定的电极

表 3—2—16　常用的电极找正方法

找正方法	图示	说明
千分表找正		由主轴带动电极做上下移动，在相互垂直的两个圆柱母线方向，用千分表找出误差。使用 6 个调节手柄反复调整电极位置，使其装夹误差在公差允许范围内

续表

找正方法	图示	说明
火花找正		当电极端面为平面时，可用弱电规准在工件平面上放电打印，根据工件平面上放电火花分布情况找正电极，直到调节至四周均匀地出现放电火花为止
90°角尺找正		采用90°角尺可找正侧面较长、直壁面类电极的垂直度。找正时，90°角尺的刀口靠近电极侧壁基准，通过观察它们之间上下间隙的大小来调节电极夹头

六、工件的装夹和找正

电火花成型加工将工件安装于工作台，必须正确装夹工件，并对工件进行找正。有定位要求的工件应该加工出一对直角基准面，作为找正基准。

1. 装夹方法

由于工件的形状、大小各异，所以电火花成型加工时工件的装夹方法有很多种。通常用磁吸盘来装夹工件，为了适应各种不同工件加工的需求，还可使用其他专用工具来进行装夹。常用的工件装夹方法见表3—2—17。

表3—2—17　　常用的工件装夹方法

工件装夹方法	图示	说明
用永磁吸盘装夹		永磁吸盘的磁力是通过吸盘内六角孔中插入的扳手来控制的。当扳手处于“OFF”侧时，吸盘表面无磁力，这时可以将工件放置于吸盘台面，然后将扳手旋转至“ON”侧，工件就被吸紧于吸盘上

续表

工件装夹方法	图示	说明
用平口虎钳装夹		对于一些由于安装面积较小而用永磁吸盘安装不牢固的工件，或一些特殊形状的工件，可使用平口虎钳进行装夹

2. 找正方法

工件装夹完成后，要对其进行找正。电火花成型加工属于精密加工范畴，一般用千分表来找正工件，如图3—2—36所示。

找正用千分表由指示表和磁性表座组成。磁性表座用来连接指示表和固定端，其连接部分可以灵活摆成各种样式，使用非常方便。在工件夹紧前，应该用千分表分别找正工件两个垂直基准面与工作台纵、横坐标移动方向平行，保证位置精度在允许误差范围内。

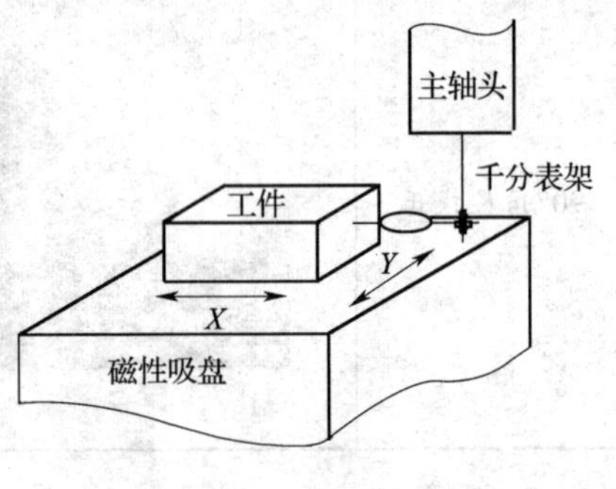

图3—2—36　工件的找正方法

七、电火花成型加工用工作液

早期使用的水基、油基（如煤油）系列电火花成型加工用工作液已经被淘汰。目前常用的电火花成型加工用工作液（简称电火花工作液）为矿油型、高速合成型。

矿物油型电火花工作液具有良好的排切屑、积炭的作用。它在常温下的黏度比较低；闪点偏低，属于易燃物品。矿油型电火花工作液中含有适量的添加剂，以改善它的性能。例如，加入一定量的酚类抗氧剂，以提高工作液的抗氧化性能；加入一定量的芳烃，提高了可适应的加工速度，但是降低了安全性，有臭味，对皮肤有刺激。高速合成型电火花工作液是新一代专用电火花成型加工用工作液。它的优点是无臭味，对皮肤无刺激作用，使用寿命长；但是，它可使用的加工速度稍低于矿油型电火花工作液。

八、电火花成型加工的定位

当工件和电极都正确装夹、找正后，需要将电极对准工件的加工位置，才能在工件上加工出准确的型腔。将找准电极与工件相对位置的操作称为定位（或对刀），如图3—2—37所示。电火花成型加工的定位通常包括X、Y、Z三个轴的定位，它们可分为加工位置（X轴和Y轴）的定位和加工深度（Z轴）的定位。

电火花成型加工通常采用 *Z* 轴伺服加工，其加工平面为 *XOY* 平面，所以加工位置是确定电极与工件 *X*、*Y* 轴基准中心或单边之间的距离。

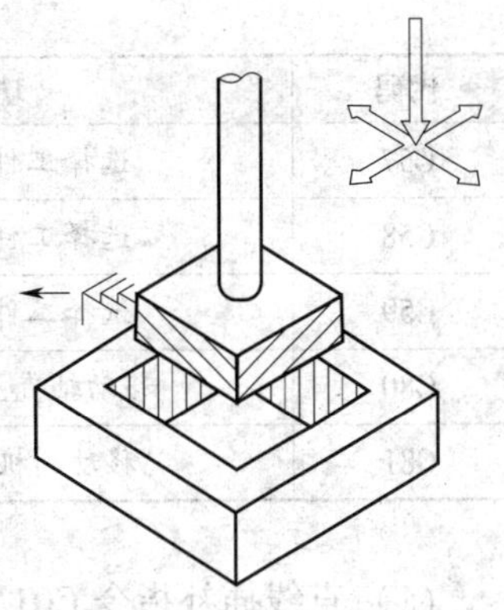

图 3—2—37　电极对准工件的加工位置

九、电火花成型机床编程基本知识

电火花成型加工与其他数控加工的编程方法、指令、技巧是一致的，有些指令代码可以通用。由于电火花成型加工运动轨迹比较单一，因此编程较为简单。下面主要介绍 ISO 标准电火花成型加工指令代码。

1. 程序指令字的格式

电火花成型机床常用编程指令的地址符及意义见表 3—2—18。

表 3—2—18　　电火花成型机床常用编程指令的地址符及意义

地址符	意义	地址符	意义
N、O	顺序号、程序名	L	子程序调用次数
G	准备功能	M	辅助功能
X、Y、Z、U、V、W	表示轴移动	ON、OFF、IP、SV、SE	加工参数的具体指定
I、J、K	圆弧的中心坐标	C	加工条件号
T	机械设备控制	P	子程序调用
D、H	偏移量指定	RA	旋转角度

2. 准备功能

准备功能又称为 G 功能或 G 代码，是由地址符 G 和后面的两位数字组成的。电火花成型加工常用准备功能指令（ISO 标准）见表 3—2—19。

表 3—2—19　　电火花成型加工常用准备功能指令（ISO 标准）

代码	功能	代码	功能
G00	快速移动（定位）指令	G31	按加工路径反方向抬刀
G01	直线插补（加工）指令	G32	伺服回原点（中心）后抬刀
G02	顺时针圆弧插补指令	G40	取消电极补偿
G03	逆时针圆弧插补指令	G41	电极左补偿
G17	*XOY* 平面选择	G42	电极右补偿
G18	*XOZ* 平面选择	G54	选择工件坐标系 1
G19	*YOZ* 平面选择	G55	选择工件坐标系 2
G30	按指定轴向抬刀	G56	选择工件坐标系 3

续表

代码	功能	代码	功能
G57	选择工件坐标系 4	G82	移动到原点与现位置的一半处
G58	选择工件坐标系 5	G86	定时加工
G59	选择工件坐标系 6	G90	绝对坐标指令
G80	移动轴直至接触感知	G91	增量坐标指令
G81	移动到机床的极限	G92	指定坐标原点

（1）直线插补指令 G01

指令格式：G01 X ±；/G01 Y ±；/G01 Z ±；/G01 X ± Y ± Z ±；（最多三轴联动，包括 *C* 轴）

说明：电火花成型加工的工艺方法一般指的是一个从粗到精的加工过程，且多数为沿 *Z* 轴方向加工。

（2）按指定轴向抬刀指令 G30

指令格式：G30 Z ±；/G30 X ±；/G30 Y ±；

说明："±" 表示抬刀的方向，选取其一，且 "+" 号不能省略。

（3）按加工路径反方向抬刀指令 G31

指令格式：G31；

说明：G31 指令后面不加坐标方向，一般用在斜向加工、圆弧加工或加工方向变化的地方。

（4）伺服回原点（中心）后抬刀指令 G32

指令格式：G32；

说明：与 G31 类似，一般用在伺服平动加工中。

（5）接触感知指令 G80

指令格式：G80 X ±；/G80 Y ±；/G80 Z ±；

说明：主要用来寻边，确定加工位置；正、负号只能选其一，且 "+" 号不能省略。

3. 辅助功能

辅助功能又称为 M 功能，主要用于控制电火花成型加工时的辅助动作和状态。它由代码和后面的数字组成。电火花成型加工常用辅助功能指令（ISO 标准）见表 3—2—20。

表 3—2—20　　电火花成型加工常用辅助功能指令（ISO 标准）

代码	功能	代码	功能
M00	程序暂停	J	圆心 *Y* 坐标
M02	程序结束	K	圆心 *Z* 坐标

续表

代码	功能	代码	功能
M05	忽略接触感知	X	*X* 轴指定
M08	*R* 轴旋转功能打开	Y	*Y* 轴指定
M09	*R* 轴旋转功能关闭	Z	*Z* 轴指定
M98	子程序调用	U	*C* 轴指定
M99	子程序结束	L	子程序重复执行次数
T84	启动液泵	P	指定调用子程序号
T85	关闭液泵	N	程序号
S	*R* 轴转速	C	加工条件号
I	圆心 *X* 坐标	H	补偿代码

（1）程序暂停指令 M00

说明：当加工程序执行到 M00 时，将暂停执行当前程序，暂停放电加工，以便操作者检查加工状态，如改变放电参数、检查电极损耗等，并做出相应的调整。

（2）程序结束指令 M02

说明：一个完整的程序最后一定要由 M02 表示程序结束，并使机床复位。

（3）忽略接触感知指令 M05

说明：当电极与工件处于接触状态时，为了保证电极在移动时不出现接触感知报警，需使用 M05 指令。

（4）子程序指令 M98/M99

1）指令格式：M98 P××××L×××；

P 为调用子程序指令，××××为子程序的顺序号。L×××为子程序的调用次数，如果 L 省略不写，表示调用 1 次。

【例】 M98 P0001 L6；

表示 N0001 子程序连续调用 6 次。

2）指令格式：M99；

说明：M99 作为子程序的结尾标志。

（5）加工条件号 C×××

说明：C000～C999 共有 1 000 个条件代码，每个条件代码都代表一组放电参数，具体含义应参照电火花成型机床操作手册。

任务拓展

电火花成型加工自动编程简介

电火花成型加工自动编程是通过电火花成型机床数控系统的智能编程软件（图 3—2—38），以人机对话方式确定加工对象和加工条件（如加工开始位置、加工方向、加工深度、电极缩放量、表面粗糙度要求、平动方式、平动量等），自动进行运算并生成程序指令的过程。目前，自动编程广泛地应用于数控电火花成型加工编程中。对于复杂的多轴联动电火花成型加工编程，还用到 CAD/CAM 技术，即利用 CAD 技术进行计算机辅助设计，再利用 CAM 技术进行辅助编程，自动生成加工程序。采用自动编程既可以减轻编程人员的劳动强度，又可以缩短编程时间。

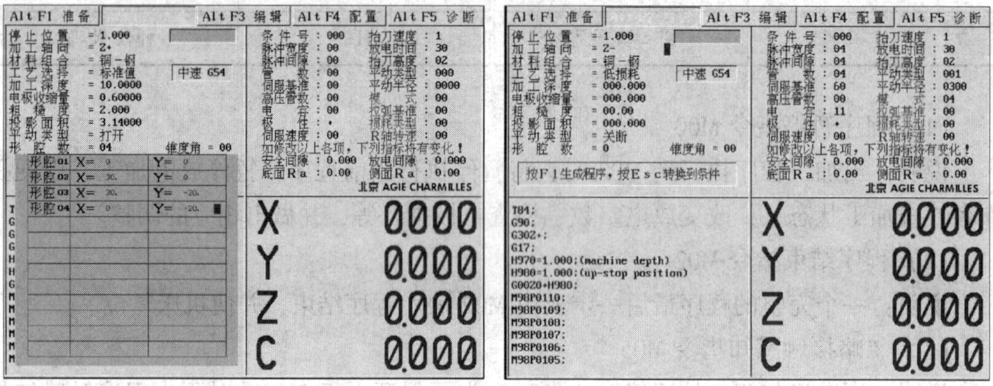

a）　　　　　　　　　　　　b）

图 3—2—38　自动编程界面

a）设置加工参数　b）生成加工程序

操作过程如下：按【Alt】+【F2】键进入“加工”屏，输入或者选择自动编程的相关工艺数据，生成 NC 文件，如图 3—2—38 所示。

按【Alt】+【F3】进入“编辑”屏，手工编辑 NC 文件，或者导入一个现成的 NC 文件进行修改。

根据加工要求，设置好平动、抬刀数据，选择好加工条件。

关闭工作液槽门，闭合放油阀，回到“加工”屏，移动光标到起始程序段，按【Enter】键开始加工。

加工中可以更改加工条件、暂停加工，但是不能修改程序。

典型模具零件加工工艺制定

模具一般由很多的零部件（如凸模、凹模等）按照不同的功能要求有机地组合在一起。因为模具零件具有不同的结构和要求，所以它们的加工具有不同的工艺特点，并且综合了多种加工工艺。制作模具零件时，必须充分了解和掌握不同模具零件的加工工艺特点，拟定合适的加工工艺线路，保证模具零件的加工质量。

本模块通过冷冲模、注塑模、压铸模主要零件加工工艺的制定三个课题，培养制定模具零件加工工艺的综合技能。本模块三个课题的零件加工可以根据制定的加工工艺并参照前述三个模块的零件加工方法和操作进行，这里不再赘述。

课题一　冷冲模主要零件加工工艺的制定

本课题包含两个子课题：制定冷冲模凸模、凹模加工工艺，综合应用前面几个模块介绍的加工技术，培养制定冷冲模主要零件加工工艺的能力。

任务一　制定冷冲模凸模加工工艺

工作任务

编制如图 4—1—1 所示冷冲模凸模的加工工艺。毛坯尺寸为 75 mm × 55 mm × 60 mm，锻件，材料为 Cr12。

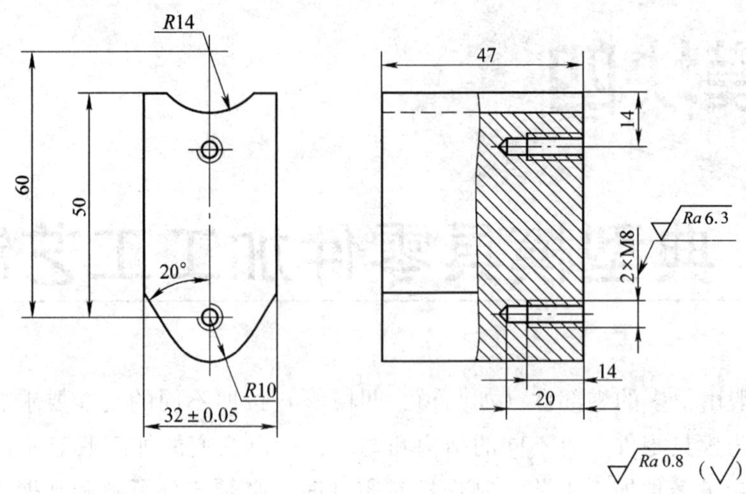

图 4—1—1　冷冲模凸模

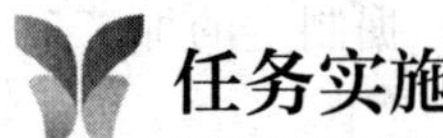

任务实施

一、工艺分析

冷冲模凸模是冷冲模中主要的工作零件之一。在其加工工艺过程中，主要保证刃口的锋利和高耐磨性能。工作部分要求具有较高的硬度、耐磨性和良好的韧性，硬度通常为 58 ~ 62 HRC，多用高碳钢制造。

如图 4—1—1 所示，凸模为非圆零件，其外形轮廓尺寸与冲压件一致。外形轮廓的加工重点在 2 个成型圆弧，表面粗糙度值要求达到 $Ra0.8$ μm。两个 M8 螺纹孔为盲孔，用于将凸模固定在凸模固定板上。同时，凸模要求有锋利的刃口。

二、制定加工工艺

1. 确定制造过程

（1）毛坯为锻造矩形件，为了消除因锻造而产生的内应力，需要进行退火，从而改善毛坯的整体性能。

（2）粗铣毛坯六个平面，留磨削余量。

（3）采用平面磨削，粗磨工件六面，确定后续加工的基准。

（3）划线，钻削 2 个螺纹底孔，攻螺纹 M8，钻外形穿丝孔。

（4）对工件进行淬火、低温回火，使硬度达到 58 ~ 62 HRC，调整工件的机械加工性能。

（5）半精磨凸模的上、下表面，达到尺寸要求。由于上、下表面不参与成型加工，其表面粗糙度要求可以适当放宽。

（6）在快走丝线切割机床上装夹工件，线切割加工凸模侧面，留最终研磨的余量。

（7）最后研磨线切割的加工面，达到表面粗糙度要求，保证刃口锋利。

2. 拟定工艺路线

工艺路线：备料→退火→铣削→平面磨削→划线→钻孔、攻螺纹和钻穿丝孔→淬火、低温回火→平面磨削→电火花线切割加工→研磨。

3. 编制加工工艺卡

冷冲模凸模的加工工艺卡见表4—1—1。

表4—1—1 冷冲模凸模的加工工艺卡

工序号	工序名称	工序内容	设备	刀具	夹具
1	备料	75 mm×55 mm×60 mm，锻件	—	—	—
2	热处理（退火）	退火225～325 HBW	—	—	—
3	铣削	铣削六面至70 mm×47.5 mm×55 mm	立式铣床	端铣刀	机用平口虎钳
4	平面磨削	磨削上下两面，留单面余量0.2 mm，并磨出相邻两侧面，保证各面相互垂直	平面磨床	砂轮	机用平口虎钳
5	划线	按图样要求，对螺纹孔划线	工作台	划针	—
6	钻孔、攻螺纹、钻穿丝孔	（1）钻2×M8的螺纹底孔	台式钻床	麻花钻	机用平口虎钳
		（2）攻2×M8螺纹孔	工作台	丝锥及铰杠	平口虎钳
		（3）用ϕ6 mm钻头钻削外形穿线孔	台式钻床	麻花钻	机用平口虎钳
7	热处理（淬火、低温回火）	淬火、低温回火至58～62 HRC	—	—	—

续表

工序号	工序名称	工序内容	设备	刀具	夹具
8	平面磨削	磨削上、下表面至要求的尺寸，并磨出相邻两侧面	平面磨床	砂轮	机用平口虎钳
9	电火花线切割加工	线切割加工凸模外形，并留单面研磨余量0.005 mm	快走丝线切割机床	钼丝	压板
10	研磨	研磨线切割加工面	工作台	研磨平板、磨料	—
11	检验	按照图样要求，检验零件是否达到要求	—	—	—

三、评价

制定冷冲模凸模加工工艺评分标准见表4—1—2。

表4—1—2　　制定冷冲模凸模加工工艺评分标准表

考核项目	考核内容及要求	配分	评分标准	检测结果	得分
零件图分析	零件图分析准确	10	每缺一项或者错一项，扣2分		
制造过程分析	制造过程分析全面	30	每缺一项或者错一项，扣5分		
拟定工艺路线	工艺路线制定正确	30	每缺一项或者错一项，扣5分		
编制加工工艺卡	加工工艺卡编制正确	30	每缺一项或者错一项，扣5分		
总计		100			

相关知识

冷冲模凸模是指在冲压过程中，冲模中被制件或废料所包容的工作零件。常用的结构形式有圆形凸模和非圆形凸模。其中，非圆形凸模可以采用整体式、组合式或镶拼式。

一、冷冲模凸模的结构特点及技术要求

1. 结构特点

冷冲模凸模有与制件轮廓一样形状的锋利刃口，两者之间在周边存在一圈很小的间隙。在冲压时，坯料对凸模刃口产生很大的侧压力，导致凸模与制件或废料发生摩擦，产生磨损。合理的凸模刃口间隙能保证制件有较好的断面质量和较高的尺寸精度，并且还能降低冲压力，延长模具使用寿命。

凸模可分为两部分：固定部分和工作部分。固定部分的形状简单，尺寸精度要求不高；工作部分的尺寸精度和表面质量要求都较高。

2. 技术要求

（1）加工技术要求（表 4—1—3）。

表 4—1—3　冷冲模凸模的加工技术要求

项目	加工要求
尺寸精度	达到图样要求，凸模间隙合理、均匀
表面形状	凸模侧壁要求平行或稍有斜度，大端应位于工作部分，不允许有反斜度
位置精度	圆形凸模工作部分对固定部分的同轴度误差小于工作部分公差的一半，凸模端面应与中心线垂直；对于复合模，凸凹模的外轮廓和其内孔的相互位置应符合图样中所规定的要求
表面粗糙度	刃口部分的表面粗糙度值最小，刃口要求锋利；固定部分的表面粗糙度值略高于刃口部分；其余部分保持一般的表面粗糙度值
硬度	凸模工作部分硬度为 58～62 HRC。铆接的凸模从工作部分向固定部分硬度逐渐降低，但最低不小于 38 HRC 装配后，铆开磨平　硬度降低，不小于 38HRC　L　D

（2）材料与热处理

冷冲模常用材料为 T8A、T10A、9Mn2V、9CrSi、CrWMn、Cr12、Cr12MoV 及硬质合金等。冷冲模工作零件的预备热处理为对毛坯采用退火、正火工艺，其目的主要是消除内应力，降低硬度，以改善切削加工性能，为最终热处理做准备；最终热处理为在精加工前进行淬火＋低温回火处理，提高其硬度和耐磨性。

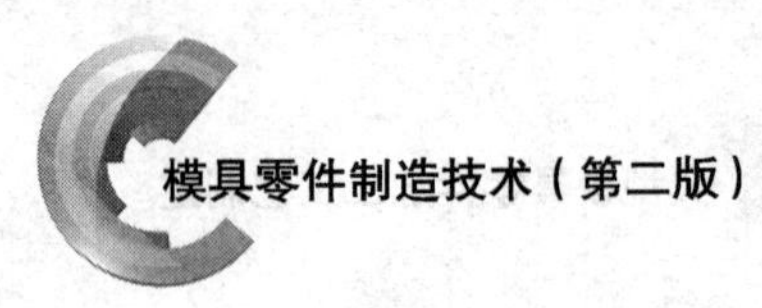

二、凸模和凹模刃口尺寸的确定原则

冲裁间隙的取值直接影响冲裁件的断面质量和尺寸精度，而合理间隙实际是靠凸模和凹模工作部分的尺寸和公差来体现的。

1. 冲裁间隙

冲裁间隙是指冲裁模的凸模与凹模刃口之间的间隙，分单边间隙和双边间隙。如图4—1—2所示，凸模与凹模间每侧的间隙称为单边间隙，用C表示；两侧间隙之和称为双边间隙，用Z表示。如果没有特殊说明，冲裁间隙就是指双边间隙。间隙值的大小对冲裁件质量、模具寿命、冲裁力影响很大，是冲裁工艺中的一个极其重要的工艺参数。

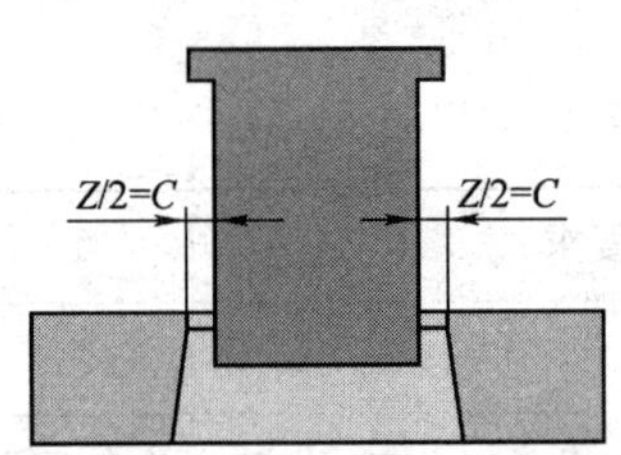

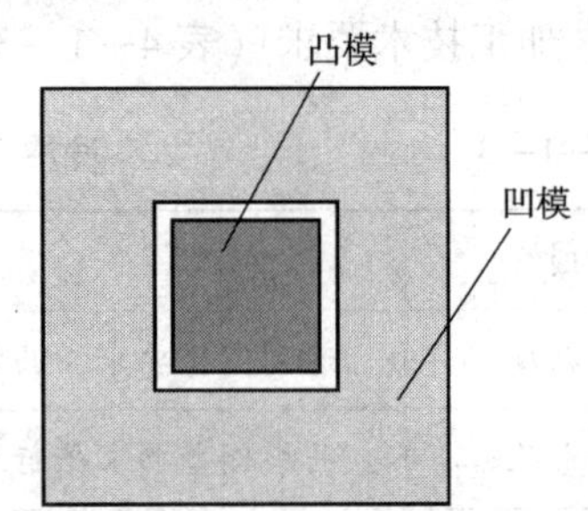

图4—1—2　冲裁间隙

2. 凸、凹模刃口尺寸确定的原则

确定凸模和凹模刃口尺寸时应区分落料模和冲孔模，并遵循表4—1—4所列原则。

表4—1—4　确定冲裁模凸、凹模刃口尺寸的原则

主要类型	落料模		冲孔模
基准与冲裁间隙位置	先确定凹模刃口尺寸，作为基准。冲裁间隙取在凸模上，即冲裁间隙通过减小凸模刃口尺寸来取得		先确定凸模刃口尺寸，作为基准。冲裁间隙取在凹模上，即冲裁间隙通过增大凹模刃口尺寸来取得
凸、凹模的基本尺寸	凹模基本尺寸应取接近或等于工件的最小极限尺寸		凸模基本尺寸取接近或等于工件孔的最大极限尺寸
冲裁间隙大小	设计凸、凹模时取最小合理间隙（Z_{min}）		
模具刃口制造偏差值	形状简单的圆形、方形刃口	可按IT6～IT7级或查表来选取	
	形状复杂的刃口	可按工件相应部位公差值的1/4来选取	
	磨损后尺寸无变化的刃口	可取工件相应部位公差值的1/8，并作为对称上下偏差（即加“±”）	

另外，工件尺寸公差与冲裁模刃口尺寸的制造偏差均应按“入体”原则标注单向公差。所谓“入体”原则是指在标注工件尺寸公差时应向材料的实体方向进行单向标注（凸模刃口越磨越小，往负差标；凹模刃口越磨越大，往正差标）。但是，对于磨损后尺寸无变化的冲裁模刃口，一般标注双向偏差。

3. 凸、凹模刃口尺寸及公差

模具刃口尺寸及公差与加工方法有关，基本上可以分为两类：一种是分开加工，另一种是配合加工。

（1）分开加工

分开加工就是分别规定凸模和凹模的尺寸和公差，分别进行制造，用凸模与凹模的尺寸及制造公差来保证间隙要求。这种加工方法必须把模具的制造公差控制在冲裁间隙的变动范围之内，使模具制造难度加大，主要用于冲裁件形状简单、间隙较大、精度较低的模具。随着电火花线切割机床、电火花成型机床等设备的应用，加工精度不断提高，分开加工也越来越多地用于形状复杂、间隙较小、精度较高的复合模、级进模等。分开加工的凸、凹模具有互换性，制造周期短，便于成批制造。

（2）配合加工

配合加工就是先按设计尺寸制出一个基准件（凸模或凹模），再根据基准件的实际尺寸按最小合理间隙配作另一件。这种方法的特点是模具的间隙由配作来保证，工艺比较简单，并且还可以放大基准件的制造公差，降低加工难度。因此，冲制薄材料或复杂形状零件的冲模常采用这种加工方法。

在零件图上，基准件的刃口尺寸及公差应详细标注；而配作件只需标注基本尺寸，不需标注公差，但是图样上应注明：凸（凹）模刃口按凹（凸）模的实际刃口配作，保证最小合理的双面间隙值。

落料凸模刃口的基本尺寸与凹模刃口的基本尺寸相同，因此它不必标注公差，但在技术条件中应注明：凸模实际刃口尺寸按凹模实际刃口尺寸配作。

三、冷冲模成型零件加工工艺

冷冲模凸模、凹模或凸凹模是完成冲压成型的最主要的工作零件。

1. 冷冲模成型零件加工要点

（1）冲裁模成型零件加工要点

1）冲裁模成型零件要求表面光洁、刃口锋利。刃口表面粗糙度值为 $Ra0.4\ \mu m$，非工作部分允许适当放宽；刃口保证锋利，以提高冲件质量。

2）凸模、凹模的工作部分应具有高硬度、高耐磨性及良好的韧性。一般凸模制造容易，易修磨刃口，一旦出现刃口相撞，应优先损坏凸模，因此凸模硬度比凹模略低。

3）表面形状要求：工作刃口应尖锐、锋利，无倒角、裂纹、黑斑及缺口等缺陷；侧壁应平行，或稍有斜度，但要注意斜度的方向。正确的斜度方向如图 4—1—3a、b

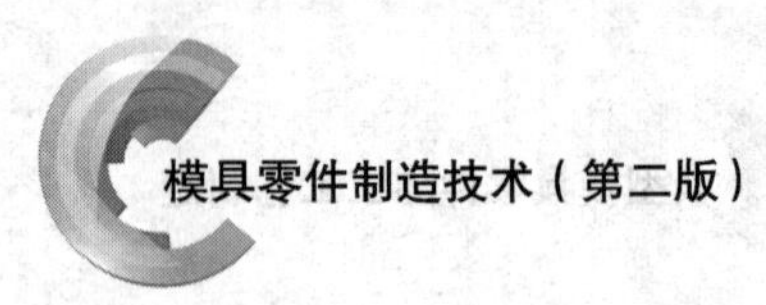

所示，不允许出现反方向斜度（图 4—1—3c、d），否则会降低制件的质量和使用寿命，甚至损坏模具。

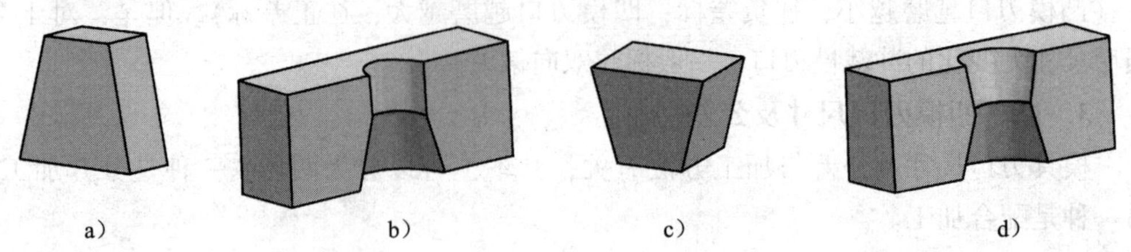

图 4—1—3　凸模和凹模的表面形状
a）、b）正确斜度方向　c）、d）反方向斜度

4）冲裁模工作磨损后间隙增大，制造和初配时应采用最小合理间隙，而且同一副冲裁模的间隙应在各方向上力求均匀一致。

5）因为凸、凹模内外刃口的位置精度要求较高，所以加工时要求尽量在一次装夹中完成内外刃口的加工。

（2）弯曲模、拉深模成型零件加工要点

1）弯曲模、拉深模的凸、凹模圆角半径及间隙应制造均匀，淬火后进行精修和抛光，以保证制件表面质量。

2）对于较复杂的弯曲模、拉深模，由于回弹等不确定因素的影响，一般在装配、调试、修整出合格制件后，才进行淬火。

3）拉深模型腔工作表面要求表面粗糙度值很小，一般要求在淬火后抛光、研磨或镀铬。

4）弯曲模、拉深模不允许有刃口，应有圆角过渡，以防止制件被冲裂或产生表面缺陷。

2. 冷冲模凸、凹模的加工工艺路线

凸模的加工主要是外形加工，凹模的加工主要是孔或孔系的加工，而外形加工比较简单。

由于凸模和凹模的加工多属于单件生产，一般都制定以工序为单位的工艺规程，这样简单、明了。加工顺序一般遵循“先粗，后精；先基准，后其他；先面（平面），后孔；且工序要适当集中”的原则。凸、凹模加工的典型工艺路线主要有以下几种：

（1）下料→锻造→退火→毛坯外形加工（包括外形粗加工、精加工、基准面磨削）→划线→刃口轮廓粗加工→刃口轮廓精加工→螺纹孔、销孔加工→淬火与回火→研磨或抛光。

这种工艺路线钳工工作量大，技术要求高，适用于形状简单、热处理变形小的零件。

（2）下料→锻造→退火→毛坯外形加工（包括外形粗加工、精加工、基准面磨削）→划线→刃口轮廓粗加工→螺纹孔、销孔加工→淬火与回火→采用成型磨削进行刃口轮廓精加工→研磨或抛光。

这种工艺路线能消除热处理变形对模具精度的影响，使凸、凹模的加工精度得到保证，可用于热处理变形大的零件。

(3) 下料→锻造→退火→毛坯外形加工（包括外形粗加工、精加工、基准面磨削）→螺纹孔、销孔、穿丝孔加工→淬火与回火→磨削加工上、下面及基准面→线切割加工→钳工修整。

这种工艺路线主要用于以线切割加工为主要工艺的凸、凹模加工，尤其适用于形状复杂、热处理变形大的直通式凸、凹模零件的加工。

任务二　制定冷冲模凹模加工工艺

工作任务

编制如图 4—1—4 所示冷冲模凹模的加工工艺。毛坯尺寸为 126 mm × 86 mm × 25 mm，锻件，材料为 Cr12。

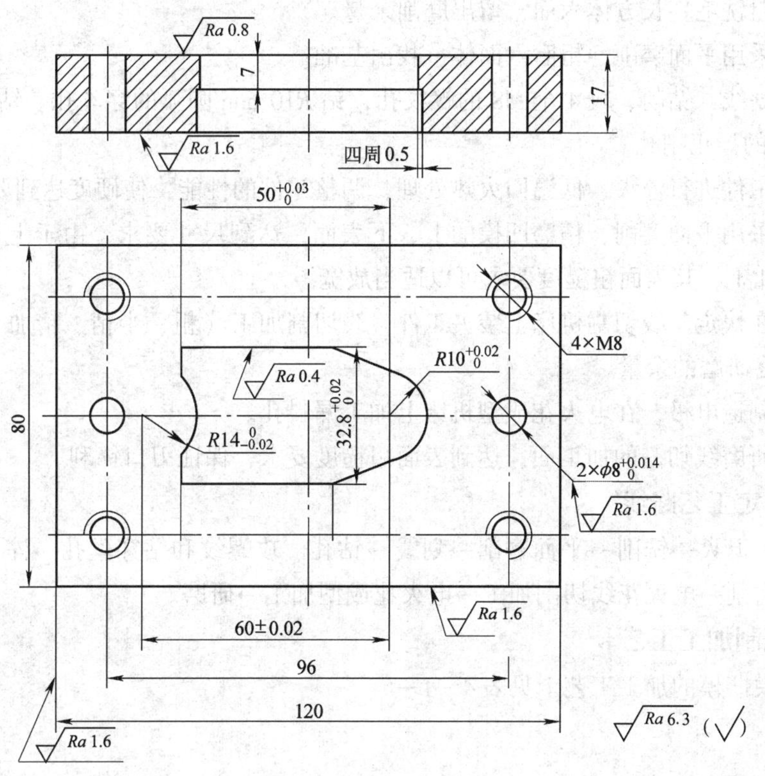

图 4—1—4　冷冲模凹模

任务实施

一、工艺分析

冷冲模凹模是冷冲模中主要工作零件之一。在其加工工艺过程中，要达到刃口的锋利和高耐磨性能。工作部分要求具有较高的硬度、耐磨性和良好的韧性，硬度通常为 60 ~ 64 HRC。

如图 4—1—4 所示凹模零件，型孔轮廓尺寸与冲压件尺寸一致；漏料孔的尺寸比轮廓尺寸稍大，落料时不致刮伤制品。4 个 M8 的螺纹孔用于将凹模固定于凹模固定板上，2 个 ϕ8 mm 的导正销孔用于合模时与导正销配合，引导凸模定位。毛坯制造完毕后，宜选用铣加工进行粗加工，在钳加工后，采用电火花线切割加工方法完成主要轮廓的加工，采用电火花成型加工方法完成漏料孔的加工，最后磨削至图样要求。

二、制定加工工艺

1. 确定制造过程

（1）毛坯为锻造矩形件，为了消除因锻造而产生的内应力，需要进行退火，从而改善毛坯的整体性能。

（2）粗铣毛坯长方体六面，留出磨削余量。

（3）采用平面磨削，粗磨六面体，找出基准。

（4）划线，钻削、攻 4 个 M8 的螺纹孔，钻 R10 mm 圆弧的穿丝孔。钻削、铰削 2 个 ϕ8 mm 的导正销孔。

（5）工件进行淬火、低温回火热处理，调整零件的性能，使硬度达到要求。

（6）采用平面磨削，精磨凹模的上、下表面，达到尺寸要求。由于上、下表面不参与成型加工，其表面粗糙度要求可以适当放宽。

（7）在快走丝线切割机床上装夹工件，线切割加工（粗、半精、精加工）凹模侧面，留最终研磨的余量。

（8）制造电极，在电火花成型机床上加工漏料孔。

（9）研磨线切割的加工面，达到表面粗糙度要求，保证刃口锋利。

2. 拟定工艺路线

备料→退火→铣削→平面磨削→划线→钻孔、攻螺纹和钻穿丝孔→淬火、低温回火→平面磨削→电火花线切割加工→电火花成型加工→研磨。

3. 编制加工工艺卡

冷冲模凹模的加工工艺卡见表 4—1—5。

表 4—1—5　　冷冲模凹模的加工工艺卡

工序号	工序名称	工序内容	设备	刀具	夹具
1	备料	126 mm×86 mm×25 mm，锻件	—	—	—
2	热处理（退火）	退火至 225～325 HBW	—	—	—
3	铣削	铣削六面，留单面磨削余量 0.5 mm	立式铣床	端铣刀	机用平口虎钳
4	平面磨削	磨削上、下两面及相邻侧面，留单面磨削余量 0.3 mm	平面磨床	砂轮	机用平口虎钳
5	划线	按图样划线	工作台	划针	—
6	钻孔、攻螺纹、钻穿丝孔	（1）钻削 4×M8 的螺纹底孔 4×ϕ6.7 mm	台式钻床	麻花钻	机用平口虎钳
		（2）钻削导正销孔 2×ϕ7.9 mm	台式钻床	麻花钻	机用平口虎钳
		（3）铰削导正销孔 2×ϕ8 mm	工作台	铰刀	机用平口虎钳
		（4）用 ϕ6 mm 钻头钻削 R10 mm 圆弧的线切割穿丝孔	台式钻床	麻花钻	机用平口虎钳
		（5）攻 4×M8 螺纹	工作台	丝锥	平口虎钳
7	热处理（淬火、低温回火）	淬火、低温回火至 60～64 HRC	—	—	—

续表

工序号	工序名称	工序内容	设备	刀具	夹具
8	平面磨削	磨削上、下两面及相邻两侧面至要求的尺寸	平面磨床	砂轮	机用平口虎钳
9	电火花线切割加工	线切割凹模型孔，留单面研磨余量0.005 mm	快走丝线切割机床	钼丝	压板
10	电火花成型加工	电火花成型加工漏料孔	电火花成型机床	电极	压板
11	研磨	研磨线切割加工面	工作台	—	—
12	检验	按照零件图要求，检验加工完毕的工件是否达到要求	—	—	—

三、评价

制定冷冲模凹模加工工艺评分标准见表4—1—6。

表4—1—6　　制定冷冲模凹模加工工艺评分标准表

考核项目	考核内容及要求	配分	评分标准	检测结果	得分
零件图分析	零件图分析准确	10	每缺一项或者错一项，扣2分		
制造过程分析	制造过程分析全面	30	每缺一项或者错一项，扣5分		
拟定工艺路线	工艺路线制定正确	30	每缺一项或者错一项，扣5分		
编制加工工艺卡	加工工艺卡编制正确	30	每缺一项或者错一项，扣5分		
总计		100			

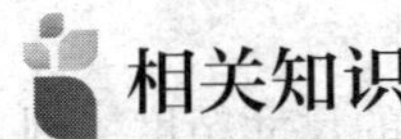

相关知识

冷冲模凹模是指在冲压过程中，与凸模配合直接对制件进行分离或成型的工作零件。常用的结构形式有整体式凹模、组合式凹模和镶拼式凹模。整体式凹模结构简单，强度好；但是，在使用中如果有凹模刃口局部磨损、损坏，必须整体更换。其制造成本较高，适用于生产中小型冲压件及尺寸精度要求较高的零件。

一、冷冲模凹模的结构特点及技术要求

1. 结构特点

凹模是冷冲模的主要工作零件。凹模是板类零件，凹模型孔的尺寸、形状精度和表面质量要求较高。凹模外形较简单，一般是圆形或矩形，其尺寸精度要求不高。凹模有与制件轮廓一样形状的锋利刃口，两者之间在周边存在一圈很小的间隙。在冲压时，坯料对凹模刃口产生很大的侧压力，导致凹模与制件或废料发生摩擦、产生磨损。合理的凹模刃口间隙能保证制件有较好的断面质量和较高的尺寸精度，并且还能降低冲压力，延长模具使用寿命。

2. 技术要求

冷冲模凹模的加工技术要求见表 4—1—7。

表 4—1—7　　冷冲模凹模的加工技术要求

项目	加工要求
尺寸精度	达到图样要求，凹模间隙合理、均匀
表面形状	凹模侧壁要求平行或稍有斜度，大端应位于工作部分，不允许有反斜度
位置精度	凹模的外轮廓和其内孔的相互位置应符合图样中所规定的要求
表面粗糙度	刃口部分的表面粗糙度值最小，刃口要求锋利；固定部分的表面粗糙度值略高于刃口部分；其余部分保持一般的表面粗糙度值
硬度	凹模工作部分硬度为 60 ~ 64 HRC，从工作部分向固定部分硬度逐渐降低，但最低不小于38 HRC

二、凹模的加工工艺

1. 凹模加工难点

(1) 在多孔冲裁模或级进模中，凹模上有一系列孔（这些孔称为孔系），凹模孔系位置精度通常要求为 ±(0.01 ~ 0.02) mm，这些孔的加工较困难。

(2) 凹模在镗孔时，孔与外形有一定的位置精度要求，加工时要求确定基准，并

准确确定孔的中心位置，这给加工带来很大难度。

（3）凹模内孔加工的尺寸往往直接取决于刃具的尺寸，因此刃具的尺寸精度、刚度及磨损情况将直接影响内孔的加工精度。

（4）凹模孔加工时，切削区在工件内部，排屑、散热条件差，加工精度和表面质量不容易控制。

2. 圆形凹模的加工工艺

（1）圆形凹模加工工艺路线

1）单孔凹模加工。钻削→铰（镗）削→热处理。

2）多孔（孔系）凹模加工。

①在普通立式铣床上钻削、镗削孔→热处理→在坐标磨床上磨削，或在普通立式铣床上钻削、镗削孔（留研磨量）→热处理→研磨型孔。

适用于型孔间距要求不太高的情况。

②在高精度数控铣床上钻削、镗削孔→热处理→在坐标磨床上磨削，或在高精度数控铣床上钻削、镗削孔（留研磨量）→热处理→研磨型孔。

适用于型孔间距要求较高的情况。

（2）圆形凹模加工方法

1）单个圆形型孔的加工。凹模型孔为单个圆孔时，其加工方法比较简单。毛坯外形用车削加工。当型孔直径小于 $\phi5$ mm 时，先钻削孔，后铰削孔；热处理后磨削上、下表面，用砂布抛光型孔即可。当型孔直径大于 $\phi5$ mm 时，一般采用钻削和镗削方法对型孔进行粗加工；经淬火、回火热处理后，在万能磨床或内圆磨床上对型孔精加工，磨孔的精度可达 IT5 ~ IT6，孔的表面粗糙度值可达 Ra0.2 ~ 0.8 μm。

2）系列圆形型孔的加工。凹模型孔为一系列圆孔时，其加工比较困难，应根据工厂现有的加工设备选择相应的方法。利用坐标法进行孔的加工，可在普通钻床、铣床上加工出位置精度较高的系列型孔。在数控铣床上可加工有高精度位置要求的系列型孔。常用的加工方法如下：

①在普通钻床上加工。在没有数控铣床的情况下，可在普通钻床上进行孔系的加工。凹模毛坯经刨削或铣削六面，然后磨平六个面，并要互相垂直。根据图样，在磨好的工件上划线，并将工件夹持在机床用平口虎钳上，通过在钻床的纵、横向附加量块和百分表测量装置，控制工件移动的距离，进行孔系的加工。通过这种方法，孔间距精度能达到 ±0.04 mm，但是加工效率较低。

②在铣床上加工。在立式铣床上加工多个凹模型孔，直接利用工作台上的纵、横向位移来确定孔的位置，其加工的孔间距精度较低，一般为 0.06 ~ 0.08 mm。在立式铣床的纵、横向托板上附加量块组和千分表测量装置，可以准确地控制工作台的移动距离，使孔系的孔位精度大大提高，孔间距精度可达到 0.02 mm。

③在精密数控铣床或坐标磨床上加工。精密数控铣床具有精密坐标定位装置，

是专门用于镗削尺寸、形状和位置精度要求较高的孔系的精密机床。孔位精度一般可达0.005～0.015 mm。由于凹模在热处理时易发生变形，因此导致热处理之前镗好的孔位精度降低。当凹模孔的精度和孔位精度要求很高时，经过数控铣床加工的凹模在热处理之后，还应在坐标磨床上精加工，以保证型孔尺寸精度和孔系的位置精度。

3. 非圆形凹模的加工工艺

（1）非圆形凹模加工工艺路线

下料→锻造→毛坯退火→粗加工六面→粗磨基准面→划线→型孔半精加工→型孔精加工→淬火、低温回火→磨上、下平面及角尺面→精磨（研磨）。

如果采用线切割加工，加工工艺路线如下：

下料→锻造→退火→粗加工六面→粗磨基准面→划线→钻穿丝孔→淬火、低温回火→磨上、下平面及角尺面→线切割加工型孔（粗、半精、精加工）→研磨型孔。

（2）非圆形型孔加工方法

非圆形型孔的加工工艺比较复杂。非圆形型孔中心的废料首先要去除，然后进行精加工。非圆形型孔的精加工方法有锉削、线切割和电火花成型加工等。

课题二　注塑模主要零件加工工艺的制定

本课题包含三个任务：制定注塑模型腔、型芯、镶块（小型芯）加工工艺，综合应用前面几个模块的加工技术，培养制定注塑模主要零件加工工艺的能力。

任务一　制定注塑模型腔加工工艺

工作任务

编制如图4—2—1所示注塑模型腔的加工工艺。毛坯尺寸为137 mm×105 mm×70 mm，锻件，材料为45钢。

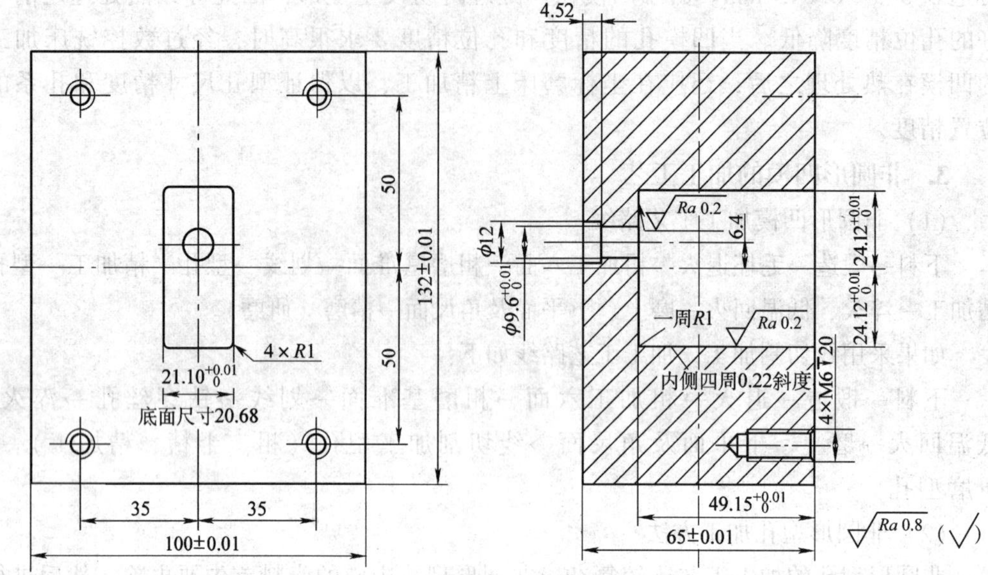

图 4—2—1　注塑模型腔

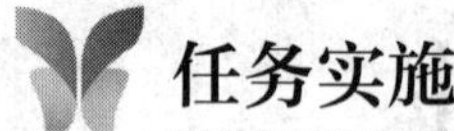

任务实施

一、工艺分析

注塑模型腔是注塑模中主要的工作零件之一。型腔的铣削加工和电火花成型加工是塑料模具成型零件必不可少的加工工序。对具有复杂空间曲面型腔的铣削，通常采用数控铣床或加工中心；电火花成型加工常作为对型腔淬火与回火后的精加工。所以这两道加工工序是型腔加工工艺过程中比较关键的工序。

如图 4—2—1 所示，注塑模型腔为非圆零件。其外形轮廓尺寸是注塑模的外形尺寸。加工重点是板料中间的凹腔，要求表面粗糙度值达到Ra0. 2 μm。4 个 M6 螺纹孔为盲孔，用于将型腔板固定在座板上。

无论是型腔还是型芯在加工工艺过程中，工序之间的测量检验必不可少。测量检验工序可以避免返工并提高有效加工工时，保证模具零件的质量，使加工能顺利进行。

二、制定加工工艺

1. 确定制造过程

（1）备料。

（2）工件退火，以消除粗加工引起的材料内应力。

（3）铣削各个面，六个面分别按最大外形尺寸单面留 0.5 ~ 0.8 mm 的加工余量。

（4）在平面磨床上，粗磨出型腔互相垂直的三个基准面及相应的平行面，留 0.3 ~ 0.5 mm 的加工余量。

（5）按图样形状、尺寸，根据设计基准进行型腔形状及孔、螺纹孔中心的划线。

（6）在数控铣床上，按图样要求粗铣加工型腔，单面留 0.5 ~ 1 mm 的精加工余量（视型腔形状、复杂程度及大小而定）。

（7）钻 M6 螺纹底孔，攻制固定凹模的螺纹。

（8）工件进行淬火、回火热处理，调整零件的性能，使硬度达到要求。

（9）采用平面磨削，精磨工件外表面，至图样要求的形状和尺寸精度。一般外形尺寸尽量控制在上极限尺寸，留适当的余量，便于后续的修正与调整。

（10）根据型腔要求，电火花成型加工型腔的内表面。一般应尽量加工至下极限尺寸，留适当的余量（如果型腔需镀层，还应考虑镀层厚度），便于研磨、抛光及后续的修正。

（11）研磨、抛光型腔。研磨、抛光时的方向必须与塑料制件脱模方向一致。

（12）去毛刺，倒角，修整，为模具装配做准备。

2. 拟定工艺路线

备料→退火→铣削→平面磨削→划线→数控铣削→钻孔、攻螺纹→淬火、回火→平面磨削→电火花成型加工→光整加工→修整。

3. 编制加工工艺卡

注塑模型腔的加工工艺卡见表 4—2—1。

表 4—2—1 注塑模型腔的加工工艺卡

工序号	工序名称	工序内容	设备	刀具	夹具
1	备料	毛坯为 137 mm × 105 mm × 70 mm	—	—	—
2	热处理（退火）	工件退火至 180 ~ 200 HBW，消除粗加工引起的内应力	—	—	—
3	铣削	粗铣外形六面至 133.5 mm × 101.5 mm × 66.5mm	立式铣床	端铣刀	机用平口虎钳
4	平面磨削	粗磨外形六面至 132.8 mm × 100.8 mm × 65.8 mm，保证互相垂直的三个基准面和平行面的垂直度及平行度不超过 0.02 mm/100 mm	平面磨床	砂轮	机用平口虎钳
5	划线	按图样形状、尺寸，根据设计基准对内腔形状、孔以及螺纹孔中心进行划线	工作台	划针	—

续表

工序号	工序名称	工序内容	设备	刀具	夹具
6	数控铣削	粗铣内腔至 46 mm × 19 mm × 47.5 mm，用 ϕ8.0 mm 的钻头钻削 ϕ9.6 mm 的通孔，铣削 ϕ9.6 mm 的通孔，铣削直径 ϕ12.0 mm、深度 4.52 mm 的沉孔	数控铣床	ϕ8、ϕ10、ϕ12 mm 立铣刀	机用平口虎钳
7	钻孔、攻螺纹	用 ϕ5.1 mm 钻头钻削 4 个螺纹孔底孔至 28.0 mm 深，并倒角 C1 mm，攻 M6 螺纹孔	台虎钳	M6 丝锥	手用铰杠
8	初检	用游标卡尺和游标深度尺测量、检查型腔外形和内腔各尺寸	—	—	—
9	热处理（淬火、回火）	工件淬火、回火至硬度 54 ~ 58 HRC	—	—	—
10	平面磨削	精磨外形六面至 132 mm × 100 mm × 65 mm，并保证垂直度和平行度误差不超过 0.005 mm/100 mm，同时保证沉孔深度为 4.52 mm	平面磨床	砂轮	精密平口虎钳
11	中检	用千分尺测量、检验外形尺寸	—	—	—
12	电火花成型加工	分别用粗、中、精铜电极对内腔 $48.24^{+0.01}_{0}$ mm × $21.10^{+0.01}_{0}$ mm × $49.15^{+0.01}_{0}$ mm 进行电火花成型加工，达到下极限尺寸要求，表面粗糙度值为 Ra1.25 μm	电火花成型机床	紫铜电极	—
13	光整加工	研磨、抛光 $48.24^{+0.01}_{0}$ mm × $21.10^{+0.01}_{0}$ mm × $49.15^{+0.01}_{0}$ mm 的型腔表面，至表面粗糙度值为 Ra0.2 μm	超声波抛光机	油石、研磨膏	压板
14	修整	去毛刺，倒角，清洗，粘贴黏性胶布，为模具装配做准备	超声波清洗机	锉刀	机用平口虎钳
15	终检	按图样要求，用内径千分尺和深度百分表或显微镜等测量仪器对型腔的形状和尺寸进行检验	—	—	—

三、评价

制定注塑模型腔加工工艺评分标准见表4—2—2。

表4—2—2　　　　制定注塑模型腔加工工艺评分标准

考核项目	考核内容及要求	配分	评分标准	检测结果	得分
零件图分析	零件图分析准确	10	每缺一项或者错一项，扣2分		
制造过程分析	制造过程分析全面	30	每缺一项或者错一项，扣5分		
拟定工艺路线	工艺路线制定正确	30	每缺一项或者错一项，扣5分		
编制加工工艺卡	加工工艺卡编制正确	30	每缺一项或者错一项，扣5分		
总计		100			

相关知识

注塑模型腔一般是用来成型塑件外表面的零件。注塑模型腔的结构形式主要为整体式，是由整块金属加工而成，牢固且不易变形，成型塑件的外观质量好。整体式结构适用于成型简单、容易制造或形状虽比较复杂但可以用仿形机床等特殊加工方法加工的型腔。当型腔结构比较复杂且难以用整体式来完成时，可采用组合式的结构。

一、注塑模型腔的结构特点及技术要求

型腔是塑料模的主要工作零件，是用来成型制件的关键部件。它们的质量直接影响着模具的使用寿命和制件质量。

1. 型腔的结构特点

大部分模具型腔形状复杂。复杂的立体形状加工难度较大，尤其是型腔多为盲孔式内成型表面，而且盲孔式内腔深浅不一，形状各式各样。按结构形式划分，型腔可分为整体式、组合式，具体见表4—2—3。

表4—2—3　　　　按结构划分的型腔

型腔结构	图示及说明
整体式	直接在定模板上加工出型腔。牢固可靠、不易变形；制件无拼接痕迹，外观质量较好；但是当塑料制品形状复杂时，其加工工艺性相对较差，热处理不方便，模具钢消耗较多。适用于成型形状简单的中、小型塑料制件模具

续表

型腔结构		图示及说明
组合式	整体嵌入式	通孔台肩式　通孔无台肩式　盲孔式 采用前模仁形式，通过过渡配合安装在定模板上。提高型腔的加工工艺性；减少热处理变形；节省贵重模具材料；形状和尺寸精度较高；拆装便捷。适用于成型形状复杂的塑料制件或一模多件的模具
	局部镶嵌式	方便加工，便于型腔维修。适用于塑料制品上的成型文字或标识，及型腔的异形不易加工、易磨损的部位
	四壁拼合式	底镶拼块　侧镶拼块　模套 降低加工难度，型腔制造精度较高；但是，要求镶拼块之间的配合精度较高，镶拼块的尺寸精度要求较高，表面粗糙度要求较低。适用于大型或形状复杂的模具型腔

2. 型芯与型腔的技术要求

（1）注塑模具尺寸精度、公差要求高

成型零件尺寸精度一般都要求在 IT8 ~ IT9，配合部分精度可达 IT7 ~ IT8，一些精密模具的型腔、型芯尺寸精度甚至可达 IT5 ~ IT6。因此，制造加工较困难。

（2）表面粗糙度要求高

由于塑料制件的表面质量完全依赖于模具成型零件的表面粗糙度，随着塑料制件表面质量要求越来越高，一些型腔、型芯的表面粗糙度值一般要求为 $Ra0.1 \sim 0.2\ \mu m$，有镜面要求的成型零件表面粗糙度值甚至要求达到 $Ra0.05\ \mu m$。

（3）位置精度要求高

塑料模动模和型芯上的工作部分和固定部分在满足位置精度要求的同时，还要考虑同轴度要求，在零件加工工艺上要保证上述要求。

（4）有脱模斜度要求

塑料模型芯和型腔的成型部分都要有脱模斜度。

二、注塑模型腔和型芯的制造特点

1. 使用数控、电加工设备的比例越来越大

目前，模具的加工除了研磨、抛光等工序仍使用手工加工外，其余大部分采用数控、电加工或通用设备进行加工。手工加工和设备加工所占比例分别为30% ~40% 和60% ~70%。

2. 模具材料品种多、用途广、加工性能各不相同

模具材料的选用对模具的寿命、精度、加工性能、成本等方面产生很大影响。随着制造业对精密模具要求的提高，对模具钢材也提出了更高的要求。预硬钢、冷作钢、热作钢和耐蚀钢等成型模具专用钢材的开发及应用，取得了很好的效果。

3. 大部分模具要进行必要的热处理，以提高模具的使用寿命

为了提高模具使用寿命，成型、导向零件等可以在粗加工后进行高温淬火和低温回火。高温淬火的目的是保证零件的表面硬度和耐磨性，延长其使用寿命。低温回火的目的是使零件的心部保持足够的韧性和强度。但是，必须严格控制回火温度、次数，避免模具零件的硬度下降。

三、注塑模成型零件（型腔、型芯）加工工艺

成型零件的制造过程一般分为毛坯准备、毛坯加工、零件加工、光整加工和装配前修整等过程。

1. 加工顺序的选择

加工顺序的选择原则是“先粗，后精；先主，后次；基面先行，先面后孔；先切削，后特种（先切削加工，后特种加工），辅以检验”。

零件的热处理加工分预先热处理和最终热处理。预先热处理一般安排在粗加工前后，其目的是改善切削加工性能，消除粗加工后产生的材料内应力；最终热处理常安排在精加工前后，其目的是提高零件材料的硬度、耐磨性和强度及内部韧性。

2. 典型工艺路线

根据成型零件的要求和特点，注塑模成型零件的加工工艺过程和各工序的安排通常有四种情况可供选择。

(1) 工艺路线：备料（锻件）→退火→粗加工→热处理（退火）→半精加工→淬火与回火→精加工→光整加工→表面处理（渗氮、镀铬、镀钛等）→装配前修整。

工艺特点：成型零件的尺寸精度要求较高，钢材全淬硬。

(2) 工艺路线：备料（锻件）→退火→粗加工→热处理（退火）→半精加工→调质→精加工→光整加工 + 火焰淬火、渗氮、镀铬、镀钛→装配前修整。

工艺特点：成型零件尺寸精度有一定的要求，但钢材硬度要求不高。

(3) 工艺路线：备料（锻件）→热处理（正火）→粗加工→热处理（退火）→半精加工→表面处理（渗碳）→热处理（淬火与回火）→光整加工 + 表面处理（镀铬等）→装配前修整。

工艺特点：成型零件的尺寸精度要求不高，但要求钢材全淬硬。

(4) 工艺路线：备料（锻件）→热处理（正火或退火）→粗加工→半精加工→冷挤压→成型加工→热处理（调质）→表面处理（渗碳或碳氮共渗）→光整加工→表面处理（镀铬等）→装配前修整。

工艺特点：成型零件的尺寸精度和钢材硬度要求都不高。

不同的成型零件应根据零件不同的技术要求和加工工艺性、经济成本和现有设备等因素正确选择加工工艺过程，参照上述注塑模成型零件加工的工艺路线，安排注塑模型腔及型芯的工艺路线。

四、注塑模型腔的加工方法

按形状划分，注塑模的型腔可分为回转曲面和非回转曲面。回转曲面型腔的加工工艺过程比较简单，一般用车削、内圆磨削或坐标磨削进行加工。但是，非回转曲面型腔的加工比较困难、复杂，加工的方法主要有以下几类：

1. 通用机床机械加工方法

用机械切削加工配合钳工修整进行制造，该工艺不需要特殊的加工设备，采用通用机床切除型腔的大部分多余材料，再由钳工精加工修整。通用机床可以加工形状简单的型腔，如圆形型腔、方形型腔。这种方法劳动强度大，生产效率低，质量不易保证。在制造过程中，应充分利用各种设备进行加工，尽可能减少钳工的工作量。

2. 数控加工方法

采用数控加工或模具计算机辅助设计与制造（即模具 CAD/CAM）技术，可以加快型腔的加工速度，缩短生产准备时间，优化制造工艺和结构参数，提高零件的质量和使用寿命。使用数控铣床加工型腔，其自动化程度较高，生产效率高，能加工出形状较复杂的型腔，加工完毕一般需要修整数控铣削留下的刀痕、凹角及狭窄的沟槽等。

3. 电火花加工方法

应用电火花加工专用设备进行加工，可以大大提高生产效率，保证型腔的加工质量。电火花成型加工可以加工切削困难的小孔、窄缝或带有文字花纹的部位，加工精度高。但是，电火花成型加工后的表面呈粒状麻点，需要抛光，由于其表面为硬化层，抛光较费时。电火花线切割加工适用于加工镶拼结构的型腔，线切割后的表面粗糙度若不能达到要求，还需对型腔进行抛光。另外，电火花加工的工艺准备周期长，在加工中工艺控制复杂，有的还会污染环境。

4. 挤压加工方法

挤压方法在注塑模型腔的制造中得到广泛应用。挤压方法具体见表 4—2—4。

表 4—2—4　挤压方法

挤压方式	开式	闭式
图示	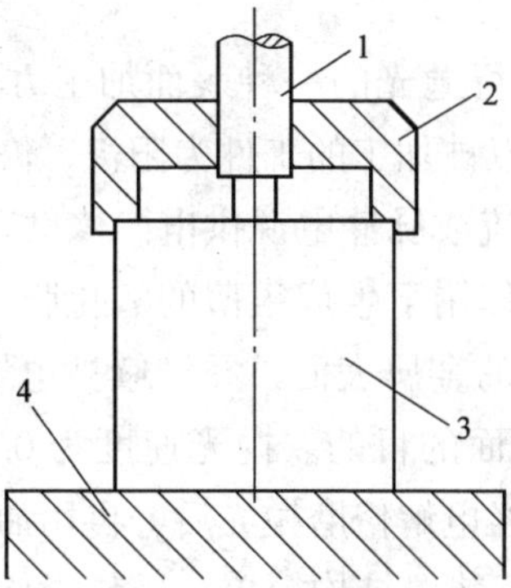 1—冲头　2—导套 3—毛坯　4—压力机工作台	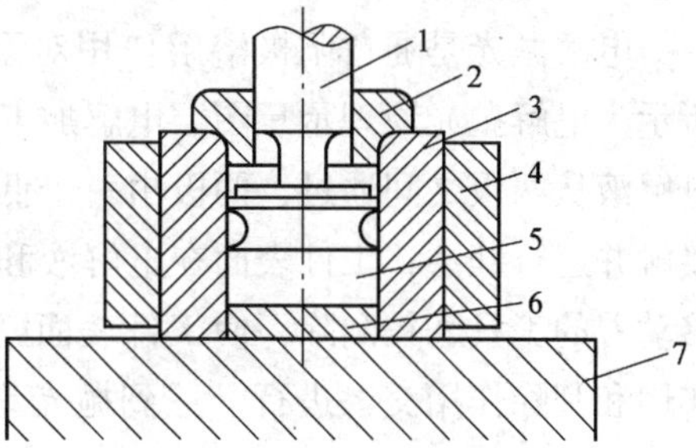 1—冲头　2—导套　3—型腔 4—加强圈　5—毛坯　6—垫块 7—压力机工作台
说明	将模具毛坯置于冲头下面加压，在冲头的作用下，坯料金属向四周自由流动，冲头压入毛坯形成型腔	将毛坯放入型腔内进行挤压加工，坯料在冲头的作用下由于受型腔壁的限制，迫使金属与冲头紧密贴合
特点	方法较简单，但是毛坯上表面出现内陷，挤压后需要机加工	型腔轮廓清晰，提高了型腔的成型精度，但也造成挤压力增大
适用	加工精度要求不高的浅型腔	精度要求较高、深度较大的型腔

另外，注塑模型成型零件还可以采用精密铸造的方法加工。

五、注塑模型腔的抛光方法

模具型腔经机械加工后表面会留下刀痕，经电火花加工后表面会留下硬化层。型

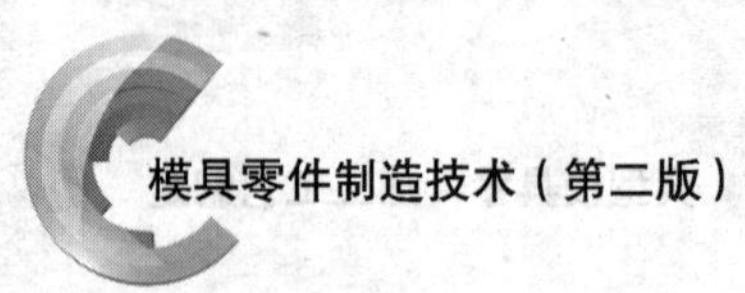

腔表面的刀痕或硬化层需要通过抛光去除。抛光加工的好坏不仅影响模具的使用寿命，而且影响制品表面光泽、尺寸精度。

目前，抛光加工大多数靠钳工完成，如使用砂纸、砂布、锉刀和油石，或用电动软轴磨头等工具。手工抛光工作效率低，随着现代技术的发展，电解、超声波加工等技术在型腔抛光中得到了广泛应用。

1. 手工抛光

手工抛光通常以抛光轮作为抛光工具。抛光轮一般用多层帆布、毛毡或皮革叠制而成，两侧用金属圆板夹紧，其轮缘涂敷由微粉磨料和油脂等均匀混合而成的抛光剂。抛光时，高速旋转的抛光轮（圆周速度在 20 m/s 以上）压向工件，使磨料对工件表面产生滚压和微量切削，从而获得光亮的加工表面，表面粗糙度一般可达 *Ra*0. 63 ~ 0. 01 μm。当采用非油脂性的消光抛光剂时，可对光亮表面消光，以改善外观。

2. 电解抛光

电解抛光是通过阳极溶解作用对型腔进行抛光的一种表面加工方法。图 4—2—2 所示为电解抛光原理示意图。电解加工时，以被加工的工件为阳极，修磨工具为阴极，电解液从两极之间通过，两极由一个低压直流或脉冲电源供电。修磨工具与工件表面接触并进行锉磨，工件表面在电解液和电流作用下生成很薄的氧化膜，这层氧化膜被移动着的工具磨粒刮除，使工件表面露出新的金属表面，并继续被电解。这样，电解作用和刮除作用交替进行，达到抛光型腔表面的目的。抛光速度为 0. 5 ~ 2 cm^2/min，抛光后的工件应立即用热水冲洗。模具型腔经电解修磨抛光后，再用油石及砂纸抛光，其表面粗糙度值能达到 *Ra*0. 4 μm 以下。电解装置结构简单，操作方便，电解液无毒，工作电压低，便于推广。

图 4—2—3 所示为电解抛光机，电解修磨装置由工作液循环系统、加工系统和修磨工具组成。电解液一般由每升水中溶入 150 g $NaNO_3$、50 g $NaClO_3$ 制成。

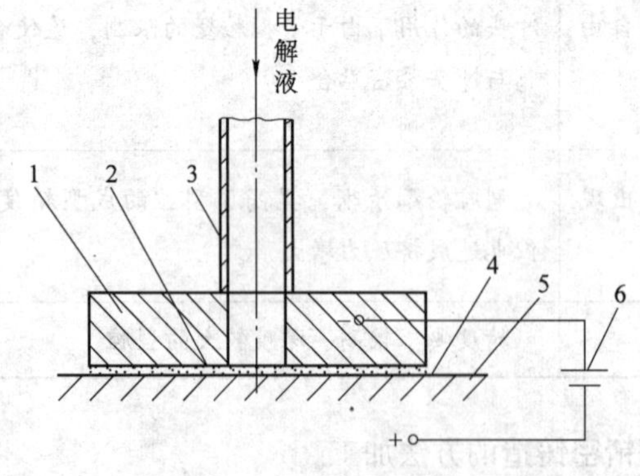

图 4—2—2　电解抛光原理示意图

1—工具（阴极）　2—磨料　3—电解液管

4—电解液　5—工件（阳极）　6—电源

图 4—2—3　电解抛光机

3. 超声波抛光

超声波抛光是超声波加工的一种特殊应用。它对工件进行抛光，降低工件的表面粗糙度值，甚至可将工件表面抛光到近似镜面的程度。图 4—2—4 所示为超声波抛光原理示意图。超声波抛光时，超声波发生器将 220 V、50 Hz 的交流电转变为一定功率的、频率为 20 kHz ~ 100 MHz 的超声频电振荡，以提供工具振动的能量。超声波换能器将输入的超声频电振荡转换成机械振动，由变幅杆将机械振动放大，再传至固定在变幅杆端部的抛光工具上，使工具产生超声频振动，从而对工件进行抛光。图 4—2—5 所示为超声波抛光机。

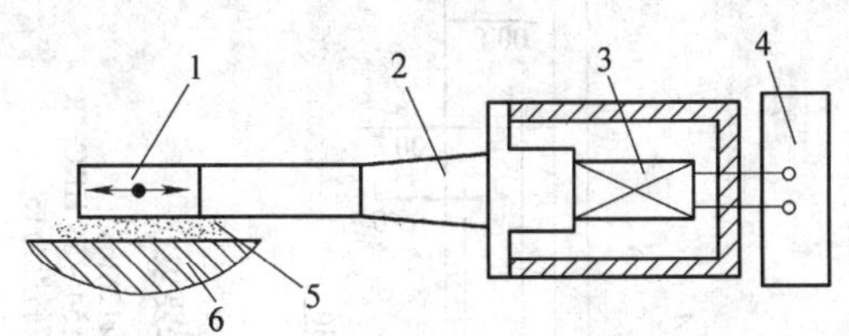

图 4—2—4 超声波抛光原理示意图

1—抛光工具 2—变幅杆 3—超声波换能器

4—超声波发生器 5—磨料悬浮液 6—工件

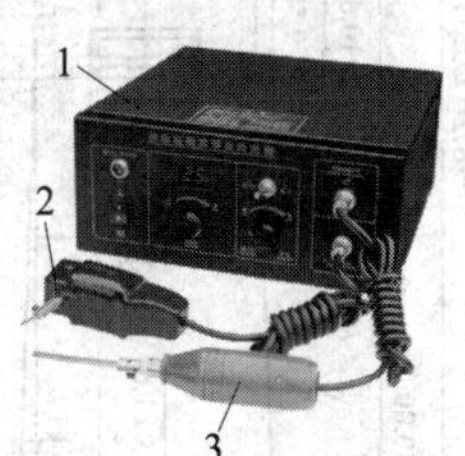

图 4—2—5 超声波抛光机

1—超声波发生器 2—脚开关

3—手工具

粗抛光时，工作液为水；精细抛光时，工作液为煤油。磨料可以是金刚石、刚玉、碳化硅、烧结刚玉、油石等。抛光工具的形状有圆形、扁形、三角形、半圆形、锥形、针形等，能抛光各种型腔的模具，尤其适用于窄槽、圆弧、深槽等的抛光。抛光时，抛光工具上的磨料以每秒两万次以上的频率进行振动，即进行高速微细切削，切削次数多，金属切除量大，因而抛光效率高。此外，抛光工具振幅小，仅为 0.01 ~ 0.025 mm，可以对工件进行微量尺寸加工，抛光精度高。

任务二 制定注塑模型芯加工工艺

 工作任务

编制如图 4—2—6 所示注塑模型芯的加工工艺。毛坯尺寸为 53 mm × 32 mm × 103 mm，锻件，材料为 45 钢。

48.28±0.01
22.52±0.02
22.52±0.02
22.00±0.05
6.40
3.20
4×R0.50
R3.80
R4.80
R3.00
R4.00
4×φ5.00推杆孔
23.20±0.01
8.30±0.02
7.80±0.02
5.10
46.28 (前端45.84)
98.26±0.01
50.00
10.70±0.02
6.00
10.60
9.50
27.20±0.02
19.76±0.01
9.0
18.72
3°
2.80
5.00
65.00
R0.50
一周
1±0.02
15.47±0.02
15.47±0.02
1.00±0.02
98.26
47.84±0.02
46.12±0.02
42.00±0.02
11.85±0.02
10.85±0.02
10.65±0.02
12.05±0.02
15.00
φ1.35
φ0.85
A
3.00
3.80
0.60
2.00
0.30
技术要求
1. 材料为Cr12MoV。
2. 热处理至54～58 HRC。
3. 型芯脱模斜度为15'

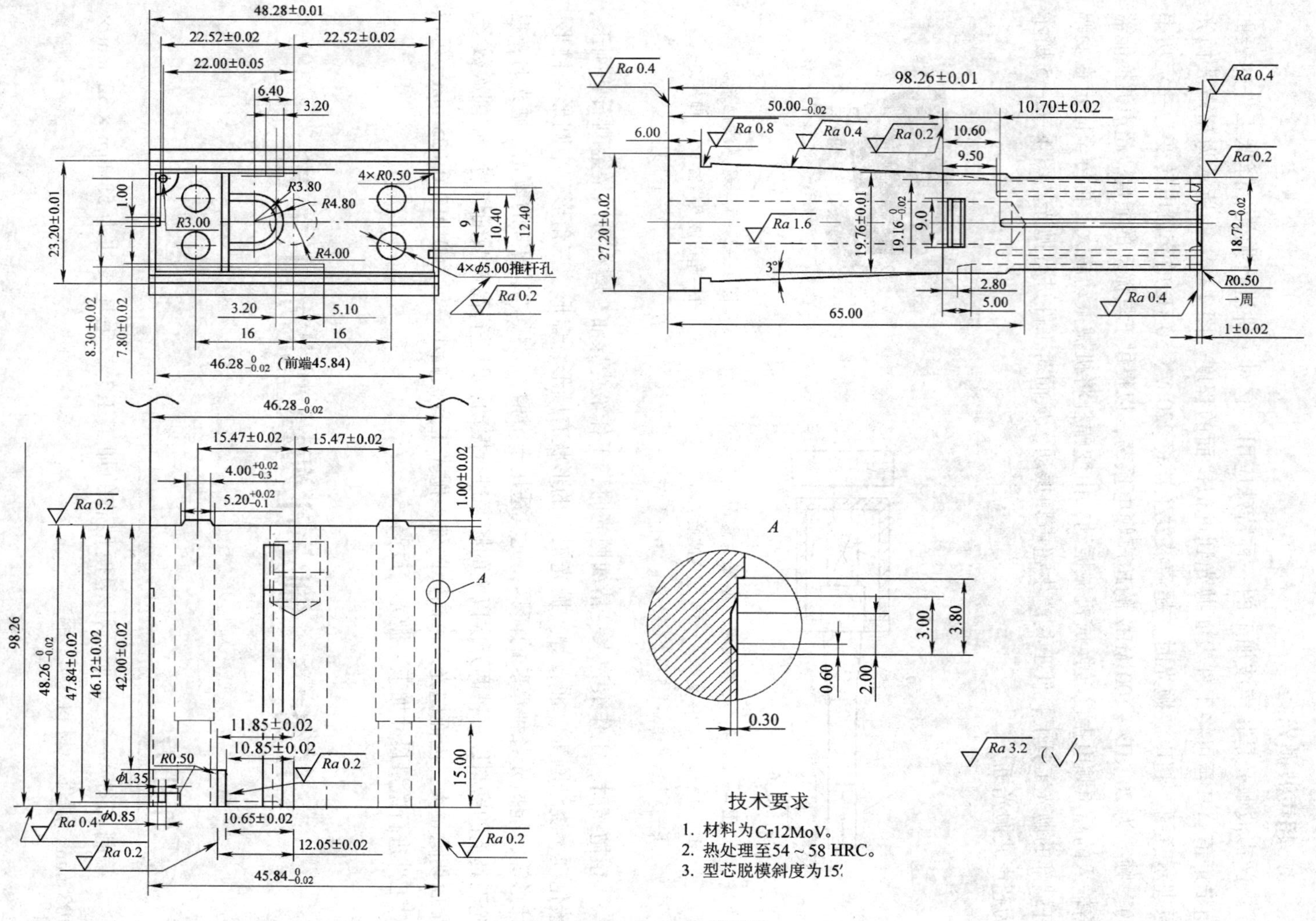

图4—2—6 注塑模型芯

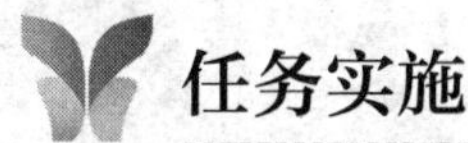

任务实施

一、工艺分析

注塑模型芯是注塑模主要工作零件之一。型芯的加工一般采用钻孔、扩孔、锪孔、车削、铣削、镗削、磨削、线切割加工等方法。但是当型芯有内凹形状的盲孔腔面时，也可以采用加工型腔中的电火花成型加工工序。

如图4—2—6所示，注塑模型芯为非圆零件，其外形轮廓尺寸与塑件内表面一致。外形轮廓的加工重点在四个成型面，要求表面粗糙度值达到 *Ra*0.2 μm。成型表面有平面及斜面，表面粗糙度要求很多，型芯尺寸要求高，加工难度较大，与型芯固定板的配合要求高。

二、制定加工工艺

1. 确定制造过程

（1）备料。粗铣六个面，六面分别按最大外形尺寸单面留0.5～0.8 mm的加工余量。

（2）工件进行退火，以消除粗加工引起的材料内应力。

（3）采用平面磨削，粗磨型芯互相垂直的三个基准面及相应的平行面，单面留0.3～0.5 mm的加工余量。

（4）按图样形状、尺寸要求，根据设计基准对型芯形状以及孔、螺纹孔进行立体划线。

（5）数控铣削型芯外形，单面留0.5～0.8 mm的精加工余量（根据型芯形状复杂程度及大小而定）。

（6）钻削螺纹底孔、*R*4 mm孔和加热、冷却水孔及 ϕ5.00 mm推杆孔的穿丝孔，攻固定型芯的螺纹等。

（7）采用成型磨削，精磨型芯外形至图样要求的形状和尺寸精度。一般外形尺寸尽量控制在上极限尺寸，留适当的余量（如果外表面需镀层，还应考虑镀层厚度），便于后续的研磨修正与调整。

（8）根据内腔凹入面要求，电火花成型加工型芯盲孔凹入面。一般内凹型面应尽量加工至下极限尺寸，留适当的余量（如果内凹型面需镀层，还应考虑镀层厚度），便于研磨、抛光及后续的修正。

（9）研磨、抛光型芯的成型面。研磨抛光时的方向必须与塑料制件脱模方向一致。

（10）去毛刺，倒角，修整，为模具装配做准备。

2. 拟定工艺线路

备料→铣削→退火→平面磨削→划线→数控铣削→钻孔→淬火、回火→成型磨削→电火花成型加工→光整加工→修整。

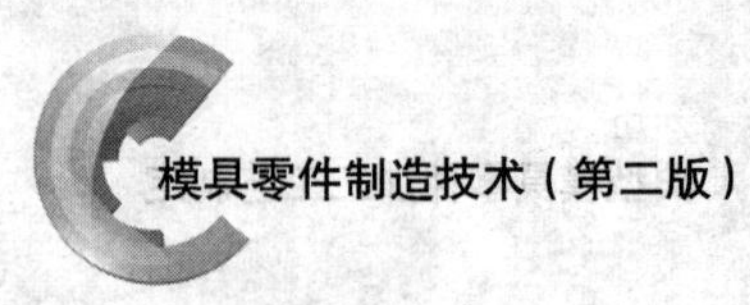

3. 编制加工工艺卡

注塑模型芯加工工艺卡见表4—2—5。

表4—2—5　　注塑模型芯加工工艺卡

工序号	工序名称	工序内容	设备	刀具	夹具
1	备料	53 mm×32 mm×103 mm，锻件	—	—	—
2	铣削	粗铣外形形状至49.8 mm×28.7 mm×99.8 mm	立式铣床	立铣刀	机用平口虎钳
3	热处理（退火）	退火至180～200 HBW，消除粗加工引起的内应力	—	—	—
4	平面磨削	粗磨工件外形至49.1 mm×28.00 mm×99.10 mm，保证三个基准面的垂直度和平行面的平行度不大于0.02 mm/100 mm	平面磨床	砂轮	—
5	划线	按图样形状、尺寸，根据设计基准对型芯形状、水孔中心以及推杆孔进行划线	平板	划针	—
6	数控铣削	半精铣型芯台肩压脚至49.1 mm×28.0 mm×6.5 mm（从底面开始），型芯固定部分至49.1 mm×24.0 mm×50.5 mm（从底面开始），型芯成型部分至47.1 mm×20.0 mm×99.1 mm（从底面开始）	数控铣床	铣刀	机用平口虎钳
7	钻孔	用ϕ8.0 mm的钻头从底面钻削深度65.0 mm的水孔，用ϕ6.0 mm钻头钻R4.0 mm孔并掉头贯通，用ϕ2 mm钻头钻ϕ5.00 mm推杆孔的穿丝孔	台式钻床	各种钻头	—
8	初检	用游标卡尺和游标深度尺测量检查型芯外形和水孔、推杆孔位置及孔径各尺寸	—	—	—
9	热处理（淬火、回火）	淬火和回火至硬度54～58 HRC	—	—	—

续表

工序号	工序名称	工序内容	设备	刀具	夹具
10	成型磨削	(1) 精磨无台肩压脚两面和高度两面至48.28 mm和98.26 mm (2) 用机用平口虎钳夹紧并精磨27.20 mm面、退刀槽及23.20 mm、19.76 mm的各台阶平面 (3) 用平口虎钳夹紧48.28 mm的平面并修正砂轮角度（或倾斜成型磨工作台台面），磨削23.20 mm与19.76 mm之间、19.16 mm与18.72 mm之间以及46.28 mm与45.84 mm之间的斜面，并保证垂直度和平行度以及斜度误差在±0.005 mm/100 mm	平面磨床	砂轮	精密平口虎钳
11	中检	用千分尺或投影仪测量检验外形各尺寸	—	—	—
12	电火花成型加工	(1) 用粗、精铜电极加工型芯顶面和四侧面加强肋通气孔凹入部分 (2) 加工型芯顶面浇口沉入部分尺寸9.6 mm×7.6 mm×1.0 mm（深） (3) 型芯侧面宽度方向的凹入部分尺寸9.0 mm×4.7 mm×0.4 mm（深） (4) 型芯分型面安装脚处凹入部分尺寸5.2 mm×4.0 mm×1.0 mm（深） 除了加强肋通气孔凹入部分，其余表面的表面粗糙度值为 *Ra*1.25 μm	电火花成型机床	紫铜电极	精密平口虎钳
13	电火花线切割加工	线切割加工4×ϕ5.00 mm推杆孔	线切割机床	钼丝	压板
14	光整加工	研磨、抛光加强肋板槽和各个电加工部位，要求研磨抛光至表面粗糙度值为 *Ra*0.2～0.4 μm	超声波抛光机	研磨膏	—
15	修整	型芯去毛刺，按图样要求倒角，清洗，成型部位要求用黏性胶布进行粘贴处理	台虎钳	锉刀	—
16	终检	按图样要求，用内径千分尺和深度百分表或显微镜等测量仪器对型芯各形状尺寸进行测量	—	—	—

三、评价

制定注塑模型芯加工工艺评分标准见表4—2—6。

表4—2—6　　制定注塑模型芯加工工艺评分标准表

考核项目	考核内容及要求	配分	评分标准	检测结果	得分
零件图分析	零件图分析准确	10	每缺一项或者错一项，扣2分		
制造过程分析	制造过程分析全面	30	每缺一项或者错一项，扣5分		
拟定工艺路线	工艺路线制定正确	30	每缺一项或者错一项，扣5分		
编制加工工艺卡	加工工艺卡编制正确	30	每缺一项或者错一项，扣5分		
	总计	100			

相关知识

注塑模型芯一般是用来成型塑件内表面的零件。注塑模型芯的结构形式主要有整体式和组合式。形状简单的型芯和模板可以做成整体形式；形状比较复杂的型芯或形状虽不复杂但要节省钢材、减少加工量的型芯，多采用组合形式，可采用镶块结构。

一、型芯的结构特点

按照结构形式，注塑模型芯有整体式型芯、组合式型芯、小型芯、螺纹型芯，其结构及特点见表4—2—7。

表4—2—7　　注塑模型芯结构及特点

型芯结构	图示及说明
整体式型芯	直接在动模板上加工出型芯。特点与整体式型腔相似。适用于成型形状简单的中、小型塑料制品模具

续表

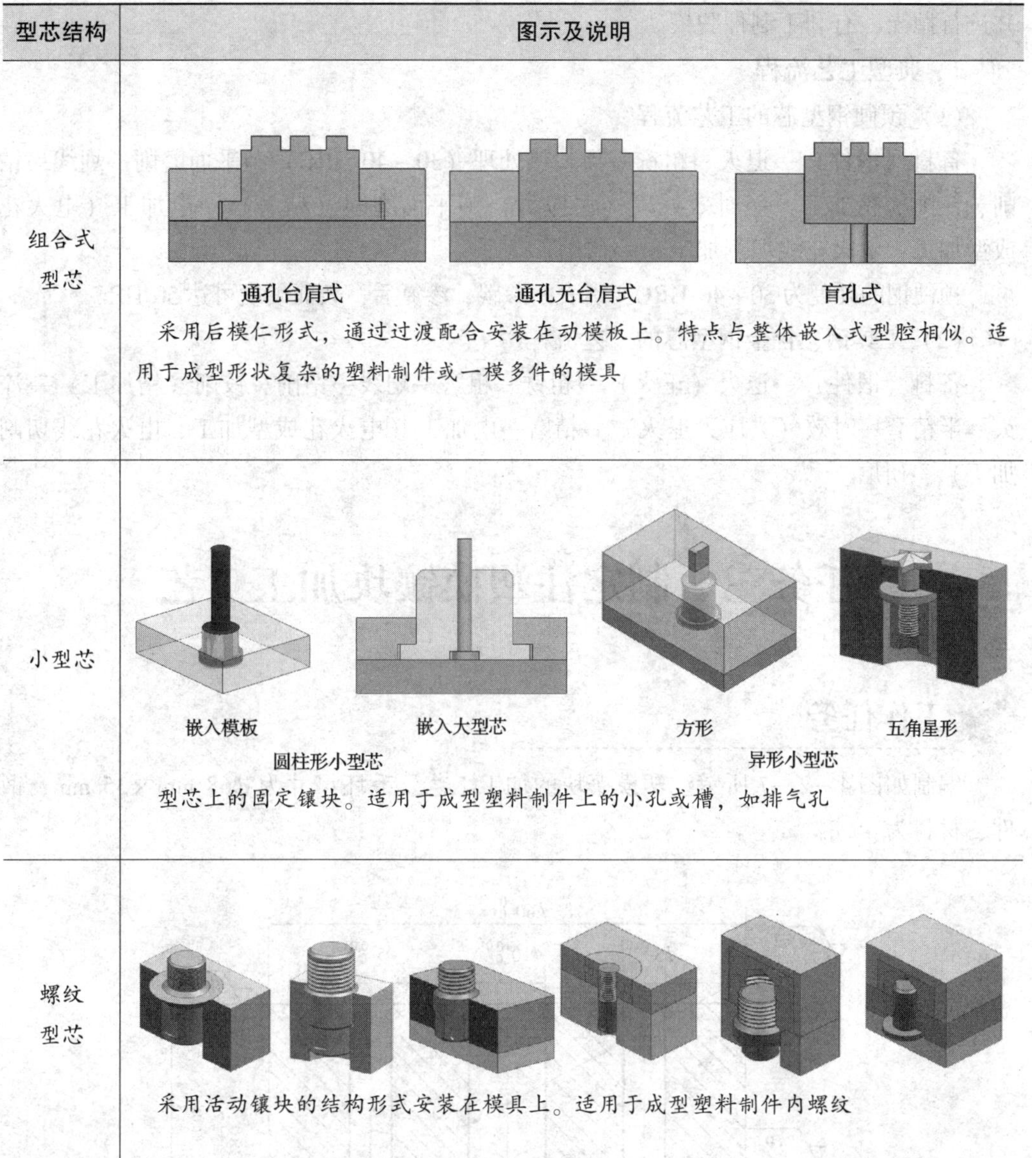

型芯结构	图示及说明
组合式型芯	通孔台肩式　通孔无台肩式　盲孔式 采用后模仁形式，通过过渡配合安装在动模板上。特点与整体嵌入式型腔相似。适用于成型形状复杂的塑料制件或一模多件的模具
小型芯	嵌入模板　嵌入大型芯　方形　五角星形 圆柱形小型芯　异形小型芯 型芯上的固定镶块。适用于成型塑料制件上的小孔或槽，如排气孔
螺纹型芯	采用活动镶块的结构形式安装在模具上。适用于成型塑料制件内螺纹

二、型芯的加工要点及典型工艺流程

1. 加工要点

型芯零件的型面加工主要是各种形状的凸形面加工，其加工过程及要点与型腔一致。型芯零件的成型面和配合面分为回转体和非回转体。对以回转体配合面与非回转体成型面组成的零件，应先加工配合面，并在配合面上加工出一个基准面，作为成型面上局部结构的加工和测量的基准。对以非回转体配合面与回转体成型面组成的零件，应先加工成型面，后加工配合面。成型面上的局部沟槽、曲面等应在主要成型面加工完成后再加工，以保证其位置、尺寸与形状的准确。型芯的成型表面需要有脱模斜度，并进行抛光，有利于制件脱模。

2．典型工艺流程

（1）预硬钢型芯的工艺流程

备料（锻件）→退火→粗铣→预硬热处理（30～40 HRC）→平面磨削→划线→钻削、铰削（精加工）→时效处理（去应力）→平面磨削（精磨）→电加工（电火花成型加工、电火花线切割加工）→研磨。

预硬钢的硬度为30～40 HRC；当表面渗碳、渗氮后，表面硬度可达50 HRC。

（2）工具钢、合金钢型芯的工艺流程

备料（锻件）→退火（正火）→粗铣→粗磨→划线→钻削、铰削（精加工）→淬火→半精磨→时效（去应力退火）→精磨→电加工（电火花成型加工、电火花线切割加工）→研磨。

任务三　制定注塑模镶块加工工艺

工作任务

编制如图4—2—7所示注塑模镶块的加工工艺。毛坯尺寸为$\phi 68$ mm×35 mm，锻件，材料为45钢。

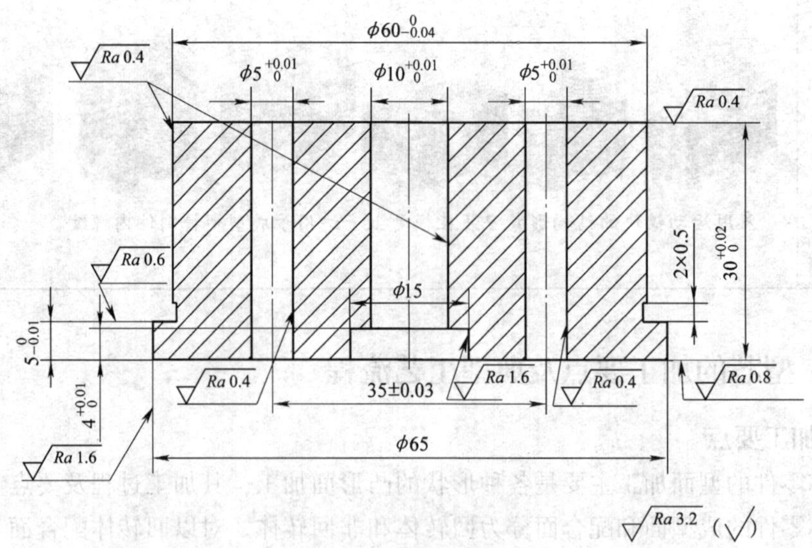

图4—2—7　注塑模镶块

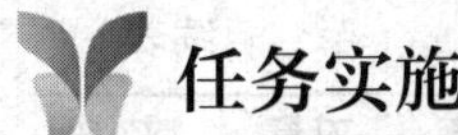

任务实施

一、工艺分析

注塑模镶块是注塑模镶拼结构的主要零件之一。注塑模镶块的加工工艺过程和型芯的加工工艺过程类似，一般采用钻孔、扩孔、锪孔、车削、铣削、镗削、磨削、线切割加工等方法。

图4—2—7所示的注塑模镶块是整体式镶块，为圆形对称零件，可以按回转体加工；镶块孔的精度要求高，加工的难度大，用到的设备较多。

二、制定加工工艺

1. 确定制造过程

(1) 备料。

(2) 车一个端面，粗车外圆，车槽；掉头，车削另一个端面，车削台阶外圆。

(3) 划线，钻 $\phi5$、$\phi10$ mm孔，锪 $\phi15$ mm沉孔，钻穿丝孔。

(4) 对工件进行淬火、回火热处理，硬度达到50～55 HRC。

(5) 对外圆表面进行磨削，达到要求的尺寸。磨削镶块的两个端面。

(6) 在电火花线切割机床上装夹工件，线切割加工镶块的各通孔结构，留最终研磨的余量。

(7) 研磨线切割的加工面，达到最终表面粗糙度要求。

(8) 修整零件，包括去毛刺和倒角。

2. 拟定工艺线路

备料→粗车→划线→钻孔、锪孔→淬火、回火→磨削→电火花线切割加工→研磨→钳加工。

3. 编制加工工艺卡

注塑模镶块加工工艺卡见表4—2—8。

表4—2—8　　注塑模镶块加工工艺卡

工序号	工序名称	工序说明	设备	刀具	夹具
1	备料	根据镶块的图样尺寸及装夹余量锯削，备料 $\phi68$ mm×35 mm	锯床	锯条	机用平口虎钳
2	粗车外圆	(1) 车削上表面（端面）	卧式车床	各种车刀	三爪自定心卡盘
		(2) 粗车外圆面至 $\phi60.5$ mm×24.5 mm			
		(3) 车槽2 mm×0.5 mm			
		(4) 掉头，车削下表面（另一个端面）			
		(5) 车削下表面一侧的台阶外圆，至直径为 $\phi65$ mm			

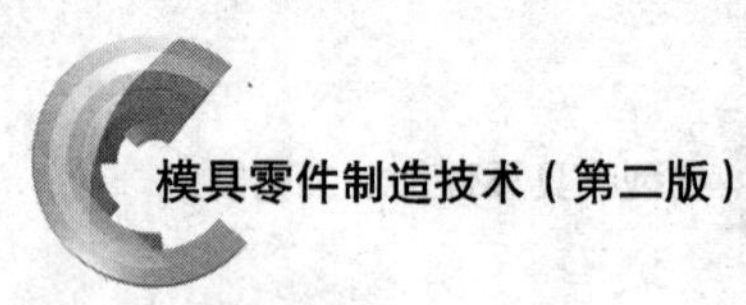

续表

工序号	工序名称	工序说明	设备	刀具	夹具
3	划线	上、下表面及孔位置划线	平板	划针	V形铁
4	钻孔、锪孔	（1）用 ϕ3 mm 钻头钻削 2×ϕ5 mm 孔	台式钻床	钻头	机用平口虎钳
		（2）用 ϕ8 mm 钻头钻削 ϕ10 mm 孔			
		（3）钻线切割穿丝孔			
		（4）锪沉孔至 ϕ15 mm			
5	热处理（淬火、回火）	淬火与回火至 50～55 HRC	—	—	—
6	磨削外圆	磨削外圆面至 ϕ60.00 mm	内外圆磨床	砂轮	顶尖
7	平面磨削	磨削上表面	平面磨床	砂轮	磁性工作台
		磨削下表面，保持总高度为 $30^{+0.02}_{0}$ mm			
8	电火花线切割	（1）线切割 2×ϕ5 mm 孔，至直径 ϕ4.99 mm，同时保持两孔的孔心距为 35.00 mm	线切割机床	钼丝	压板
		（2）线切割 ϕ10 mm 孔至直径 ϕ9.99 mm			
9	研磨	用研具蘸油和研磨粉分别对线切割加工的三个孔进行研磨，至图样规定的尺寸和表面粗糙度要求	研具	—	精密平口虎钳
10	修整	去毛刺，倒角	台虎钳	锉刀	—
11	检验	检验加工完毕的镶块是否符合零件图的技术要求	—	—	—

三、评价

制定注塑模镶块加工工艺评分标准见表 4—2—9。

表 4—2—9　　制定注塑模镶块加工工艺评分标准表

考核项目	考核内容及要求	配分	评分标准	检测结果	得分
零件图分析	零件图分析准确	10	每缺一项或者错一项，扣 2 分		
制造过程分析	制造过程分析全面	30	每缺一项或者错一项，扣 5 分		
拟定工艺路线	工艺路线制定正确	30	每缺一项或者错一项，扣 5 分		
编制加工工艺卡	加工工艺卡编制正确	30	每缺一项或者错一项，扣 5 分		
总计		100			

相关知识

注塑模镶块大致分为两类：整体镶拼式镶块、组合镶拼式镶块。

一、整体镶拼式镶块的加工工艺过程与分析

整体镶拼式镶块的加工工艺可以根据镶块的形状（是以凹入形状为主，还是以凸出形状为主）来确定。凹入为主的整体镶拼式镶块可参照型腔加工工艺制定；凸出为主的整体镶拼式镶块则可参照型芯加工工艺制定。

圆形整体镶拼式镶块的加工难度主要在内孔与孔心距，采用通用加工设备加工有困难，一般可以采用电火花线切割机床或者坐标磨床进行加工。

细长的圆形小镶块可以选择材料相近、外径与圆形小镶块最大尺寸相等或稍大 0.1～0.2 mm（单面）的圆形推杆，直接精磨至零件图规定的形状、尺寸精度。因为直接选用已进行过热处理的圆形推杆，避免了因热处理所引起的弯曲变形，所以不会出现余量不均而导致加工不成功的问题。

二、组合镶拼式镶块的特点及其加工工艺过程

组合镶拼式镶块又分为局部镶拼式镶块和全镶拼式镶块，如图 4—2—8 所示。目前，组合镶拼式镶块的应用在塑料模具制造中占据了一定的比例。由于塑料模具形状复杂，制造精度要求较高，为了便于加工、研磨、抛光和有利于模腔排气及维修更换，提高模具质量和延长寿命，将型腔、型芯和活动型芯设计为镶拼件的结构形式。镶块之间的配合精度要求较高，一般镶块要求达到公差值在 0.01 mm 以下的尺寸精度和较好的表面质量。组合镶拼式镶块的加工工艺过程主要是：经过半精加工的工件进行淬火，再磨削加工或电火花加工，并辅以工序间的检验（如中检、终检），最终达到较高的精度。

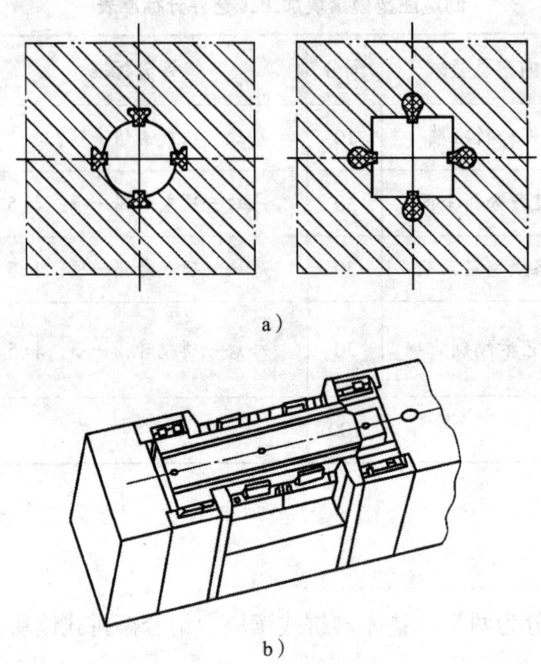

图 4—2—8　组合镶拼式镶块

a）局部镶拼式镶块　b）全镶拼式镶块

目前，模具行业对部分结构部件实行了模具设计标准化。其中，具有相同形状的部位或形状、尺寸差别较小的部位，其镶入部分的形状和尺寸加以统一，有利于防止加工错误，并可实现加工方法和加工程序的标准化。因此，模具可以按照国家标准进行镶块结构形式的选用，以提高塑料模具精度和加工效率，以及标准化程度。

课题三　压铸模主要零件加工工艺的制定

本课题通过制定压铸模定模板的加工工艺，综合应用前面几个模块介绍的加工技术，培养制定压铸模主要零件加工工艺的能力。

 工作任务

编制如图 4—3—1 所示压铸模定模板的加工工艺。毛坯尺寸为126 mm × 86 mm × 28 mm，锻件，材料为铸钢。

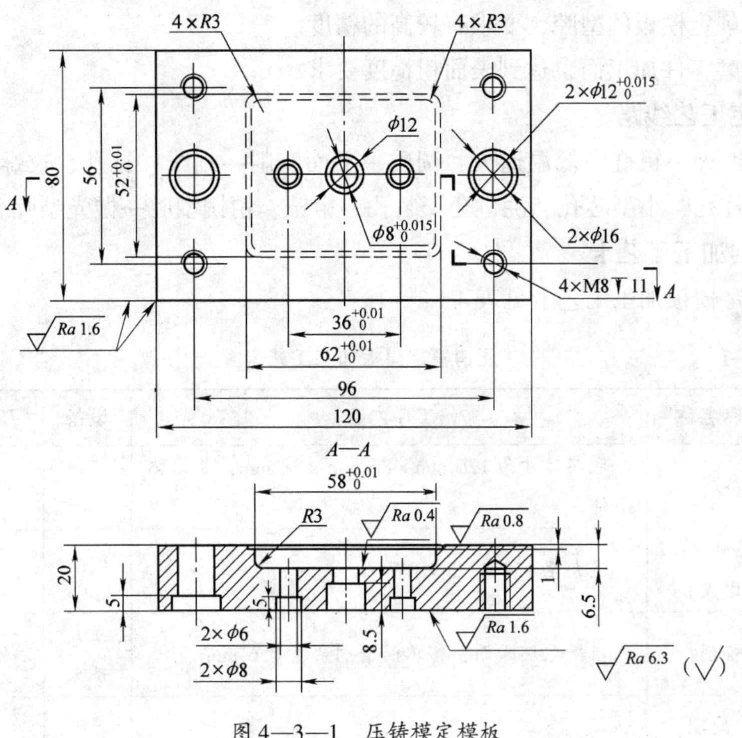

图 4—3—1　压铸模定模板

任务实施

一、工艺分析

如图 4—3—1 所示，压铸模定模板是压铸模的主要成型零件之一，其中间型腔部分直接与产品接触，有较高的制造要求。两个 $\phi16$ mm 与 $\phi12{}^{+0.015}_{0}$ mm 台阶通孔用于与导柱配合，引导模具的开合方向。四个 M8 螺纹孔用于将定模板固定于定模座板上。两个 $\phi8$ mm 与 $\phi6$ mm 台阶通孔用于和小型芯配合，形成产品上的中空结构。

二、制定加工工艺

1. 确定制造过程

（1）备料，锻件。

（2）工件退火至 150 ~ 225 HBW。

（3）粗铣毛坯，留单面磨削余量 0. 6 mm。

（4）工件低温退火后，调质处理，以消除工件的内应力。

（5）磨削上、下表面及相邻侧面，留单面磨削余量 0. 3 mm。

（6）划线，钻孔，攻 4 × M8 螺纹孔。

（7）在数控铣床上加工导柱孔（$2\times\phi12{}^{+0.015}_{0}$ mm、$2\times\phi16$ mm）、小型芯孔（$2\times\phi6$ mm、$2\times\phi8$ mm）、浇口套安装孔（$\phi8{}^{+0.015}_{0}$ mm、$\phi12$ mm）等。

（8）铣削定模板的型腔，要求有较高的精度。

（9）研磨零件加工面，达到表面粗糙度要求。

2. 拟定工艺线路

备料→退火→粗铣→低温退火、调质→平面磨削→划线→钻孔、攻螺纹→划线→数控铣削导柱孔、小型芯孔、浇口套安装孔→粗铣、精铣型腔→抛光型腔。

3. 编制加工工艺卡

压铸模定模板加工工艺卡见表4—3—1。

表4—3—1　　压铸模定模板加工工艺卡

工序号	工序名称	工序内容	设备	刀具	夹具
1	备料	毛坯尺寸为126 mm×86 mm×28 mm，长方体锻件	—	—	—
2	热处理（退火）	退火至150～225 HBW	—	—	—
3	铣削	粗铣毛坯六面，留单面磨削余量0.6 mm	立式铣床	端铣刀	机用平口虎钳
4	热处理（低温退火、调质）	低温退火、调质处理	—	—	—
5	平面磨削	磨削上、下表面及相邻侧面，留单面磨削余量0.3 mm	平面磨床	砂轮	机用平口虎钳
6	划线	按图样划出4×M8螺纹孔的位置	工作台	划针	—
7	钻孔、攻螺纹	（1）钻4×M8的螺纹底孔4×ϕ6.7 mm	台式钻床	麻花钻	
		（2）攻4×M8螺纹孔	工作台	M8丝锥	—
8	划线	以垂直的两侧面为基准，划出内腔中心位置及其轮廓、型芯孔位置等	工作台	划针	—
9	数控铣削	（1）用数控铣床加工导柱孔2×$\phi12^{+0.015}_{0}$ mm、沉台2×ϕ16 mm（深度5 mm）	数控铣床	钻头	机用平口虎钳
		（2）用数控铣床加工小型芯孔2×ϕ6 mm、沉台2×ϕ8 mm（深度5 mm）			
		（3）用数控铣床加工浇口套安装孔$\phi8^{+0.015}_{0}$ mm、沉台ϕ12 mm（深度8.5 mm）			

续表

工序号	工序名称	工序内容	设备	刀具	夹具
10	铣削	(1) 粗铣定模板的型腔，并留单面余量 2 mm (2) 精铣定模板的型腔 (3) 铣削底面圆角 $R3$ mm，留抛光余量 0.005 mm (4) 铣削型腔沉台（深度 1 mm）	立式铣床	立铣刀	机用平口虎钳
11	抛光	抛光定模板型腔	超声波抛光机	—	—
12	检验	检验定模板是否符合零件图的技术要求	—	—	—

三、评价

制定压铸模定模板加工工艺评分标准见表 4—3—2。

表 4—3—2　　制定压铸模定模板加工工艺评分标准表

考核项目	考核内容及要求	配分	评分标准	检测结果	得分
零件图分析	零件图分析准确	10	每缺一项或者错一项，扣 2 分		
制造过程分析	制造过程分析全面	30	每缺一项或者错一项，扣 5 分		
拟定工艺路线	工艺路线制定正确	30	每缺一项或者错一项，扣 5 分		
编制加工工艺卡	加工工艺卡编制正确	30	每缺一项或者错一项，扣 5 分		
总计		100			

相关知识

压铸模由定模和动模两个主要部分组成。定模固定在压铸机的定模座板上，与压铸机压室连接，压室与浇注系统相通。压铸模定模板是用来成型压铸件外表面的零件。动模安装在压铸机的动模座板上，并随活动模板一起移动，实现开模和合模的动作。压铸模结构示意及压铸过程如图 4—3—2 所示。

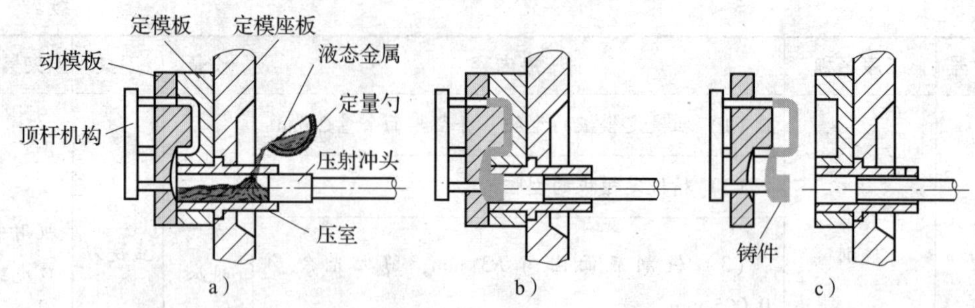

图 4—3—2　压铸模结构示意及压铸过程

小型、结构简单的压铸模通常是直接在定模或动模板上加工出型腔，即所谓整体式模板；形状复杂的大型模具一般采用镶拼式模板，即把加工好的型腔镶块装入模板的型孔内。

一、压铸模成型零件的技术要求

依据压铸模的使用条件等因素，压铸模的技术要求主要有：

1. 压铸模型腔或型芯的制造精度，取压铸件尺寸公差的 1/5 ~ 1/4。

2. 在分型面上，动、定模镶块平面应分别与动、定模板齐平，允许高出量不大于 0. 05 mm。

3. 动、定模合模后分型面应紧密贴合，其允许间隙值不大于 0. 05 mm（排气槽除外）。

4. 模具分型面对动、定模座板安装平面的平行度见表 4—3—3。

表 4—3—3　　模具分型面对动、定模座板安装平面的平行度　　mm

被测平面最大直线长度	≤160	>160 ~ 250	>250 ~ 400	>400 ~ 630	>630 ~ 1 000	>1 000 ~ 1 600
公差值	0. 06	0. 08	0. 1	0. 12	0. 16	0. 2

5. 导柱、导套对动、定模座安装平面的垂直度见表 4—3—4。

表 4—3—4　　导柱、导套对动、定模座安装平面的垂直度　　mm

导柱、导套有效长度	≤40	>40 ~ 63	>63 ~ 100	>100 ~ 160	>160 ~ 250
公差值	0. 015	0. 02	0. 025	0. 03	0. 04

二、压铸模成型零件的制造特点

1. 镶块、型芯与动、定模套板的配合精度较高。圆形配合表面的配合精度应为

H7/h6，而非圆形配合表面的配合精度应达到 H8/h7 的等级要求。镶块、型芯的平行度、垂直度允差按照国家标准《形状和位置公差　未注公差值》（GB/T 1184—1996）规定的 5 ~7 级要求加工。

2. 压铸模型腔是将压铸件的尺寸加上铸件的收缩率及补偿量作为型腔的对应尺寸，其公差一般为 IT9。

在加工压铸模成型镶块等零件时，必须先对分型面进行平面磨削加工，使它的表面粗糙度值为 *Ra*0. 8 ~1. 6 μm，然后进行研配。在研配时，应先以一个面为基准，再用该基准面与另一面研配，直至不存在间隙为止。分型面研配后进行划线，用立式铣床、数控铣床或电火花加工机床加工型腔，留加工余量。

3. 加工不太复杂的型腔时，可用立铣刀先按划线粗铣成型，留有一定的精铣余量，然后再用锥形直齿铣刀精铣，铣刀与型腔应有相同的斜度和圆角。加工复杂型腔时，可用数控铣床、加工中心、高速铣床等数控机床以一定的程序自动进行铣削加工，也可以在电火花加工机床上进行加工，一般应留有精修余量 0. 1 ~0. 5 mm。

4. 精修采用钳加工，边检验边修配，使型腔加工到要求的尺寸和形状。精修合格的型腔，经淬硬后一定要进行抛光、研磨，使工作表面的表面粗糙度值为 *Ra*0. 10 ~0. 20 μm。

三、压铸模成型零件的加工工艺

1. 整体式模板的加工

整体式模板（定模板或动模板）一般采用锻件作为毛坯，其加工工艺路线为：备料（锻件）→退火→粗加工→低温退火（消除内应力）→调质→机械加工→精加工型腔。

2. 镶拼式模板的加工

镶拼式结构方便模具型腔的加工。但是，如果镶拼式结构设计不合理，则会影响制件的质量。动、定模套板上安装镶块的孔分为盲孔、通孔。如果镶块形状较复杂，动、定模应采用镶块安装通孔，这样容易加工。在一般情况下，为了保证动、定模上镶块安装孔的形状和大小一致，可以采用电火花线切割进行动、定模板配合件的加工，防止压铸件错位；镶块与动、定模套板的配合面也采用电火花线切割加工，可以保证镶块和模板的配合精度，避免压铸件出现漏料或飞边。

3. 镶块的加工

镶块的毛坯尽量不要直接使用圆棒料，必须进行六面锻造，以消除材料组织的方向性。

型腔镶块、型芯等模具零件是压铸模中的重要零件，它们与金属熔液直接接触，通常用热作模具钢制造。良好的热处理对于压铸模的成型零件非常重要，直接影响模具的使用寿命。制造型腔镶块、型芯的常用材料及热处理要求见表 4—3—5。

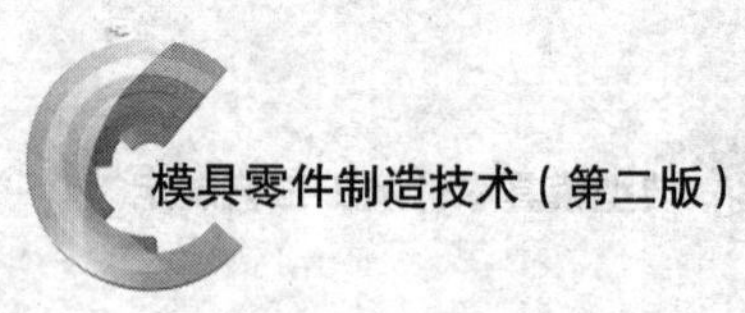

表 4—3—5　　制造型腔镶块、型芯的常用材料及热处理要求

制件材料	型腔镶块、型芯材料	热处理要求（HRC）
锌合金	3Cr2W8V、5CrMnMo、4CrW2Si	46 ~ 50
铝、镁合金	3Cr2W8V、4Cr5MoSiV	46 ~ 50
铜合金		48 ~ 52

镶块成型表面常采用车削、铣削等加工方法。镶块的调质处理硬度一般为 35 ~ 40 HRC，以保证可以进行切削加工。对于硬度要求高的镶块应在试模后进行淬火处理，淬硬后一般要靠手工修磨纠正热处理变形。如果采用电火花加工淬硬型腔，可减少手工修磨的工时。

模块五 模具零件的精密加工

课题一 成型磨削加工简介

成型磨削加工是精加工成型表面的一种方法。它是把复杂成型表面分解成若干个平面、圆柱面等简单形状表面，然后分段磨削，并使其连接光滑、圆整，达到图样要求。例如，许多形状复杂的凸、凹模刃口外形是由一些圆弧与直线组成，如图 5—1—1 所示。采用成型磨削加工，会使它们在连接处光滑过渡，符合设计要求。

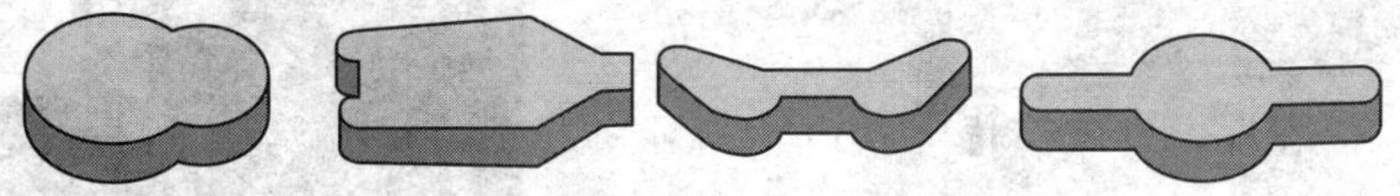

图 5—1—1 凸、凹模刃口形状

成型磨削具有高精度、高效率的优点。成型磨削可对热处理淬硬后硬度很高的凸模进行精加工，消除热处理变形对精度的影响；可对电火花成型加工用电极的成型表面进行精加工，以制造高精度的模具型腔等结构；可对拼装凹模进行精加工，减少钳工的工作量，提高生产效率。

一、成型磨削用磨床

成型磨削可以在平面磨床、光学曲线磨床和数控强力成型磨床等上进行。采用平面磨床加附件是用得比较广泛的一种成型磨削方法。平面磨床在模块一中已经介绍过，这里重点介绍其他几种磨床。

1. 光学曲线磨床

光学曲线磨削是利用投影放大原理，在磨削时将放大的待加工工件形状投影与同比例放大的工件设计图进行比较，操纵砂轮将工件设计图线以外的余量磨去，从而获得精确型面的一种加工方法。

光学曲线磨削可以加工较小的镶块、样板及带几何型面的圆柱形工件。将光学曲线磨床磨削法和精密平面磨床磨削法互相配合，可以完成大型工件的复杂成型加工。此外，由于金刚石砂轮和立方氮化硼砂轮不能进行成型修整，因此用上述材质的标准形砂轮，在光学曲线磨床上成型磨削硬质合金、合金工具钢的工件。常用的光学曲线磨床有 GLS 系列、M 系列等，下面以 GLS 系列光学曲线磨床为例介绍。

（1）结构组成

GLS 系列光学曲线磨床为数控自动光学精密曲线磨床，如 GLS 系列光学曲线磨床。如图 5—1—2 所示为 GLS—150GL 型光学曲线磨床，由床身、坐标工作台、砂轮架、光屏、控制面板等组成。

1）主轴。主轴（图 5—1—3）的特点是速度高、精度高、发热低，一般用于专用模具磨削的高速主轴的速度大约为 1 000 ~ 6 000 r/min，可以完成较低表面粗糙度工件的表面磨削。

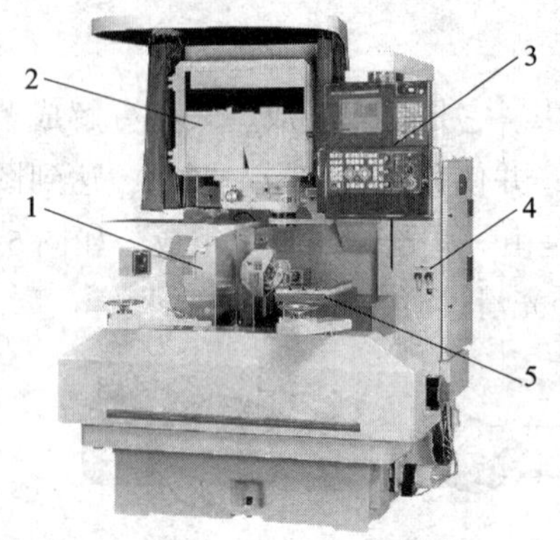

图 5—1—2　GLS—150GL 型光学曲线磨床

1—砂轮架　2—光屏　3—控制面板

4—床身　5—坐标工作台

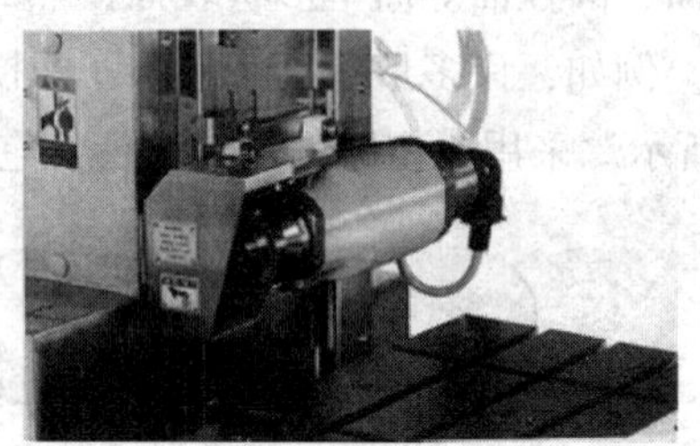

图 5—1—3　高精度的高速主轴

2）砂轮升降台。光学曲线磨床采用了新型超高速的高精度砂轮升降台，如图 5—1—4 所示。砂轮升降台中装有高精度光学尺，实现超精密进给，提高了低表面粗糙度的加工速度。

同时，为了加工多种难磨削材料，减轻砂轮磨削损耗和降低磨削时的发热，光学曲线磨床采用了湿式砂轮盖套（图 5—1—5），可以满足湿式磨削加工。

图 5—1—4　新型的砂轮升降台

图 5—1—5　湿式砂轮盖套

3）坐标工作台。数控自动光学曲线磨床已对坐标工作台的纵向、横向进给实现数控。使用时，只需要按规定倍数绘制工件设计放大图，安装在光屏上，再用手动进给手轮，将砂轮顶端对准放大图的形状变化点上，然后以简单输入方式控制砂轮架纵向、横向进给轴的运转。

4）投影机。投影机的液晶显示屏尺寸为540 mm×420 mm，投影倍率为20、50倍，如图5—1—6所示。为了使投影清晰可见，投影机的显示屏上配备有放大镜，放大镜的倍率有×2.2、×4。

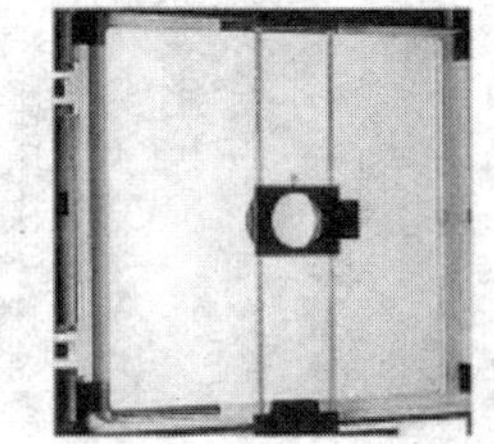

图5—1—6 投影机的屏幕及放大镜

根据放大倍数，在它上面只能看到工件上10.8 mm×8.4 mm的轮廓，因此一次只能磨削10.8 mm×8.4 mm的工件。如果工件的外形尺寸超过这个范围，就要采用分段磨削的方法，放大图就要按一定的基准分段绘制。如图5—1—7a所示的工件成型轮廓，将其分为三段，把每段曲线放大50倍后叠加绘在一张图样上，如图5—1—7b所示，然后逐段磨出工件外形。

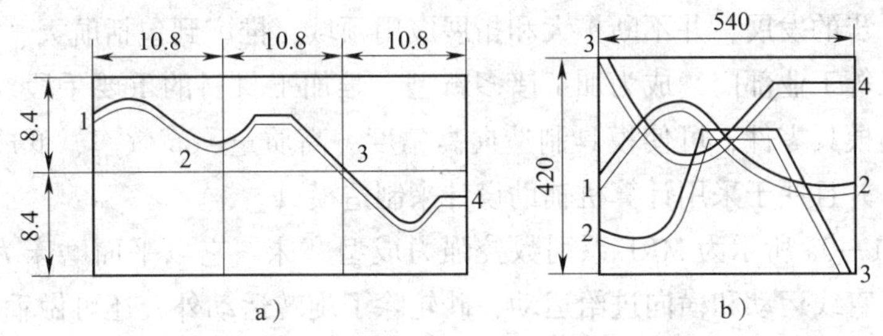

图5—1—7 光学曲线磨床分段磨削示意
a）工件成型轮廓 b）放大图

（2）光学曲线磨床的运动

被磨削工件被专用夹板、精密机床用平口虎钳等固定在坐标工作台上，可以做纵向、横向移动和升降运动。砂轮做旋转主运动，同时在砂轮架的垂直导轨上做直线往复运动。砂轮架可做纵向、横向的进给运动以及沿垂直轴和水平轴的转动。

（3）光学投影放大系统的工作原理

光学曲线磨床成型磨削前，根据被磨削工件的尺寸精度，在透明介质（如描图纸、透明薄膜或有机玻璃板）上按机床的放大倍数画放大图，线条粗细为0.1～0.2 mm。磨削时，把放大图装在光屏上，利用光学投影放大系统把被加工工件和砂轮的阴影影像投在光屏上，用手操纵磨头做纵向、横向运动，使砂轮的切削刃沿着工件外形磨削，直至工件影像的轮廓与放大图图线全部重合，如图5—1—8所示。

2. 数控强力成型磨床

强力成型磨削又称为缓进给成型磨削，是一种先进的磨削工艺。这项先进技术大大拓宽了平面磨床的加工领域，成功地使平面磨削的加工范畴跳出平面，而成为成型

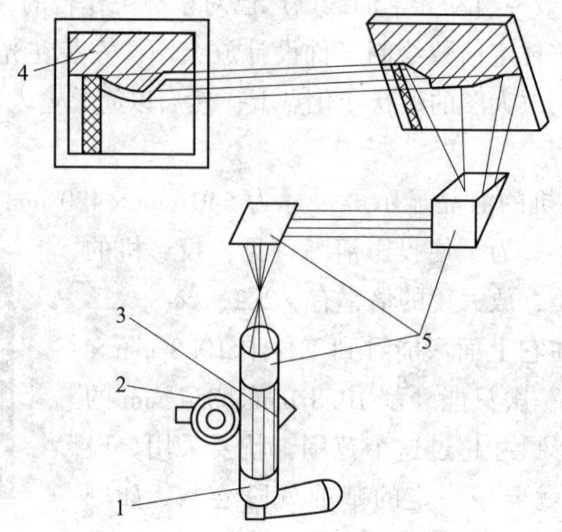

图 5—1—8　光学投影放大系统工作原理

1—光源　2—砂轮　3—工件　4—光屏　5—棱镜

表面磨削。它可以磨削形状轮廓各异的工件。随着数控技术的进步，强力成型磨削技术也得到进一步的发展，并不断扩大和拓展应用领域，推广到包括航天、航空、汽车、精密机械加工等工业部门，成为加工诸多新型、难加工材料的重要手段。用数控强力成型磨床磨削模具零件，可使模具制造向高精度、高质量、高效率、低成本和自动化的方向发展，并且便于采用计算机辅助设计来制造模具。

如图 5—1—9a 所示为 MKL 系列数控强力成型磨床。它以平面磨床为基础，工作台做纵向往复直线运动和横向进给运动，砂轮除了旋转运动外，还可做垂直进给运动，如图 5—1—9b 所示。该机床可采用成型砂轮加工，适用于大余量、缓进给的强力磨削加工。数控强力成型磨床可以在砂轮线速度保持常规磨削不变的情况下，工作台做缓速进给运动，以较大的背吃刀量在一次进给内完成成型磨削。

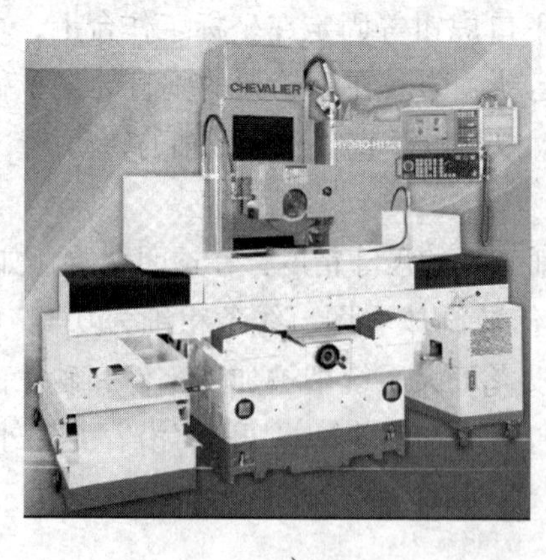

a）

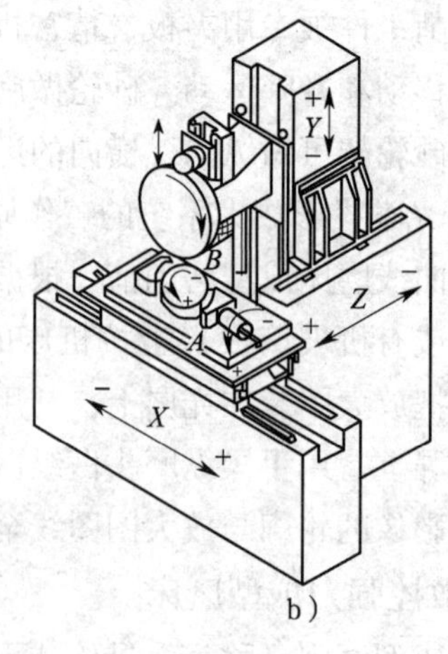

b）

图 5—1—9　MKL 系列数控强力成型磨床及其运动形式

a）实物图　b）运动形式

在加工工件时，先根据零件图样编写数控加工程序，并将程序输入数控装置，在机床工作台纵向往复直线运动的同时，由程序控制砂轮架的垂直进给和工作台的横向进给，使砂轮沿着工件进行磨削。

强力成型磨削的优点是：生产效率高，是普通磨削的3~5倍；工件成型快，可以从毛坯直接加工到成品，不需要预加工，简化了工序，节省了工时，降低了成本；成型精度高，表面质量好；可以实现自动化磨削循环。

二、成型磨削的方法

成型磨削的方法有两种：成型砂轮磨削法和夹具磨削法。成型砂轮磨削法是利用修整砂轮工具，将砂轮修整成与工件成型面完全吻合的相反成型面，然后用砂轮磨削工件，即可获得所需要的形状，如图5—1—10a所示。夹具磨削法是将工件装夹在专用的夹具上，加工时通过夹具调整工件按所需形状做一定的轨迹运动进行磨削，从而获得所需要的形状，如图5—1—10b所示。模具制造中，一般以夹具磨削法为主，以成型砂轮磨削法为辅。为了保证零件质量，提高效率，降低成本，往往需要综合使用两种方法。

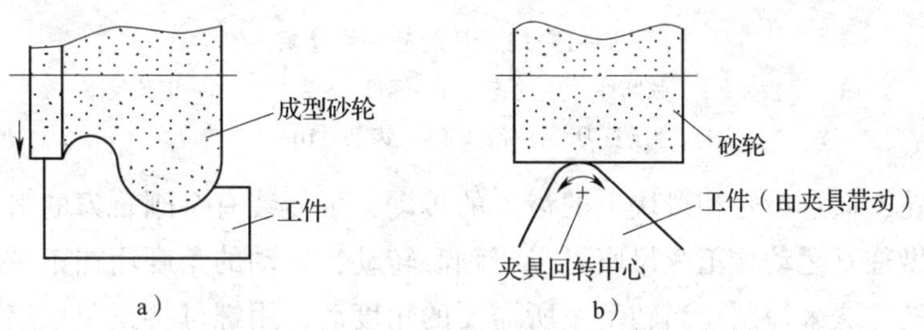

图5—1—10 成型磨削的方法

a）成型砂轮磨削法 b）夹具磨削法（改变相对运动轨迹）

1. 成型砂轮磨削法

首先，在机床工作台上修整砂轮，得到与成型零件形状相反的成型砂轮，如图5—1—11a所示；然后，用成型砂轮磨削工件，工件做纵向往复直线运动，成型砂轮高速旋转并做垂直进给，如图5—1—11b所示。

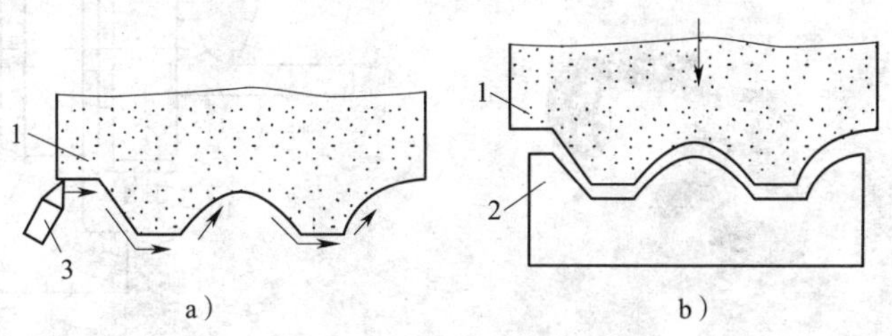

图5—1—11 成型砂轮磨削

a）修整成型砂轮 b）磨削工件

1—砂轮 2—工件 3—金刚石刀

(1) 成型砂轮的修整方法

成型砂轮磨削法中的关键是成型砂轮的修整。成型砂轮的修整方法有两种：车削法和滚压法。车削法主要采用大颗粒天然金刚石作为修整工具，成型砂轮用于单件或小批量工件的磨削；滚压法是用滚压轮修整成型砂轮的方法。

(2) 成型砂轮的修整内容

包括砂轮角度、砂轮圆弧、砂轮非圆弧曲面的修整。

1）砂轮角度的修整。一般采用角度砂轮修整器修整砂轮角度，其结构如图5—1—12所示。它可以修整角度为0°～100°的砂轮。

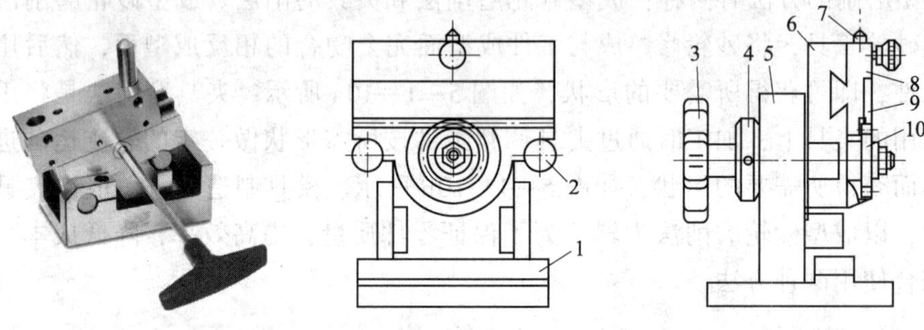

图5—1—12　角度砂轮修整器

1—平板　2—正弦圆柱　3—手轮　4—螺母　5—支架　6—正弦尺座

7—金刚石刀　8—滑块　9—齿条　10—齿轮

旋转手轮，通过齿轮和滑块上的齿条的传动，可使装有金刚石刀的滑块沿着正弦尺座的导轨做往复运动。正弦尺座可以绕轴心转动，转动的角度用在正弦圆柱与平板之间垫量块的方法来控制。当转动至所需要的角度后，用螺母将正弦尺座压紧在支架上。然后旋转手轮，使金刚石刀往复运动，即可修整出一定角度的砂轮。

2）砂轮圆弧的修整。图5—1—13所示为透视砂轮修整器，用于修整各种角度、凸圆弧、凹圆弧，并可以通过透视镜观察钻石笔尖修整砂轮表面时候的接触情况，使修整砂轮可以达到较高的精密度，可以精确地修整细小的圆弧和角度。

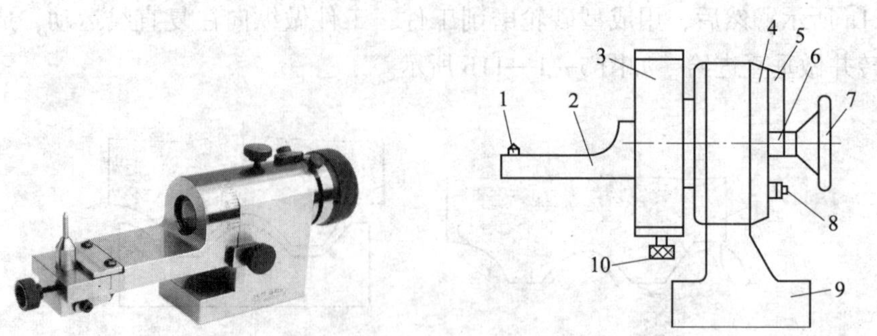

图5—1—13　透视砂轮修整器

1—金刚石刀　2—摆杆　3—滑座　4—刻度盘　5—角度游标

6—主轴　7—手轮　8—挡块　9—支架　10—螺杆

根据金刚石刀刀尖的位置不同，透视砂轮修整器可以修整出凸圆弧或凹圆弧的砂轮。当金刚石刀刀尖低于回转中心时，修整出凸圆弧；当金刚石刀刀尖高于回转中心时，修整出凹圆弧。

修整砂轮时，先根据所修砂轮的情况及半径大小计算量块值，并调整好金刚石刀刀尖的位置，然后安装，使金刚石刀刀尖处于砂轮下方，并在通过砂轮主轴的竖直面内。旋转手轮使金刚石刀绕修整器的主轴来回摆动，则可修整出砂轮的圆弧。

3）砂轮非圆弧曲面的修整。被磨削工件成型表面的形状复杂，且其轮廓不是圆弧曲面时，可用专门的靠模工具修整砂轮，如图 5—1—14 所示。金刚石刀固定在靠模工具上，在支架上装有靠模样板，靠模工具的下部有平面触头。使用时，手持靠模工具，使触头紧靠样板，并沿样板曲线移动，这样便能修整出所需曲面形状的砂轮。修整时，为了保证修出的砂轮形状准确，必须使金刚石刀刀尖在包含砂轮主轴的水平面内运动。

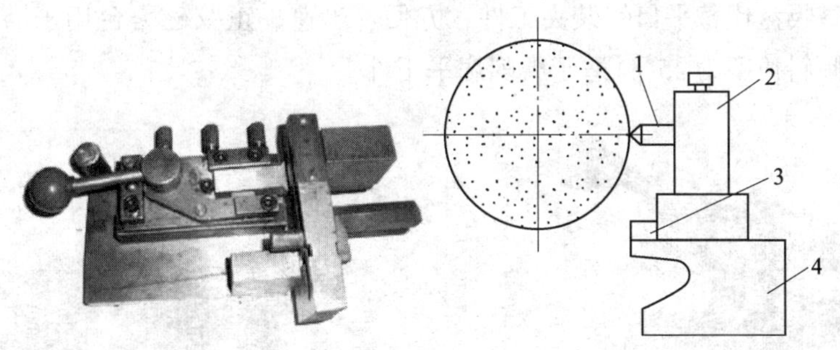

图 5—1—14 用靠模工具修整砂轮

1—金刚石刀 2—靠模工具 3—样板 4—支架

（3）注意事项

1）如果被磨削的工件是凸圆弧，修整后的砂轮轮缘应为凹圆弧，且砂轮凹圆弧半径比工件的实际半径大 0. 01 ~0. 02 mm。

2）如果被磨削的工件是凹圆弧，修整后的砂轮轮缘应为凸圆弧，且砂轮凸圆弧半径比工件的实际半径小 0. 01 ~0. 02 mm。

3）在夹具上修整成型砂轮时，要保证金刚石刀的正确位置和运动，如图 5—1—15 所示，这样才能保证修整出的砂轮形状正确。

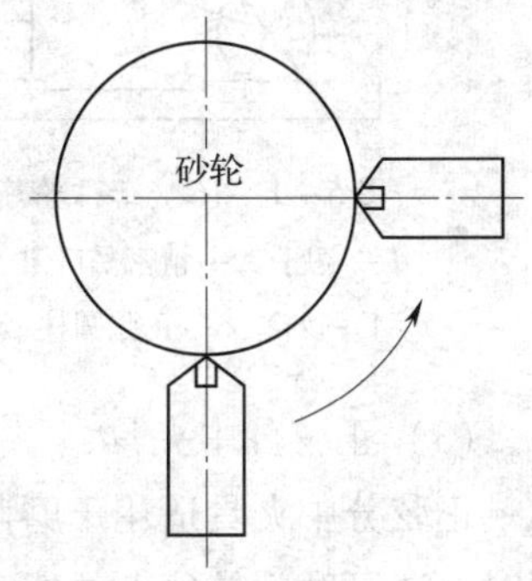

图 5—1—15 修整成型砂轮时金刚石刀的位置

4）在修整成型砂轮前，砂轮应用碳化硅砂条进行粗修整。这样不仅减少了金刚石刀的损耗，还提高了修整砂轮的效率。

5）使用成型砂轮磨削时，不应采用单一的砂轮来适应各种形状的磨削，应使每一个砂轮固定一种形状使用。这样可减少砂轮和金刚石刀的损耗，还可减少修整砂轮的时间。

2. 夹具磨削法

夹具磨削法中，砂轮不用修整成成型形状。夹具磨削法常用的夹具有精密平口钳、正弦精密平口钳、正弦磁力台、正弦分中夹具、万能夹具等。其中，精密平口钳及其使用已经介绍过，这里不再赘述。

（1）正弦精密平口钳

正弦精密平口钳由带有精密平口钳的正弦尺和底座组成，如图 5—1—16 所示。工件装夹在平口钳中，为使工件倾斜一定角度，需在正弦圆柱和底座的定位面之间垫入量块。正弦精密平口钳用于磨削零件上的斜面，最大的倾斜角度为 45°。如果与成型砂轮配合使用，可磨削平面与圆柱面组成的复杂型面。

（2）正弦磁力台

图 5—1—17 所示为正弦磁力台。它与正弦精密平口钳一样按正弦原理设计，区别仅在于用电磁吸盘代替平口钳装夹工件，方便、迅速。正弦磁力台用于磨削工件的斜面，其最大倾斜角度为 45°，适于磨削扁平工件。

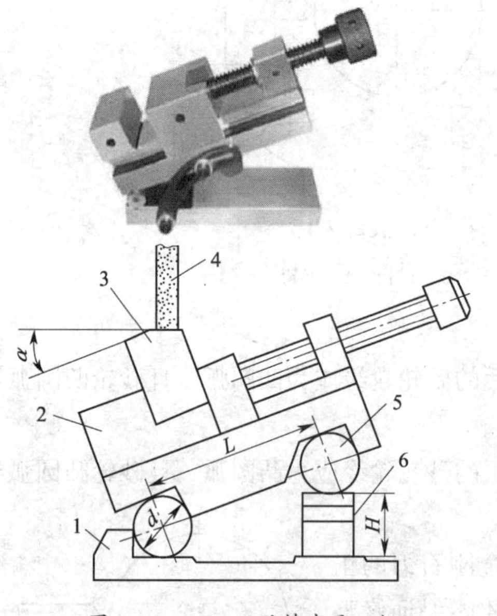

图 5—1—16　正弦精密平口钳

1—底座　2—精密平口钳　3—工件　4—砂轮　5—正弦圆柱　6—量块

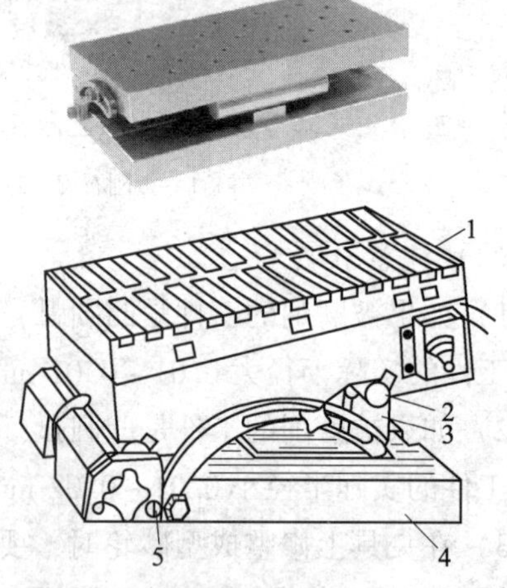

图 5—1—17　正弦磁力台

1—电磁吸盘　2—正弦圆柱　3—量块　4—底座　5—销钉

（3）正弦分中夹具

正弦分中夹具适用于磨削有同一个圆心的凸圆弧和多边形。当与成型砂轮配合使用时，还可磨削较复杂的成型表面。

1）正弦分中夹具的结构（图 5—1—18）。工件装在两个顶尖 1、13 之间，后顶尖 13 装在支架 11 内。安装工件时，可以根据工件的长短，调节支架 11 的位置，使支架 11 在底座 12 的 T 形槽中移动，调节好支架位置后，用螺钉锁紧。同时，可以旋转后顶尖手轮 14，使后顶尖移动，以调节顶尖与工件的松紧。工件用鸡心夹头和前顶尖 1 连接，转动前顶尖手轮 15，通过蜗轮 4、蜗杆 7 的传动使主轴 3 回转，并通过鸡心夹头带动工件回转。工件的回转是手动的。主轴的后端装有分度盘 5，磨削精度要求不高时，可直接用分度盘的刻度和读数指示器来控制工件的回转角度；磨削精度要求高时，可利用分度盘上的正弦圆柱 6 以垫量块的方法控制工件的回转角度。

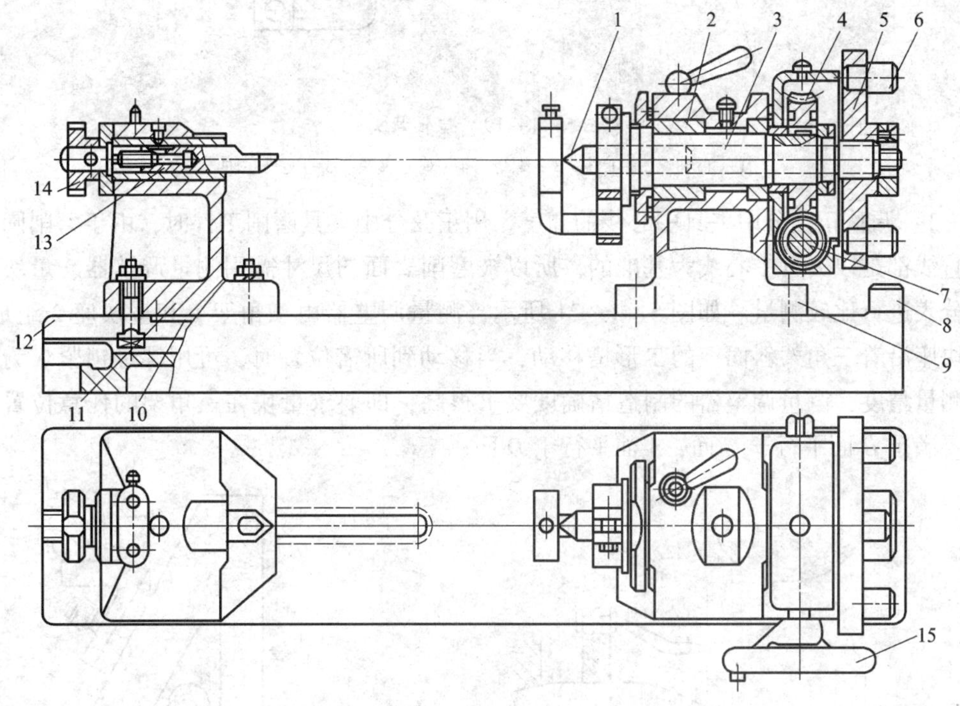

图 5—1—18 正弦分中夹具

1—前顶尖 2—前顶座 3—主轴 4—蜗轮 5—分度盘 6—正弦圆柱 7—蜗杆 8—量块垫板 9、11—支架 10—T 形槽 12—底座 13—后顶尖 14、15—手轮

2）工件在正弦分中夹具上的装夹方法。

①心轴装夹法。如图 5—1—19 所示，如果工件内孔的中心线为外成型表面的回转中心线，可在孔内装入心轴 1；如果工件上无内孔，可加工出一个工艺孔，用来安装心轴 1。利用心轴两端中心孔将心轴和工件安装在正弦分中夹具的两个顶尖之间，夹具主轴回转时通过鸡心夹头带动工件一起回转。

②双顶尖装夹法。如果工件上没有内孔，又不允许在工件上加工工艺孔时，可在工件两个端面上钻中心孔，采用双顶尖装夹，如图 5—1—20 所示。采用双顶尖装夹时，要求前、后顶尖与中心孔的锥度配合良好且必须顶紧，这样才能保证加工精度。但是，后顶尖对工件的推力不能过大，否则会使工件产生歪扭。除一对主中心孔外，工件上还有一个副中心孔，用于拨动工件。

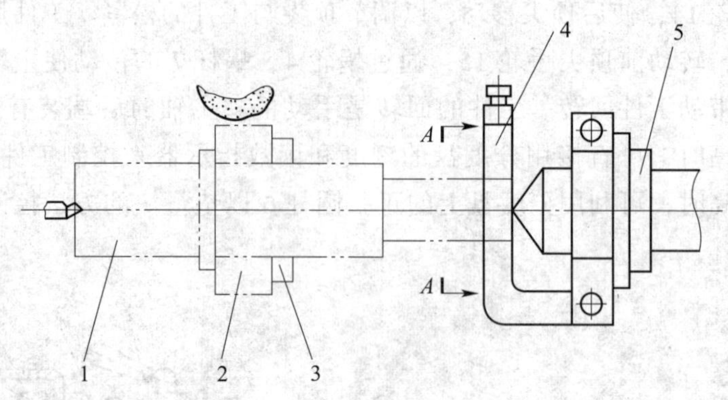

图 5—1—19　心轴装夹

1—心轴　2—工件　3—螺母　4—鸡心夹头　5—夹具主轴

3）调整正弦分中夹具中心线的高度。用正弦分中夹具磨削工件时，由于磨削圆弧和直线都是以夹具中心线为基准的，所以被磨削表面的尺寸需用测量调整器、量块和百分表进行比较测量。如图 5—1—21 所示，测量调整器由三角架 1 和量块座 2 组成。量块座沿着三角架斜面上的 T 形槽移动，当移动到所需位置时，可用螺母锁紧。为保证测量精度，测量调整器的制造精确度要求很高，即要求量块在三角架的任意位置上都要满足 B 面平行于 C 面，A 面平行于 D 面。

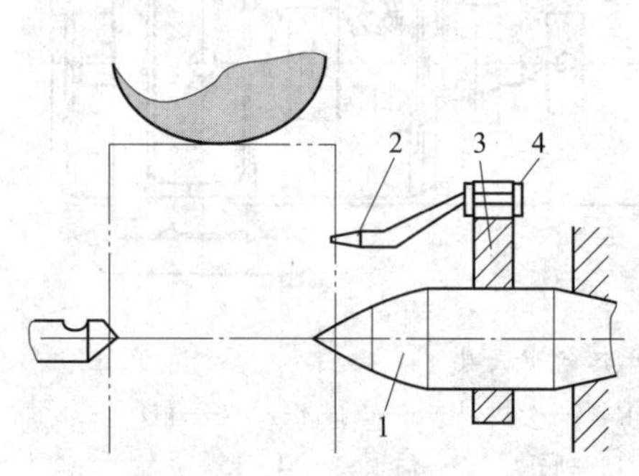

图 5—1—20　双顶尖装夹

1—主顶尖　2—副顶尖　3—叉形滑板　4—螺母

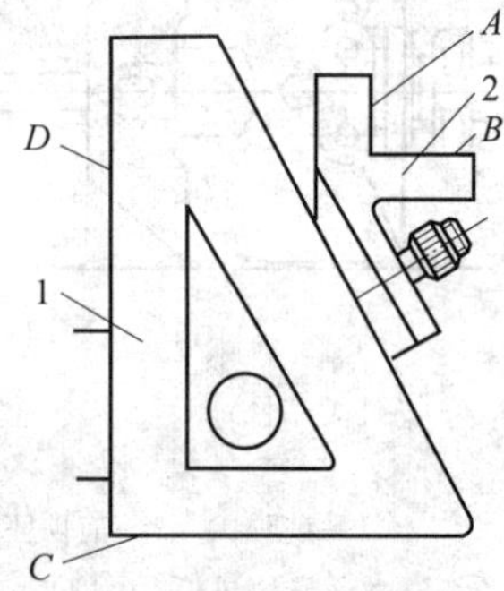

图 5—1—21　测量调整器

1—三角架　2—量块座

测量时，首先要调整量块座的位置，使量块座 B 面能反映出夹具的主轴线高度。为测量方便，通常把量块座基准面 B 调整到比夹具主轴线低 50 mm 处。调整方法如图 5—1—22 所示，在夹具的顶尖之间装上一根直径为 d 的标准圆柱，并在量块座的 B 面上安放一组（$50+d/2$）mm 的量块组，使量块组上的百分表读数和圆柱上的百分表读数相同。取下 $d/2$ mm 的量块组，则 50 mm 量块的上表面就与夹具中心线等高，如图 5—1—22 所示。

当被测量表面高于夹具中心线时，可在 50 mm 的量块上加上一组量块，使百分表在量块组上表面与被测量表面的读数相同，这组量块的数值应为：$H=h+S$

（h——夹具中心线高度，S——被测表面到夹具中心线的距离），如图 5—1—23 所示。

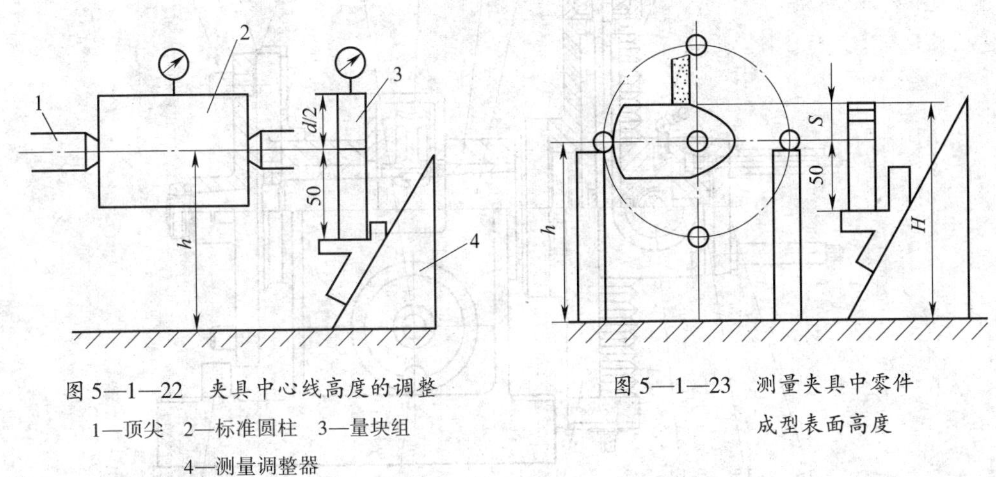

图 5—1—22 夹具中心线高度的调整

1—顶尖 2—标准圆柱 3—量块组 4—测量调整器

图 5—1—23 测量夹具中零件成型表面高度

当被测量表面低于夹具中心线时，应去掉 50 mm 的量块，在 B 面上另安放一组量块，量块组的数值应为：$H = h - S$。

4）利用正弦分中夹具的成型磨削工艺。应先粗加工工件外形，工件各面留磨量 0.2 mm 左右；热处理淬硬后，磨两端面及工艺孔；最后，利用正弦分中夹具在平面磨床上进行成型磨削。

（4）万能夹具

1）万能夹具的结构。如图 5—1—24 所示为万能夹具结构，它主要由装夹部分、回转部分、十字滑板和分度部分组成。

工件通过夹具和螺钉与转盘 16 连接，用手轮 12 转动蜗杆 6，通过蜗轮 5 带动主轴 3 和正弦分度盘 8 旋转，这样使工件绕夹具中心旋转。

分度部分用来控制夹具的回转角度。正弦分度盘 8 上有刻度，当对工件回转角要求不高时，可通过角度游标 9 直接读出转过角度数值。当回转角度要求精确时，可以利用在分度盘上的四个正弦圆柱 10 和基准板 11 之间垫量块的方法来控制夹具回转的角度，其精度可达 10″～30″。由纵滑板 13 和横滑板 15 组成的十字滑板，与四个正弦圆柱的中心连线准确重合。旋转丝杠 2 和 14，可使工件在互相垂直的两个方向上移动。当工件移动到所需位置后，转动手柄 1 将横滑板 15 锁紧。

2）万能夹具成型磨削实例。凸模（图 5—1—25）用万能夹具进行刃口轮廓的磨削加工，利用凸模端面上的螺纹孔（图中未画出），用螺钉和垫柱将凸模装夹在万能夹具的转盘上。通过找正使工件的工艺坐标轴与十字滑板的导轨方向保持平行，如图 5—1—26 所示。用百分表和量块调整工件的各工艺中心分别与夹具主轴的回转轴线重合，如图 5—1—27 所示。此时，工件的各加工面上都有较均匀的磨削余量。

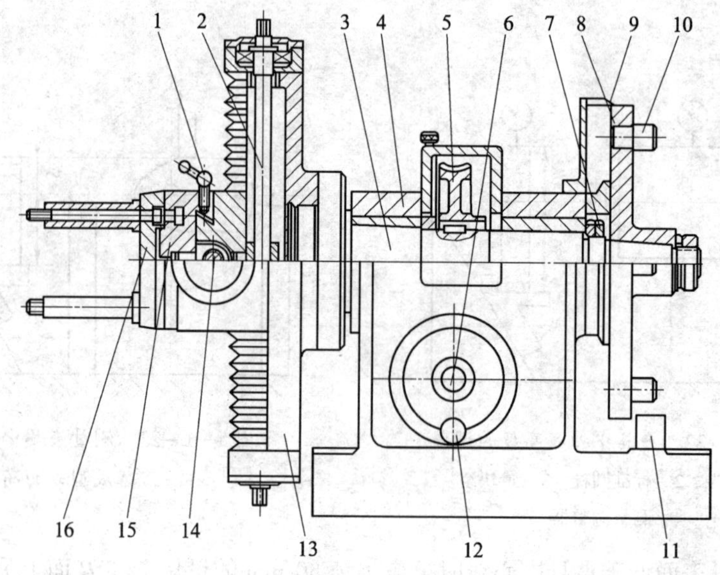

图 5—1—24　万能夹具

1—手柄　2、14—丝杠　3—主轴　4—衬套　5—蜗轮　6—蜗杆　7—螺母
8—正弦分度盘　9—角度游标　10—正弦圆柱　11—基准板
12—手轮　13—纵滑板　15—横滑板　16—转盘

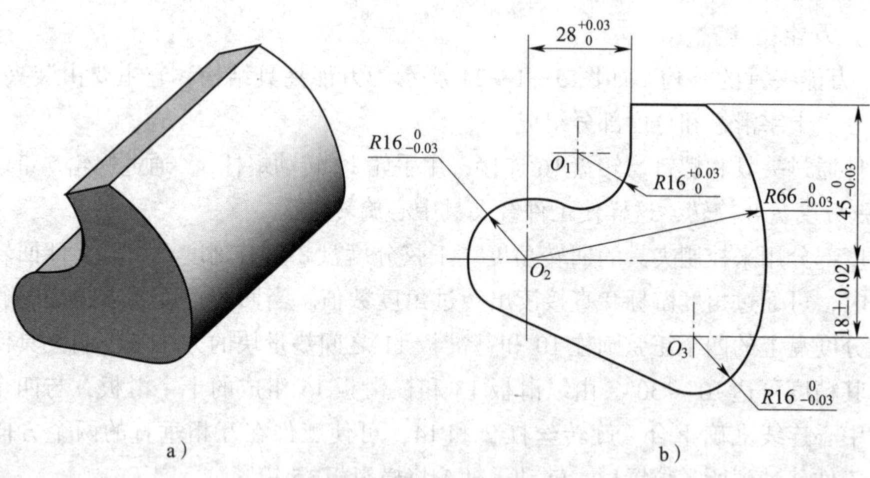

图 5—1—25　凸模零件

a）三维立体图　b）零件图

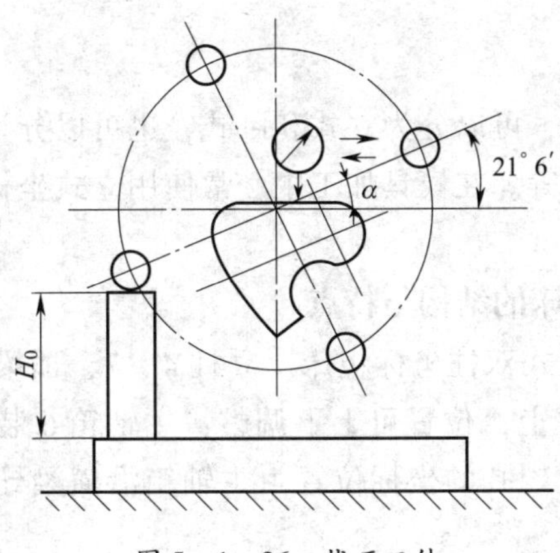

图 5—1—26 找正工件

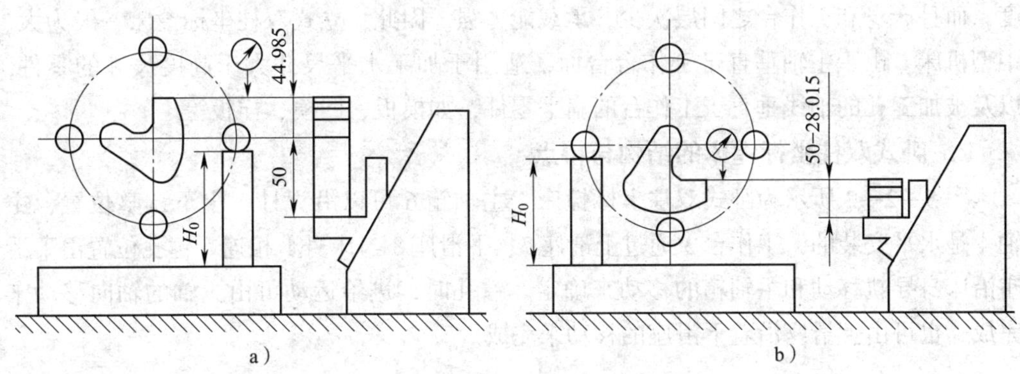

图 5—1—27 调整工艺中心 O_2 的位置

a）在测量调整器上放置量块，使百分表的读数为零

b）工件顺时针旋转 90°，再次用量块使百分表读数为零

课题二 坐标镗床加工简介

坐标镗床加工是在坐标镗床上利用精密坐标测量装置，对零件的孔及孔系进行高精度（尺寸精度、几何精度等）切削加工。该机床利用坐标法原理，采用有误差补偿装置的精密丝杠及精密直尺，并由能提供准确读数（可读出 0. 001 mm）的光学装置来实现工作台的精确移动。

在坐标镗床上既可以钻孔、锪孔、铰孔、镗孔与精铣平面等，又可以进行精密划线及检验。坐标镗床适用于各类箱体、缸体和模具上的孔与孔系的精密加工，孔径尺寸精度一般为 IT5 ~ IT6，表面粗糙度值一般为 Ra0. 4 ~ 1. 25 μm，孔距精度一般为 0. 005 ~

0. 01 mm。

一、坐标镗床

坐标镗床的类型很多，可以分为立式和卧式，也可以分为单柱的和双柱的，还可以分为光学、数显、数控等。在模具加工中，常使用立式坐标镗床，如 T4145 型立式坐标镗床。

1. 立式双柱坐标镗床的结构与特点

图 5—2—1 所示为立式双柱坐标镗床。立柱 4、7，顶梁 5 和床身 1 组成龙门框架；横梁 3 装在两个立柱上，位置可上下调整；主轴箱 6 装在横梁上；工作台 2 直接支撑在床身的导轨上。镗孔的坐标位置由主轴箱沿横梁导轨移动和工作台沿床身导轨移动来确定。

立式双柱坐标镗床的主轴箱悬伸距离小，而且装在龙门框架上，容易保证机床刚度，而且床身和工作台之间层次少，承载能力强。因此，立式双柱坐标镗床一般为大、中型机床。由于主轴垂直于工作台台面，适用于加工水平尺寸大于高度尺寸的零件，以及被加工孔的轴线垂直于工作台的扁平零件，如模板、凹模、样板等。

2. 卧式双柱坐标镗床的结构与特点

图 5—2—2 所示为卧式双柱坐标镗床。主轴箱 6 可以沿立柱 5 上下调整位置，主轴 4 是水平安装的，工作台 3 通过上滑座 7、下滑座 8 与床身 1 相连。镗孔位置由下滑座沿床身导轨移动和主轴箱的移动来确定。镗孔时，进给运动可由主轴的轴向移动来完成，也可由上滑座沿着下滑座的移动来完成。

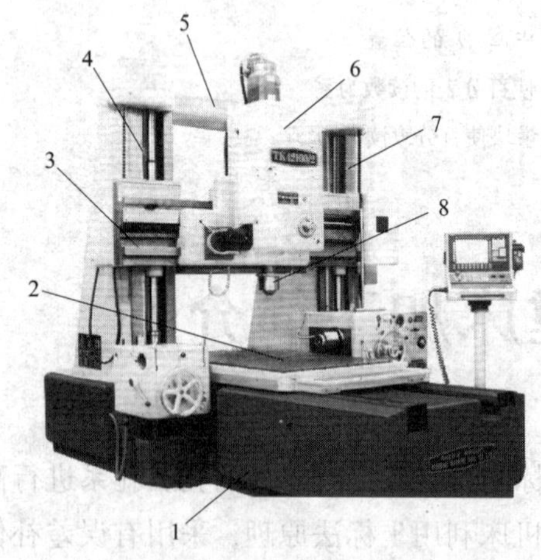

图 5—2—1　立式双柱坐标镗床

1—床身　2—工作台　3—横梁　4、7—立柱　5—顶梁　6—主轴箱　8—主轴

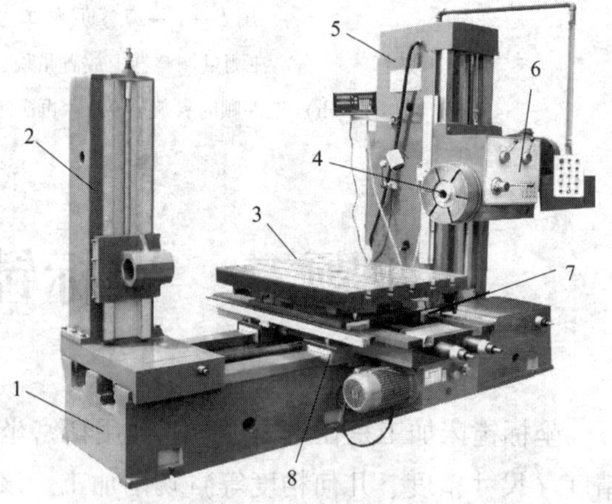

图 5—2—2　卧式双柱坐标镗床

1—床身　2、5—立柱　3—工作台　4—主轴　6—主轴箱　7—上滑座　8—下滑座

这类坐标镗床工作台可精密分度，能在一次安装中完成多个不同表面上孔的加工，且零件的高度不受限制，安装方便。因此，机床具有良好的工艺性能，适用于箱体零

件的中批量加工和复杂模具孔系的加工。

3. 坐标测量装置

坐标镗床是靠精密的坐标测量装置来确定工作台、主轴的位移距离，以实现工件与刀具的精确定位。常见的坐标测量装置有：带校正尺的精密丝杠坐标测量装置、精密刻度尺—光屏读数器坐标测量装置、光栅—数字显示器坐标测量装置。

4. 主要附件

为了提高机床的使用性能，扩大加工范围，坐标镗床配有较多附件。主要附件有万能转台、光学中心测定器、弹簧中心冲和镗孔夹头等。

（1）万能转台

万能转台（图 5—2—3）安装在坐标镗床的工作台上，利用圆盘 2 的 T 形槽可将工件夹紧在圆盘上。旋转手轮 1 可使圆盘和工件绕垂直轴回转任意角度（0°～360°），用于加工在圆周上分布的各孔。圆盘回转的读数精度为 1″。此外，旋转手轮 3 可使圆盘和工件绕水平轴做 0°～90°的倾斜，用于加工与工件轴线成一定角度的斜孔。

（2）光学中心测定器

光学中心测定器如图 5—2—4a 所示，其锥尾安装在机床主轴的锥孔内。为使主轴中心线与工件边缘重合，可借助定位角铁 5 进行找正，如图 5—2—4b 所示。定位角铁的两个内表面互成 90°。在定位角铁的上表面上固定着一个镀铬钮 6，其上有一道与角铁内垂直面重合的刻线。使用时，将角铁的内垂直面贴紧工件 7 的基准面 b（或 a），移动工作台并从光学中心测定器的目镜 1 观察。光源的光线通过物镜 4 照明工件的定位部分（互相垂直的两基准面或工件上的刻线）。在目镜中，可以看到测定器本体内玻璃上互相垂直的双观测刻线（图 5—2—4c），同时还可以看到角铁上刻线的投影。移动工作台，使角铁的刻线恰好处于测定器的双观测线之间，则工件的基准面 b（或 a）已对准主轴的中心。

（3）弹簧中心冲

如图 5—2—5 所示，打样冲眼时转动手轮 3，使手轮上的斜面将柱销 2 向上推，从而使顶尖 4 被提升，并压缩弹簧 1。当柱销 2 达到斜面最高位置时，继续转动手轮 3，则弹簧 1 将顶尖 4 弹下，即打出样冲眼。

（4）镗孔夹头

镗孔夹头（图 5—2—6）是坐标镗床重要的附件之一，假如没有一只性能良好的镗孔夹头就无法或者很难镗出合格的孔。镗孔夹头的作用是按被镗孔径的大小精确地调节镗刀刀尖与主轴轴线间的距离。镗孔夹头的锥柄尾 1 插入主轴的锥孔内，镗刀 3 装在滑块刀孔内。旋转带有刻度的调节螺钉 2，可调整镗刀的径向位置，以镗削各种不同直径的孔。调整后用固紧螺钉 5 将刀夹 4 锁紧。

图 5—2—3　万能转台

1、3—手轮　2—圆盘

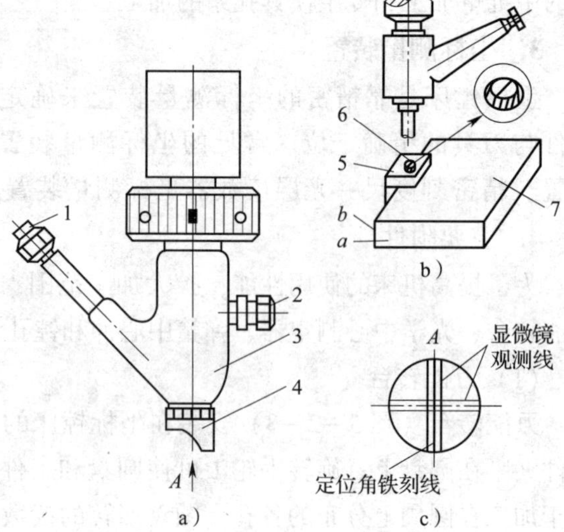

图 5—2—4　光学中心测定器

a）外形　b）用定位角铁找正

c）定位角铁刻线在显微镜中的位置

1—目镜　2—螺纹照明灯　3—镜体　4—物镜　5—定位角铁

6—带刻线的镀铬钮　7—工件

a、*b*—工件基准面

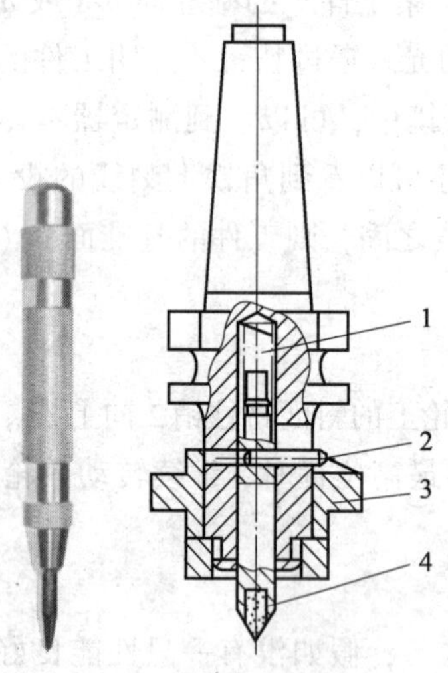

图 5—2—5　弹簧中心冲

1—弹簧　2—柱销

3—手轮　4—顶尖

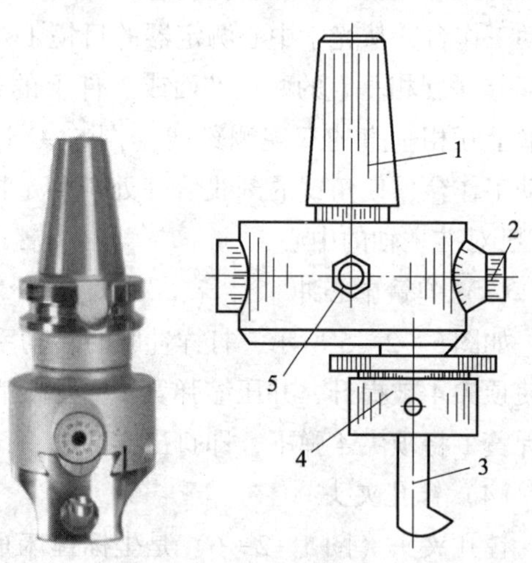

图 5—2—6　镗孔夹头

1—锥柄尾　2—调节螺钉　3—镗刀

4—刀夹　5—固紧螺钉

二、工件的定位和找正

1. 定位基准

工件装夹中要确定基准并找正。根据工件的形状特点，其定位基准主要有以下几种：工件表面上的线，圆形工件已加工好的外圆或孔，矩形件或不规则外形工件已加工好的孔、相互垂直的面。

2. 工件的找正方法

工件的找正方法有多种，应根据零件及其要求、设备条件等选定。一般圆形工件的找正是使其轴线与机床主轴轴线重合；矩形工件的找正是使其侧基准面与机床主轴轴线对齐，并与工作台坐标方向平行，具体说明见表5—2—1。

表5—2—1　　工件的找正

找正方式	图示	说明
外圆柱面找正		将百分表架装在主轴孔内。转动主轴找正外圆，使机床主轴轴线与工件外圆轴线重合
内孔找正		与外圆柱面找正相似，略
用专用槽块找正矩形工件侧基准面	专用槽块	百分表在相差180°方向上找正专用槽块。如果两侧的百分表读数相等，则此时主轴轴线与工件侧基准面对齐
用标准槽块找正矩形工件侧基准面	标准槽块 20	首先，找正工件侧基准面与工作台坐标方向平行。接着，用百分表找正标准槽块，并记录表的读数。然后，移动工作台并转动主轴，使百分表靠上工件侧基准面，使百分表的极值读数与找正槽块的读数相等。此时，主轴轴线与工件侧基准面的距离应为1/2槽块宽度

续表

找正方式	图示	说明
用量块辅助找正矩形工件侧基准面	量块	首先，转动主轴，使百分表靠上工件侧基准面，得到一个极值读数。然后，主轴转过 180°，让百分表靠上与工件侧基准面紧贴的量块表面，再得到一个极值读数。两个读数之差的 1/2 就是主轴轴线与侧基准面之间的距离

三、坐标镗床加工工艺

工件在淬火前用坐标镗床进行孔加工，淬火后必然会受到热处理变形的影响。因此，对于精度要求较高的凹模一般都设计成镶拼结构，如图 5—2—7 所示。固定板 1 用普通钢材制造，经过坐标镗床加工各孔后，不进行热处理，保证了加工的孔距精度；而凹模镶件 2 是在淬火和磨削后分别压入固定板的各个孔内。

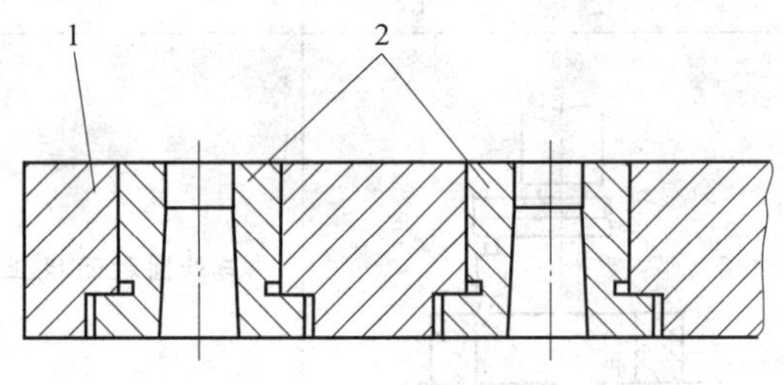

图 5—2—7　凹模结构

1—固定板　2—凹模镶件

将待加工孔的工件安装在坐标镗床上，按下述步骤进行孔加工：

首先，定位孔中心。根据已换算的坐标值，在各孔中心用弹簧中心冲确定孔的位置（即打样冲点）。

然后，钻定位孔。在孔中心位置钻中心定位孔，以避免直接钻孔时轴向力导致钻的位置偏斜。

最后，进行孔加工。以中心定位孔定位，进行孔的加工。可以根据孔的加工要求，选择合适的孔加工方法。应根据各个孔的直径按从大到小的顺序加工出所有的孔，以减小工件变形对加工精度的影响。在坐标镗床上，孔加工的主要方法有钻孔、铰孔和镗孔。

1. 坐标镗床上孔的加工工艺

（1）精钻孔及其加工工艺

模具零件上常有各种尺寸的小孔。当没有适当尺寸的铰刀可以铰孔，用镗刀镗孔也有困难时，可用精孔钻加工。精孔钻是用麻花钻修磨而成，切削刃口两边磨出顶角为8°~10°的修光刃，同时磨出60°的切削刃。加工时，精孔钻采用很低的切削速度（2~8 mm/min）和较小的进给量进行扩孔，扩孔余量一般为0.1~0.3 mm。精钻孔的尺寸精度可达IT6~IT7，表面粗糙度值为*Ra*0.4~1.6 μm。

钻孔时要按加工性质要求依“粗加工→半精加工→精加工”的顺序安排加工工序。为提高生产效率，减少工作台移动的时间，应优先加工相邻的孔。

（2）铰孔加工工艺

铰孔是在钻孔、扩孔或半精镗孔之后，用以减小孔的表面粗糙度值和提高几何精度的精加工工序。其加工工序有：钻中心孔→钻孔→精铰；钻中心孔→钻孔→半精镗→精铰。

铰孔适用于直径小于ϕ20 mm的孔，孔的尺寸精度达IT7，表面粗糙度值为*Ra*0.2~0.8 μm。因为铰孔是以原有的孔定位的，所以不能纠正孔的位置误差，也就是说，铰孔的孔距精度难以实现坐标镗床固有的坐标精度。因此，铰孔加工仅适用于孔距精度要求不太高（0.03~0.05 mm）的情况。有高精度孔距要求的孔系加工必须采用镗孔的方法。

（3）镗孔加工工艺

当孔的直径小于ϕ20 mm、尺寸精度要求低于IT7级、表面粗糙度值大于*Ra*1.25 μm时，可以用铰孔代替镗孔。

当孔的尺寸精度要求高于IT7、表面粗糙度值要求小于*Ra*1.25 μm时，在钻孔后应安排半精镗和精镗加工。精镗钢件的加工余量为0.08~0.14 mm。

当孔的直径超过ϕ20 mm，为了保证坐标镗床的精度及提高生产率，一般应先钻中心孔，然后在钻床或车床等其他机床上进行孔的粗加工，最后在坐标镗床上镗孔。

2. 切削用量的选择

坐标镗床加工的加工精度和生产效率与工件材料、刀具材料及镗削用量有着直接关系。坐标镗床切削加工不同材料的切削用量见表5—2—2，在不同加工方式下加工孔的切削用量见表5—2—3。

表5—2—2　　坐标镗床加工不同材料的切削用量

加工材料	硬度	切削速度（m/min）		进给量（mm/r）	背吃刀量（mm）
		镗刀材料为高速钢	镗刀材料为硬质合金		
铸铁	<200 HBW	—	—	粗加工为0.1~0.24，精加工为0.04~0.07	粗加工为0.4~0.5，精加工为0.05~0.25
	200~250 HBW	—	60~100		
碳素钢	15~23 HRC	15	50~110		
不锈钢	—	8~18	35~75		

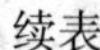
续表

加工材料	硬度	切削速度（m/min）		进给量（mm/r）	背吃刀量（mm）
		镗刀材料为高速钢	镗刀材料为硬质合金		
镍铬钢	<23 HRC	15～20	50～130	粗加工为0.1～0.24，精加工为0.04～0.07	粗加工为0.4～0.5，精加工为0.05～0.25
	23～27 HRC	10～15	35～90		
	28～31 HRC	5～10	25～60		
铸钢	<15 HRC	1～18	50～80		
	15～31 HRC	8～16	30～60		

表5—2—3　　坐标镗床在不同加工方式下加工孔的切削用量

加工方式	刀具材料	背吃刀量（mm）	进给量（mm/min）	切削速度（m/min）			
				软钢	中硬钢	铸铁	铜合金
钻孔	高速钢	—	0.08～0.15	20～25	12～18	14～20	60～80
扩孔	高速钢	2～5	0.1～0.2	22～28	15～18	20～24	60～90
半精镗	高速钢	0.1～0.8	0.1～0.3	18～25	15～18	18～22	30～60
	硬质合金	0.1～0.8	0.08～0.25	50～70	40～50	50～70	150～200
精钻、精铰	高速钢	0.05～0.1	0.08～0.2	6～8	5～7	6～8	8～10
精镗	高速钢	0.05～0.2	0.02～0.08	25～28	18～20	22～25	30～60
	硬质合金	0.05～0.2	0.02～0.06	70～80	60～65	70～80	150～200

课题三　坐标磨床加工简介

一、坐标磨床加工的基本知识

坐标磨床是具有精密坐标定位装置，用于磨削孔距精度要求较高的精密孔和成型表面的磨床。它是在坐标镗床的原理和结构的基础上发展起来的一种精密机床。坐标磨床的结构布局和坐标镗床相同，区别是用高速磨头替代了镗刀。坐标磨床除了磨削圆柱孔外，还可磨削圆弧内外表面和圆锥孔等，主要用于磨削高硬度材料、淬硬钢等制作的工件等。它可以消除工件的热处理变形并提高工件的加工精度。坐标磨床采用不同附件时，还可以扩大它的磨削范围。随着数控技术的应用，坐标磨床能够磨削各种成型表面，适合加工尺寸、几何精度和硬度要求高的多孔模板和多型腔、型孔的凹模等模具零件。

但是，坐标磨床加工的生产效率较低，加工工艺比较复杂，设备昂贵，所以除非工件的加工精度及表面粗糙度有特殊要求，一般较少采用。坐标磨床可以加工直径为 ϕ1 ~ ϕ20 mm 的高精度孔，加工精度可达 5 μm 左右，表面粗糙度值为 *Ra*0.4 ~ 0.8 μm，最高可达 *Ra*0.2 μm。

二、坐标磨床的结构

坐标磨床有单柱式和双柱式两类。G18 型坐标磨床是较常见的坐标磨床，在数控技术应用基础上又发展出了 G18 – CNC1000 型点位数控坐标磨床和 MK2932B 型连续轨迹数控坐标磨床。

图 5—3—1 所示为 MK2932B 型连续轨迹数控坐标磨床主机，由底座 1、数字显示装置 2、高速磨头 3、磨头箱 4、立柱 5 和坐标工作台 6 等组成。坐标工作台可沿滑座导轨做横向移动，滑座可沿底座的导轨做纵向移动。工作台横、纵向移动的坐标距离分别由安装在滑座和底座内的直线式感应同步器数显测量系统精确测定。横、纵坐标定位精度为 ±0.002 mm。磨头（砂轮）除绕本身轴线做高速旋转外，还能在主轴和主轴套筒的带动下做行星运动和上下往复运动，以完成磨削工作。磨头箱可沿立柱导轨上下移动，以适应不同高度的工件加工。

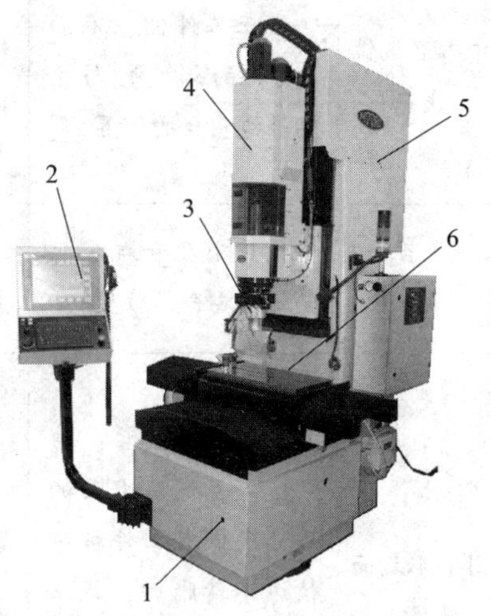

图 5—3—1 MK2932B 型连续轨迹数控坐标磨床主机

1—底座 2—数字显示装置 3—高速磨头 4—磨头箱 5—立柱 6—坐标工作台

三、工件的定位与找正

坐标磨床上工件的定位和找正方法与坐标镗床上的类似。坐标磨床上工件常用的定位、找正方法见表 5—3—1。

表 5—3—1 坐标磨床上工件常用的定位、找正方法

方法	目的	具体操作
百分表找正	找正工件侧基准面与主轴轴线重合的位置	操作与表 5—2—1 所述相同，略

续表

方法	目的	具体操作
开口型端面规找正	找正工件侧基准面与主轴轴线重合的位置	将百分表装在主轴上，将磁性开口型端面规2吸在被测工件1的侧面。移动工件，用百分表测端面规的开口槽面，在180°方向上读数相等时，再移动工件10 mm。当工件侧基准面与主轴轴线重合时，即可完成找正 1—工件　2—开口型端面规　3—百分表
中心显微镜找正	找正工件侧基准面（或孔的轴线）与主轴轴线重合的位置	中心显微镜装在机床主轴上，保证两者中心重合。在显微镜上刻有十字中心线和同心圆，移动工件（工作台），使其侧基准面或孔的轴线对正显微镜的十字中心线。为了确保位置正确，可在180°方向上找正重合
心棒、百分表找正	找正小孔和机床主轴轴线重合的位置	将与小孔相配的心棒（如钻头柄等）插入小孔后，再用百分表找正心棒
用L形端面规找正	当工件侧基准面的垂直度低或工件被测棱边不清晰时，找正工件侧基准面与主轴轴线重合	将L形端面规2靠在工件1的基面上，移动工件使L形端面规标线对准中心显微镜的十字中心线 1—工件　2—L形端面规

四、坐标磨床加工的磨削方法

坐标磨床加工和坐标镗床加工一样，都是按准确的坐标位置来保证加工尺寸精度。

1. 常用磨削方法

当工件定位、找正后，利用工作台的纵、横向移动使工件圆弧中心位于机床主轴轴线上，然后进行磨削。

(1) 磨削外圆

外圆磨削是利用砂轮的自转、行星运动和主轴的直线往复运动实现的，如图5—3—2所示。磨削外圆是利用行星运动直径的缩小来实现径向进给的。砂轮的磨削速度与砂轮的磨料、工件材料等有关，普通砂轮磨削碳素工具钢和合金工具钢时，磨削速度为25～35 m/s；立方氮化硼砂轮磨削碳素钢和合金钢时磨削速度为20～30 m/s；金刚石砂轮磨削硬质合金时，磨削速度为16～25 m/s。

(2) 磨削内孔

砂轮做高速回转，主轴做行星运动和往复直线运动，如图5—3—3所示，利用行星运动实现砂轮的径向进给。磨削内孔时，砂轮直径与孔径有关系。磨削小孔时，砂轮直径取孔径的3/4；孔径小于ϕ8 mm时，砂轮直径应适当增大；孔径大于ϕ20 mm时，砂轮直径应适当减小。砂轮直径约为心轴的1.5倍。

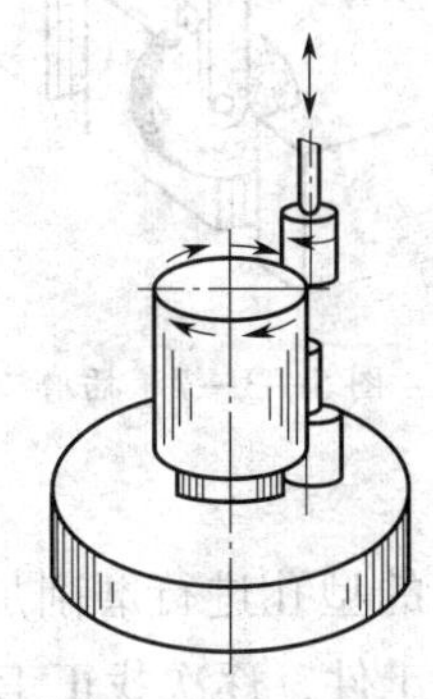

图5—3—2 磨削外圆

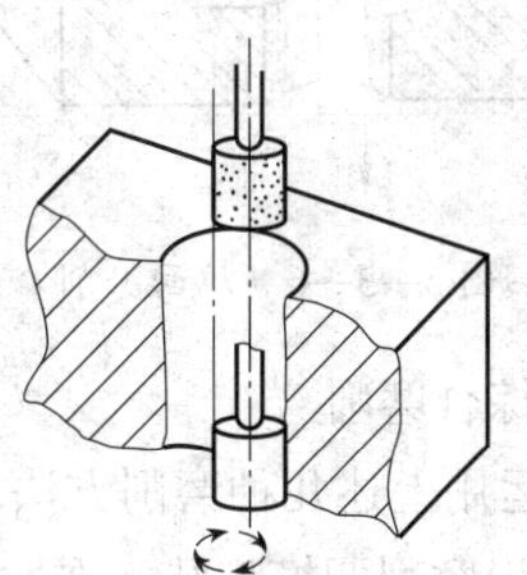

图5—3—3 磨削内孔

(3) 磨削锥孔

锥孔磨削（图5—3—4）时，应将砂轮修成所需的角度，主轴做垂直运动，行星运动的直径随主轴下降而扩大。

(4) 横向磨削槽边

横向磨削（图5—3—5）的特点是：砂轮不做行星运动，只做直线运动，适用于槽边的磨削。

(5) 端面磨削

端面磨削（图5—3—6）时，应将砂轮底部修成凹面，以提高磨削效率，便于排屑。砂轮直径与孔径相比不能过大，否则易形成凸面。砂轮主轴做向下进给，用砂轮的底部棱边进行磨削。

(6) 插磨

插磨是利用专门的磨槽附件进行的。磨削前卸下高速磨头，换上磨槽机构。砂轮在磨槽机构上的装夹和运动情况图5—3—7所示。插磨可以对型槽及带清角的内、外型面进行磨削。

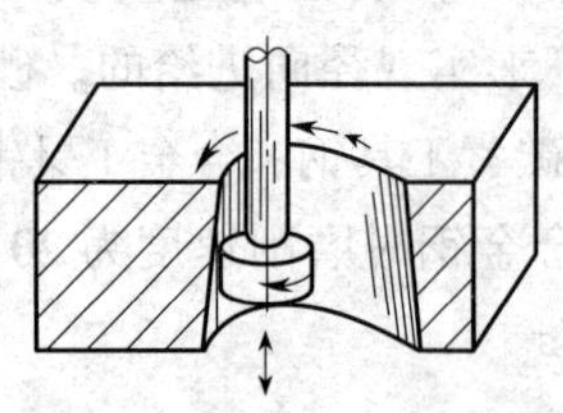

图 5—3—4　磨削锥孔

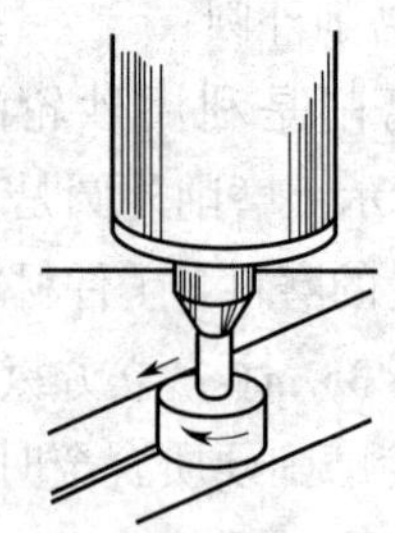

图 5—3—5　横向磨削

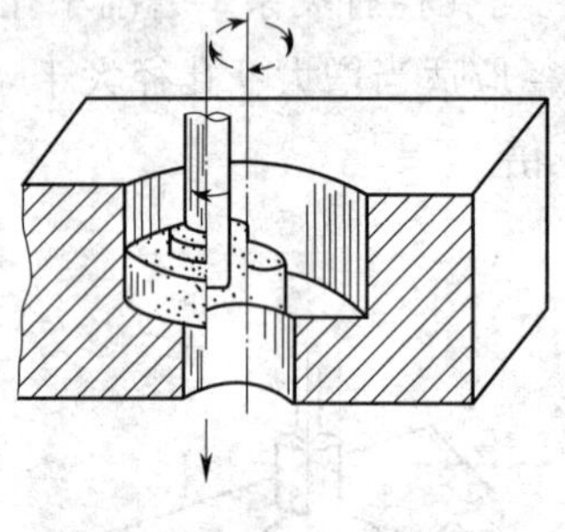

图 5—3—6　端面磨削

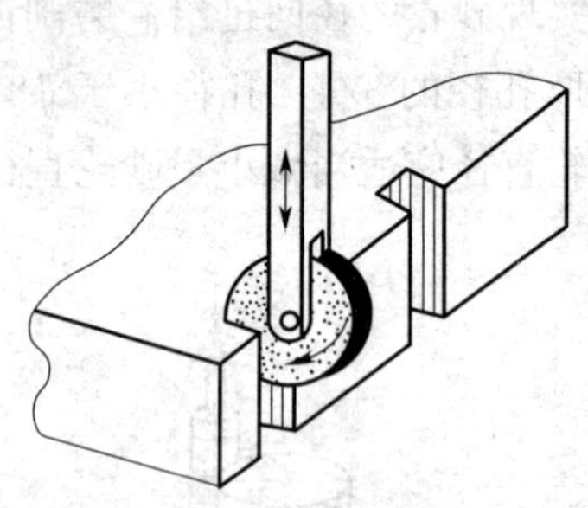

图 5—3—7　插磨

（7）综合磨削

综合运用上述几种磨削方法，可以对一些形状复杂的型孔进行磨削加工。图 5—3—8 所示为磨削凹模型孔。在磨削时用回转工作台装夹工件，逐次找正工件回转中心与机床主轴轴线重合，磨出各段圆弧。图 5—3—9 所示为利用磨槽附件对带清角型孔轮廓进行磨削加工。图中 1、4、6 是采用成型砂轮进行磨削，2、3、5 是利用平形砂轮进行磨削。磨削圆心为 O 的圆弧时，要使圆心 O 与主轴线重合，操纵磨头来回摆动，磨削圆弧至要求的尺寸。

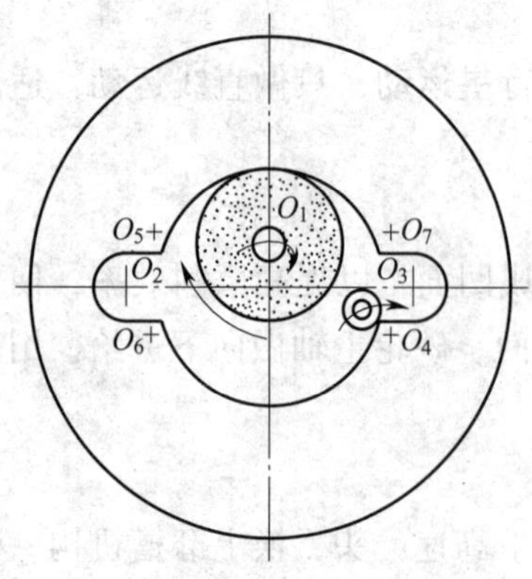

图 5—3—8　磨削凹模型孔

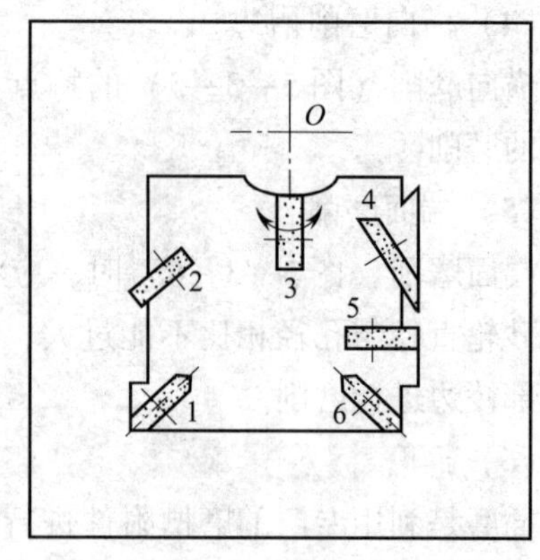

图 5—3—9　磨削清角型孔

2．手动坐标磨床加工法与连续轨迹数控坐标磨床加工法

根据所用磨床的不同，目前主要有两种磨削方法，即手动坐标磨床加工法和连续轨迹数控坐标磨床加工法。手动坐标磨床加工是在手动坐标磨床上用点位进给法实现对工件的内轮廓或外轮廓的加工。连续轨迹数控坐标磨床加工是在数控坐标磨床上用计算机自动控制实现对工件成型面的加工。连续轨迹数控坐标磨床加工凸、凹模，它们之间的配合间隙可达 2 μm，而且间隙均匀，其磨削的加工效率是手动坐标磨床加工的2～10 倍。

五、坐标磨床加工工艺

1．为保证零件加工精度，提高磨削效率，对复杂型腔件的加工，一般以工件的中心为基准进行坐标计算，然后用转台、插磨机构及行星换向附件等进行磨削。

2．磨削时应先加工高精度孔或小孔，然后磨削其他孔，最后配磨侧面，这样可保证孔的位置精度。

3．对于多孔的板件或磨削量较大的工件，随着磨削时间的增加，工件内部存储的热量也增多，易引起工件的热膨胀。由于各点的散热条件不同，工件上温度分布也不均匀，这些都会导致产生加工的形状误差和孔距误差。因此，工件装夹时，应适当增加底面的垫铁或采用四周全支撑的专用垫铁，以增加工件导热面积，使工件各点温度相等。

4．砂轮在夹头中的夹持长度不应小于 20 mm。弹簧夹头孔与砂轮杆的间隙不能太大，夹头只能有微量弹性变形。因此，夹紧时，螺母只需转动 30°～45°就可以夹紧砂轮。砂轮的跳动量不得超过 0.008 mm。

5．调整主轴往复运动行程时，砂轮应露出被磨削孔的上（或下）端面，露出的高度以砂轮宽度的一半为宜。

6．采用行星式磨削（图 5—3—10）时，粗磨的走刀量按行星运动公转一圈、砂轮垂直移动距离小于砂轮宽度的 1/2 来设定；精磨的走刀量按行星运动公转一圈、砂轮垂直移动距离为 1/3～1/2 砂轮宽度来设定。另外，还应考虑砂轮、被磨削材质等因素。例如，白刚玉砂轮和立方氮化硼砂轮在磨削同一种材质的工件时，前者的走刀量应小于后者。行星转速的选择可参考表 5—3—2。

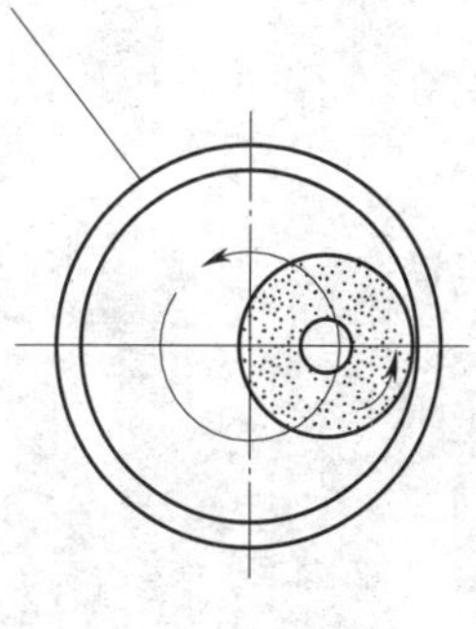

图 5—3—10　行星式磨削

表 5—3—2　　行星式磨削时的转速表

加工孔径（mm）	300	150	100	80	50	20	10	8	6
行星转速（r/min）	5	12	20	40	60	100	190	240	300

7. 立方氮化硼砂轮磨削碳素工具钢、合金工具钢时，切削速度为 1 200 ~ 1 800 m/min；普通砂轮磨削碳素工具钢、合金工具钢时，切削速度取 1 500 ~ 2 000 m/min。

8. 装夹工件时，不应引起工件变形，因此工件压紧后，应检查工件是否变形，然后用百分表找正。